압전 진동 에너지 수확의 이해 I
- 기본 -

Understanding Piezoelectric Vibration Energy Harvesting I
- Fundamentals -

김재은 지음

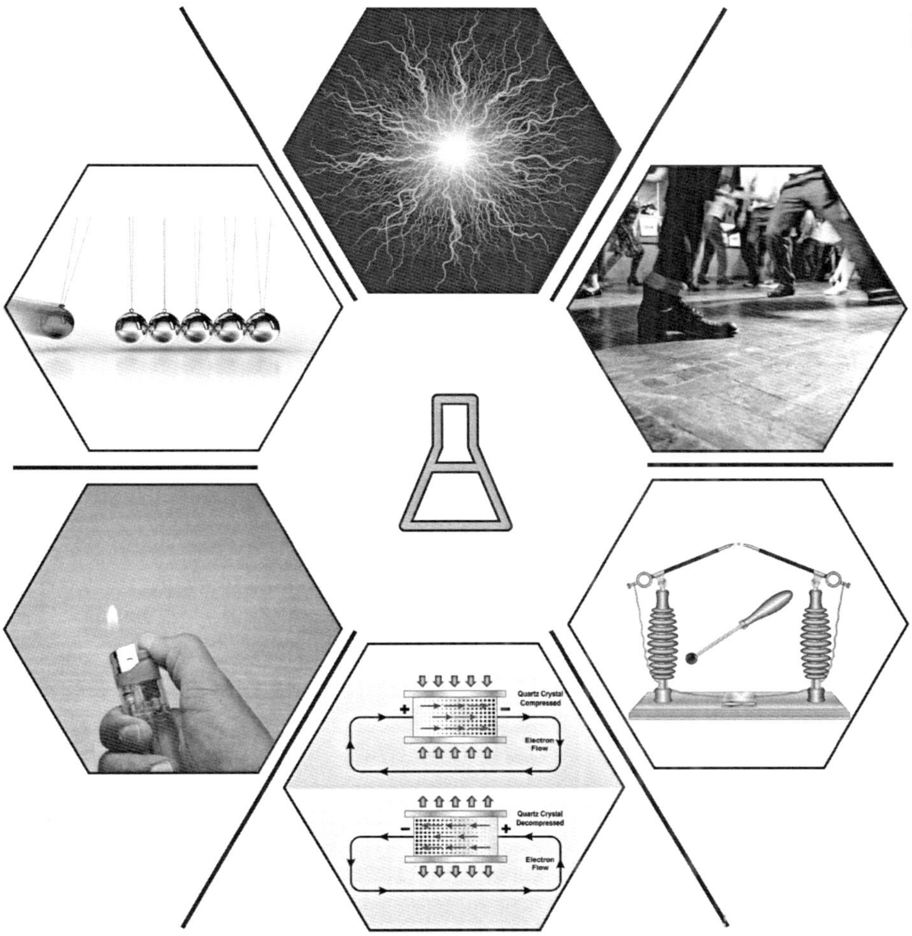

홍릉과학출판사

머리말

에너지 수확이란 주변에 일상으로 존재하지만 쓸모 없이 버려지는 에너지를 유용한 전기 에너지로 변환하여 전기가 필요한 응용 분야에 공급하기 위한 관련 기술로서 정의됩니다. 이에 대한 개념은 상당히 오래 전부터 존재했었지만, 1990년대 후반부터 시작되어 본격적인 연구의 한 분야로서 자리를 차지한 것은 그리 오래되지 않습니다. 이는 발생 전력이 μW~mW 정도로 너무 미미하여 그 유용성이 의심되고 응용 분야의 미성숙된 환경으로 인해 실용성에 대한 의구심이 있었기 때문입니다. 그러나, IT 기술의 눈부신 발전으로 인한 유비쿼터스 사회로의 변화는 휴대용 전자 장비 및 센서 네트워크 등에 있어서 자급 전원 장치의 필요성을 대두시켰으며, 최근의 저전력 전자 소자 및 무선 기술의 발전은 그에 대한 에너지 수확 기술의 적용 가능성을 한 층 더 높이고 있습니다. 더욱이 최근 화두가 되고 있는 사물 인터넷(IoT: Internet of Things)을 통한 스마트 제조(Smart Manufacturing), 스마트 시티(Smart City)의 구현에도 그 역할이 기대된다고 할 수 있겠습니다.

에너지 수확 기술 중에서 진동 에너지 수확 분야는 다양한 에너지 원 중 주변 환경, 기계류 및 구조물 등에서 발생하는 진동 에너지를 이용하는 것입니다. 진동 에너지 수확이라는 분야는 진동 이론 뿐만 아니라, 구조 역학, 전기/전자 회로 및 전기 에너지, 재료 과학 및 센서 네트워크 등의 IT 등에 대한 지식을 필요로 하는 실로 융합 학문의 성격을 갖고 있습니다. 그러기에, 이 책을 준비하면서 모든 분야의 기초부터 다룰 수는 없었습니다. 다만, 이 책 한권으로 압전 진동 에너지 수확 장치를 이해하고 적용하는데 필요한 지식이 무엇인지를 종합적으로 보여줄 수 있기를 기대하였습니다.

이 책은 연구자 및 대학원 학생들을 대상으로 하여 진동 에너지 수확이라는 분야에 대한 이해를 돕기 위해 마련되었습니다. 이미 해외에는 몇몇 연구자들에 의해 이미 훌륭한 저서들이 출판된 바가 있으나, 연구 성과 중심의 기술이 주를 이루고 진동 에너지 수확의 기초에 대한 이해라는 본연의 목적과 부합하지 않은 면도 있었습니다. 이에 저자는 "진동 에너지 수확을 공부하려면 무엇부터 봐야 하지?" 라는 질문에 대해 망설임 없는 답을 내놓는다는 심정으로 이 책을 준비하였습니다. 물론 처음부터 만족스럽지는 않겠지만 이에 대해서는 추후 계속 보완/수정해 나갈 예정입니다.

이 책은 크게 7장으로 구성하였습니다. 제1장에서는 에너지 수확의 일반적인 내용을 다루었습니다. 에너지 수확의 기술적 배경, 구성 요소 및 에너지 원에 따른 다양한 에너지 수확 기술을 다루었습니다. 제2장 및 3장에서는 진동 및 압전의 기초에 대해 다루었습니다. 이는 뒤에서 다룰 압전 진동 에너지 수확의 내용을 이해하는데 있어서 필수적인 내용을 포함하고 있습니다. 제2장에서는 진동의 기초부터 기술하지는 않았습니다.

그러나, 1 자유도계의 진동에 대한 기초 지식만 있으면 충분히 이해하도록 구성하였습니다. 제4장에서는 외팔보 압전 진동 에너지 수확 장치에 대한 수학적 모델의 엄밀한 유도 및 다양한 전기 출력 관계식을 제시하였습니다. 이는 압전 진동 에너지 수확 장치의 물리적 거동에 대한 이해와 다양한 설계 변수의 영향을 파악하는데 중요한 수단입니다. 제5장에서는 등가 전기 회로 관점에서 압전 진동 에너지 수확 장치를 기술하였습니다. 그리고, 제6장에서는 압전 진동 에너지 수확에 대한 이해를 더욱 깊게 하기 위한 에너지 변환 특성 등을 다루고, 진동 에너지 수확 기술이 극복해야 할 중요한 몇 가지 설계 이슈 등을 제시하였습니다. 마지막으로 제7장에서는 비선형 진동 이론을 이용한 압전 진동 에너지 수확에 대한 기초를 다루었습니다. 이 책의 제목 뒤에 ‘Ⅰ’이라는 로마 숫자와 ‘-기본-’이라는 단어를 굳이 붙였습니다. 이 책을 준비하면서 평판 이론(plate theory) 기반의 수학적 모델링, 다중 모드/다 자유도로 구성된 진동 에너지 수확 장치의 이론 전개, 랜덤(random) 가진에 의한 전기 출력 특성 등에 대한 내용은 제외하였습니다. 비선형 진동 기반의 압전 진동 에너지 수확에 관한 내용이 추가되어야 합니다. 또한, 보다 넓은 관점에서 탄성 메타 물질(elastic metamaterials)의 파동 집속(wave focusing) 특성 등을 이용한 파동 에너지 수확도 다뤄져야 할 것으로 보입니다.

이 책을 준비하는데 도움을 주신 분들이 계십니다. 박사 후 과정 중 이 분야에 대한 연구에 전념할 수 있도록 지원해 주셨던 서울대학교 김윤영 교수님, 그리고 이 책을 처음 준비할 수 있게 길을 마련해 주신 서울시립대학교의 이수일 교수님께 감사를 드립니다. 또한, 이 책이 출판될 수 있도록 도와주신 홍릉과학출판사 관계자분들께도 감사를 드립니다.

마지막으로, 언제나 든든한 지원자가 되어주는 저자의 소중한 가족들에게 깊은 감사의 마음을 전합니다.

이 책에 잘못된 부분이 있더라도 독자 여러분들의 너그러운 이해를 부탁드리며, 오류에 대한 지적 및 제안 사항은 jekim@cu.ac.kr로 연락주시면 언제든지 환영하겠습니다.

2018년 6월

저자

차례

CHAPTER 01 에너지 수확

CHAPTER 02 진동 및 진동 에너지 수확의 기초

CHAPTER 03 진동 에너지 수확을 위한 압전의 기초

Chapter 01

에너지 수확

Energy Harvesting

1.1. 머리말

에너지 수확(energy harvesting)이란 자연 또는 인간 주변의 생활 환경에 언제나 일상적으로 존재하지만, 쓸모없이 버려지는(wasted) 다양한 형태의 에너지를 획득(capturing) 후 전기 에너지로 변환(transduction)하여 이를 축적(accumulating), 저장(storing) 및 전력 관리(power condition and management) 등의 일련의 과정을 통해 다양한 응용 분야에 지속적으로 공급(supply)하기 위한 관련 기술 분야를 의미한다. 문헌에서는 이러한 기술과 관련하여 다양한 용어(energy (power) scavenging/generation/reclamation/harvesting 등)를 사용해 오고 있으나, 에너지 변환 관점에서 보면 사실 이는 오래 전 개발되었던 수차(watermill), 풍차(windmill) 및 태양열 시스템 등에서 그 근원을 찾을 수 있다. 여기서 시작된 풍력, 태양광/태양열, 조력, 지열 등의 재생 친환경 에너지에 대한 관심은 최근 전 세계적인 화석 연료 자원의 고갈 염려에 따른 에너지 시장 불안과 온실 가스로 인한 지구 온난화에 따른 환경 문제에 대한 인식이 높아지면서 다시금 많은 관심을 받고 있다. 그런데, 이러한 기술은 일반적으로 수십 kW~수백 MW급에 이르는 대규모 전력 생산을 염두에 두기 때문에, 곧 설명될 소규모 또는 마이크로(micro-scale) 에너지 수확 기술(Raju and Grazier, 2010)과 구별하기 위해 매크로(macro-scale) 에너지 수확이라고 불리기도 하며, 기존의 전력망에 대한 보완 및 대안으로서의 의미가 크다.

한편, 최근 비약적으로 진행되고 있는 유비쿼터스(ubiquitous) 지식 정보 사회의 전개로 인한 IT 환경의 변화는 휴대용/무선 전자 장비, 무선 센서 네트워크(WSN: Wireless Sensor Networks)의 센서 노드(node) 등의 전원으로 사용되어 왔던 기존 배터리를 대체/보완할 수 있는 지속 가능한(sustainable) 전원 개발을 요구하게 되었다. 이러한 요구에 부응하고자 1980년대 후반부터 그 기술이 태동한 분야를 마이크로 에너지 수확(micro energy harvesting)이라고 한다.

마이크로 에너지 수확 기술이 그 대상으로 하는 에너지 원(source)으로는 빛(solar or artificial light), 열 구배(thermal difference), RF 파동(radio frequency wave)[1], 소리(sound) 및 진동(vibration)[2] 등이 있으나 대부분 그 발생 전력량이 μW에서 기껏해야

---

1) 우리 주변에는 항상 전파로 넘쳐난다. 무선 이동통신 및 무선 인터넷(Wi-Fi) 신호 등이 대표적이다.

2) 여기서 진동이라 함은 유체 유동(fluid flow), 인간의 동작(human motions), 기계류 및 주변 환경에서 발생하는 진동 등을 모두 포함한다.

mW 수준이다(마이크로 에너지 수확이라는 명칭은 여기에서 기인한다[3]). 이 때문에 에너지 수확 기술(이 후 이 책에서 에너지 수확이라 함은 마이크로 에너지 수확을 말한다)은 십여 년 전만 해도 많은 과학자 및 공학자들마저 그 구현 가능성에 대해 의구심을 갖게 되었으나, 그 동안의 저전력 전기 전자 회로 및 무선 기술의 비약적인 발전은 이 미소한 전력량마저 의미 있게 하였다. 이러한 변화로 인해 우리는 지금 미래 유비쿼터스 사회의 필수적인 요소인 무선 센서 네트워크를 배터리 없이 운용 가능한 시대를 맞이하고 있다.

1.2.
에너지 수확 기술의 기술적 배경, 구분 및 구성 요소

1.2.1 에너지 수확의 기술적 배경

최근의 비약적인 무선 통신 기술의 발전은 신호 전송선이 제거된 전자 제품의 개발로 이어졌다. 이러한 무선 전자 제품에는 일반적으로 배터리가 사용되어 외부 전력선조차 불필요한 시스템의 구현이 가능해졌다. 그러나, 다양한 소비자의 요구에 부응하기 위해 꾸준히 증가되는 휴대용 IT 기기 기능의 부가는 추가적인 에너지 소비를 요구한다. 또한, 원격지 무선 센서 노드에 사용되는 배터리는 주변 환경에 따른 예상치 못한 방전으로 인해 정보 전송의 신뢰성 문제가 발생할 여지가 있으며, 배터리 교체에 따른 노동 비용이 부가되어 시스템의 총 유지 비용을 증가시킨다. 그리고, 그 어느 경우에나 전력 유지를 위한 배터리의 교환은 배터리 폐기로 인한 환경 오염의 문제 또한 가지고 있다. 마지막으로 현재 각종 전자 제품에 사용되는 배터리는 그 사용 시간에 있어서 상당히 제한적이며, 더욱이 CMOS 및 MEMS 기술의 발전으로 인해 대량 생산이 가능해진 저전력 초소형 센서 및 트랜스듀서의 크기, 무게 또는 생산 비용 등은 현재의 적용 가능한 배터리 기술 수준에 의해 크게 좌우된다.

그런데, 그림 1.2.1에 보인 바와 같이 그 동안의 반도체를 포함한 전자 부품 관련 기술은 상당한 발전을 하였지만, 반면 전원 배터리 기술은 그 발전 속도가 상대적으로 매우 더디다. 이러한 사항을 고려해 볼 때 에너지 수확 기술은 무선 휴대용 전자 제품 및 센서 노드 등에 사용되어 온 배터리 중심의 전기 에너지 공급원에 대한 대안으로서 발생하였다고 볼 수 있다. 또한, 수확 대상으로 하는 에너지 원은 주변 환경 어디에나 존재

3) 토목 구조물(고층 빌딩, 통신탑, 교량 등)은 바람, 지진, 교통 및 인간들의 이동에 의해 매우 큰 진동을 가질 수 있다. 최근에는 기존의 진동 에너지 수확 기술을 이에 적용하여 대규모(large-scale) 전력원으로서의 가능성도 연구되고 있다 (Zuo and Tang, 2013).

하는 무한정의 친환경 에너지이기 때문에 그 사용량에 제한이 없다. 그러나, 이 기술이 계속 연구되어 오면서 현실화될 수 있었던 주요한 기술적 배경으로는 무선 기술, MEMS 및 지능 재료 기술의 발전으로 인한 무선 소형 센서/트랜스듀서 관련 기술의 발전과 더불어 CMOS 회로 및 VLSI 설계 기술의 발전으로 인한 초소형, 저전력 전자 소자 기술의 발전이 제일 큰 영향을 미쳤을 것이다(그림 1.2.2 참조).

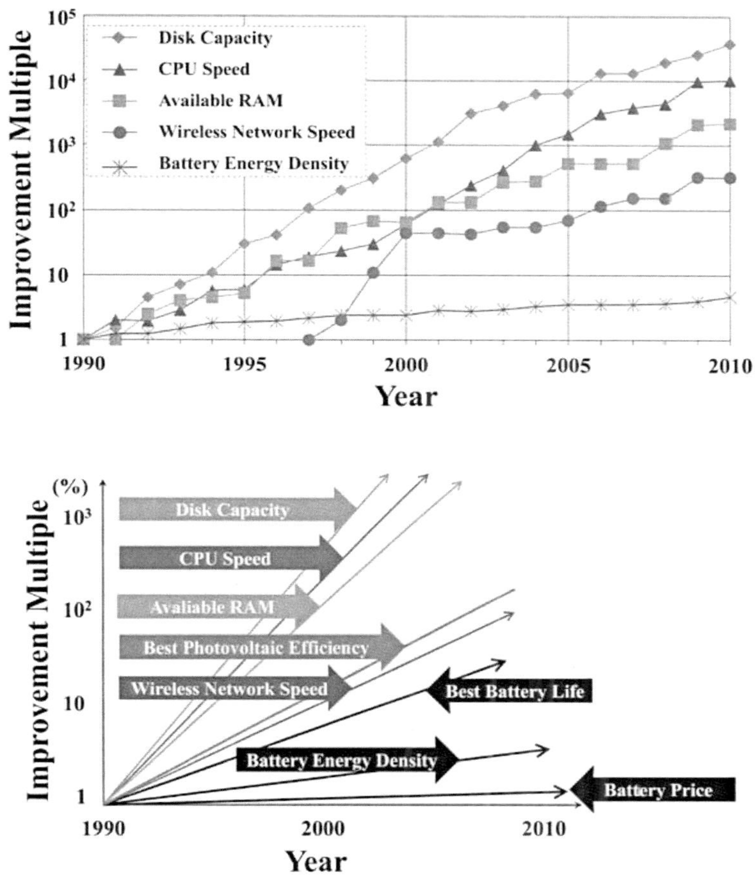

그림 1.2.1 배터리 및 컴퓨터 관련 Hardware 기술의 발전 속도 비교(Harrop and Das, 2010; Niroomand and Foroughi, 2016; Paradiso and Starner, 2005)

현재에는 수백 μW급의 전력으로도 구동되는 센서 노드가 상용화되어 에너지 수확 장치를 전원으로 하는 무선 센서 네트워크의 구현이 가능하다. 즉, 에너지 수확 기술은 무선 센서 네트워크를 배터리 없이 지속적으로 유지 가능하게 하며, 소형 휴대용 전자 제품의 전력원에 대한 보완 및 대체 수단을 제공하여 자급 충전(self-powered) 전자 제품의 제작을 가능하게 하기에, 다가오는 유비쿼터스 사회는 더욱 새로운 국면을 맞이하게 될 것이다.

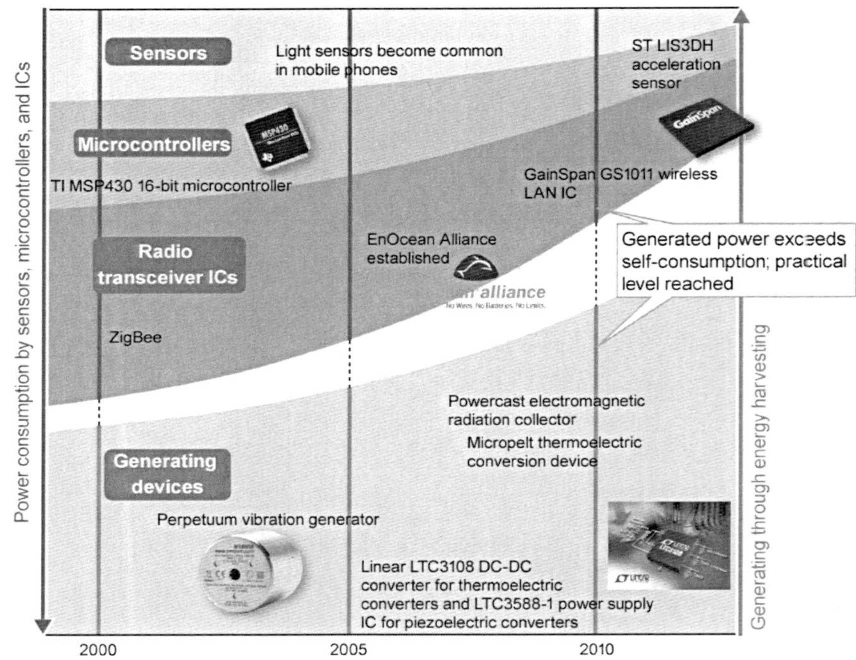

그림 1.2.2 하드웨어 전력 소모량 대비 에너지 수확 장치의 발생 전력량 비교(Kume, 2010)

1.2.2 에너지 수확 기술의 구분

에너지 수확 기술이 대상으로 하는 에너지 원은 다양하게 존재하나, 현실적으로 가용한 출력 '파워 밀도(power density)' 크기를 고려하면 일반적으로 다음과 같은 것들이 주로 연구되어 왔다.

잠깐 !

여기서 파워 밀도(power density) 및 에너지 밀도(energy density)에 대해 잠깐 언급하고자 한다. 이들은 일반적으로 단위 부피, 면적 및 질량에 대해 나타내어진다. 여러 다양한 형태의 배터리 및 에너지 수확 장치들에 대해 파워 밀도 '또는' 에너지 밀도의 개념이 적용된다. 여기서 '또는' 이라는 단어를 사용하였음을 유의하자. 파워가 단위 시간 당의 에너지라는 사실을 고려하면, 시간에 대한 파워의 그래프에서 곡선 아래의 면적은 해당 시간 동안의 에너지 발생량을 나타낼 것이다. 따라서, 시간에 따라 변하는 파워가 오랜 시간 동안 존재한다면 매 순간 파워의 크기는 작을지라도 적분 결과인 에너지는 클 수가 있다. 즉, 에너지 밀도가 높은 매체가 반드시 높은 파워 밀도를 갖는 것은 아니며, 파워 밀도가 낮아도 오랜 시간 동안 전기 에너지를 발생할 수 있는 것이다. 연료 전지(fuel cell) 등이 그 대표적인 예이다. 반면에 작은 커패시터는 파워 밀도가 높아서 배터리보다 높은 전기 출력량을 가지지만 오랜 시간 동안 전기 에너지를 발생할 수 없다. 파워 밀도가 높은 에너지 저장 수단은 충/방전이 빠르다.

에너지 수확 기술의 대상 에너지 원(진동, 열 구배 및 빛 등)의 크기는 무한하다. 따라서, 에너지 수확 장치에 대해서는 파워 밀도를 고려해야 하며, 총 에너지 밀도를 언급하는 것은 적절하지 않다(다만, 특정 기간 동안에 발생한 에너지를 언급하는 것은 가능하다.).

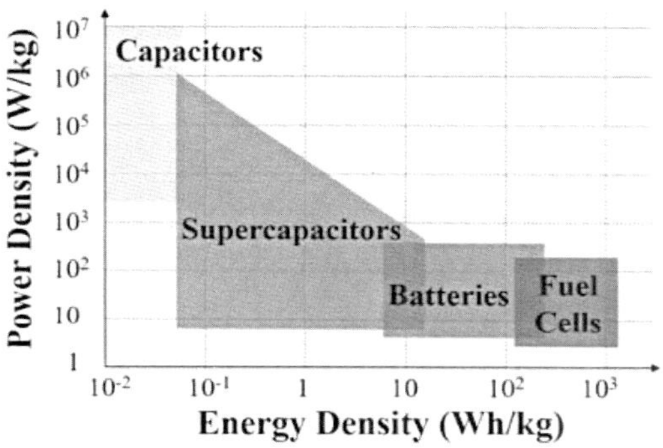

그림 1.2.3 에너지 저장 수단의 에너지 및 파워 밀도 비교(Meng et al., 2013)

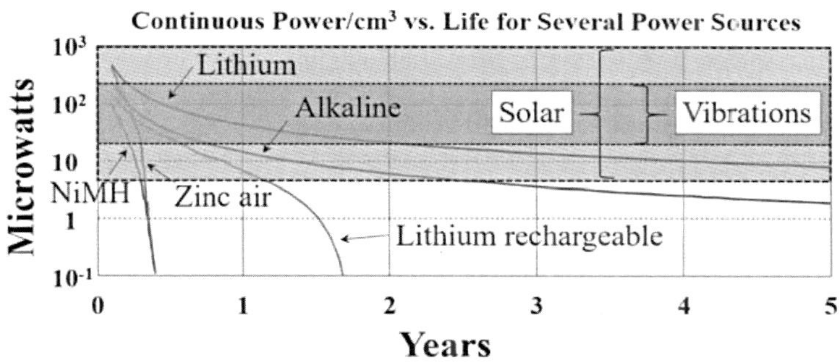

그림 1.2.4 진동, 태양 등의 에너지 원과 다양한 배터리의 출력 파워 비교 (Roundy et al., 2003)

그림 1.2.3에 나타낸 저장 장치들은 유한한 에너지를 가지고 있다. 즉, 파워-시간 그래프에서 유한한 면적을 가져야 하므로 파워가 시간의 경과에 따라 감소하기 마련이다. 기존의 배터리 에너지 저장 장치와 에너지 수확 기술의 대상 에너지 원에 대한 출력 파워의 시간의 흐름에 대한 경향을 그림 1.2.4에 나타내었다.

(1) 태양광 및 인공 빛(solar or artificial light)

에너지 수확에 대한 연구가 본격적으로 진행되어 온 2000년 초부터의 기간 중에 단일 에너지 원으로서 빛을 이용한 (마이크로) 에너지 수확 관련 연구는 많지 않다. 이는 태양광을 이용한 발전이 기존의 신재생 에너지 분야에서 이미 연구·개발되어 왔기 때문이며, 출력의 크기 관점에서 태양광 에너지 수확은 매크로 분야에 더욱 적합하기도 하다. 그러나, 태양광을 에너지 원으로 하되 응용 분야의 특성상 에너지 수확 장치의 크기가 매우 작거나, 태양을 제외한 실내 인공 빛을 이용하는 경우에는 마이크로 에너지 수확의 한 분야로서 취급이 가능하다. 에너지 변환 수단으로 사용되는 태양 전지 셀은 실리콘 및 기타 화합물을 포함한 무기물, 유기물, 그리고 연료 감응형 등으로 구분되며, 광전 효과(photovoltaic effect)에 의해 전기가 발생한다(그림 1.2.5(a)). 이 중 최대 효율을 보이는 단결정 실리콘 태양 전지의 이론상 최대 효율은 약 29% 정도가 되는 것으로 알려져 있으나 현실적으로는 약 15~20% 정도이다. 그러나, 실내 인공 빛을 사용하여 전기 에너지로 변환할 경우에는 빛 주파수 분포의 특성상 박막으로 제조되는 비결정질 실리콘(a-Si) 및 CdTe 계열이 효율 5~10% 정도로서 오히려 더욱 에너지 수확에 적합한 것으로 알려져 있다. 태양 전지는 단위 셀당 무 부하(open circuit) 전압이 낮아서 일반적으로 여러 개를 직렬로 연결하여 사용하고 대체로 안정적인 직류 전압을 제공한다. 그러나, 온도 및 조광 조건에 따른 I-V 특성의 변동과 최대 전력을 고려하여 일반적으로 전압 조정기(voltage regulator)가 필요하며 또한 충전을 위한 이차 전지와 같이 사용된다.

(2) 열 구배(thermal difference)

열전(thermoelectric) 현상 중 Seebeck 효과를 이용하여 전기를 발생시키는 에너지 수확 기술이다. 그림 1.2.5(b)에 보인 바와 같이 서로 다른 두 종류의 전도체로 이루어진 열전대(thermocouple)의 두 접점들이 서로 다른 온도(ΔT)에 놓일 때 다음과 같은 식에 의해 무 부하 전압이 발생한다.

$$V_{oc} = \alpha_1 \Delta T - \alpha_2 \Delta T \tag{1.2.1}$$

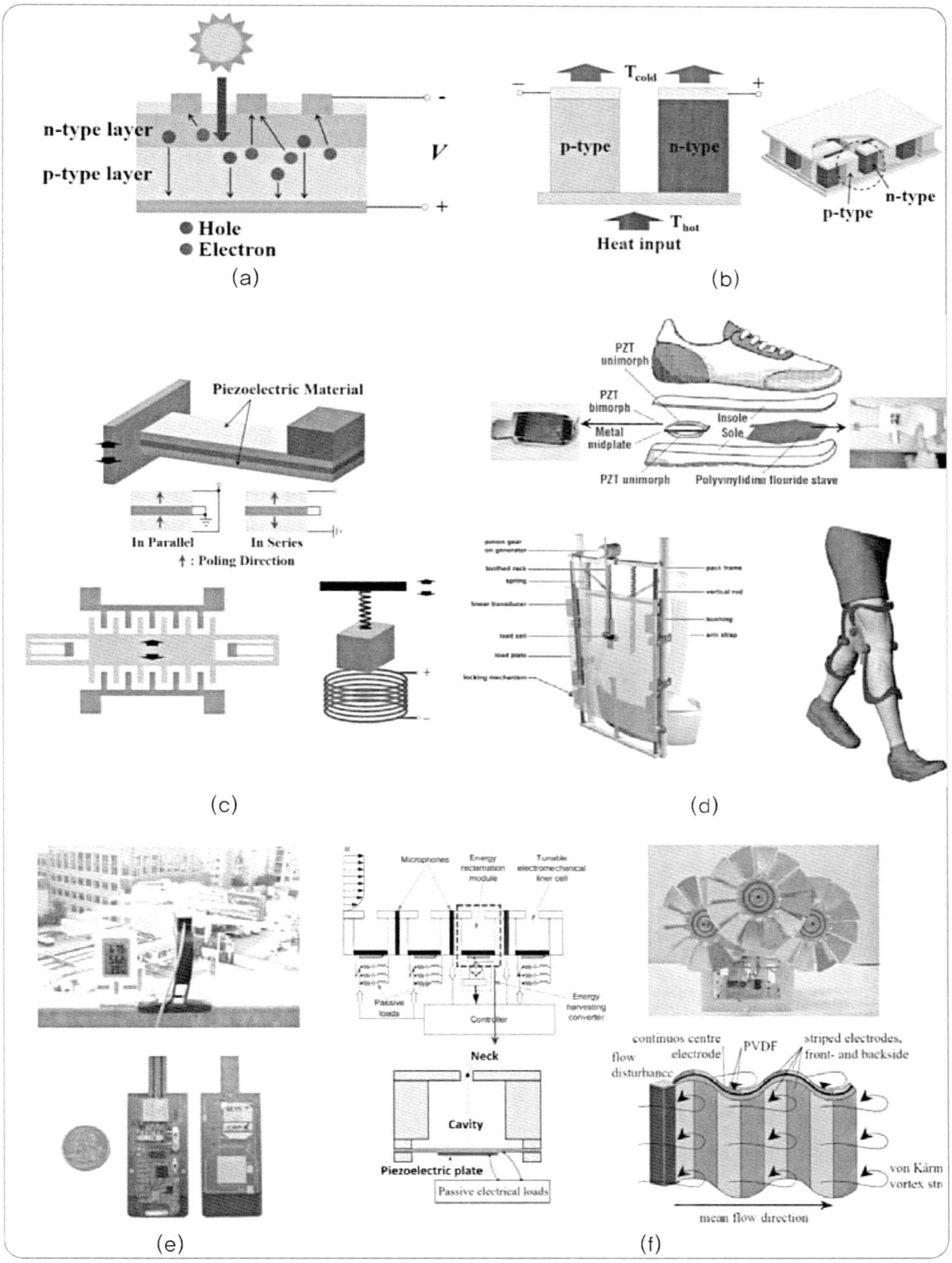

그림 1.2.5 **에너지 원에 따른 다양한 에너지 변환 수단:**
(a) 태양전지 셀, (b) Seebeck 효과를 이용한 열전 발전, (c) 진동 에너지 수확을 위한 압전(piezoelectric), 정전(electrostatic), 전자기 유도(electromagnetic induction) 방식, (d) 인간의 보행에서 얻는 운동 에너지의 변환(Donelan et al., 2008; Paradiso and Starner, 2005; Rome et al., 2005), (e) TV RF 에너지 수확(Intel 사, 2009) 및 상용 수확 안테나 모듈(Powercast 사, 2009) 및 (f) Helmholtz 공진기를 이용한 음향 에너지 수확(Liu et al., 2008), 압전 재료를 이용한 마이크로 풍력 발전(Myers et al., 2007), 유체 유동 에너지 변환을 위한 유연 압전 구조물(Pobering and Schwesinger, 2004).

앞의 식에서 α_1 및 α_2는 각 물질의 Seebeck 계수로서 일반적으로 이 값이 큰 반도체를 사용하고 p형과 n형의 반도체에서는 서로 다른 부호를 가지므로 전압이 더해진다. 열전 에너지 수확에서는 다수의 열전대를 전기적으로는 직렬로, 열적으로는 병렬로 배열하여 열전대 열(thermopile)을 구성한다. 따라서, 이 방법을 통해 최대 전력을 얻기 위해서는 열 발산을 효과적으로 하기 위한 방사판(radiator), 열 분기(thermal shunt) 등을 포함하여, 열전대 열을 최적으로 설계하는 것이 필요하다.

(3) 환경 및 기계 진동

주변 환경 또는 기계류에서 발생하는 진동 에너지를 전기 에너지로 변환하는 에너지 수확 기술로서 에너지 수확 분야에서 가장 폭 넓고 다양하게 연구가 진행되어 온 분야이다. 이는 전술한 바와 같이 2000년도 중반이 넘어서야 저전력 관리 회로 및 이를 통해서도 작동이 되는 무선 센서 노드가 상용화되어 그 적용 가능성이 보였기 때문이라 생각된다. 그림 1.2.5(c)에 나타낸 바와 같이 진동 에너지를 전기 에너지로 변환하기 위해서는 적당한 에너지 변환 수단이 필요한데 MEMS 분야에서는 이미 전도성 평행판 사이의 거리 및 축전 에너지와의 관계에 기반한 정전기(electrostatic) 현상을 이용하여 왔다(Meninger et al., 2001; Mitcheson et al., 2004). 또한, Faraday의 전자기 유도 현상 또한 진동 에너지 수확 기술의 태동기부터 적용되어 왔으며(El-hami et al., 2001; Mitcheson et al., 2004; Shearwood and Yates, 1997; Williams et al., 2001), 최근에는 압전(Anton and Sodano, 2007; Sodano et al., 2004; White et al., 2001), 자기 변형(Dong et al., 2008; Wang and Yuan, 2008) 물질 등 지능 재료를 이용한 연구가 상대적으로 더욱 활발히 진행되어 왔다. 특히, 압전 물질은 다른 진동 에너지 변환 수단에 비해 상대적으로 높은 에너지 변환 효율 및 파워 밀도(표 1.2.1 참조), 장치 구성의 간단함, 소형화를 위한 MEMS 구현의 용이성 및 높은 출력 전압 등의 장점이 있어 전망이 높다. 진동 에너지 변환 효율을 증가시키기 위해 앞서 열거한 에너지 변환 수단 중 2개 이상의 선택 조합도 가능한데, 특히 압전과 전자기 유도 방식을 조합하거나(Challa et al., 2009), 자기 변형 물질 및 압전 물질을 적층하여 자기-전기(ME: Magneto- Electric) 효과를 이용할 수도 있다(Dai et al., 2009, 2011). 이를 통해 외부 진동 에너지 및 진동에 따라 변화하는 자기 에너지 또한 전기 에너지로 변환하여 더욱 향상된 전력을 발생시킬 수 있다.

| 표 1.2.1 | 진동 에너지 변환 수단에 따른 에너지 밀도 비교(Roundy et al., 2005)

Type	Practical maximum (mJ/cm^3)	Aggressive maximum (mJ/cm^3)
Piezoelectric	35.4	335
Electrostatic	4	44
Electromagnetic	24.8	400

진동 에너지 수확 장치의 가장 큰 특징은 외부 가진력의 주파수가 장치의 고유 진동수와 일치하는 경우에만 최대 전력을 발생시키고 이를 벗어난 가진 주파수에서는 발생 전력량이 급격히 감소한다는 점이다. 이를 위해 능동 및 수동으로 에너지 수확 장치의 고유 진동수를 조절하거나, 다 자유도계로 구성하거나 비선형 진동을 이용하여 출력 주파수 대역폭을 넓히는 방법 등이 연구되어 왔다. 진동 에너지 수확에 대한 개관을 뒤에서 별도로 다룰 것이다.

(4) 인간의 동작(human motions)

인간의 동작(걷기, 팔/손가락 운동, 호흡, 혈압 등)에 의한 에너지 수확은 넓게 보면 진동 에너지 수확의 부류에 속한다고 볼 수 있으나, 일부 문헌에서는 체열을 이용한 열전 발전과 함께 생체 역학 에너지 수확(biomechanical energy harvesting)에 포함하여 다루기도 한다.

일반적으로 인간은 평균 약 120W의 파워를 소모한다고 한다. 따라서, 일찍부터 이러한 인간의 동작에서 에너지를 수확하고자 하는 노력이 있었다. 이미 1980년대 Seiko 사는 전자기 유도에 의해 보행 중 인간의 팔 동작으로부터 수확한 전기 에너지를 손목 시계의 보조 전원 수단으로 사용한 바 있으며, Feeplay 사는 1990년대 초에 태엽을 감기 위한 손잡이가 달린 라디오, 랜턴 및 휴대폰 충전용 발전기를 출시한 바 있다. 2000년 무렵에는 미국 MIT 대학을 중심으로 한 연구자들이 에너지 수확 장치가 부착된 신발을 개발하여 보행 중 에너지를 수확하고자 하였다. 이 외에도 Science지에는 무릎에 부착하여 보행 에너지 수확을 위한 장치(Donelan et al., 2008) 및 보행 시 배낭의 움직임에서 에너지를 얻고자 한 배낭 발전기(Rome et al., 2005) 등이 소개되어 있다(그림 1.2.5(d)).

(5) RF 파(Radio Frequency wave)의 에너지

전력선이 없는 유비쿼터스 사회를 실현하기 위해서 사실 이미 오래 전에 발견된 원리를 이용한 또 하나의 시도가 있다. 바로 전자기파를 이용한 '무선 전력 전송' 기술인데, 여기에는 전자기 유도 현상, RF 방사(radiation) 및 자기 공명(magnetic resonance) 현상 등이 이용된다. 그러나, 앞서 기술하였듯이 주변에 일상에 존재하는 에너지를 이용하는 것이 에너지 수확의 정의라고 한다면 RF 방사를 제외한 방법들은 사실 발전이라기보다는 에너지 전송 및 분배 기술이라고 할 수 있다. 그림 1.2.5(e)처럼 라디오 방송, 휴대전화, Wi-Fi 무선 랜 신호 등 우리가 일상 생활에서 흔히 접하고 있는 무선 통신 시스템을 통해 정보 및 신호를 송수신하듯이 전기 에너지 역시 같은 방식으로 수확하는 것이 가능하다. 그러나, 주변에 존재하는 RF파의 파장에 적합한 매우 작은 안테나의 설계 문제, 대기의 상태에 따른 전력 감쇠 현상 및 낮은 출력 파워 밀도 등은 계속 해결해야 할 점이다.

(6) 기타

이 밖에도 소리 및 유체의 유동 에너지를 수확하고자 하는 연구가 진행되어 왔으며(그림 1.2.5(f)), 특히 고체 물리의 포논 결정(phononic crystal) 구조 및 음향 메타 물질(acoustic metamaterials)을 이용하여 특이한 파동 특성 등을 적절히 설계한다면 공기 중의 소리 및 구조물 내의 구조물 내의 탄성파 에너지를 집속하여 보다 효율적으로 전기 에너지로 변환하는 것이 가능하다(Chen et al., 2014).

지금까지 개략적으로 살펴 본 여러 에너지 원을 대상으로 적용된 에너지 수확 장치의 발생 전력량은 아직은 여러 전자 기기에 전원을 공급할 수 있을 만큼 충분하지 않다. 그러나, 무선 센서 노드 등의 저전력 응용 분야에는 적용이 되고 있다. 이에 에너지 공급 측면에서 에너지 수확 원, 기존 배터리 에너지 저장 장치의 파워 밀도와 에너지 수요 측면에서 몇 가지 가정용 전자 기기의 소모 전력과 비교하는 것은 의미가 있다. 그림 1.2.6(a)에는 앞서 살펴 본 여러 에너지 수확 대상 에너지 원 및 기존 에너지 저장 장치의 파워 밀도에 대한 비교가 제시되었다. 에너지 저장 장치에 대한 파워 밀도는 1년 수명에 대한 평균값이다.[4] 또한, 그림 1.2.6(b)에는 전자 기기의 소모 전력을 나타내었는데, 이 비교를 통해 에너지 수확 기술의 현 상태를 가늠할 수 있을 것이다.

---

4) 따라서, 앞서 언급한 바와 같이 에너지 밀도는 각각의 저장 장치의 총 수명에 대한 적분 결과가 됨을 알 수 있다.

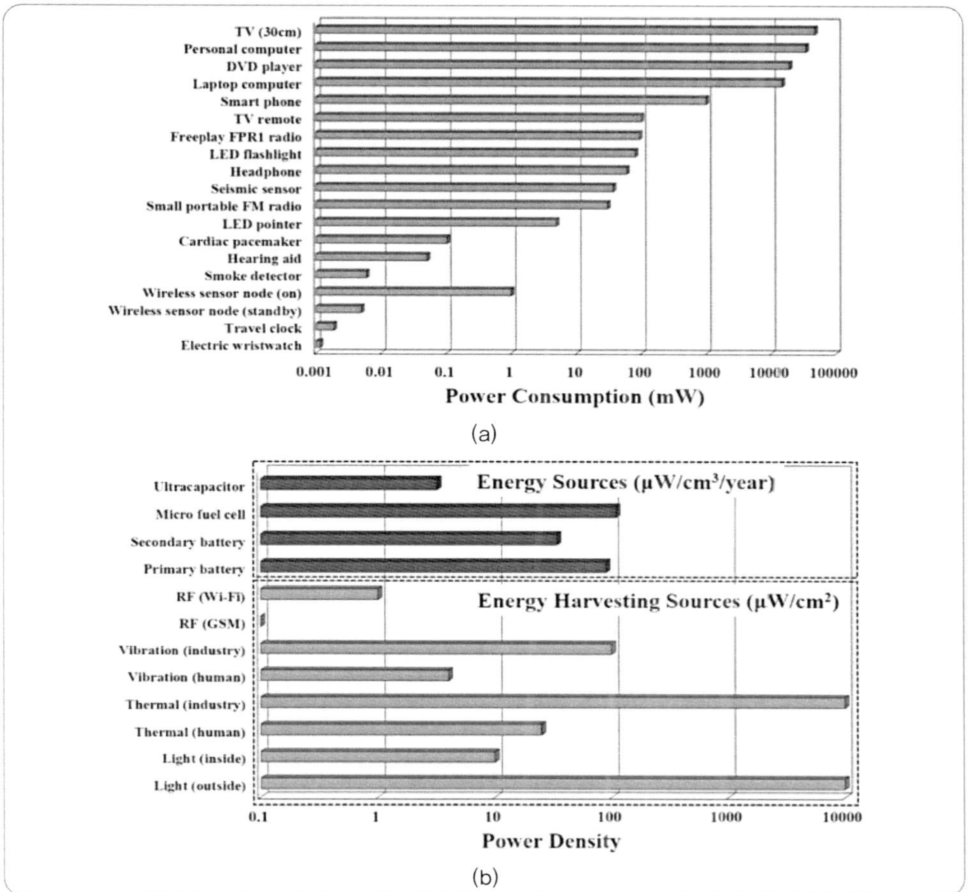

그림 1.2.6 그림 1.2.6 다양한 에너지 원의 파워 밀도 및 전자 기기의 소모 전력: (a) 에너지 수확 대상 에너지 원 및 에너지 저장 장치의 파워 밀드 비교, (b) 전자 기기의 소모 전력(참고문헌(Boisseau et al., 2012; Niroomand and Foroughi, 2016; Priya, 2007; Raju and Grazier, 2010; Roundy et al., 2005)에서 발췌한 내용을 정리한 것임)

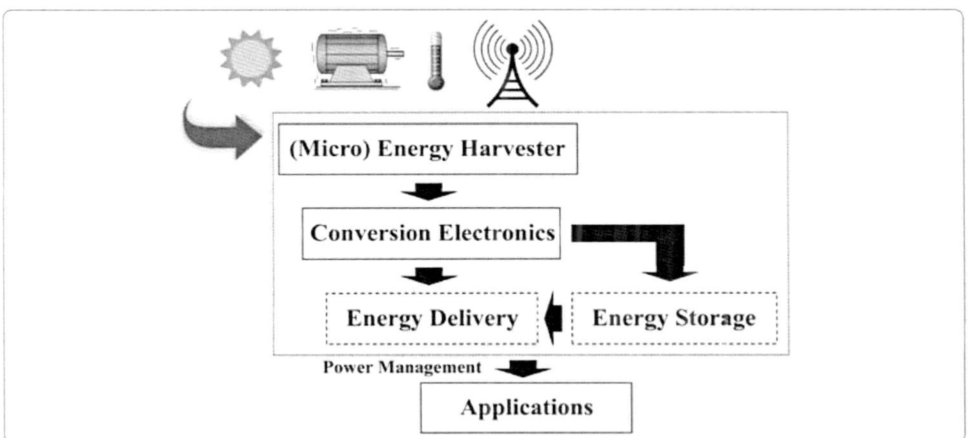

그림 1.2.7 에너지 수확 장치의 구성

1.2.3 에너지 수확 장치의 구성 요소

에너지 수확 기술의 장점은 무엇보다도 대상 에너지 원이 무한하고 자원 사용을 위해 환경을 거의 해치지 않는다는 점이다. 또한, 20년 이상 연구되어 오면서 장치의 크기는 점차 소형화되고 있지만 발생 전력은 증가되어 왔다. 그럼에도 불구하고, 에너지 수확 기술은 아직 발생 전력량이 미미하여 다양한 응용 분야에서 활용할 정도로 충분하지 않기 때문에 그림 1.2.7에 나타낸 각 구성 요소에 대한 지속적인 연구·개발이 필요하다.

(1) 에너지 수확 장치(energy harvester)

앞서 기술한 적절한 에너지 변환 수단을 통해 주변에 존재하는 다양한 에너지 원을 전기 에너지로 변환하는 장치로서, 가장 효과적이고 유효하게 에너지를 수확하기 위한 첫 번째 관문에 해당하는 요소이므로 많은 연구자들의 관심 대상이 되어 왔다. 주로 단일 종류의 에너지 원을 수확하도록 설계되고 있으나 적용되는 분야의 주변 환경에 따라서 1개 이상의 에너지 원을 고려한 에너지 수확 장치의 설계가 가능하다(Gambier et al., 2012). 예를 들면, 운송 수단에 설치된 무선 환경 센서는 운동 수단이 이동할 경우에 발생하는 진동을 에너지 원으로 할 수도 있으며, 낮에 운행이 없는 경우에는 태양광 등을 에너지 원으로 사용하는 것이다.

(2) 전력 변환 회로(power conversion electronics)

에너지 수확 장치를 통해 얻어진 전기는 대부분 저전압 직류이거나 교류이다. 따라서, 이러한 전기를 쓸모 있는 전기로 변환하기 위한 목적의 회로를 말한다. 저장 요소를 충전하거나 다른 전자 기기의 전원으로 사용하기 위해 일반적으로 정격 전압(예를 들면, 1.8 V, 3.3 V)의 직류가 필요한데, 이를 위한 전력 변환 회로의 구성은 수확할 에너지 원의 특성에 따라 정해진다. 즉, 빛이나 열 구배가 에너지 원일 경우에는 에너지 수확 장치에서 발생한 전기는 파워 밀도가 높은 저전압 직류이고, 진동원을 이용한 경우에는 교류 전력이 발생한다. 또한, 진동 에너지 수확의 경우에도 압전 재료를 이용한 경우 발생 전압이 높고 파워 밀도가 높지만, 전자기 유도 현상을 이용한 경우 파워 밀도가 상대적으로 낮고 출력 전압도 낮다. 이처럼 에너지 원이나 변환 수단에 따른 전기 출력 특성이 판이하다.

전력 변환 회로에서 고려해야 할 점은 에너지 수확 장치를 사용하여 얻어진 전기 에너지가 얼만큼 유용한 전기 에너지로 변환될 수 있는가 이며 이것이 바로 전력 회로의 효율성이다. 이를 위해 에너지 변환 효율을 높이기 위한 능동 임피던스 정합(active impedance matching) 등의 회로에 관한 연구도 매우 중요하다.

(3) 전기 에너지 저장 요소(energy storage)

에너지 수확을 통해 얻을 수 있는 전력의 양이 적고 또한 특정 응용 분야에서의 운용 기간을 고려하면, 발생된 전력을 저장하기 위한 에너지 저장 요소 역시 이 분야에서 매우 중요하다. 에너지 수확 기술에 사용될 수 있는 에너지 저장 요소로는 기존의 일반적인 커패시터(capacitor), 수퍼 커패시터(super capacitor), 박막 전지(thin film battery) 및 리튬 이온(Lithium-ion) 계의 이차 전지 등이 있다. 수확한 전기 에너지를 축적하거나 보존하는 요소로서 전기 누설이 적어야 함은 물론이다. 에너지 저장 요소의 종류 및 형태는 에너지 공급 최종 대상물의 주변 환경이나 파워 요구량에 따라서 정해진다. 예를 들면, 리튬 이온계의 이차 전지는 60° 이상 높은 온도의 주변 환경에서 사용하는 것이 바람직하지 않다. 그리고, 박막 전지의 경우 낮은 운용 온도에서는 최대 정격 전류가 수십 mA로서 다른 요소보다 상대적으로 낮다. 또한, 에너지 수확 장치의 특성상 잦은 충전 · 방전에도 강해야 한다. 일반적으로 수퍼 커패시터를 포함한 커패시터 계열과 박막 전지는 충전·방전에 강한 것으로 알려져 있다.

(4) 에너지 전달 요소(energy delivery)

전기를 필요로 하는 최종 응용 분야에 적절한 크기의 전류 및 전압을 제공한다. 이는 에너지 저장 요소 각각의 특징적인 에너지 저장 및 파워 전달 특성을 보완하기 위해 필요하다. 예를 들면, 에너지 저장 능력이 높은 박막 전지의 경우 고전류를 전달하기 위해 부스트(boost) 커패시터를 사용할 수 있다. 또한, 더욱 안정된 직류 전압 공급을 위해 전압 조정기(voltage regulator)가 필요한 경우도 있는데, 이 경우에는 에너지 저장 요소의 특성에 따라서 전력 변환 회로에 포함시키는 경우가 일반적이다.

1.3. 에너지 수확의 응용 분야

에너지 수확에 대한 관심이 한참 고조되어 있었던 시기인 2009년 3월, 에너지 수확 관련 업체 및 학계가 모인 'Embedded Systems Conference' 내의 에너지 수확 관련 패널에서 "What has really changed energy harvesting in the last two decades?" 라는 의제로 토론이 있었다. 에너지 수확 기술은 센서, MEMS 기술의 발전과 더불어 무선 통신, 저전력 전자 소자 기술의 조합으로 가능할 수 있었다는 것과 에너지 수확 장치의 킬러 응용 분야(killer application)에 대한 것이 주 내용이었다. 그 중 진동 에너지 수확 장치 및 박막 전지로 유명한 Perpetuum 사와 Cymbet 사는 각각 무선 센서 네트워크 분야와 지능형 빌딩(smart building), 지능형 감시(intelligent monitoring) 등을 킬러 응용 분야로서 주목하였고, Illinois 대학의 Champman 교수는 MEMS 센서 자체가 에너지 수확 장치로서 발전을 하게 될 것이라고 하였다. 현재도 이러한 경향은 변함이 없으며, 에너지 수확 장치의 응용 분야로 주목 받거나 연구되고 있는 분야를 나열하면 다음과 같으며, 이를 그림 1.3.1에 나타내었다.

- 휴대폰 등의 휴대용 IT 제품, 착용형 컴퓨터(wearable computer)
- 능동형 RFID: 운송, 물류 등의 실시간 위치 추적
- 무선 센서 네트워크: 구조 진단(SHM: Structural Health Monitoring), 야생 동물 추적(animal tracking), 차량 통신 네트워크, 지능형 빌딩(조명, 자동 전기 제어를 의한 무선 스위치 등), 지능형 플랜트(smart plant) 등
- 의료 분야: 인체 삽입형 의료 기기(medical implants, in-ear device, skin-of-surface device), 착용형 의료 진단 기기(wearable health monitoring) 등
- 국방 분야: 개인 전투 체계(전투 배낭, 전투화, 손목 시계, 보행 발전) 및 각종 무기체계(저전력 통신 장치, 센서)로서 운용 시간의 제약에서 벗어나 전투력 향상

사실 위에서 열거한 분야는 대부분 비교적 근거리에서 정보를 무선으로 주고 받는 WPAN(Wireless Personal Area Network)을 배터리 전원 없이 구현하여 유비쿼터스 사회를 실질적으로 가능하게 하는 것들이다. 더욱이, WPAN의 ZigBee 및 능동형 RFID 회로는 전력 소모가 매우 낮아서 발생 전력이 미미한 에너지 수확 기술과도 잘 맞는다. 따라서, ZigBee 무선 솔루션 업체의 모임인 ZigBee Alliance 역시 에너지 수확 기술의 가능성에 주목하였으며, 에너지 수확용의 무선 통신 사양인 'ZigBee Green Power' 표준 정책을 2009년부터 제시해오고 있다.

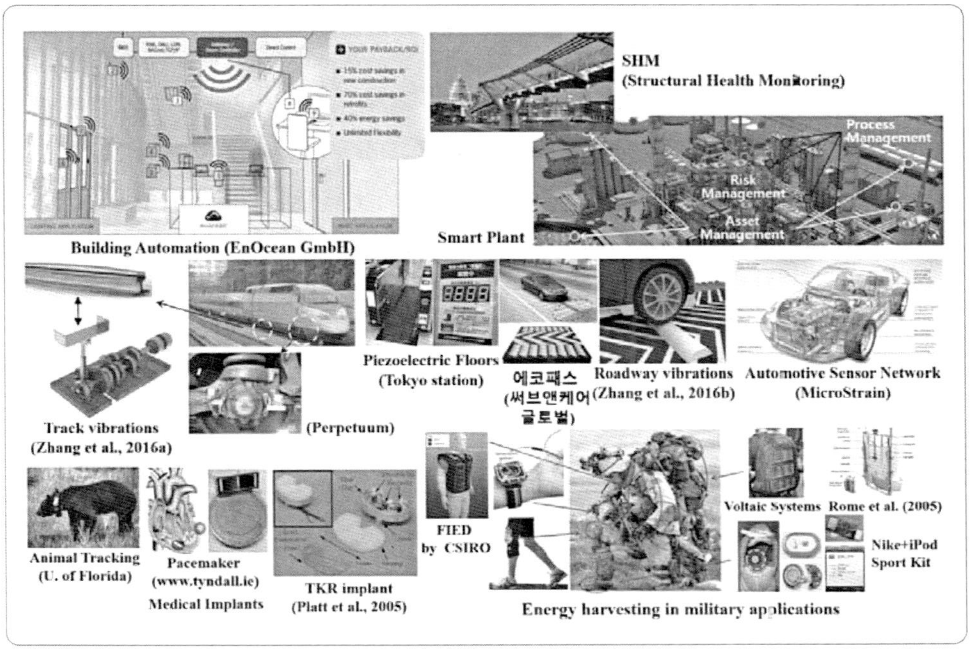

그림 1.3.1 에너지 수확 기술의 응용 분야

1.4.
에너지 수확 기술 및 동향

2000년 중반만 해도 에너지 수확에 대한 자료를 정리하기가 어렵지 않을 정도로 이에 대한 개념 및 관련 연구는 널리 알려져 있지 않았다. 그러나, 2000년 후반부터 에너지 수확에 대한 학술지 게재 논문 건수 및 학술대회 발표 횟수가 급격히 증가하였고, 유럽/북미 기업들의 관련 기술에 대한 상업화 노력의 결과로 정보의 양이 상당히 방대해졌다. 이러한 사실들은 에너지 수확 분야의 연구 및 기술 동향에 대한 현 주소를 단적으로 보여주는 것이다 .

세계적으로 유명한 미래 기술 예측 및 평가 기관의 하나인 MIT Technology Review에서는 '나노 전력 발전 소자 기술'이 2009년 10대 유망 기술 분야로 선정된 바 있다. 우리나라에서는 2015년 한국과학기술평가원(KISTEP)이 우리 사회의 불평등 해소에 기여할 수 있는 10대 유망 기술 중 하나로 나노 소재를 활용한 에너지 수확 기술을 선정한 바 있다. 여기에서는 몇 가지 중요한 에너지 수확 관련 기술 동향에 대해 살펴보자.

유럽 및 북미 지역에서는 오랜 기간 동안의 정책적 지원 아래 이뤄진 에너지 수확 기술에 대한 연구를 바탕으로 완성도가 높은 제품이 개발되어 전 세계적으로 판매되고 있다.

유럽에서는 일찍이 진동 에너지 수확에 대한 연구가 수행되어 왔다. 특히, 영국에서는 관련 분야의 초기 연구로 유명한 Southhampton 대학의 Steve Beeby 교수팀을 중심으로 9개 단체가 연합하여 VIBES(Vibration Energy Scavenging) 프로젝트를 2004년부터 2007년까지 수행한 바 있다. 이들은 주변 환경의 진동 에너지 원을 이용하여 무선 센서 네트워크 센서 노드의 전력원을 마련하고자 하였으며, 실리콘 미세 가공된 압전 외팔보 에너지 수확 장치(Marzencki et al., 2005) 및 전자기 유도 현상을 이용한 에너지 수확 장치(Beeby et al., 2007)를 개발한 바 있다.

2004년 Southhampton 대학을 기반으로 설립된 Pertuum 사는 PMG17(Perpetuum Micro Generator)이라는 전자기 유도 현상 기반 진동 에너지 수확 장치의 첫 상용화를 이룬 회사이다. PMG 계열 제품은 적어도 20년 이상 유지 보수 없이 적용 가능하도록 설계되었으며, 현재는 개발된 모듈을 개선하여 무선 센서 네트워크의 센서 노드 전력원 등 무선 솔루션에 다양하게 적용하고 있으며 특히, 기차, 철도 등의 건전성 진간 감시에 적용하고 있다.

영국에서는 또한 Zarlink 반도체 회사의 주도하에 Perpetuum 사를 포함한 6개 업체가 컨소시엄을 구성하여 SIMM(Self-energizing Implantable Medical Micro Systems) 프로젝트를 진행한 바 있다. 이들은 2006년부터 영국 DTI(Department of Trade and Industry)의 지원을 받아 심장 박동으로부터 발생된 에너지를 이용하여 심장 박동 조절 장치(Cardiac pacemaker), 제세동기(defibrillator) 등의 인체 삽입형 소형 장치에 전력을 공급할 수 있는 에너지 수확 장치를 개발하였다.

독일의 EnOcean사는 자급 충전이 가능한 무선 기술의 원천 기술 보유 회사이다. 빌딩 및 공장 자동화에 쓰이는 무선 에너지 수확 모듈을 개발하여 판매하고 있으며 이미 전 세계 수십만 개의 빌딩에서 이 회사의 에너지 수확 기술이 적용되고 있다고 한다. EnOcean Alliance라는 컨소시엄을 구성하여 지속 가능한(sustainable) 빌딩을 위한 혁신적인 에너지 수확 기술을 개발해오고 있다. 세계적인 반도체 회사인 TI(Texas Instruments) 사와의 제휴를 통해 이 회사의 저전력 소자를 사용하여 개발한 에너지 수확 모듈은 진동 뿐만 아니라 빛, 열 구배 등의 모든 에너지 원을 대상으로 하고 있다.

프랑스의 Schneider Electric사는 세계적인 에너지 관리 업체 및 가정, 산업 및 빌딩 부문 전력 제어 솔루션의 선두 주자로서 2009년 6월 세계 최초로 배터리가 필요 없는 ZigBee 무선 규약 호환의 자가 발전형 스위치를 개발하여 ZigBee 유럽 지역 포럼에서 시제품을 발표한 바 있다. 이는 배터리 없이 전기 장치에 대한 제어 신호를 무선으로 라우터에 전송하여 전선의 설치 및 배터리의 유지 보수 필요성을 제거하여 지능형 빌딩에 적용되고 있다.

오스트리아에 본사를 두고 주로 자동차 분야의 마이크로 무선 반도체 센서 제품을 생산하였던 SensorDynamics사는 EnOcean사와 자동차 부문의 에너지 수확 특허 기술 사용을 위한 라이센스 계약을 2009년에 체결한 바 있다. 이로써 SensorDynamics사는 배터리가 필요 없는 원격 무선 타이어 압력 측정 시스템(TPMS)을 구축함으로써 자동차 분야에 완전 통합형 무선 에너지 수확 시스템 솔루션을 제공할 수 있게 되었다.

북미 지역에서는 미국의 AdaptivEnergy사가 산업용, 구조 진단용, 운송용 등 진동 에너지 원의 특성에 적합한 Joule-Thief™ 상표명의 다양한 압전 진동 에너지 수확 모듈을 이용하여 무선 센서 솔루션을 개발·판매하고 있다.

Ferro Solutions사는 2002년 설립되어 미국의 The Office of Naval Research 및 MIT 공대와 제휴하여 무선 센서를 포함한 다양한 에너지 수확 장치의 응용 분야에 적용 가능한 진동 에너지 수확 장치를 개발해 왔다. 특히, 전자기 유도 현상을 이용한 에너지 수확 장치 뿐만 아니라 압전 · 자기 변형 현상이 연성된 전기-자기 효과 기반의 에너지 수확 장치를 개발한 점이 흥미롭다.

TI사는 이미 에너지 수확에 대한 가능성을 인지하고 2010년에 백서(Raju and Grazier, 2010)를 발간한 바 있다. 주로 저전력 에너지 수확 소자의 개발에 중점을 두고 있으며, 2009년 1월 태양광 에너지를 전기 에너지로 변환할 수 있는 태양 에너지 수확 개발 키트(kit)를 출시한 바 있다. 이는 신용카드 크기로서 에너지 수확 장치용 박막 전지 개발 업체인 Cymbet 사의 EnerChip™이라는 박막 전지 기술과 TI사의 마이크로 제어기 및 RF 트랜시버(tranceiver) 등을 결합한 것으로서 개발자들이 태양광으로 자급 충전이 가능한 무선 센서 네트워크를 구성 가능하게 하였다.

Cornell 대학의 연구팀에서 분사하여 미국 뉴욕에 본사를 둔 microGen Systems사는 MEMS 기반의 압전 진동 에너지 수확 장치 및 저전력 산업용 IoT(Internet of Things) 무선 센서 시스템 솔루션을 제공하는 업체이다. 또한, LORD MicroStrain Sensing Systems사는 에너지 수확 모듈에 적합한 무선 센서 노드와 전자기 유도(MVEH) 및 압전 기반의 진동 에너지 수확 장치(PVEH)를 개발하였다.

유럽/북미 지역에서는 이 밖에도 무선 센서 네트워크용의 에너지 수확 회로 모듈을 업계 최초로 출시한 Advanced Linear Devices사, 에너지 수확 장치용 무선 센서 노드를 개발한 Ambio Systems사, 에너지 수확 모듈용 마이크로 제어기를 출시한 바 있는 Jennic사, 진동 및 열 에너지 수확 모듈 개발 업체인 KFC Technologies사, 전력 관리 에너지 수확 솔루션을 개발·판매하고 있는 캐나다의 Linear Technology사 등이 있다. 지금까지 살펴 본 것 외에도 태양, 열 구배, RF 및 진동 에너지 등을 대상으로 한, 무선 센서 네트워크의 센서 노드용 상용 에너지 수확 장치에 대해서는 참고문헌(Shaikh and Zeadally, 2016)을 참조하기 바란다.

에너지 수확 기술의 발전에 주목하여 시장 조사 전문 기관인 IDTechEx는 매년 11월경 'Energy Harvesting & Storage USA'라는 국제 컨퍼런스 및 전시회를 개최하여 에너지 수확 기술 및 에너지 저장 분야의 최신 기술 동향, 향후 시장 예측 등에 초점을 맞추어

투자자, 공급업체, 개발자 및 정부 기관을 대상으로 관련 기술에 대한 사업화 기회를 모색할 수 있는 기회를 제공해 오고 있다. 또한, 'Energy Harvesting Journal'을 통해 에너지 수확에 대한 최신 기술 동향을 제공해 주고 있으며, 'Energy Harvesting and Storage for Electronic Devices'라는 보고서를 발간하여 향후 10년간의 에너지 수확 기술 및 시장 동향, 응용 분야를 다루고 있다.

우리나라의 경우 정부가 2009년 1월 저탄소 녹색 성장을 뒷받침하기 위해 녹색 기술 연구 개발 종합 대책을 확정한바 있으며, 같은 해 5월 녹색 성장 위원회를 통해 범 부처 차원의 녹색 기술 개발과 상용화 전략안을 발표하여 핵심 원천 기술 위주로 27대 중점 녹색 기술을 도출한 바 있다. 2010년에는 여러 후부 기반 기술 중 6대 혁심 기술을 다시 도출하여 녹색 기술과 관련 산업 발전의 근간이 되는 플랫폼형 기술 확보를 위해 2015년까지 수백억 원 규모의 R&D 사업을 컨소시엄 형태로 추진한 바 있다. 이 6대 핵심 기술에 '하이브리드 에너지 하베스팅' 및 '에너지 변환 녹색 소재 개발'이 포함되어 있었다. 또한, 한국전기연구원(KERI)은 2010년 1월, 미래를 바꿀 10대 유망 전기기술을 발표한 바 있는데, 이중 '마이크로 발전 기술'이 포함되어 있었다. 이즈음 우리나라에서도 에너지 수확 기술에 대한 정책적인 지원이 시작되었던 것이다. 이미 국내에서는 에너지 수확 관련 연구가 2000년 초부터 있어 왔으나 개별 연구자에 의한 소극적인 것이었고, 2010년 무렵을 지나서야 대학 및 정부 출연 연구기관을 중심으로 연구 활동이 활발해졌다. 그러나, 아직은 기업 중심의 연구·개발을 통한 제품 생산 및 적용 예는 찾아보기가 힘들다.

1.5. 에너지 수확 기술을 바라보며

2000년 초에 본격적으로 시작된 에너지 수확 기술은 그 동안 적지 않은 과학자 및 공학자들로부터 기술의 실효성에 대한 의심의 대상이 되기도 하였으나, 현재는 무선 통신 기술, 에너지 변환 소재 및 저전력 소자 기술의 발달로 무선 센서 네트워크의 센서 노드의 전력원으로서 성공적으로 적용되고 있음을 보여주고 있다. 이 기술의 킬러 응용 분야가 되리라 의심치 않는 유비쿼터스 무선 센서 네트워크(USN, WSN) 시장이 2010년 이후 더욱 본격적으로 성장하면서 에너지 수확 기술의 역할이 매우 기대된다. 에너지 수확 기술의 발전으로 유비쿼터스 사회에 대해 사람들이 머리 속에서만 상상하던 일들이 실현될 날이 다가오고 있다. 에너지 수확 기술은 최근 화두가 되고 있는 사물 인터넷(IoT: Internet of Things)을 통한 스마트 제조(Smart Manufacturing), 스마트 시티(Smart City)의 구현에 있어서도 그 역할이 기대된다.

Chapter 02

진동 및 진동 에너지 수확의 기초

Fundamentals of Vibrations and Vibration Energy Harvesting in General

여기서는 압전 진동 에너지 수확(PVEH: piezoelectric vibration energy harvesting)을 이해하기 위해 먼저 진동에 대한 기초를 다루었다. 집중 질량(lumped mass) 및 스프링으로 구성된 1 자유도계(one degree-of-freedom system)에 대한 진동을 통해 나중에 우리가 다룰 압전 진동 에너지 수확 장치의 수학적 모델에 사용되는 기호 및 기본 식을 소개하고자 하였다. 또한, 진동의 기초를 주로 가진원에 의한 구조물에서의 에너지 흐름 및 소산(dissipation) 관점에서 기술하고 이를 통해 일반적인 진동 에너지 수확 원리를 설명하였다. 이러한 일반적인 에너지 수확 원리에 기반하여 진동 에너지의 변환 수단 중에서도 전자기 유도, 정전기 및 압전 재료 기반의 진동 에너지 수확에 대해서 각각 그 특징을 간단히 살펴보고, 그 차이점 등을 기술하였다. 마지막으로 진동 에너지 수확의 대상이 되는 기계류 및 주변 생활에서의 진동 환경 특징에 대해 간단히 살펴보았다. 압전 재료 기반의 진동 에너지 수확에 대해서는 4장 이후에서 더욱 자세히 다루게 될 것이다.

2.1. 1 자유도(one degree-of-freedom) 집중 질량-스프링계

집중 질량 - 스프링 계는 그림 2.1.1에 나타낸 바와 같이 질량이 외력 가진을 직접 받아 진동하는 경우(force excitation)와 계가 부착된 기저(base)의 가진에 의해 진동하는 경우(base excitation)가 있다. 진동 에너지 수확에 있어서는 진동하는 구조물에 에너지 수확 장치를 부착하여 구조물의 진동 에너지를 수확하는 경우가 대부분으로서 그림 2.1.1(b)의 경우가 더욱 일반적이다. 그러나, 외력의 직접 가진에 의해 진동에너지를 수확하는 경우도 존재하므로 여기서는 2가지 경우를 모두 다룰 것이다.

2.1.1 외력 가진(force-excitation)의 경우

1자유도 질량-스프링계가 그림 2.1.1(a)와 같이 외력에 의해 직접 가진 될 경우, 변위 $w(t)$에 대한 운동 방정식은 다음과 같다.

$$m\ddot{w}(t) + c\dot{w}(t) + kw(t) = f(t) \tag{2.1.1}$$

위 식에서 m, c 및 k는 각각 질량(mass), 감쇠(damping) 및 스프링 강성(stiffness)을 나타낸다. 복소 지수법(complex exponential method)을 사용하여 조화 가진력(harmonic excitation) $f(t) = Fe^{j\omega t}$에 대한 변위 $w(t) = We^{-j\phi}e^{j\omega t} = \widetilde{W}e^{j\omega t}$의 주파수 응답(frequency response) 함수 $H(\omega)$는 다음과 같이 표현된다.

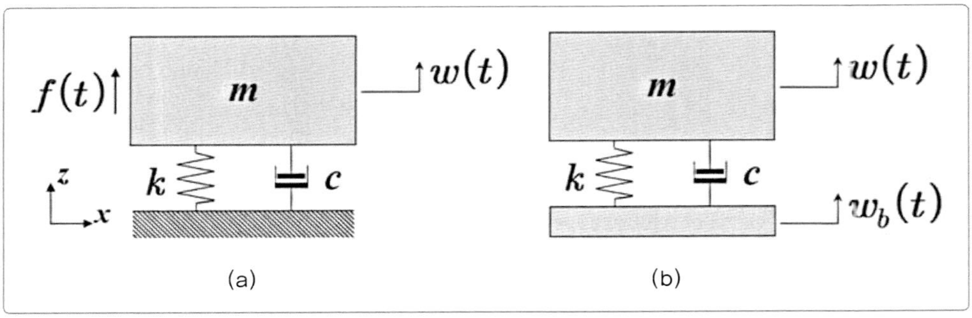

그림 2.1.1 (a) 외력 및 (b) 기전 가진의 경우에 대한 1 자유도 질량-스프링 계

$$\widetilde{H}(\omega)=\frac{\widetilde{W}}{F}=\frac{1}{k-\omega^2 m+j\omega c} \tag{2.1.2}$$

위 식에서 $\widetilde{W}$는 위상 정보를 포함한 복소수 변위 $We^{-j\phi}$를 나타낸다. 따라서, 위 식으로부터 주파수 응답 함수의 크기 및 위상(외력에 대한 변위의 위상 지연)을 구하면 다음과 같다.

$$H(\omega)=|\widetilde{H}(\omega)|=\left|\frac{\widetilde{W}}{F}\right|=\frac{W}{F}=\frac{1}{\sqrt{(k-\omega^2 m)^2+(\omega c)^2}} \tag{2.1.3a}$$

$$\phi=\tan^{-1}\left(\frac{\omega c}{k-\omega^2 m}\right) \tag{2.1.3b}$$

위 식에서 변위 W가 최대가 되는 주파수 $\omega_r=\omega_n\sqrt{1-2\zeta^2}$를 공진 주파수(resonant frequency)라고 한다. 여기서 $\omega_n(=\sqrt{k/m})$ (rad/s)은 계의 고유 진동수(natural frequency)로 정의되며, ζ는 감쇠비(damping ratio)로서 $c/2\sqrt{mk}$로 정의되는 상수이다. 감쇠비에 대해 $\zeta<0.3$ 또는 $\zeta<0.1$인 경우, 각각 10% 및 1%의 오차로서 $\omega_r\simeq\omega_n$의 관계가 성립한다.

식 (2.1.3a)는 주파수 비(frequency ratio)에 대한 정의 $r=\omega/\omega_n$를 이용하여 다음과 같이 무차원화된 식으로 표현할 수 있다.

$$\hat{H}(\omega)=\frac{W}{F/k}=\frac{1}{\sqrt{(1-r^2)^2+(2\zeta r)^2}} \tag{2.1.4}$$

이젠 1자유도 질량-스프링계가 외부 가진력을 받는 경우, 계에 유입되는 단위 시간 동안의 진동 에너지(파워)를 알아보자. 계에 유입되는 에너지 중 감쇠에 의해 소산되는 에너지는 곧 전기 에너지로 변환될 수 있는 물리량이고, 일반적으로 압전 진동 에너지 수확 장치의 변환 효율이 단위 시간당 입력 진동 에너지 대비 부하에서의 최대 발생 전력을 의미하므로, 우선 일반 구조물에서의 에너지(파워) 흐름에 대한 이해가 필요하기 때문이다.

식 (2.1.1)의 양변에 속도 $\dot{w}(t)$를 곱하면,

$$m\ddot{w}\dot{w}+c\dot{w}^2+kw\dot{w}=f\dot{w} \tag{2.1.5}$$

이고,

$$m\ddot{w}\dot{w}+kw\dot{w}=\frac{d}{dt}\left(\frac{1}{2}m\dot{w}^2+\frac{1}{2}kw^2\right)=\frac{d}{dt}(E_k+E_p)=\frac{dU_{int}}{dt} \tag{2.1.6}$$

이므로, 임의의 시간 t에서 파워의 흐름은 다음과 같다.

$$c\dot{w}^2+\frac{d}{dt}\left(\frac{1}{2}m\dot{w}^2+\frac{1}{2}kw^2\right)=P_d+\frac{dU_{int}}{dt}=f\dot{w}=P_{in} \tag{2.1.7}$$

위 식에서 E_k 및 E_p는 각각 질량-스프링 계의 운동 에너지(kinetic energy) 및 위치(변형) 에너지(potential energy)이고, P_d는 감쇠에 의해 단위 시간 당 소산되는 에너지를, P_{in}은 외력에 의해 계로 유입되는 파워를 나타낸다. 따라서, 식 (2.1.7)은 임의의 시간 t에서 외부 가진에 의해 유입되는 파워는 감쇠 기구에 의해 소산(또는 흡수)되는 양과 계의 운동 및 변형 에너지의 총합 U_{int}의 시간 변화량으로 구성됨을 의미한다. 식 (2.1.7)을 통해, 감쇠가 없는 경우($c=0$) 계에서 감쇠에 의해 흡수되는 파워가 존재하지 않음을 알 수 있으며, 이 경우 외부 가진에 의해 입력되는 에너지는 순전히 계의 에너지를 증가시키게 된다[1].

외부 가진력 $f(t)$의 주파수가 계의 고유 진동수 ω_n과 같은 경우, 즉 $f(t)=F\cos\omega_n t$인 경우에는 변위 응답은 $w(t)=W\cos(\omega_n t-\phi_n)$이 되고, 운동 에너지 및 변형 에너지의 합 U_{int}는

$$\begin{aligned}U_{int}&=\frac{1}{2}m\dot{w}^2+\frac{1}{2}kw^2\\&=\frac{1}{2}m\omega_n^2W^2\sin^2(\omega_n t-\phi_n)+\frac{1}{2}kW^2\cos^2(\omega_n t-\phi_n)\\&=\frac{1}{2}kW^2\sin^2(\omega_n t-\phi_n)+\frac{1}{2}kW^2\cos^2(\omega_n t-\phi_n)=\frac{1}{2}kW^2\end{aligned} \tag{2.1.8}$$

이므로, 아래와 같은 관계가 성립한다.

1) 감쇠가 없을 경우, 계는 정상 상태(steady state)에 도달할 수 없음을 상기하자.

$$\frac{d}{dt}\left(\frac{1}{2}m\dot{w}^2 + \frac{1}{2}kw^2\right) = \frac{d}{dt}(E_k + E_p) = \frac{dU_{int}}{dt} = 0 \tag{2.1.9}$$

식 (2.1.7) 및 (2.1.9)에 의하면, 외부 가진 주파수가 계의 고유 진동수와 일치하는 경우, 임의의 시간 t에서 외부 가진으로 인해 입력되는 파워는 감쇠에서만 소산되고, 계의 에너지 변화에는 기여하지 않는다.

이젠 외부 가진 주파수가 계의 고유 진동수와 일치하지 않는 더욱 일반적인 경우를 고려해보자. 즉, $\omega \neq \omega_n$인 경우 E_k 및 E_p는 다음과 같으므로,

$$E_k = \frac{1}{2}m\dot{w}^2 = \frac{1}{2}m\omega^2 W^2 \sin^2(\omega t - \phi) \tag{2.1.10}$$

$$E_p = \frac{1}{2}kw^2 = \frac{1}{2}kW^2\cos^2(\omega t - \phi)$$

식 (2.1.7)의 각 항을 표현하면 아래와 같다.

$$\begin{aligned}\frac{dU_{int}}{dt} &= (m\omega^3 - k\omega)W^2\sin(\omega t - \phi)\cos(\omega t - \phi) \\ &= \frac{m\omega^3 - k\omega}{2}W^2\sin 2(\omega t - \phi)\end{aligned} \tag{2.1.11a}$$

$$P_d = c\omega^2 W^2 \sin^2(\omega t - \phi) = \frac{c\omega^2}{2}W^2(1 - \cos 2(\omega t - \phi)) \tag{2.1.11b}$$

$$P_{in} = -FW\omega\cos(\omega t)\sin(\omega t - \phi) = \frac{FW\omega}{2}(\sin\phi - \sin(2\omega t - \phi)) \tag{2.1.11c}$$

위 식에서 각각의 파워에 대한 항은 모두 동일한 주파수를 갖고 있으며, 이는 외력 $f(t)$ 및 변위 응답 $w(t)$의 주파수에 비해 2배라는 것을 알 수 있다. 또한, 식 (2.1.11a)와 (2.1.11b)를 비교하면, $\omega > \omega_n$인 경우 P_d가 $\dot{U}_{int}$보다 3/4 주기 앞서고(그림 2.1.2 참조), $\omega < \omega_n$인 경우에는 P_d가 $\dot{U}_{int}$보다 1/4 주기가 앞섬을 확인할 수 있다. 식 (2.1.10) 및 (2.1.11b)로부터 조화 응답에서는 운동 에너지 E_k와 감쇠에 의해 소산되는 파워 P_d의 위상이 같으므로 운동 에너지가 클 때, 소산되는 파워 역시 높음을 알 수 있다.

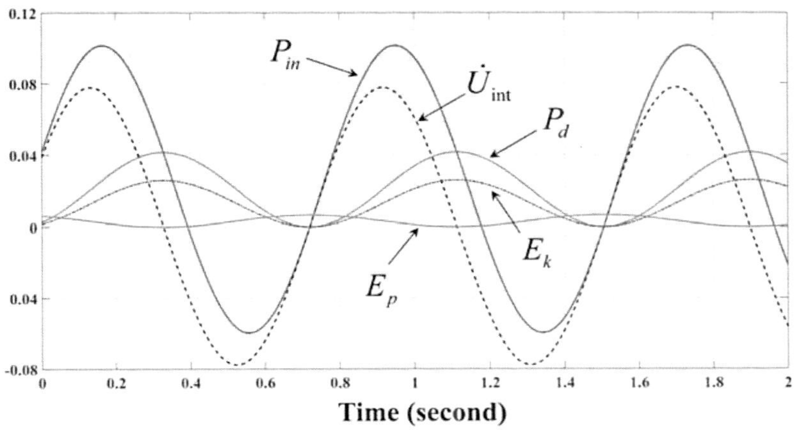

그림 2.1.2 외력 가진을 받는 1 자유도 질량-스프링 계에 대한 에너지 흐름
($\omega_n = 2, \omega = 4, F = 1, \zeta = 0.2, m = 2$)

다음으로 1주기($T = 2\pi/\omega$) 동안의 시간 평균된(time-averaged) 물리량에 대해서 알아보자. 운동 및 변형 에너지, 감쇠 에너지 및 입력 파워의 시간 평균값은 복소수 표현법을 사용하여 각각 다음과 같이 유도된다.

$$\overline{E}_k = \frac{1}{4} m \widetilde{V}\widetilde{V}^*; \overline{E}_p = \frac{1}{4} k \widetilde{W}\widetilde{W}^*; \overline{P}_d = \frac{1}{2} c \widetilde{V}\widetilde{V}^*; \overline{P}_{in} = \frac{1}{2} \mathrm{Re}\left\{\widetilde{F}\widetilde{V}^*\right\} \tag{2.1.12}$$

위 식에서 $\widetilde{V}$는 위상 정보를 포함한 복소수 속도($v(t) = \widetilde{V} e^{j\omega t}$)로서 $\widetilde{V} = j\omega \widetilde{W}$의 관계를 갖는다. 또한, $(\bullet)^*$ 및 $\overline{(\bullet)}$는 각각 공액 복소수(complex conjugate) 및 시간 평균된 물리량을 의미하기 위해 사용되었다. 따라서, $\overline{P}_{in}$을 구하기 위해 식 (2.1.2)를 $\widetilde{V}$에 대한 식으로 표현하면 다음과 같고

$$\left(j\omega m + c + \frac{k}{j\omega}\right)\widetilde{V} = F \tag{2.1.13}$$

이를 식 (2.1.12)의 $\overline{P}_{in}$에 대한 식에 대입하면 아래와 같은 식을 얻게 된다.

$$\overline{P}_{in} = \frac{1}{2} \frac{c\omega^2 F^2}{(k - \omega^2 m)^2 + (\omega c)^2} \tag{2.1.14}$$

위의 식은 $\omega = \omega_n$일 때 최대값 $\overline{P}_{in}^{\max} = (1/2)(F^2/c) = F^2/(4\zeta\omega_n m)$을 갖는다. 여기서, 식 (2.1.3a)에 나타낸 변위 응답의 최대값은 이미 언급한 바와 같이 $\omega_r = \omega_n\sqrt{1-2\zeta^2}$에서 발생하는 반면, 계에 입력되는 파워는 고유 진동수 ω_n에서 최대값을 가짐을 유의

하기 바란다. 물론 감쇠가 작은 경우 $\omega_r \simeq \omega_n$이므로 둘의 차이는 거의 없어진다.
이젠 식 (2.1.12)에 표현된 물리량 간의 관계를 알아보기 위해 식 (2.1.13)의 양변에 $\widetilde{V}^*/2$를 곱한 후 식을 정리하면 아래와 같은 식을 얻게 된다.

$$\begin{aligned}&\left(j\omega m + c + \frac{k}{j\omega}\right)\frac{\widetilde{V}\widetilde{V}^*}{2} \\ &= 2j\omega\left(\frac{1}{4}m\widetilde{V}\widetilde{V}^* - \frac{1}{4}k\frac{\widetilde{V}}{\omega}\frac{\widetilde{V}^*}{\omega}\right) + \frac{1}{2}c\widetilde{V}\widetilde{V}^* \\ &= 2j\omega\left(\frac{1}{4}m\widetilde{V}\widetilde{V}^* - \frac{1}{4}k\widetilde{W}\widetilde{W}^*\right) + \frac{1}{2}c\widetilde{V}\widetilde{V}^* = \frac{1}{2}F\widetilde{V}^*\end{aligned} \tag{2.1.15}$$

위 식의 양변에 대해 각각 실수 값을 취하고 식 (2.1.12)의 결과를 사용하면

$$\mathrm{Re}\left\{2j\omega\left(\overline{E}_k - \overline{E}_p\right) + \overline{P}_d\right\} = \frac{1}{2}\mathrm{Re}\left\{F\widetilde{V}^*\right\} = \overline{P}_{in} \tag{2.1.16}$$

이고, $\mathrm{Re}\left\{2j\omega\left(\overline{E}_k - \overline{E}_p\right)\right\} = 0$이므로 $\overline{P}_d = \overline{P}_{in}$의 관계가 성립한다. 즉, 임의의 시간 t에서는 외력의 가진 주파수가 계의 고유 진동수와 일치할 때에만 입력 파워가 모두 감쇠에서 소산되었지만, 1 주기 동안 계산된 평균값에 있어서는 외부 가진 주파수와의 일치 여부에 관계없이 해당한다.
결국 조화 가진력에 의한 입력 진동 에너지는 모두 감쇠에서 소산하게 되는데, 진동 에너지 수확이란 감쇠에서 소산되는 에너지의 일부를 어떤 수단에 의해 전기 에너지로 변환하게 되는 것이다[2].

[예제 2.1.1]

계에 가해지는 힘을 $f(t) = \widetilde{F}e^{j\omega t}$, 그 힘으로 인해 계가 $v(t) = \widetilde{V}e^{j\omega t}$의 속도로 운동할 때, 1 주기 당 계에 입력되는 평균 파워는 $\overline{P}_{in} = (1/2)\mathrm{Re}\left\{\widetilde{F}\widetilde{V}^*\right\}$가 됨을 보여라.

풀이

힘 $f(t) = \widetilde{F}e^{j\omega t} = (f_r + jf_s)e^{j\omega t}$ 및 변위 $w(t) = \widetilde{W}e^{j\omega t} = (w_r + jw_s)e^{j\omega t}$에 대해 실수부를 위하면 각각 $f(t) = f_r\cos\omega t - f_s\sin\omega t$ 및 $w(t) = w_r\cos\omega t - w_s\sin\omega t$가 된다. 따라서, 속도는 $v(t) = -\omega w_r\sin\omega t - \omega w_s\cos\omega t$가 되므로 1주기 동안 계에 가해

2) 지금까지 살펴 본 감쇠는 구조물 운동에 기인한 것이므로 이를 역학 감쇠(mechanical damping)라고 한다면, 역학 감쇠에 의한 에너지 소산은 피할 수 없으므로 모두 전기 에너지로 변환 시킬 수는 없다.

지는 일 W_{in}은 다음과 같이 표현된다.

$$
\begin{aligned}
W_{in} &= \oint f \cdot dw = \int_0^{2\pi/\omega} f \cdot \frac{dw}{dt} dt = \int_0^{2\pi/\omega} (f_r \cos\omega t) - f_s \sin\omega t)\dot{w} dt \\
&= \int_0^{2\pi/\omega} (f_r \cos\omega t) - f_s \sin\omega t)(-\omega w_r \sin\omega t - \omega w_s \cos\omega t) dt \\
&= \int_0^{2\pi/\omega} \left(-\omega w_s f_r \cos^2\omega t + \omega w_r f_s \sin^2\omega t\right) dt \\
&= \frac{2\pi}{\omega}\left(-\frac{1}{2}\omega w_s f_r + \frac{1}{2}\omega w_r f_s\right) = -\pi w_s f_r + \pi w_r f_s
\end{aligned} \quad \text{(a)}
$$

따라서, 1주기 동안 시간 평균된 입력 파워는 다음과 같다.

$$
\begin{aligned}
\overline{P}_{in} &= \frac{\omega}{2\pi} W_{in} = \frac{\omega}{2\pi}(-\pi w_s f_r + \pi w_r f_s) \\
&= -\frac{\omega}{2}(-w_s f_r + w_r f_s) = \frac{1}{2}\mathrm{Re}\{\widetilde{F} \cdot (-j\omega)\widetilde{W}^*\} \\
&= \frac{1}{2}\mathrm{Re}\{\widetilde{F} \cdot (j\omega\widetilde{W})^*\} = \frac{1}{2}\mathrm{Re}\{\widetilde{F}\widetilde{V}^*\}
\end{aligned} \quad \text{(b)}
$$

참고로, $\widetilde{F} = F_m e^{j\theta_F}$ 및 $\widetilde{V} = V_m e^{j\theta_V}$으로 나타낸다면 위 식의 결과는 다음과 같이 표현할 수 있다.

$$
\overline{P}_{in} = \frac{1}{2}\mathrm{Re}\{\widetilde{F}\widetilde{V}^*\} = \frac{1}{2}\mathrm{Re}\{F_m e^{j\theta_F} V_m e^{-j\theta_V}\} = \frac{1}{2}\mathrm{Re}\{F_m V_m e^{j(\theta_F - \theta_V)}\} \quad \text{(c)}
$$

위의 식에서 $\widetilde{F}$와 $\widetilde{V}$를 각각 복소 평면이 아닌 실수 평면상의 벡터 $\mathbf{F}$ 및 $\mathbf{V}$로 가정하면 다음의 의미를 갖는다.

$$
\overline{P}_{in} = \frac{1}{2} F_m V_m \cos(\theta_F - \theta_V) = \frac{1}{2}\mathbf{F} \cdot \mathbf{V} \quad \text{(d)}
$$

■ ■ ■

[예제 2.1.2]

식 (2.1.7)의 양변을 시간 $t=0$에서 $t=2\pi/\omega$에 대해 시간 평균한 식으로 부터 식 (2.1.14)를 유도하여라.

풀이

외력 $f(t) = F\cos\omega t$에 대해 변위 응답은 $w(t) = W\cos(\omega t - \phi)$이므로 식 (2.1.7)의 $c\dot{w}^2$ 항은 $c\omega^2 W^2 \sin^2(\omega t - \phi)$이 된다. 따라서, 1 주기 동안 감쇠에 의해 소모된 에너

지는 다음과 같고,

$$E_d = c\omega^2 W^2 \int_0^{2\pi/\omega} \sin^2(\omega t - \phi)dt = \pi\omega c W^2 \tag{a}$$

1 주기 동안의 시간 평균된 파워 $\overline{P}_d$는 $E_d/(2\pi/\omega)$와 같으므로 다음과 같이 표현된다.

$$\overline{P}_d = \frac{c\omega^2 W^2}{2} \tag{b}$$

위 식에 식 (2.1.3a)의 결과를 이용하면 다음과 같이 식 (2.1.14)와 같음을 알 수 있다.

$$\overline{P}_d = \frac{1}{2}c\omega^2 \frac{F^2}{(k-\omega^2 m)^2 + (\omega c)^2} = \frac{c\omega^2 F^2}{(k-\omega^2 m)^2 + (\omega c)^2} \tag{c}$$

조화 가진의 경우 $\overline{P}_d = \overline{P}_{in}$임을 유의하자.

■ ■ ■

2.1.2 기저 가진(base-excitation)의 경우

1 자유도 질량-스프링계가 그림 2.1.1(b)와 같이 기저의 운동 $w_b(t)$에 의해 가진 될 경우의 운동 방정식을 구해 보도록 하자. 이 경우에는 고정 좌표계에 대한질량 m의 절대 변위 $w(t)$ 또는 움직이는 기저에 대한 상대 변위 $w_r(t)$ $(=w(t)-w_b(t))$ 모두를 고려할 수 있으나, 여기에서는 후자에 대한 경우만을 고려하도록 한다. 상대 변위는 구조물의 변형을 나타내는 물리량이며, 나중에 다룰 압전 현상에 의한 전기 에너지로의 변환 과정을 파악하기에 용이하기 때문이다.

$$m\ddot{w}_r(t) + c\dot{w}_r(t) + kw_r(t) = -m\ddot{w}_b(t) \tag{2.1.17}$$

위 식에서 기저의 운동에 대해 조화 운동(harmonic motion) $w_b(t) = W_b e^{j\omega t}$를 가정하면, 질량 m의 상대 변위 $w_r(t) = W_r e^{-j\phi} e^{j\omega t} = \widetilde{W}_r e^{j\omega t}$에 대한 주파수 응답 함수 $\widetilde{H}(\omega)$는 다음과 같다.

$$\widetilde{H}(\omega) = \frac{\widetilde{W}_r}{W_b} = \frac{\omega^2 m}{k - \omega^2 m + j\omega c} \tag{2.1.18}$$

따라서, 위 식으로부터 주파수 응답 함수의 크기 및 위상 지연을 구하면 다음과 같다.

$$H(\omega) = \frac{W_r}{W_b} = \frac{\omega^2 m}{\sqrt{(k-\omega^2 m)^2 + (\omega c)^2}} \tag{2.1.19a}$$

$$\phi = \tan^{-1}\left(\frac{\omega c}{k-\omega^2 m}\right) \tag{2.1.19b}$$

식 (2.1.19a)를 주파수 비(frequency ratio)에 대한 정의 $r=\omega/\omega_n$ ($\omega_n = \sqrt{k/m}$)를 이용하여 무차원화된 식으로 표현하면 아래와 같다.

$$\widehat{H}(\omega) = \frac{W_r/k}{W_b/k} = \frac{r^2}{\sqrt{(1-r^2)^2+(2\zeta r)^2}} \tag{2.1.20}$$

또는, 식 (2.1.19a) 및 (2.1.20)을 기저의 가속도 $a_b(t) = \ddot{w}_b(t) = -\omega^2 W_b e^{j\omega t} = -A_b e^{j\omega t}$에 대해 표현하면 다음과 같다.

$$\left|\frac{\widetilde{W}_r}{A_b}\right| = \frac{W_r}{\omega^2 W_b} = \frac{m}{\sqrt{(k-\omega^2 m)^2+(\omega c)^2}} = \frac{1}{\omega_n^2}\frac{1}{\sqrt{(1-r^2)^2+(2\zeta r)^2}} \tag{2.1.21}$$

식 (2.1.20) 및 (2.1.21)에서 최대 상대 변위는 각각 $\omega_{r,1} = \omega_n/\sqrt{1-2\zeta^2}$ 및 $\omega_{r,2} = \omega_n\sqrt{1-2\zeta^2}$에서 발생한다. 그러나, $\zeta < 0.1$인 경우 $1/\sqrt{1-2\zeta^2}$과 $\sqrt{1-2\zeta^2}$의 차이는 약 2%의 오차를 가지므로 $\omega_{r,1} \simeq \omega_{r,2} \simeq \omega_n$이라고 가정할 수 있다.

앞서 외부 가진력에 의한 경우에서처럼 1 자유도 질량-스프링계가 기저의 조화 운동에 의한 가진을 받는 경우에 계에 유입되는 최대 파워(단위 시간당 에너지)를 알아보자. 그림 2.1.1(b)에 나타낸 바와 같이 기저의 운동 $w_b(t)$에 의해 가진 될 경우, 고정 좌표계에 대한 절대 변위 $w(t)$로 표현된 운동 방정식은 다음과 같다.

$$m\ddot{w} + c(\dot{w}-\dot{w}_b) + k(w-w_b) = 0 \tag{2.1.22}$$

계에 유입되는 파워가 $-c(\dot{w}-\dot{w}_b)\dot{w}_b - k(w-w_b)\dot{w}_b$임을 고려하여, 위 식은 양변에 $\dot{w}(t)$를 곱한 후 다음과 같이 나타낼 수 있다.

$$m\ddot{w}\dot{w} + c(\dot{w}-\dot{w}_b)^2 + c(\dot{w}-\dot{w}_b)\dot{w}_b + k(w-w_b)(\dot{w}-\dot{w}_b) + k(w-w_b)\dot{w}_b = 0 \tag{2.1.23}$$

따라서, 계에 유입되는 파워는 다음과 같다.

$$\begin{aligned} P_{in} &= -c(\dot{w}-\dot{w}_b)\dot{w}_b - k(w-w_b)\dot{w}_b \\ &= m\ddot{w}\dot{w} + c(\dot{w}-\dot{w}_b)^2 + k(w-w_b)(\dot{w}-\dot{w}_b) \\ &= c(\dot{w}-\dot{w}_b)^2 + \frac{d}{dt}\left(\frac{m\dot{w}^2}{2} + \frac{k(w-w_b)^2}{2}\right) \end{aligned} \tag{2.1.24}$$

위 식은 기저 가진되는 1 자유도 질량-스프링계의 파워 보존(power conservation)에 관한 것으로서 임의의 시간 t에서 강성 및 감쇠에 의해 계에 유입된 파워는 감쇠에 의해 소산되는 부분과 운동 에너지 및 탄성 에너지의 합의 시간 변화율로 구성됨을 의미한다[3]. 또한, 식 (2.1.24)의 특별한 경우로서 감쇠가 없는 경우에는 계에 유입되는 에너지 전부가 계의 에너지(또는 변위)를 형성하는데 모두 사용되어 정상 상태가 존재하지 않음을 의미하게 된다.

기저의 조화 운동을 가정하고 식 (2.1.24)에 나타낸 각 항의 1주기 동안의 파워 흐름에 대한 기여도를 분석해 보자. 식 (2.1.24)의 시간 평균된 물리량에 의한 표현은 다음과 같다.

$$-\frac{\omega}{2\pi}\int_0^{2\pi/\omega} c\dot{w}_r\dot{w}_b dt-\frac{\omega}{2\pi}\int_0^{2\pi/\omega} kw_r\dot{w}_b dt=\frac{\omega}{2\pi}\int_0^{2\pi/\omega} c\dot{w}_r^2 dt \tag{2.1.25}$$

기저의 조화 운동을 $w_b = W_b\cos\omega t$라고 하면, 상대 변위는 $w_r = W_r\cos(\omega t-\phi)$로 표현할 수 있다. 따라서 이를 대입하면 다음의 식을 얻을 수 있다.

$$-\frac{1}{2}c\omega^2 W_r W_b\cos\phi+\frac{1}{2}k\omega W_r W_b\sin\phi=\frac{1}{2}c\omega^2 W_r^2 \tag{2.1.26}$$

위 식을 유도하는 과정에서 다음의 관계식이 사용되었다.

$$\int_0^{2\pi/\omega}\sin\omega t\sin(\omega t-\phi)dt=\frac{\pi}{\omega}\cos\phi;$$

$$\int_0^{2\pi/\omega}\sin\omega t\cos(\omega t-\phi)dt=\frac{\pi}{\omega}\sin\phi$$

$$\int_0^{2\pi/\omega}\sin^2\omega t\,dt=\frac{\pi}{\omega}$$

식 (2.1.19b)에 의하면 $0 \le \phi \le \pi$이므로, 식 (2.1.26)의 좌변 두 번째 항에 의하면 강성에 의해 계에 유입되는 파워는 음수가 될 수 없다. 그러나, 첫 번째 항에 의하면 감쇠에 의해 유입되는 파워는

❶ $\omega < \omega_n$인 경우, $\phi < \pi/2$이므로 음수가 된다. 즉, 이 경우 계로부터 감쇠에 파워가 유출된다.

❷ $\omega = \omega_n$인 경우, $\phi = \pi/2$이고, 따라서 $\cos\phi = 0$이므로 0이 된다. 즉, 감쇠에 의한

3) 이 경우 감쇠가 에너지 전달에도 기여함을 유의하자.

파워 기여는 없다. 이 경우의 식 (2.1.26)은 $W_r = kW_b/c\omega_n = m\omega_n W_b/c$가 되는데 이는 결국 식 (2.1.19a)와 같게 된다.

❸ $\omega > \omega_n$인 경우, $\phi > \pi/2$이고 $\cos\phi < 0$이므로 양수가 된다. 즉, 이 경우 파워가 감쇠에 의해 계에 유입된다.

만약, 강성 및 감쇠에 의한 파워 기여율이 같다면 이는 식 (2.1.26)에 의해 $-c\omega\cos\phi = k\sin\phi$이 성립하므로 $\tan\phi = -c\omega/k$를 의미하게 되는데 이는 바로 식 (2.1.19b)에서 $\omega = \sqrt{2}\,\omega_n$인 경우이다. 그런데, 이 값은 진동 절연(vibration isolation)에서의 변위 전달 계수(displacement transmissibility)[4]가 1인 지점의 주파수가 된다. ❸에 의하면, 고유 진동수 이상의 가진 주파수에서는 감쇠에 의해서도 계에 파워가 유입되므로 $\sqrt{2}\,\omega_n$이상의 주파수에서는 오히려 감쇠가 작을 경우에 변위 전달 계수가 감소하게 되는 것이다. 식 (2.1.26)에서 $\omega \gg \omega_n$인 경우에는 $\phi \to \pi$ 및 $\sin\phi \to 0$가 성립하므로 강성에 의해 유입되는 파워는 0에 가까워지고, $W_b = W_r$의 관계를 얻게 된다.
이제 기저의 조화 운동에 의해 계에 유입되는(또는 감쇠에 의해 소산되는), 1주기에 대해 평균된 파워 $\overline{P}_{in}$의 식을 구해보도록 한다. 식 (2.1.26)의 우변에 식 (2.1.19a)를 대입하면

$$\begin{aligned}\overline{P}_{in} &= \frac{1}{2}c\omega^2 W_r^2 = \frac{1}{2}\frac{c\omega^6 m^2}{(k-\omega^2 m)^2 + (\omega c)^2}W_b^2 \\ &= \frac{1}{2}\frac{c\omega^2 m^2}{(k-\omega^2 m)^2 + (\omega c)^2}A_b^2\end{aligned} \tag{2.1.27}$$

이므로, $\omega = \omega_n$에서 다음과 같은 최대값을 갖게 된다.

$$\overline{P}_{in}^{\max} = \frac{1}{2}\frac{\omega_n^4 m^2}{c}W_b^2 = \frac{1}{2}\frac{m^2}{c}A_b^2 = \frac{m}{4\zeta\omega_n}A_b^2 \tag{2.1.28}$$

즉, 동일한 가속도의 기저 운동에 의해 가진될 경우에, 동일한 고유 진동수 및 감쇠를 갖는다면 질량이 클수록 계에 유입되는 파워가 크다. 이는 진동 에너지 수확 장치를 설계함에 있어서 고려할 사항 중의 하나이다. 그리고, 식 (2.1.28)로부터 유의할 사항으로서 감쇠 계수 c 또는 감쇠비 ζ의 값이 0인 경우 $\overline{P}_{in}^{\max}$의 값이 무한대인 것으로 생각될 수 있으나, 앞서 기술한 바와 같이 감쇠가 0인 경우 외부에서 유입되는 에너지는 모두 계의 에너지 형성에 사용되므로 정상 상태가 될 수 없으며, 이는 정상 상태 가정에서

4) $|\widetilde{W}/\widetilde{W}_b|$를 변위 전달계수라고 한다.

구한 위의 식들의 잘못된 적용이 되는 것이다.

[예제 2.1.3]

계에 가해지는 힘과 힘이 가해지는 부분의 속도를 이용한 식 (2.1.1) 및 (예저 2.1.16)의 결과를 이용하여 식 (2.1.27)을 유도하여라.

풀이

$\widetilde{F}=-j\omega c\widetilde{W}_r-k\widetilde{W}_r$ 및 $\widetilde{V}=-j\omega c\widetilde{W}_b^*=-j\omega\widetilde{W}_b$를 이용하면, 아래와 같은 식을 얻게 된다.

$$\overline{P}_{in}=\frac{1}{2}\mathrm{Re}\left\{\widetilde{F}\widetilde{V}^*\right\}=\frac{1}{2}\frac{c\omega^6m^2}{(k-\omega^2m)^2+(\omega c)^2}W_b^2 \tag{a}$$

■ ■ ■

[예제 2.1.4]

식 (2.1.26)을 이용하여 감쇠에 의한 1주기 동안의 파워 소산량 대비 파워 기여량의 비율을 구하고 그 의미를 기술하여라.

풀이

감쇠에 의한 1주기 동안의 파워 기여량은 $\overline{P}_{cont}=-(1/2)c\omega^2W_rW_b\cos\phi$이고, 소산량은 $\overline{P}_d=(1/2)c\omega^2W_r^2$이 된다. 따라서, 이 들의 비율은 다음 식과 같음을 확인할 수 있다.

$$\begin{aligned}\frac{\overline{P}_{cont}}{\overline{P}_d}&=\frac{-(1/2)c\omega^2W_rW_b\cos\phi}{(1/2)c\omega^2W_r^2}=-\frac{W_b}{W_r}\cos\phi\\&=-\frac{\sqrt{(k-\omega^2m)^2+(\omega c)^2}}{\omega^2m}\cos\phi\\&=-\frac{\sqrt{(k-\omega^2m)^2+(\omega c)^2}}{\omega^2m}\frac{k-\omega^2m}{\sqrt{(k-\omega^2m)^2+(\omega c)^2}}\\&=-\frac{k-\omega^2m}{\omega^2m}=\frac{\omega^2-\omega_n^2}{\omega^2}=1-\left(\frac{\omega_n}{\omega}\right)^2\end{aligned} \tag{a}$$

위의 식은 항상 1보다 작으므로 감쇠에 의해 계에 유입되는 파워는 감쇠에 의해 소산되는 파워보다 항상 작다는 것을 알 수 있다. 가진 주파수가 고유 진동수보다 훨씬 크면 앞서 전술한 바와 같이 강성에 의해 유입되는 파워는 사라지고 식 (a)에서 확인할 수 있듯이 감쇠에 의해서만 계에 유입되는 파워가 존재하고 이는 그대로 감쇠에서 소산된다.

■ ■ ■

2.2. 진동 에너지 수확의 일반 원리

2.1에서 살펴본 바와 같이 질량-스프링 계에 유입되는 에너지는 모두 감쇠에서 소모된다. 그림 2.1.3(a)에서는 이러한 감쇠에 관련된 모든 감쇠력을 f_d로 표현하였다. 여기에는 구조 내부 감쇠 및 전기 또는 자기 감쇠를 모두 포함하며, 진동 에너지 변환의 주요 수단으로 사용되고 있는 정전기(electrostatics), 전자기 유도(electromagnetic induction) 및 압전 현상(piezoelectricity phenomenon) 등은 그 특성에 따라 구분한 것으로 볼 수도 있다[5]. 따라서, 일부 문헌에서는 계 에 존재하는 감쇠의 특성에 따라 공진형(resonant type) 진동 에너지 수확기를 그림 2.1.3(b)의 속도 비례 감쇠 발전기(VDRG: velocity-damped resonant resonator)와 그림 2.1.3(c)의 쿨롱 감쇠 발전기(CDRG: Coulomb-damped resonant generator)로 구분하기도 한다(Mitcheson et al., 2008). 대체로 전자기 유도 기반 및 압전 기반 에너지[6] 수확 장치는 VDRG에 속하고, 정전기 방식의 진동 에너지 수확 장치는 정전기력(f_c)이 쿨롱 감쇠 특성을 가지므로 CDRG에 속한다고 할 수 있다. CDRG에서의 쿨롱 감쇠는 감쇠력의 불연속으로 인한 비선형 특성을 갖고 있어서 해석해를 구하는 것이 다소 복잡하다. 따라서, 여기서는 별도로 다루지 않으므로 자세한 내용은 참고문헌을 참조하기 바란다(Mitcheson et al., 2004a). 여기에서는 2.1에 제시된 수학적 모델을 이용하여 그림 2.1.3(b)를 중심으로 진동 에너지의 가장 일반적인 변환 원리를 기술하고 그림 2.1.3(c)의 정전기 진동 에너지 수확에 대해서는 그 기초 원리만 설명하도록 할 것이다. 압전 진동 에너지에 대해서는 3장에서 압전의 기초를 설명한 후 이 책의 나머지 부분에서 자세히 다루게 될 것이다.

---

5) 이 외에도 자기 변형(magnetostrictive) 및 자기-전기(magneto-electric) 효과를 이용한 진동 에너지 변환 수단이 존재한다.

6) 엄밀하게 압전 진동 에너지 수확의 감쇠 특성은 속도 비례, 즉 점성 감쇠보다는 구조 감쇠의 특성을 갖는다. 여기에 대해서는 6.1에서 자세히 기술할 것이다.

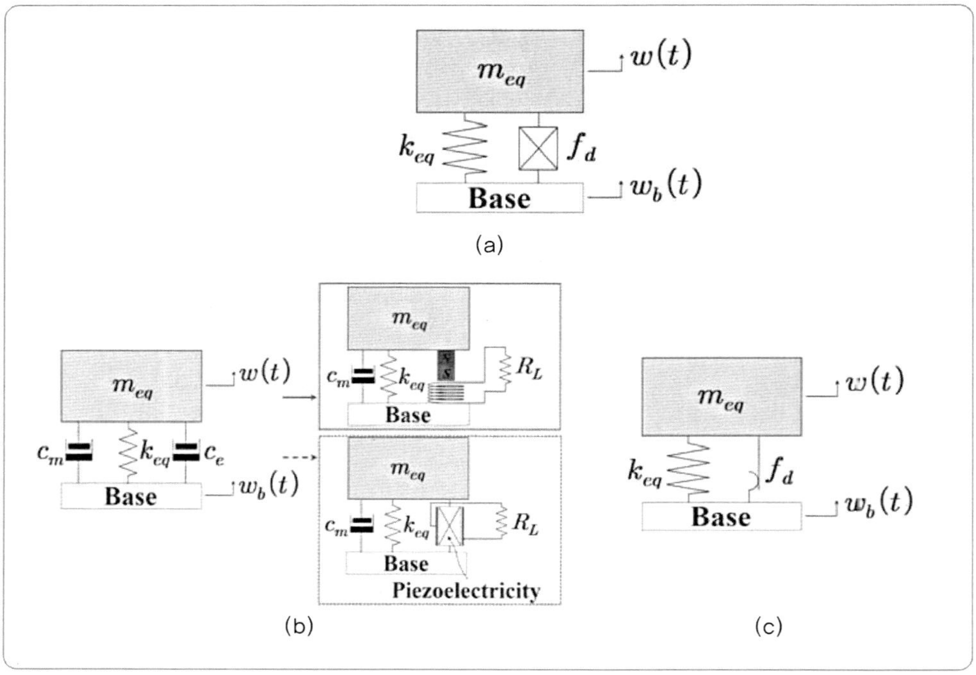

그림 2.1.3 (a) 진동 에너지 수확 장치의 일반 모델(generic model), (b) 전자기 유도 및 압전 현상 기반 진동 에너지 수확 장치 및 (c) 정전기 진동 에너지 수확 장치의 개략 모델(하첨자 'eq'는 등가의 파라미터를 나타낸다.)

2.2.1 진동 에너지 수확의 일반 원리-전자기 유도 기반 에너지 수확

그림 2.1.3(b)의 모델은 전자기 유도 기반의 진동 에너지 수확 원리를 잘 설명해 주고 있다. 또한, 압전 연성 효과가 잘 반영된 최근의 수학적 모델과는 달리 초기의 압전 진동 에너지 수확의 수학적 모델 역시 역학 방정식에 대한 압전 연성의 효과를 단순한 점성 감쇠로 간주하여 이 모델을 사용하기도 하였다(Chen et al., 2006). 그럼에도 불구하고 그림의 모델은 압전 진동 에너지 수확 장치의 출력 전기에 대한 입력 가진 및 전기/역학 계의 상호 관계를 이해하기 위한 간단하면서도 효과적인 수단을 제공하기도 하였다. 따라서, 본 내용은 진동 에너지 수확의 일반 원리를 이해하기 위해 꼭 필요한 내용이라고 볼 수 있다.

진동 에너지 수확에 있어서 계에 유입되는 에너지는 구조물의 감쇠에 의해 소산될 뿐 아니라 전기 에너지로의 변환에 의해서도 소산되므로, 감쇠 계수 c는 일반적으로 역학 감쇠 c_m 및 전기 감쇠 c_e로 구성되어 있다고 가정한다($c = c_m + c_e$). 따라서, 식 (2.1.27)에서 전기 감쇠에 의해 유용한 전기 에너지로 변환되는 부분 $\overline{P}_{in}^{elec}$는 다음과 같이 나타낼 수 있다.

$$\overline{P}_{in}^{elec} = \frac{1}{2}c_e\omega^2 W_r^2 = \frac{1}{2}\frac{c_e\omega^2 m^2 A_b^2}{(k-\omega^2 m)^2 + (\omega c)^2} = \frac{m\zeta_e r^2 A_b^2}{\omega_n\{(1-r^2)^2 + (2\zeta r)^2\}} \tag{2.2.1}$$

위 식에서 $c = c_m + c_e = 2\zeta\omega_n m = 2(\zeta_m + \zeta_e)\omega_n m$ 및 $c_e = 2\zeta_e\omega_n m$의 관계가 이용되었다. 따라서, $r = 1\ (\omega = \omega_n)$에서 다음과 같이 표현된다.

$$\overline{P}_{in}^{elec} = \frac{m\zeta_e A_b^2}{4\omega_n\zeta^2} = \frac{m\zeta_e A_b^2}{4\omega_n(\zeta_m + \zeta_e)^2} \tag{2.2.2}$$

위 식은 ζ_e의 함수이므로 위 식에 $d\overline{P}_{in}^{elec}/d\zeta_e = 0$을 적용하여 공진에서 $\overline{P}_{in}^{elec}$가 최대가 되는 조건을 다음과 같이 구할 수 있다.

$$\frac{d\overline{P}_{in}^{elec}}{d\zeta_e} = \frac{mA_b^2}{4\omega_n}\frac{(\zeta_m + \zeta_e)^2 - 2\zeta_e(\zeta_m + \zeta_e)}{(\zeta_m + \zeta_e)^4} = \frac{mA_b^2}{4\omega_n}\frac{(\zeta_m - \zeta_e)}{(\zeta_m + \zeta_e)^3} \tag{2.2.3}$$

따라서, $\zeta_m = \zeta_e$의 관계를 얻을 수 있으며, 이 때의 최대 전기 출력값 $\overline{P}_{in}^{elec,\max} = mA_b^2/16\omega_n\zeta_e$을 얻을 수 있다. 이러한 관계는 ζ_m과 ζ_e가 독립적으로 변할 수 있는 물리량이라는 가정이 필요하다. 그런데, 이 결과는 전자기 유도 요소인 코일의 전기 손실 등을 포함한 전기 영역(electrical domain)으로의 최대 전력 전달을 의미하는 것이지 전기 부하(electrical load)로의 최대 전력 전달을 의미하는 것은 아니다. 즉, 전기 감쇠와 전기 손실 등을 특별히 구별하지 않았으며, 주변 환경으로부터 전기 부하로의 유용한 파워 흐름보다는 수확 장치에 유입되는 파워 흐름에 초점을 맞추어 기술하였다.

(1) 전자기 유도 기반 진동 에너지 수확

그림 2.1.4(a)에 나타낸 전자기 유도 기반 진동 에너지 수확 장치의 개략 모델에 대해 2개의 역학-전기 연성 방정식을 구하고 그에 대한 특성을 알아보자. R_L은 전기 부하(실제로 전기 에너지를 유용하게 소모하는 부분)의 저항을 나타내고, 회로의 유도 용량(inductance) 요소는 고려하지 않는다. 영구 자석 DC 모터의 경우처럼 가장 간단한 형태의 전기 역학 연성(electromechanical coupling) 모델을 기반으로 전자기 유도 진동 에너지 수확의 원리를 설명할 것이다(Stephen, 2006).

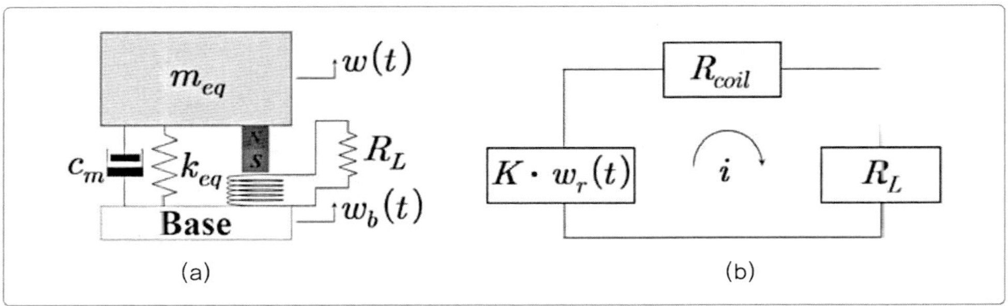

그림 2.1.4 (a) 전자기 유도 기반 진동 에너지 수확 장치의 개략 모델 및 (b) 등가 회로 모델

그림 2.1.4(a)에서와 같이 구조물이 진동할 때, 코일 속을 움직이는 자성체 질량[7]에 대해서 운동을 저지하려는 힘(f_d)과 코일을 흐르는 유도 전류(i) 사이의 관계는 변환 계수(transduction coefficient) K를 사용하여 $f_d = Ki$의 관계가 성립한다(K를 구하는 방법은 코일 운동 방향과 자속 방향과의 관계에 따라 다른데, 이에 대해서는 참고문헌(Lee et al., 2014; Mitcheson et al., 2004a)을 참조하기 바란다.). 또한, 코일에서의 유도 전압(V)과 등가 질량 m_{eq}의 기저에 대한 상대 속도 $\dot{w}_r$와의 관계는 $V = K\dot{u}_r$가 된다. 이러한 관계들을 이용하면 그림 2.1.4(a)의 등가 모델에 대한 전기 연성 역학 방정식 및 그림 2.1.4(b)의 등가 전기 회로에 대한 역학 연성 Kirchhoff 전압 법칙 관계식은 각각 다음과 같다.

$$m_{eq}\ddot{w} + c_m\dot{w}_r + Ki + k_{eq}w_r = -m_{eq}\ddot{w}_b \tag{2.2.4a}$$

$$iR_{coil} + iR_L - K\dot{w}_r = 0 \tag{2.2.4b}$$

식 (2.2.4b)를 이용하여 위의 식 (2.2.4a)에서 전류 i를 소거하면

$$m_{eq}\ddot{w} + c_m\dot{w}_r + \frac{K^2}{R_{coil}+R_L}\dot{w}_r + k_{eq}w_r = -m_{eq}\ddot{w}_b \tag{2.2.5}$$

따라서, 전기 감쇠 $c_e = K^2/(R_{coil}+R_L)$를 고려한 감쇠 관계는 다음과 같다.

$$c = c_m + c_e = c_m + \frac{K^2}{R_{coil}+R_L} \tag{2.2.6}$$

가진 주파수가 계의 고유 진동수 ω_n일 때의 발생 전력을 구하기 위해 식 (2.1.19a)를

7) 자성체가 움직이는 기저(진동하는 구조물)에, 코일이 에너지 수확 구조물에 부착되는 경우도 있으나 일반적으로 자성체가 에너지 수확 구조물에 부착되는 것이 고유 진동수 조절 및 전력 발생 측면에 있어서 더욱 유리하다.

이용하면,

$$w_r = W_r \cos(\omega_n t - \phi) = \frac{\omega_n m_{eq} W_b}{c} \cos(\omega_n t - \phi) \tag{2.2.7}$$

가 되므로 식 (2.2.4b)에 의해 전류 i는 다음과 같이 표현된다.

$$i = \frac{K}{R_{coil} + R_L} \dot{w}_r = \frac{K}{R_{coil} + R_L} \frac{-m_{eq} A_b}{c_m + c_e} \sin(\omega_n t - \phi) \tag{2.2.8}$$

따라서, 부하 저항 R_L에서 소모되는 순간 전력은 아래와 같으므로

$$\begin{aligned} P_{inst} = i^2 R_L &= \frac{K^2 R_L}{(R_{coil} + R_L)^2} \frac{m_{eq}^2 A_b^2}{(c_m + c_e)^2} \sin^2(\omega_n t - \phi) \\ &= \frac{m_{eq}^2 A_b^2 K^2 R_L}{(R_{coil} + R_L)^2 \left(c_m + \dfrac{K^2}{R_{coil} + R_L}\right)^2} \sin^2(\omega_n t - \phi) \\ &= \frac{m_{eq}^2 A_b^2 K^2 R_L}{\left\{c_m (R_{coil} + R_L) + K^2\right\}^2} \sin^2(\omega_n t - \phi) \end{aligned} \tag{2.2.9}$$

1주기 동안 R_L에서 소비되는 평균 전력 $\overline{P}_{R_L}$는 다음과 같이 유도된다.

$$\overline{P}_{R_L} = \frac{m_{eq}^2 A_b^2 K^2 R_L}{2\left\{c_m (R_{coil} + R_L) + K^2\right\}^2} \tag{2.2.10}$$

그런데, 위 식의 분자 및 분모를 $(R_{coil} + R_L)^2$으로 나누면

$$\overline{P}_{R_L} = \frac{m_{eq}^2 A_b^2 K^2 R_L / (R_{coil} + R_L)^2}{2\left\{c_m + K^2 / (R_{coil} + R_L)\right\}^2} \tag{2.2.11}$$

이므로, $c_{e,load} = K^2 R_L / (R_{coil} + R_L)^2$, $c_{e,loss} = K^2 R_{coil} / (R_{coil} + R_L)^2$으로 정의하면 식 (2.2.6)에 의해 $c_e = c_{e,load} + c_{e,loss}$가 되어 다음의 식이 성립한다.

$$\overline{P}_{R_L} = \frac{m_{eq}^2 A_b^2 c_{e,load}}{2(c_m + c_{e,load} + c_{e,loss})^2} \tag{2.2.12}$$

위 식을 유도함에 있어서 $c_{e,load}$ 및 $c_{e,loss}$ (또는 $\zeta_{e,load}$ 또는 $\zeta_{e,loss}$)는 서로 독립이 아님을 유의하자(이들은 모두 K, R_{coil}, R_L의 함수이다.).
그런데, 식 (2.2.2)에 식 (2.2.6)를 대입하면 아래와 같은 식을 얻을 수 있는데,

$$\overline{P}_{in}^{elec,\max} = \frac{c_e m_{eq}^2 A_b^2}{2(c_m + c_e)^2} = \frac{K^2/(R_{coil}+R_L) m_{eq}^2 A_b^2}{2\left(c_m + K^2/(R_{coil}+R_L)\right)^2} \tag{2.2.13}$$

위 식은 앞서 기술한 바와 같이 손실을 포함한 전기 감쇠 c_e에 의해 소모되는 평균 전력량(R_{coil} 및 R_L에서 소모되는 전력)을 나타내며 식 (2.2.11) 및 (2.2.12)를 이해하는데 도움이 될 것이다. 식 (2.2.13)을 유도함에 있어서 $c_m = 2\zeta_m \omega_n m_{eq}$ 및 $c_e = 2\zeta_e \omega_n m_{eq}$의 관계가 사용되었다.

위에서 구한 발생 전력량이 최대값을 갖기 위한 다양한 부하 정합법(load matching)을 알아보자.

영역 정합(domain matching)

식 (2.2.2) 및 (2.2.3)에서 사용하였던 $\zeta_m = \zeta_e$의 관계를 적용해본다. 이는 $c_m = c_e = K^2/(R_{coil}+R_L)$을 의미하기 때문에 $R_L = K^2/c_m - R_{coil}$가 된다. 이를 영역 정합(domain matching)이라고 한다. 이는 또한 식 (2.2.13)을 부하 저항 R_L에 대해 미분하여 구할 수도 있다. 이 경우 전기 영역으로 유입되는 최대 전력 $\overline{P}_{in}^{elec,\max}$과 부하 저항에서 소모되는 최대 전력 $\overline{P}_{R_L}^{\max,(1)}$는 각각 다음과 같다.

$$\overline{P}_{in}^{elec,\max} = \frac{m_{eq}^2 A_b^2}{8c_m} = \frac{m_{eq}^2 A_b^2 (R_{coil}+R_L)}{8K^2} \tag{2.2.14a}$$

$$\overline{P}_{R_L}^{\max,(1)} = \frac{(K^2/c_m - R_{coil}) m_{eq}^2 A_b^2}{8K^2} \tag{2.2.14b}$$

위 식에서 상첨자 중 '(1)'은 영역 정합에 의한 것임을 의미한다.

전기 영역 상사 정합(EDAM: electrical domain analogue matching)

영역 정합은 전기 손실을 포함한 전기 영역을 모두 고려한 정합법임에 반해 이번에는 식 (2.2.10)을 다음의 식과 같이 직접 부하 저항 R_L에 대해 미분하는 것으로서 가장 최적의 부하 정합법이 되며, 이를 전기 영역 상사 정합법(EDAM)이라고 한다.

$$\frac{\partial \overline{P}_{R_L}}{\partial R_L} = \frac{m_{eq}^2 A_b^2 K^2}{2} \frac{\left\{c_m(R_{coil}+R_L)+K^2\right\}^2 - 2c_m R_L \left\{c_m(R_{coil}+R_L)+K^2\right\}}{\left\{c_m(R_{coil}+R_L)+K^2\right\}^4} \tag{2.2.15a}$$

$$R_L = R_{coil} + \frac{K^2}{c_m} \tag{2.2.15b}$$

위의 식 (2.2.15b)는 마치 역학 감쇠의 전기적 상사량(K^2/c_m)을 포함한 내부 저항에 대한 외부 부하 저항의 정합 개념과도 같다. 이를 식 (2.2.10)에 대입하면 전기 영역 상사 정합법을 통한 부하 저항에서의 최대 발생 전력은 다음과 같이 표현된다.

$$\overline{P}_{R_L}^{\max,(2)} = \frac{K^2 m_{eq}^2 A_b^2}{8c_m(c_m R_{coil} + K^2)} \tag{2.2.16}$$

위 식에서 상첨자 중 '(2)'는 전기 영역 상사 정합에 의한 것임을 의미한다.

앞서 최대 발생 전력을 위한 부하 저항의 정합에 대해 2가지 방법을 고려하였다. 이들 정합법에 대한 각각의 발생 전력 크기에 대한 비율은 다음과 같다.

$$\begin{aligned} \frac{\overline{P}_{R_L}^{\max,(2)}}{\overline{P}_{R_L}^{\max,(1)}} &= \frac{8K^4}{8c_m(c_m R_{coil} + K^2)(K^2/c_m - R_{coil})} \\ &= \frac{K^4}{(K^2 + c_m R_{coil})(K^2 - c_m R_{coil})} = \frac{K^4}{K^4 - (c_m R_{coil})^2} \end{aligned} \tag{2.2.17}$$

따라서, 전기 영역 상사 정합법에 의한 발생 전력 $\overline{P}_{R_L}^{\max,(2)}$이 항상 크다는 것을 알 수 있다. 식 (2.2.16)은 식 (2.2.15b)를 이용하여 다음과 같이 표현될 수도 있다.

$$\begin{aligned} \overline{P}_{R_L}^{\max,(2)} &= \frac{m_{eq}^2 A_b^2}{8c_m} \frac{K^2}{(c_m R_{coil} + K^2)} = \frac{m_{eq}^2 A_b^2}{8c_m} \frac{R_L - R_{coil}}{R_L} \\ &= \frac{m_{eq}^2 A_b^2}{8c_m}\left(1 - \frac{R_{coil}}{R_L}\right) \end{aligned} \tag{2.2.18}$$

또한, 위 식은 장치 전체에서 소산되는(또는 외부에서 장치로 유입되는) 최대 파워 $\overline{P}_{in}^{\max}$ (식 (2.1.28))를 포함한 식으로 표현하는 것이 가능하다.

$$\overline{P}_{R_L}^{\max,(2)} = \frac{1}{2}\overline{P}_{in}^{\max}\frac{c_e}{c_m} \tag{2.2.19}$$

위의 식에서 c_e/c_m의 값은 항상 1보다 작으므로 전기 영역 상사 정합법에 있어서는 전기 감쇠가 역학 감쇠보다 항상 작다는 것을 알 수 있다(예제 2.2.1 참조). 다만, 코일의 저항 R_{coil}이 부하의 저항에 비해 무시할 정도로 작다면(이 경우 $c_m = c_e$로서 영역 정합과 같게 된다.), 식 (2.2.19)가 의미하는 전자기 유도 에너지 수확 장치의 에너지 변환 효율(장치로 유입되는 최대 전력 대비 전기 부하에서 수확되는 최대 전력)은 최대 50%가 된다. 이렇게 정의되는 에너지 변환 효율 상한값은 압전 진동 에너지 수확의 경우에도 그대로 적용된다. 이에 대해서는 6장에서 다루게 될 것이다.

[예제 2.2.1]

식 (2.2.19)를 유도하여라.

풀이

식 (2.2.18)은 다음과 같이 표현할 수 있다.

$$\overline{P}_{R_L}^{\max,(2)} = \frac{m_{eq}^2 A_b^2}{8c} \frac{c}{c_m} \frac{R_L - R_{coil}}{R_L} \tag{a}$$

위 식을 원하는 형태로 유도하기 위해 아래와 같은 관계를 이용한다.

$$c = c_m + c_e = \frac{K^2}{R_L - R_{coil}} + \frac{K^2}{R_L + R_{coil}} = \frac{2K^2 R_L}{(R_L - R_{coil})(R_L + R_{coil})} \tag{b}$$

$$\frac{c_e}{c_m} = \frac{K^2/(R_L + R_{coil})}{K^2/(R_L - R_{coil})} = \frac{R_L - R_{coil}}{R_L + R_{coil}} \tag{c}$$

따라서, 위 관계식을 대입하면 식 (a)는 식 (2.2.18)과 됨을 알 수 있다.

$$\begin{aligned} \overline{P}_{R_L}^{\max,(2)} &= \frac{m_{eq}^2 A_b^2}{8c} \frac{\dfrac{2K^2 R_L}{(R_L - R_{coil})(R_L + R_{coil})}}{\dfrac{K^2}{R_L - R_{coil}}} \frac{R_L - R_{coil}}{R_L} \\ &= \frac{m_{eq}^2 A_b^2}{4c} \frac{R_L - R_{coil}}{R_L + R_{coil}} = \frac{1}{2} \overline{P}_{in}^{\max} \frac{c_e}{c_m} \end{aligned} \tag{d}$$

■ ■ ■

마지막으로 코일의 저항 및 역학 감쇠에 의해 소산되는 파워에 대한 식을 구한 후 이들 관계를 통해 에너지 보존에 대해 알아보도록 하자. 먼저 코일에 저항에 의해 소산되는 파워는 식 (2.2.13) 및 예제 2.2.1의 식 (b)를 고려하면 아래와 같다.

$$\begin{aligned} \overline{P}_{R_{coil}}^{\max,(2)} &= \frac{c_{e,loss} m_{eq}^2 A_b^2}{2(c_m + c_e)^2} = \frac{m_{eq}^2 A_b^2}{2c} \frac{1}{c} \frac{K^2 R_{coil}}{(R_{coil} + R_L)^2} \\ &= \frac{m_{eq}^2 A_b^2}{2c} \frac{(R_L - R_{coil})(R_L + R_{coil})}{2K^2 R_L} \frac{K^2 R_{coil}}{(R_{coil} + R_L)^2} \\ &= \frac{m_{eq}^2 A_b^2}{4c} \frac{R_L - R_{coil}}{R_L} \frac{R_{coil}}{R_{coil} + R_L} = \frac{1}{2} \overline{P}_{in}^{\max} \frac{R_L - R_{coil}}{R_{coil} + R_L} \frac{R_{coil}}{R_L} \\ &= \frac{1}{2} \overline{P}_{in}^{\max} \frac{R_{coil}}{R_L} \frac{c_e}{c_m} \end{aligned} \tag{2.2.20}$$

마찬가지 방법으로 역학 감쇠에 의해 소산되는 파워는 다음과 같이 유도된다.

$$\begin{aligned}\overline{P}^{\max,(2)}_{c_m} &= \frac{c_m m_{eq}^2 A_b^2}{2(c_m+c_e)^2} = \frac{m_{eq}^2 A_b^2}{2c}\frac{1}{c}\frac{K^2}{R_L - R_{coil}} \\ &= \frac{m_{eq}^2 A_b^2}{2c}\frac{(R_L - R_{coil})(R_L + R_{coil})}{2K^2 R_L}\frac{K^2}{R_L - R_{coil}} \\ &= \frac{m_{eq}^2 A_b^2}{4c}\frac{R_L + R_{coil}}{R_L} = \frac{1}{2}\overline{P}^{\max}_{in}\frac{R_L + R_{coil}}{R_L}\end{aligned} \tag{2.2.21}$$

따라서, 식 (2.2.19), (2.2.20) 및 (2.2.21)에 의하면 다음과 같이 에너지(파워)가 보존됨을 확인할 수 있다.

$$\begin{aligned}&\overline{P}^{\max,(2)}_{R_L} + \overline{P}^{\max,(2)}_{R_{coil}} + \overline{P}^{\max,(2)}_{c_m} \\ &= \frac{1}{2}\overline{P}^{\max}_{in}\frac{c_e}{c_m} + \frac{1}{2}\overline{P}^{\max}_{in}\frac{R_{coil}}{R_L}\frac{c_e}{c_m} + \frac{1}{2}\overline{P}^{\max}_{in}\frac{R_L + R_{coil}}{R_L} \\ &= \frac{1}{2}\overline{P}^{\max}_{in}\frac{c_e}{c_m}\frac{R_L + R_{coil}}{R_L} + \frac{1}{2}\overline{P}^{\max}_{in}\frac{R_L + R_{coil}}{R_L} \\ &= \frac{1}{2}\overline{P}^{\max}_{in}\frac{R_L + R_{coil}}{R_L}\frac{c_e + c_m}{c_m} = \frac{1}{2}\overline{P}^{\max}_{in}\frac{2K^2}{c(R_L - R_{coil})}\frac{c_e + c_m}{c_m} \\ &= \frac{1}{2}\overline{P}^{\max}_{in}\frac{2K^2}{R_L - R_{coil}}\frac{R_L - R_{coil}}{K^2} = \overline{P}^{\max}_{in}\end{aligned} \tag{2.2.22}$$

2.2.2 정전기 기반 진동 에너지 수확 기초 원리

정전기 기반 진동 에너지 수확 장치의 기본 구조는 그림 2.2.1(a)에 나타낸 바와 같이 평행한 2개의 도체 평판(면적 A) 및 그 사이에 존재하는 유전율(permittivity) ϵ인 유전 물질로 구성된 커패시터(capacitor)가 된다. 그림에 나타낸 바와 같이 등가 스프링에 의해 연결된 상판이 운동하면서, 평행판 사이의 거리 d가 변화함에 따라 커패시터의 전기 용량(capacitance, $C=\epsilon A/d$)이 변하게 된다. 일정한 크기로 작용하는 감쇠력으로서 전기 감쇠 효과를 이용하기 때문에 CDRG라고 불리며, 충전 및 방전 과정에서 전하 또는 전압 중 어떤 물리량을 일정하게 하여 전하를 얻느냐에 따라 다음 2개의 사이클로 구분된다.

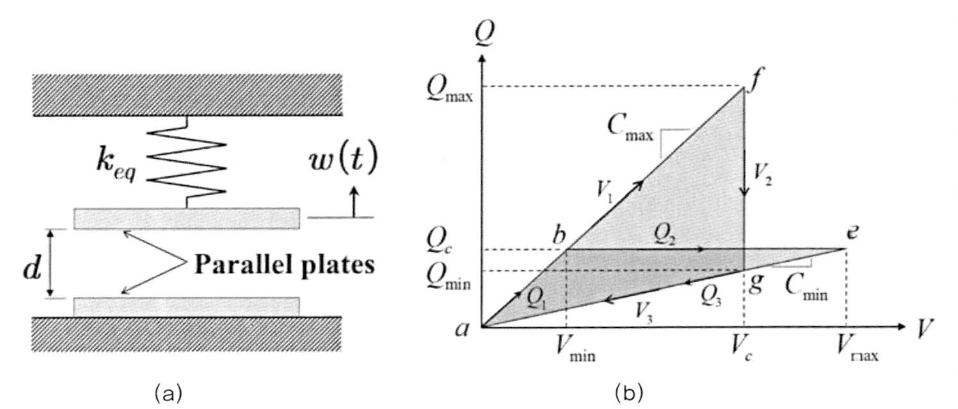

그림 2.2.1 (a) 정전기 기반 진동 에너지 수확 장치의 평행판 모델 및 (b) 에너지 변환 사이클

전하를 일정하게 하는 경우(charge-constrained cycle)

외부에서 전기장을 가하여 $V_{\min}$의 전압하에서 Q_c의 전하가 충전되면서, 전기 용량은 $C_{\max}$가 된다(그림 2.2.1(b)에서 Q_1의 경로). 이 때 전기장을 공급하던 외부 회로가 차단된 개회로(open-circuit) 상태(그림 2.2.1(b)에서 b 지점)에서 상판은 평행판 사이의 거리 d가 증가하는 방향으로 이동한다. 전기 용량은 감소하므로 전하가 일정하게 유지된다면 전압은 증가하게 되고($Q = CV$) 전기 에너지로의 변환 과정이 일어난다(그림 2.2.1(b)에서 Q_2의 경로). 평행판 사이의 거리가 증가하여 전기 용량이 감소하는 경우, 커패시터의 전하가 일정하게 유지되면 $Q = CV = (\epsilon A/d)V$에 의해 전압이 증가한다는 사실에 주목하자. 에너지 변환 과정 중에 전압이 $V_{\max}$가 되어 전기 용량이 $C_{\min}$에 이르렀을 때, Q_3 방향으로 사이클이 진행되면서 전하가 발생하게 된다. 즉, 그림 2.2.2에 보인 바와 같이 충전 과정(Q_1), 에너지 변환 과정(Q_2) 및 방전 과정(Q_3)을 통해 평행판의 역학 에너지 가 전기 에너지로 변환된다. 1번의 에너지 변환 사이클 과정에서 변환된 에너지 E_Q는 그림 2.2.1(b)의 삼각형 abe의 면적으로서 다음과 같이 표현된다.

$$\begin{aligned} E_Q &= \frac{1}{2} Q_c (V_{\max} - V_{\min}) \\ &= \frac{1}{2} Q_c \left(\frac{Q_c}{C_{\min}} - \frac{Q_c}{C_{\max}} \right) = \frac{1}{2} Q_c^2 \left(\frac{1}{C_{\min}} - \frac{1}{C_{\max}} \right) \end{aligned} \tag{2.2.23}$$

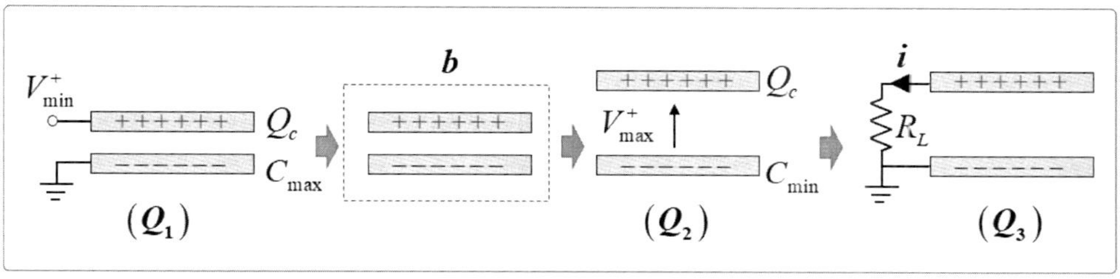

그림 2.2.2 전하 일정 조건에서의 정전기 기반 진동 에너지 수확 원리

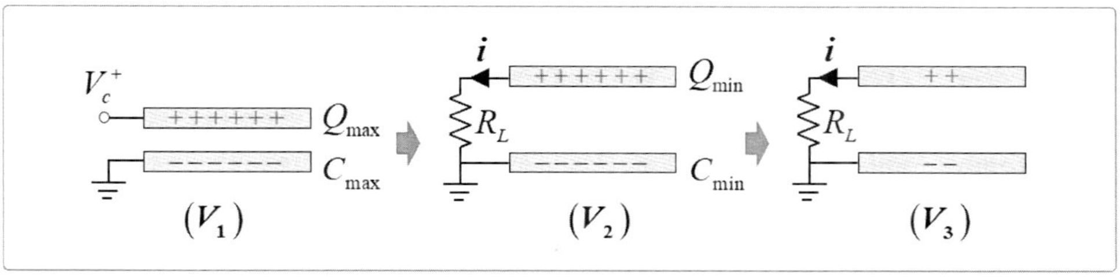

그림 2.2.3 전압 일정 조건에서의 정전기 기반 진동 에너지 수확 원리

전압을 일정하게 하는 경우(voltage-constrained cycle)

이 경우 역시 외부에서 전기장을 가하여 V_c의 전압하에서 Q_{max}의 전하가 충전되면서, 전기 용량은 C_{max}가 될 때까지 사이클의 초기 과정이 진행된다(그림 2.2.1(b)에서 V_1의 경로). 이 후 상판은 평행판 사이의 거리 d가 증가하는 방향으로 이동할 때 전압을 일정하게 유지하면, 전기 용량이 감소하므로 커패시터의 전하량은 외부 연결 회로를 통해 방전되면서 감소한다(그림 2.2.1(b)에서 V_2의 경로). 전기 용량이 계속 감소하여 C_{min}에 이르렀을 때, 그림 2.2.1(b)에서 V_3 방향으로 사이클이 진행되면서 계속 전하를 방전하게 된다. 결론적으로 그림 2.2.3에 보인 바와 같이 충전 과정(V_1), 에너지 변환 과정(V_2) 및 방전 과정(V_2, V_3)을 통해 평행판의 역학 에너지가 전기 에너지로 변환된다. 1번의 사이클 과정에서 변환된 전기 에너지 E_V는 삼각형 afg의 면적으로서 다음과 같이 표현된다.

$$\begin{aligned} E_V &= \frac{1}{2}(Q_{max} - Q_{min})V_c \\ &= \frac{1}{2}(C_{max}V_c - C_{min}V_c)V_c = \frac{1}{2}(C_{max} - C_{min})V_c^2 \end{aligned} \tag{2.2.24}$$

이상에서 살펴본 정전기 기반 진동 에너지 수확 특성으로서, 전압 일정 조건은 전하 일정 조건보다 비록 큰 초기 전압을 필요로 하지만, 발생 전기 에너지 관점에서는 더욱 유리함을 알 수 있다(삼각형 abe보다 afg의 면적이 일반적으로 더 크다.). 그러나, 어느 경우에나 초기 사이클에서는 외부에서 높은 전압(〉100 V)을 가해야 하는 단점이 있다. 또한, 에너지 변환 효율을 증가시키기 위해서는 최적의 충전·방전 과정의 반복 방법 및 시기가 존재함을 알 수 있다. 이는 일반적으로 발생 전력이 크지 않은 에너지 수확 기술에 있어서 매우 큰 단점이 아닐 수 없다. 이에 대한 해결책으로서 최근에는 전하로 항상 대전되어 있는 일렉트렛(electret)[8]을 이용하여 충전 과정이 필요 없는 정전기 기반의 진동 에너지 수확에 대한 연구가 증가하고 있다(Boisseau et al., 2011).

2.2.3 압전 기반 진동 에너지 수확에 대해

압전 물질을 사용하여 진동하는 구조물의 변형 에너지를 전기 에너지로 변환한다. 압전(piezoelectric effect)에는 재료에 응력이 가해지면 전기장이 발생하는 정 압전 효과(direct effect)와 이와는 반대로 재료에 전기장을 가하면 변형이 발생하는 역 압전 효과(converse effect)가 있다. 따라서, 압전 진동 에너지 수확이란 정 압전 효과를 이용하는 것이다.

압전 진동 에너지 수확 기술은 수확 장치 구현의 용이함, 높은 출력 전압, 다른 에너지 변환 수단에 비해 비교적 높은 에너지 밀도 등의 장점이 있어 이에 대한 연구가 상대적으로 더 활발하게 진행되어 왔다(Cook-Chennault et al., 2008; Roundy et al., 2003). 사실 전기 에너지로의 변환 수단으로 사용되는 정 압전 효과는 이미 가속도계, 마이크로폰 등 센서의 원리로서 많이 이용되어 온 것은 주지의 사실이다. 그러나, 압전 진동 에너지 수확에 대한 개념의 가장 최근의 응용 분야는 분기 감쇠(shunt damping)로서 진동 에너지를 분기된 저항에 의해 주울 열(Joule heat)로 감소시키는 것이었다. 압전 진동 에너지 수확은 이를 수동적인 에너지 소산이 아닌 발생된 전기 에너지를 적극적으로 이용하려는 전력 공급원으로서의 관점에서 바라 본 것이다(Liao and Sodano, 2008).

일반적인 저주파수 대역의 진동 환경을 고려할 때, 압전 진동 에너지 수확 장치는 주로 외팔보의 형태로 연구되어 왔다. 외팔보는 첫 번째 고유 진동수가 저주파수 대역이고 또한 평균적으로 높은 변형률을 얻을 수 있는 구조이기 때문이다. 압전 외팔보 구조의 진동 에너지 수확 장치에 대한 수학적 모델링 및 이를 통한 전기 출력 특성 등은 4장에서 자세히 다루게 될 것이다.

2.2.4 기타 진동 에너지 변환 수단

위에서 살펴본 바와 같이 진동 에너지로부터 전기 에너지로의 에너지 변환은 주로 전자기 유도, 정전기 및 압전 현상을 기본으로 한다. 그러나, 2000년 후반부터 그림

8) 외부 전기장이 없어도 대전된 상태의 물질을 의미하며, 자석(magnet) 용어에 대응하여 그 이름이 붙여졌다고 한다.

2.2.4(a)에 나타낸 구조와 같은, 자기 변형 현상에 기반을 둔 진동 에너지 수확에 대한 연구 결과도 보고되어 왔다(Wang and Yuan, 2008). 압전 현상이 구조물의 변형(또는 응력)과 전하와의 관계라면, 자기 변형은 구조물의 변형(또는 응력)과 자기 현상이 연성된다(이러한 현상을 나타내는 물질로서 Terfenol-D 및 Metglass 등이 있다.). 즉, 진동에 의해 자기 변형 물질이 부착된 외팔보 구조물이 변형하면 주변에 자기장이 발생하고 기저에 설치된 코일에서는 전자기 유도 현상에 의해 유도 전압이 발생하는 원리이다. 다만, 압전과는 달리 추가로 코일이 필요하다는 단점이 있다.

한편, 동일하게 주어진 진동 환경에서 최대한의 전기 에너지를 수확하기 위해서는, 위에 열거된 에너지 변환 수단이 2개 이상 동시에 적용될 수도 있다. 자기-전기 효과(magneto-electric effect)의 이용이 그 한 예이다(Dai et al., 2009). 이는 압전 현상과 자기 변형 현상의 조합으로서 역학 변형을 매개로 자기장과 전기장이 연성되는데, 이의 구현을 위해 기본적으로는 자기 변형 물질과 압전 물질이 적층된 복합재를 사용한다(그림 2.2.4(b)). 기저의 진동에 의해 구조물에 부착된 복합재 주위의 자기장은 자기 회로와의 상대 변위로 인해 변화하게 되고, 변화된 자기장은 자기 변형 층의 변형 및 응력을 유발한다. 따라서, 복합재내의 응력은 압전 현상에 의해 압전 물질에 전하를 생성하게 된다.

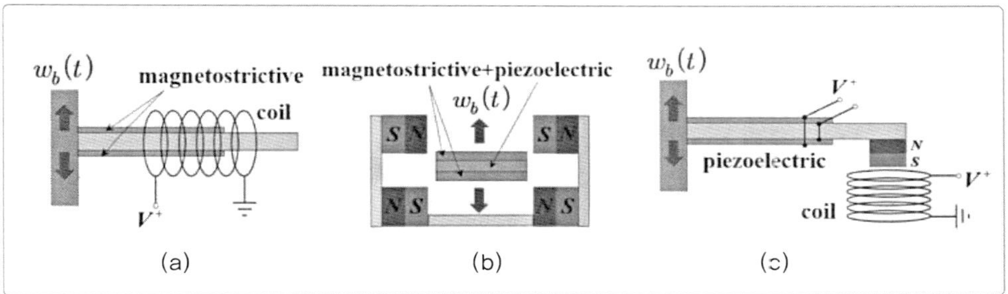

그림 2.2.4 (a) 자기 변형 기반 진동 에너지 변환 수단 및 조합 적용: (b) 압전 및 자기 변형, (c) 압전 및 전자기 유도 현상 조합

또한, 그림 2.2.4(c)와 같이 압전 외팔보 진동 에너지 수확 장치의 끝단 질량을 자성체로 하여 가진 시 코일과의 상대 운동으로 인한 전자기 유도 법칙을 추가로 사용하는 것이다(Challa et al., 2009). 이 경우 압전 및 전자기 유도 기반 진등 에너지 수확의 서로 다른 전기 출력 특성을 고려하여 개별로 전기 에너지를 수확할 필요가 있다. 압전 진동 에너지 수확은 저전류 고전압 출력임에 반해 전자기 유도 기반은 고전류 저전압 출력이 일반적이다.

2.2.5 기본 진동 에너지 수확 수단의 특성 비교

정전기 기반의 진동 에너지 수확은 압전 진동 에너지 수확 방법과 더불어 작은 크기의 진동 에너지 수확 장치를 구성하는데 용이하여, MEMS 구조와 잘 어울리나, 압전 진동 에너지 수확 장치와는 달리 역학 구조물와 에너지 변환기가 물리적으로 독립되어 구현될 수 없다. 그러나, 영구자석 및 압전 재료 등의 비용을 필요로 하지 않아 저비용 진동 에너지 수확 장치의 구성에 용이하다. 다만, 1장의 표 1.2.1에 나타내었듯이 기본 진동 에너지 변환 수단 중에 파워 밀도가 제일 작다.

압전 진동 에너지 수확 장치는 소형의 장치 뿐만 아니라 그 이상 크기의 장치를 구현할 경우에도 유리하다. 또한, 전자기 유도 기반의 진동 에너지 수확 장치는 자성체 및 코일 등의 구성으로 인해 초소형으로 구현하기에는 무리가 있다. 따라서, 응용 분야 측면에서 전자기 유도 기반은 주로 규모가 큰 빌딩, 교량 및 철도 등의 운송 시스템에 적용되어 수십~수백 kW급의 대규모(large-scale) 에너지 수확도 가능할 것으로 보고 있다(Zuo and Tang, 2013). 반면, 압전 기반 진동 에너지 수확은 파워 밀도가 높으므로 주로 에너지 수확 장치의 무게 및 설치될 공간이 중요할 경우에 주 고려 대상이 될 수 있다. 이러한 응용 분야 관점에서의 각기 다른 특성은 다음의 사항과도 관계있다.

진동 에너지 수확을 공부하거나 연구할 때, 자주 떠오르는 질문은 "압전과 전자기 유도 기반 에너지 수확 장치의 적용 환경에 대한 차이"이다. 즉, 언제 어떤 경우에 압전 기반이 유리하고, 다른 어떤 경우에 전자기 유도 기반이 유리할까이다. 어느 경우에나 명확한 정답은 없는 것이지만, 압전 기반은 힘 또는 응력이 많이 발생하는 곳에 유리한 반면 전자기 유도 기반은 속도(또는 변위)가 많이 발생하는 곳에 유리하다는 점이다. 따라서, 압전 기반은 압전 물질의 제한된 변형률로 인해 적은 변형의 응답이지만 큰 힘(large force and small deformation)의 가진인 경우에, 전자기 유도 기반은 속드 또는 응답 변위가 큰 경우(large velocity or amplitude)에 사용하는 것이 유리하다. 발생 전력 측면에서는 앞서 언급한 바 있다.

2.3. 진동 에너지 원의 특성

진동 에너지 수확을 하기 위해서는 장치가 설치될 주변 진동 환경을 먼저 파악하는 것이 중요하다. 특히, 진동 가진 주파수 대역, 진동 가진력 수준 및 가진 방향성 등이 포함될 것이다. 이를 고려하고 목적 및 응용 분야에 적절한 진동 에너지 변환 수단을 선택하게 된다. 여기서는 그 동안 문헌에서 보고되어 왔던 여러 진동 환경의 특성을 제시하고자 한다. 동일한 진동 원이라 할지라도 여건에 따라 가진 주파수 및 가속도 수준은 다를 것이므로 참조하는 수준이면 적당할 것이라 생각된다.

가정용 전자기기에서부터 산업용 장비 및 우리의 주변 환경에는 항상 진동 현상이 존재한다. 이들은 표 2.1.1에 보인 바와 같이 일반적으로 200~300 Hz 이하의 주파수에서 $0.5g(1g = 9.81\,\mathrm{m/s^2})$ 내외의 가진 가속도 크기를 갖는다.
일반적으로 주로 진동 에너지 수확에 적용되는 구조물은 공진형(resonance type)이다. 즉, 장치의 고유 진동수가 진동의 주 가진 주파수와 일치하도록 하여 최대의 전기 출력을 얻게 된다. 물론, 실제의 진동 가진원은 다양한 주파수가 포함된 스펙트럼의 형태를 가지므로 공진형에서는 가장 큰 가속도 성분을 갖는 주파수 성분이 주 고려 대상이 될 것이다.

| 표 2.1.1 | 다양한 진동 가진원의 최대 가속도 및 해당 주파수(Khan and Qadir, 2016)

Category	Vibration energy source	Acceleration level(g)	Peak frequency(Hz)
Low g (0~0.1)	Refrigerator	0.01	110
	In the surroundings of a busy office	0.02	100
	Second floor of a busy office	0.02	100
	Metallic stairs	0.03	28
	Washing machine	0.05	109
	Computer CD drive	0.06	75
	Wall of a building	0.05	10
	Window near a busy road	0.07	100
	Drill machine (100 rpm)	0.08	150
	Drill machine (200 rpm)	0.09	178
Medium g (0.1~1)	Lathe machine (100 rpm)	0.11	60
	Vibration in airplane cabin	0.11	12.7
	Lathe machine (100 rpm)	0.14	200
	HVAC vents in office building	0.15	60
	Air conditioner (window unit)	0.20	58
	Truck engine idling (1100 rpm)	0.20	37
	Air conditioner compressor	0.21	59
	Microwave oven	0.26	121
	Door frame just after door closes	0.31	125
	Instrument panel of a car	0.31	13
	Person tapping feet	0.31	1
	Clothes dryer	0.43	59
	Blower	0.50	102
	Turbine	0.50	154
	Car compartment	0.61	33
	Blender (casing)	0.65	121
High g (〉1)	Three-axis machine tool base	1.02	70
	Bearing bed test	1.07	200
	Automobile engine	1.23	200
	Automobile surrounding	1.22	200
	Centrifugal fan (2000 rpm)	1.50	307
	TPMS during sudden shock	5000	1000
	TPMS at vehicle speed (120 km/h)	200	-

2.4. 진동 에너지 수확의 전기 출력 특성 개요

태양 전지 셀을 이용한 태양광 발전, 열 구배를 이용하여 수확되는 전기 에너지는 직류(DC: direct current)임에 비해, 진동 에너지 수확은 진동의 특성상 교류(AC: alternating current)가 된다. 따라서, 진동 에너지 수확 장치의 출력 성능을 평가할 때는 주로 진동 에너지 수확 장치에 단순히 순수 저항 요소만을 연결하여 단일 주파수 조화 가진에 대해 저항 값 및 외부 가진 주파수의 함수로서 저항에서의 전압 및 소모 전력(평균 전력: $V_o^2/2R_L$)을 계산한다(그림 2.2.5(a) 참조).

그러나, 전기 에너지를 필요로 하는 부하에는 직류로서의 전력 공급이 필요하다. 따라서, 정류(rectification) 소자를 이용하여 교류를 직류로 바꾸어 줘야 하며 다시 정류된 파형에서 리플(ripple)을 없애기 위해 적절한 평활(smoothing) 소자를 사용하여야 한다. 그림 2.2.5(b)에 이러한 기능들이 포함된 진동 에너지 출력 회로를 나타내었다. 그림에서는 전파정류(full-wave rectification)를 위해 브리지 다이오드(bridge diode)를, 평활 기능을 위해 커패시터(C_s)를 사용하였다. C_s의 값이 커질수록 리플 전압은 작아지나 출력 전압이 정상 상태에 도달하는 시간이 길어진다. 이에 대해서는 뒤에서 다룰 것이다. 한편, 진동 에너지 수확 장치로부터 생성되는 전기는 상당히 적은 양이므로 전력 소모량이 상대적으로 큰 부하를 위해서는 에너지 저장 요소(2차 배터리 등)에 임시로 저장해서 사용해야 할 경우가 많다. 또한, 정류된 교류를 에너지 저장 요소 및 부하에 보다 안정적인 전압으로 공급하기 위해서는 전압 조정기(voltage regulator)가 필요하다. 특히, 앞서 언급한 바와 같이 압전 진동 에너지 수확의 경우 고전압 출력이, 전자기 유도 기반의 진동 에너지 수확 장치는 저전압 출력이 일반적이므로 부하에서 요구하는 전압 값을 맞추기 위해서는 출력 전압을 낮추거나(step-down/buck converter) 높이는(step-up/boost converter) 회로 소자도 필요하다. 따라서, 진동 에너지 수확 장치의 출력에 관한 보다 일반적인 전기 회로는 그림 2.2.5(c)와 같다. 그림에서 DC/DC 변환기는 전압 조정기 및 전력 관리 회로를 모두 포함한 것으로 간주해도 된다. 그림 2.2.6에 지금까지 설명된, 정류, 평활, 전압 조정기 및 전력 관리 회로 개념이 포함된 진동 에너지 수확 시스템의 개략도를 나타내었다. 점선으로 표시된 부분은 인버터를 통한 기존 전력망에의 교류 전력 공급을 나타내며, 이는 주로 수십 kW급의 전자기 유도 기반 대규모 진동 에너지 수확의 경우에 해당한다(Zuo and Tang, 2013).

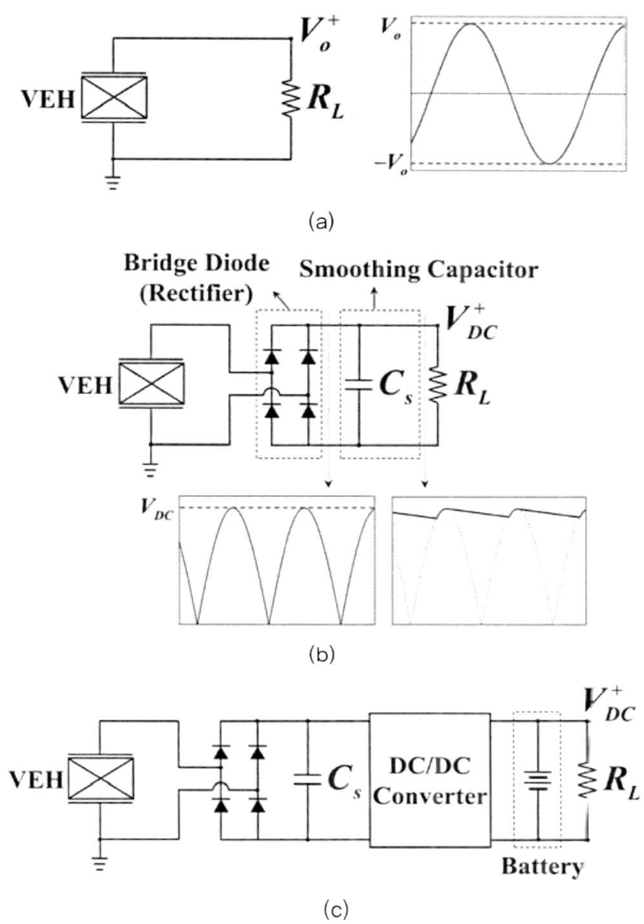

그림 2.2.5 (a) 순수 저항 요소가 부착된 진동 에너지 수확 장치(VEH: vibration energy harvester) 및 교류 출력, (b) DC/AC 변환기가 포함된 진동 에너지 수확 장치의 출력 관련 전기 회로, (c) 에너지 저장 요소 및 일반적인 전력 관리 회로를 포함한 진동 에너지 수확 장치 시스템

진동 에너지 수확의 가장 중요한 응용 분야는 자급 전원 무선 센서 노드(self-powered/autonomous wireless sensor nodes)가 되고 있다. 저전력 소자 기술 등의 발달로 무선 센서 노드의 주요 구성 요소인 마이크로 콘트롤러와 RF 칩들이 에너지 수확으로 얻는 전력으로도 구동이 가능해졌다. 그럼에도 불구하고 발생된 무선 센서 네트워크의 원활한 구동을 위해 발생 전력의 관리는 매우 중요하고 따라서 이를 위해 진동 에너지 수확에서 사용되는 전력 관리 특징에 대해 잠깐 언급하고자 한다(Boisseau et al., 2012).

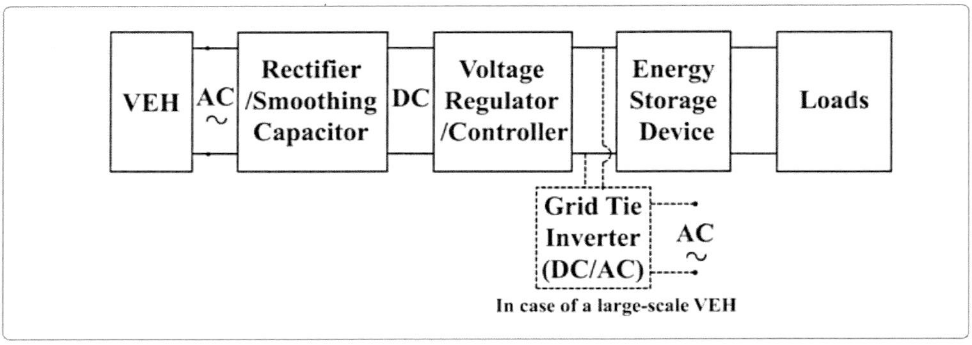

그림 2.2.6 정류 및 전력 관리 회로가 포함된 진동 에너지 수확 시스템의 개략도

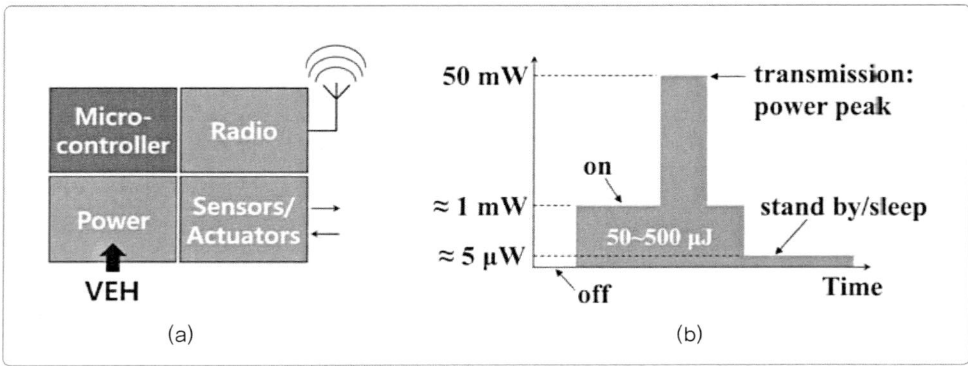

그림 2.2.7 (a) 무선 센서 네트워크의 자급 전원 센서 노드 및 (b) 센서 노드의 소비 전력 수준

그림 2.2.7(a)에 무선 센서 네트워크를 구성하는 1개의 센서 노드에 대한 개략도를 나타내었다. 센서 노드의 전력은 송수신, 센싱 및 마이크로컨트롤러의 구동에 사용되며, 이는 진동 에너지 수확 장치로부터 얻는다. 그림 2.2.7(b)에 나타낸 센서 노드의 작동에 따른 소비 전력에 의하면 센서 노드의 마이크로콘트롤러 대기(standby) 모드에서는 약 5 μW 이하의 전력이 소비됨에 비해, 작동(active mode) 시 약 500 μW에서 1 mW의 전력이 소비된다. 적용된 센서 및 전송 프로토콜에 따라 다르겠지만, 센서에 의해 정보를 측정하고 무선 전송을 하기 위해서는 약 50 μJ에서 500 μJ의 에너지가 필요하다. 따라서, 이 경우 진동 에너지 수확 장치는 적어도 5 μW의 전력을 즉시 공급할 수 있어야 하며, 완전한 측정 및 무선 전송을 위해 임시 에너지 저장 요소를 통해서라도 50~500 μJ의 에너지를 저장할 수 있어야 한다. 대부분의 경우 진동 에너지 수확 장치의 발생 전력을 그대로 이용하여 이를 달성하기는 어렵다. 따라서, 발생 전력이 작을지라도 대기 모드의 소비 전력 이상이라면 그림 2.2.8과 같은 간헐적 방법(intermittent mode)으로 측정에서 전송까지의 센서 노드를 구동시킬 수 있다. 즉, 진동 에너지 수확에서 얻은 전기 에너지를 일정 수준까지 배터리 등의 에너지 저장 요소에 저장한다

(그림 2.2.8(a)). 일정 수준에 도달하면 저장 요소의 에너지는 센서 및 무선 전송 기능을 작동시키게 된다(그림 2.2.8(b) 및 (c)). 마이크로 콘트롤러는 다시 대기 상태가 되고 진동 에너지 수확에 의해 에너지 저장 요소의 에너지가 다시 채워진다.

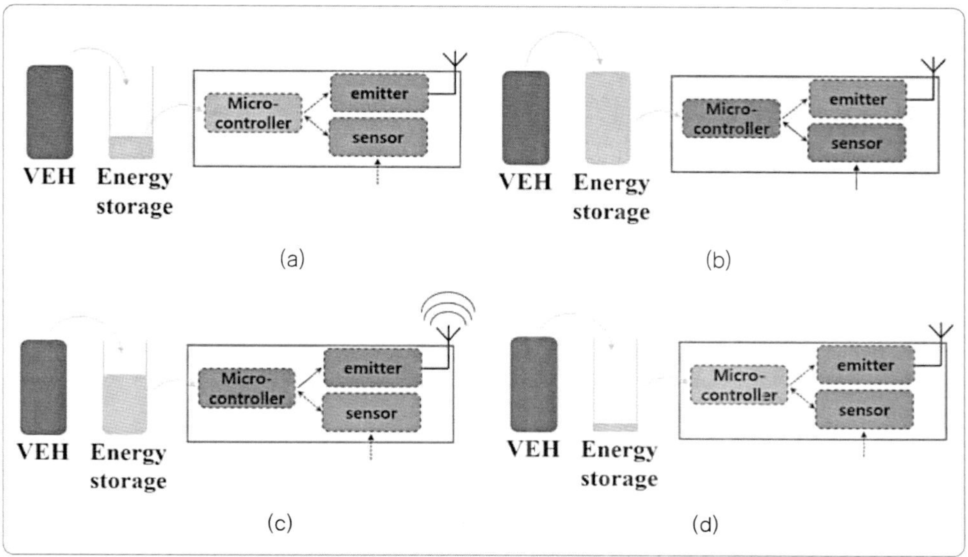

그림 2.2.8 진동 에너지 수확에 의한 무선 센서 노드의 운용 방법의 예시

Chapter 03

진동 에너지 수확을 위한 압전의 기초

Fundamentals of Piezoelectricity for Vibration Energy Harvesting

앞에서 언급하였듯이 외부의 역학 가진에 의한 진동 에너지를 전기 에너지로 변환하기 위해 주로 사용하는 에너지 변환 수단은 정전기 현상, 전자기 유도 및 지능 재료 등이 있다. 진동 에너지 수확에 사용되는 지능 재료로는 전기 활성 고분자(EAP: electroactive polymer), 압전(piezoelectrc), 자기 변형(magnetostric tive) 및 압전/자기 변형 현상이 연성(coupled)된 다강성(multiferroic 또는 MEE: magneto-electro-elastic) 물질 등이 있으나, 재료 확보 및 제작의 용이성, 소형화의 가능성, 구성의 간단함, 높은 출력 전압, 다른 에너지 변환 수단 대비 상대적으로 높은 에너지 변환 효율과 파워 밀도 등으로 인해 압전 재료 기반의 진동 에너지 수확에 대한 연구가 압도적으로 많다. 따라서, 이 장에서는 압전 진동 에너지 수확의 에너지 변환 원리에 대한 이해를 돕기 위해 압전 재료에 대한 기초를 다루었다. 특히, 4장에서 다룰 압전 진동 에너지 수확 장치에 대한 수학적 모델(mathematical model)의 유도를 위해 반드시 필요한 압전 재료의 구성 방정식(constitutive equations) 및 지배 방정식(governing equations)을 유도하였으며, 유한요소 정식화(formulation)를 간단하게 언급하였다. 또한, 압전 재료를 이용한 센서/액추에이터 뿐만 아니라 압전 진동 에너지 수확 장치의 설계 및 평가에 있어서 매우 유용한 에너지 변환 효율의 지표 중 하나인 전기-역학 연성 계수(EMCC: electro-mechanical coupling coefficient)에 대해 자세히 설명하였다. 마지막으로 문헌상에서 보고된 바 있는, 압전 진동 에너지 수확 장치에 사용할 압전 재료의 선택 시 유용한 기준을 설명하였다. 압전 재료에 대한 더욱 자세한 내용은 참고문헌(Ikeda, 1996)을 참조하기 바란다.

3.1. 압전 재료 일반

3.1.1 압전 재료의 역사

압전은 전기 및 역학적 특성이 연성된 현상을 일컫는다. 이는 압전의 영어 표현인 'piezoelectricity'가 press(push)를 뜻하는 그리이스어 piezo(piezein)와 전기를 뜻하는 electricity의 합성어인 이유이기도 하다. 즉, 외부에서 힘을 가하면 전하의 분극으로 인한 전기장이 발생하고(정 압전 효과, direct effect), 외부에서 전기장을 가하면 변형이 발생한다(역 압전 효과, converse effect). 이러한 현상은 1880년 프랑스의 물리학자인 Jacques Curie와 Pierre Curie 형제에 의해 처음 발견되었으며, 이들은 전기석(tourmaline), 로셸 염(Rochelle salt) 및 단결정 수정(quartz) 등을 이용하여 정 압전 효과의 존재를 밝혀냈다. 자료에 의하면 형인 Jacques Curie가 수정의 압전 특성에 대한 이론적 해석을 시도하였으며, 이 이론에 의해 수정 이외에도 압전 특성을 나타내는 다른 단결정 물질의 존재가 있으리라는 예측을 하였다. 동생인 Pierre Curie는 이론으로 밝혀낸 내용을 실험적으로 증명하였다고 한다.

초기에 발견된 압전 재료 중에서도 수정은 뛰어난 압전 효과로 인해 1차 세계 대전 중 프랑스의 Langevin 등에 의해 개발된 수중 초음파 진동자(SONAR)에 처음 적용된 바 있으며, 처음으로 상용화 제품에 적용된 재료이기도 하다.

그 후에도 더욱 개선된 압전 효과를 갖는 물질을 개발하기 위한 노력이 계속되었으며, 세라믹 강유전체(ferroelectric ceramic)인 티탄산 바륨($BaTiO_3$)이나 PZT ($Pb(Zr,Ti)O_3$) 등이 그 대표적인 예이다. 그런데, 티탄산 바륨은 물에 녹지 않는 비 납계이면서 임의의 크기로 성형이 가능하고 더욱이 수정보다 높은 압전 효과를 나타내지만 압전 특성을 잃어버리게 되는 Curie 온도가 120~130°C 정도로 낮다. 따라서, 실온에서 상전이점이 존재하여 실제 응용에서는 많이 사용되지 않고 있다. 또한, 공진 주파수의 온도에 대한 특성이 좋지 않다는 단점도 있다. 이에 현재는 티탄산 바륨보다도 압전 특성이 좋은 PZT가 센서 및 액추에이터에 매우 광범위하게 적용되고 있다. 다만, 구성 성분 중의 납은 휘발성 공해 물질(PbO)을 생성하여 환경 및 인체에 좋지 않은 영향을 끼친다. 비록 아직은 여러 면에서 PZT를 대체할 만한 압전 재료가 없지만, 성능이 우수한 비납계 압전 재료의 개발은 매우 중요한 주제이고 많은 관심의 대상이다.

현재 압전 재료가 사용되는 응용 분야는 매우 다양하다. 라이터의 착화 소자, 부저, 스피커, 잉크젯 프린터, 통신 기기 등의 실생활 관련 분야부터 초음파 진단, 초소형 수술 도구 및 로봇 등의 의료 기기, 수중 측정/탐색 장치 등의 군용 장비에 이르기까지 각종 정밀 센서 및 액추에이터 등이 사용되는 곳이면 어디에나 볼 수 있는 재료가 압전 재료이다.

3.1.2 압전 재료의 특성

세라믹 계열 압전 재료의 전기-역학 연성 특성들은 모두 ABO_3(예: $Pb(Zr,Ti)O_3$에서 A는 Pb^{2+}, B는 Zr^{4+}, Ti^{4+}, O는 O^{2-}를 나타낸다.)로 표현되는 Perovskite 결정 구조의 특성에 기인한다. 이러한 구조들은 Curie 온도(T_c) 이하에서는 개별 입자들이 비대칭 구조로 인해 자발적인 분극(polarization)을 이루고 있으나, 전체적으로는 불규칙적인 입자들의 배열로 인해 전기적으로 중성이다. 따라서, Curie 온도 이상으로 하여 그림 3.1.1(a)에서와 같이 ABO_3 구조가 대칭 구조(simple cubic symmetry)로 되었을 때 외부에서 강한 직류 전기장을 가하여, 그림 3.1.1(b)에서와 같이 Curie 온도 이하에서도 영구적인 전기 분극이 발생하도록 한다. 이를 분극 처리(poling process)라고 하며, 그림 3.1.2에 분극 처리 전후의 전기 쌍극자(electric dipole) 분포 양상을 나타내었다.

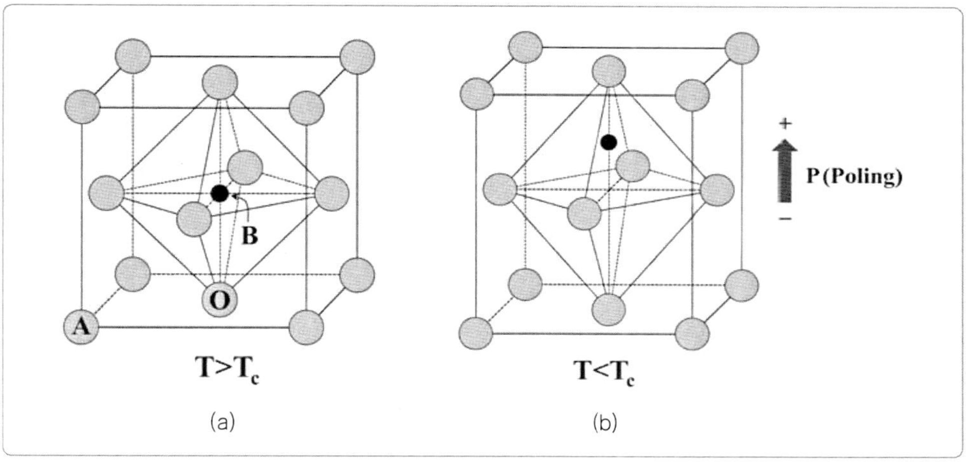

그림 3.1.1 (a) Curie 온도 이상에서의 Perovskite 구조의 압전 재료 및 (b) 분극 처리 후의 분극된 구조

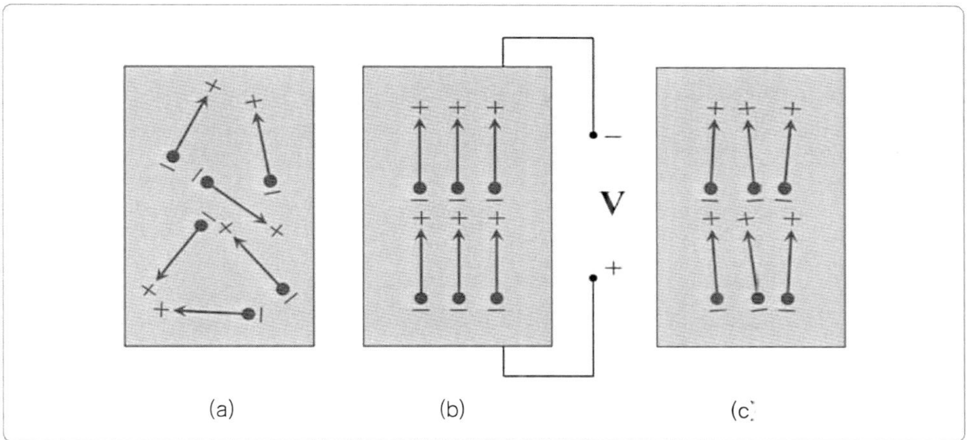

그림 3.1.2 압전 세라믹의 분극 과정: (a) 분극 이전 쌍극자들의 불규칙한 배열, (b) Curie 온도 이상에서의 직류 전기를 통한 분극화 및 (c) 분극 처리 후의 쌍극자 분포

그런데, 분극 처리에서는 전기장을 가하기 위해 압전 재료에 Ni, Pt 등의 얇은 전극을 부착하게 된다. 또한, 이 전극은 압전 재료의 응용 분야에 따라 외부에서 전압을 인가하거나(액추에이터, 역 압전 효과) 또는 외부 역학 가진에 의해 내부에서 생성된 전하를 외부로 이동시키기 위해서도 사용된다(센서, 정 압전 효과). 이 모든 경우에 있어서 외부 전압의 극성 방향에 따른 변형의 방향 또는, 응력의 방향에 따른 발생 전기장의 극성 방향 등 압전 재료의 기본적인 거동에 대한 물리적인 이해는 압전 센서 및 액추에이터의 설계 시 매우 유용하다. 여기서는 우선 그림과 더불어 직관적인 설명의 방법을 택하였으며, 이에 대해서는 다시 3.3 절에서 압전 재료의 구성 방정식을 통해 보다 수학적으로 기술할 것이다.

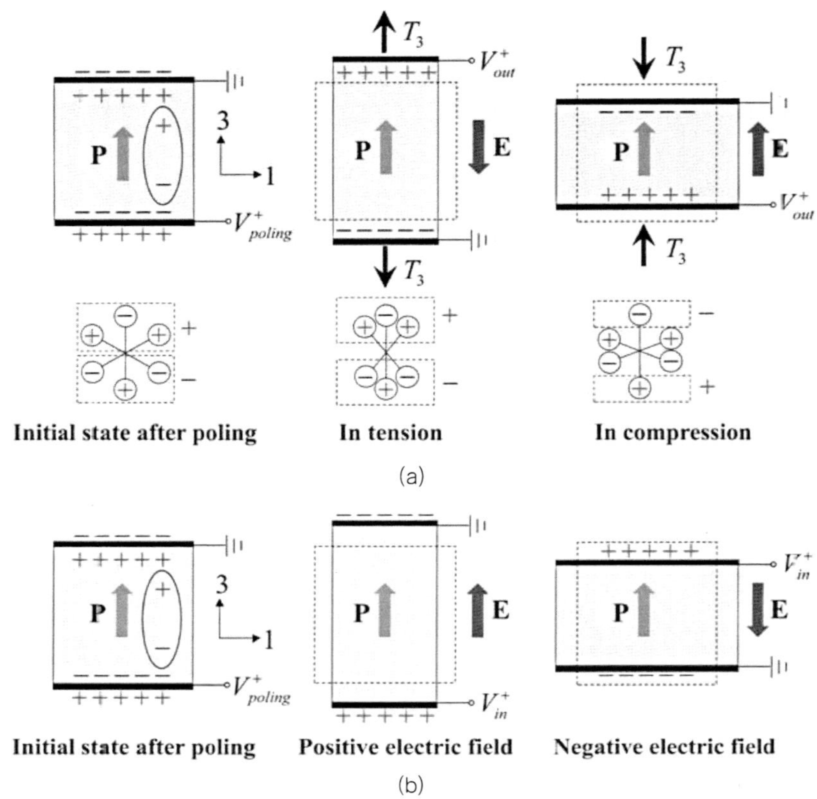

그림 3.1.3 (d_{33}-모드) 양의 방향으로 분극된 압전 재료에 (a) 외부 힘(또는 응력)의 인장/압축 여부에 따른 발생 전기장/전압의 부호 및 (b) 외부 인가된 전기장의 부호에 따른 발생 변형률의 부호(뒤에서 다루겠지만 압전 재료와 관련된 문헌에서는 x, y, z 대신 1, 2, 3을 사용하는 것이 관례이다.)

양의 방향으로 분극 처리된 압전 재료의 정 압전 또는 역 압전 효과를 각각 그림 3.1.3(a) 및 (b)에 나타내었다. 분극 처리 시에 가해준 전압의 극성 및 생성된 분극 극성의 부호에 유의하자. 정압전 효과에서는 압전 재료가 인장 응력(압축 응력) T_3를 받는 경우 마치 인장(압축)에 의한 변형을 방해하기 위해 상부 전극에는 양(음) 전하가, 하부 전극에서는 음(양)의 전하가 생성되는 것으로 간주할 수 있다. 이 경우 발생한 전하는 각각의 전극에 축전되어 그림에서와 같은 전기장의 방향 및 전압의 극성이 나타난다. 정압전 효과의 경우에는 그림 3.1.3(a)의 하단에 보인 바와 같이 전기 쌍극자 모델을 이용한 설명이 보다 직관적이다. 압전체의 변형으로 인해 양전하 및 음전하의 중심이 어떻게 이동하였으며, 그로 인해 생성된 전기장 및 전압의 극성을 확인해 보기 바란다. 이러한 그림을 이용하면 압전체의 인장 또는 압축에 따라 발생하는 전압의 극성을 쉽게 예측할 수 있다.

역압전 효과의 경우로서, 압전 재료의 분극 처리된 방향과 동일한 방향의 전기장을 가해주면(전기장은 전압이 감소하는 방향을 양의 방향으로 하자.) 인장 변형을 하게 되고, 반대 방향의 전기장을 가하면 압축 변형을 하게 된다. 즉, 가해진 전기장의 방향이 양의 방향인 경우, 하부의 전극에 모인 양전하와 양의 방향으로 분극 처리된 압전 재료 하부의 음전하 사이에(마찬가지로 상부의 전극에 모인 음전하와 양의 방향으로 분극 처리된 압전 재료 상부의 양전하 사이에) 전기적 인력이 발생하여 인장 변형이 발생한다. 반면에, 음의 방향으로 전기장을 가하면, 전극 및 압전체의 전극 주변에 형성된 동일 극성의 전하 분포에 의해 척력이 존재하게 되므로 압축 변형을 하게 된다. 이와 같은 원리에 의해 압전 재료를 이용한 다양한 액추에이터를 고안할 수 있는 것이다.

잠깐 !

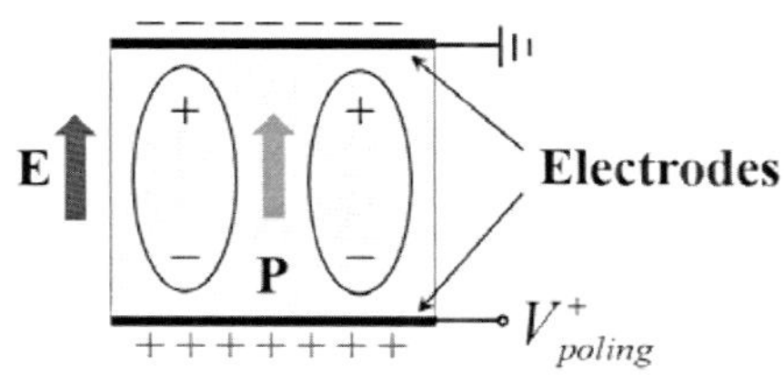

그림 3.1.4 분극 처리 시의 전압 V_{poling} (또는 전기장 E), 분극 벡터 P의 부호

분극 처리 시 또는 그 후의 분극 극성 등의 부호에 대해 보다 엄밀하게 살펴보자. 분극 처리를 위해 그림 3.1.4에서와 같은 방향으로 전극에 전압을 가하면, 유전체에는 분극 현상이 유도되고 부호 관계는 그림에 나타낸 방향을 갖는 분극 벡터 P로 대표될 수 있다. 또한, 가해진 전압에 의해 전기장 방향은 그림에 나타낸 바와 같다. 이는 전기장과 전압 사이에 $E=-\nabla V$의 관계식이 성립하기 때문이다. 즉, 전기장 E는 전압이 감소하는 방향으로 작용한다고 보기 때문이다.

3.1.3 압전 재료의 종류

압전 재료에는 앞서 언급한 전기석(tourmaline), 로셀 염(Rochelle salt), 수정(quartz)에서부터 PZT, PMN-PT, PZN-PT, PMN-PZT 및 고분자 폴리머 계열의 PVDF (PolyVinyliDene Fluoride)까지 그 종류가 매우 많다[1]. 또한, MEMS와 같은 초소형 구조물에는 PZT 및 산화아연(ZnO) 계열이 쓰이고 있다.

1) 수정(quartz), BaTiO3, PZN-PT, PMN-PT 등은 단 결정(single crystal)이다.

PZT는 세라믹 소재로서 압전 재료 중에서 역학 및 압전 성능이 현재까지는 일반적으로 가장 우수한 것으로 알려져 있다. 이는 쌍극자 운동성(mobility of dipoles)의 관점에서 다시 연성(soft) 및 경성(hard) 타입으로 나눌 수 있는데, 연성 PZT는 쌍극자 운동성이 좋아 분극 처리가 쉬운 반면, 탈 분극(depolarization)도 쉬우나, 유전율(permittivity) 및 압전 변형률 상수(piezoelectric strain constant: 인가 응력 대비 생성 전하량 또는 인가 전기장 대비 발생 변형률) 값이 높아 에너지 변환 효율이 우수하다. 이 계열에 속하는 대표적인 압전 재료인 PZT-5H는 Curie 온도가 200˚C 내외로서 PZT 계열 중에서 제일 낮지만, 역학 에너지가 전기 에너지로 변환되는 효율이 PZT 계열 중에서 가장 높아서 센서 및 진동 에너지 수확용으로 적합하다. 반면, 경성 PZT는 상대적으로 강한 전기, 역학 가진에도 특성이 잘 변하지 않고 안정적이며, 낮은 유전 손실(dielectric loss)로 인해 공진 모드에서도 발열이 작아 연속적인 사용이 가능하다. PZT-5A가 이 계열에 속하며, Curie 온도가 PZT-5H보다 2배 이상 가까이 높아서 온도에 대한 특성이 좋다고 할 수 있다. 동일한 입력 전압에 대해 발생 힘이 커서 액추에이터에 많이 쓰인다.

이 밖에도 PZT-2 계열은 PZT 계열 중에서 유전 상수 및 압전 변형률 상수가 제일 작으며, PZT-4는 높은 파워의 전기적 가진에 대해서도 유전 손실이 적으며, 응력에 의한 탈 분극에 대한 저항성이 커서 음향 관련 트랜스듀서에 적합하다. PZT-8은 PZT-4 계열과 비슷하나 동일한 파워의 전기적 가진에 대해 유전 및 역학 손실이 더욱 적다. 따라서, 고출력/고입력 응용 분야에 적합하다.

그런데, 압전 재료 중에 가장 우수한 성능을 나타내고 있는 PZT가 현재 대부분의 압전 현상을 이용한 장치에 압도적으로 많이 사용되고 있음에도 불구하고, 여전히 성능 개선은 지속적으로 필요하다. 또한, PZT는 세라믹의 특성상 외부 충격에 매우 약하다. 이러한 요구들에 부응하기 위해 개발된 압전 재료 중에서 단결정의 PMN-PT는 PZT에 비해 유전율 및 압전 변형률 상수가 더욱 크다. 그러나, 고가이며 충격에 여전히 취약하다는 단점이 있다. 따라서, PZT와 더불어 PMN-PT 역시 압전 성능은 우수하지만 쉽게 부서지기 때문에 압전 장치의 설계에 있어서 기하학적인 형태에 제한을 받는다. 이에 반하여, PVDF는 PZT에 비해 저가이면서도 고분자 특성으로 인해 연성이 우수하여 필름 형태로 곡면 구조물에의 부착이 용이하고, 또한 부식에 대한 저항성도 매우 높다. 그러나, 압전 효과가 다소 떨어진다는 단점이 있다. 따라서, PZT의 우수한 성능을 어느 정도 유지하면서도 연성을 높이기 위해 폴리머 속에 다발의 PZT가 삽입된 형태의 복합재가 개발되기도 하였다. 이들을 일반적으로 PFC(Piezo-Fiber Composite)라고 하며, 현재 다음과 같이 다양한 제품으로 나와 있다.

- RAINBOW: Reduced And Internally Biased Oxide Wafer
- THUNDER: THin layer UNimorph DrivER
- AFC: Active Fiber Composite

- RFD: Radial Field Diaphragm
- MFC: Macro Fiber Composite

위의 대부분의 PFC는 NASA의 Langley Research Center (NASA-LaRC)에서 개발되었다.

3.2. 압전 재료의 구성 방정식 및 지배 방정식

3.2.1 압전 재료의 구성 방정식(Constitutive Equations)

압전 재료를 다루는 책에서의 응력 및 변형률은 일반적으로 고체 역학 및 탄성학에서 사용하는 것과는 다소 다른 기호들을 이용한다. 이 책에서는 압전을 다룬 대부분의 책들과의 통일성을 위해 IEEE 표준(IEEE Standards Board, 1987)을 따랐음을 밝혀둔다. 일반적인 관례를 따라 압전 재료는 그림 3.2.1과 같이 z축(또는 3축) 방향으로 분극되어 있다고 가정한다. 따라서, 응력(stress) 벡터 $\mathbf{T}$(단위: N/m^2=Pa) 및 변형률(strain) 벡터 $\mathbf{S}$는 다음과 같이 정의된다.[2]

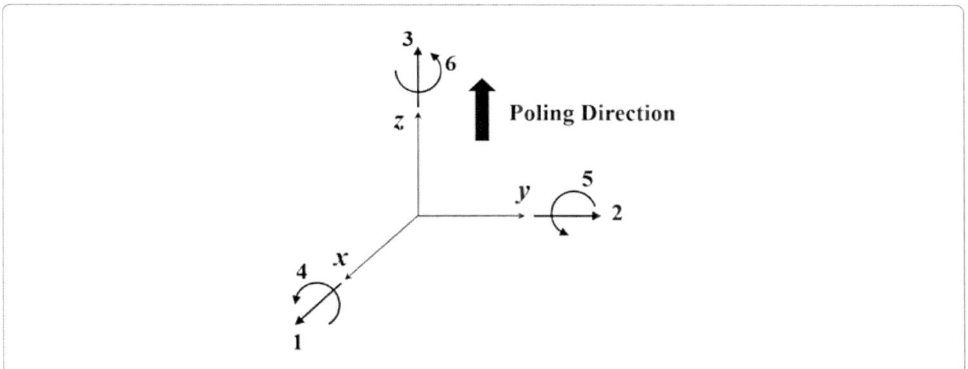

그림 3.2.1 압전 재료에 대한 응력 및 변형률 성분의 정의

$$\begin{aligned}\mathbf{T} &= \left[T_{xx}\ T_{yy}\ T_{zz}\ T_{yz}\ T_{xz}\ T_{xy}\right]^t = \left[T_{11}\ T_{22}\ T_{33}\ T_{23}\ T_{13}\ T_{12}\right]^t \\ &= \left[T_1\ T_2\ T_3\ T_4\ T_5\ T_6\right]^t\end{aligned} \tag{3.2.1a}$$

$$\begin{aligned}\mathbf{S} &= \left[S_{xx}\ S_{yy}\ S_{zz}\ 2S_{yz}\ 2S_{xz}\ 2S_{xy}\right]^t = \left[S_{11}\ S_{22}\ S_{33}\ 2S_{23}\ 2S_{13}\ 2S_{12}\right]^t \\ &= \left[S_1\ S_2\ S_3\ S_4\ S_5\ S_6\right]^t\end{aligned} \tag{3.2.1b}$$

---

2) 응력과 변형률은 2차 (대칭) 텐서(second order tensor)이지만, 간단히 벡터로 표현하고 하첨자는 11→1, 22→2, 33→3, 23→4, 13→5, 12→6의 규칙을 사용한다. 이를 'Voigt form' 이라고도 부른다.

위 식에 나타낸 응력 및 변형률을 고체 역학 등에서 일반적으로 사용되는 기호로 표기하면 각각 $T_{ij} = \sigma_{ij}(i, j = 1, 2, 3)$이고, $S_{ij} = \epsilon_{ij}(i, j = 1, 2, 3; i = j)$, $2S_{ij} = \gamma_{ij}$ $(i, j = 1, 2, 3; i \neq j)$가 된다. 또한, t는 벡터 또는 행렬의 전치(transposition)를 표시하기 위해 사용하였다.

전기 영역에서도 2개의 물리량이 필요한데, 단위 면적당 발생하는 전하량을 뜻하는 전속 밀도(electric flux density, electric charge density, electric displacement) $\mathbf{D}$(단위: C/m^2)와 전기장(electric field intensity) $\mathbf{E}$(단위: N/C)는 다음과 같이 정의된다.

$$\mathbf{D} = [D_x\ D_y\ D_z]^t = [D_1\ D_2\ D_3]^t \tag{3.2.2a}$$

$$\mathbf{E} = [E_x\ E_y\ E_z]^t = [E_1\ E_2\ E_3]^t \tag{3.2.2b}$$

따라서, 전기-역학 연성 구성 방정식은 위 식들에 제시된 4개의 상태 변수들이 물성치 계수 행렬들과의 관계로 나타나며, 어떤 변수를 독립 변수로 하느냐에 따라서 4가지 형태의 구성 방정식이 존재한다.

먼저 독립 변수로서 응력 $\mathbf{T}$ 및 전기장 $\mathbf{E}$가 사용되는 구성 방정식을 변형률-전하 형식(strain-charge form) 또는 d-형식 (d-form)이라고 한다. 이는 다음 식에서와 같이 변형률 $\mathbf{S}$ 및 단위 면적당 전하 $\mathbf{D}$에 의해 표현된 것이기 때문이다. 또한, 전기-역학 연성 물성치로서 다음과 같이 $\mathbf{d}$로 표현되는 행렬을 사용하기 때문이다.

$$\begin{aligned} \mathbf{S} &= \mathbf{s}^E\mathbf{T} + \mathbf{d}^t\mathbf{E} \\ \mathbf{D} &= \mathbf{d}\mathbf{T} + \boldsymbol{\epsilon}^t\mathbf{E} \end{aligned} \tag{3.2.3}$$

위 식에서 $\mathbf{s}^E$는 전기장 $\mathbf{E}$의 값이 고정된 상태(또는 $\mathbf{E} = 0$)에서의 응력과 변형률을 나타내는 컴플라이언스(compliance) (단위: m^2/N)이며, 행렬로 표현하면 아래와 같다.

$$\mathbf{s}^E = \begin{bmatrix} s_{11} & s_{12} & s_{13} & 0 & 0 & 0 \\ s_{12} & s_{22} & s_{23} & 0 & 0 & 0 \\ s_{13} & s_{23} & s_{33} & 0 & 0 & 0 \\ 0 & 0 & 0 & s_{44} & 0 & 0 \\ 0 & 0 & 0 & 0 & s_{55} & 0 \\ 0 & 0 & 0 & 0 & 0 & s_{66} \end{bmatrix} \tag{3.2.4}$$

그리고, $\boldsymbol{\epsilon}^T$는 응력 $\mathbf{T}$의 값이 고정된 상태(또는 $\mathbf{T} = 0$)에서의 유전율('free' dielectric permittivity) (단위: F/m)을 나타내며, $\mathbf{d}$는 압전 변형률 상수(piezoelectric strain constant) (단위: m/V=C/N)로서 각각 다음과 같이 정의된다.

$$\boldsymbol{\epsilon}^T = \begin{bmatrix} \epsilon_{11}^T & 0 & 0 \\ 0 & \epsilon_{22}^T & 0 \\ 0 & 0 & \epsilon_{33}^T \end{bmatrix} = \epsilon_0 \boldsymbol{\epsilon}_r^T = 8.854 \times 10^{-12} \boldsymbol{\epsilon}_r^T$$

$$= 8.854 \times 10^{-12} \begin{bmatrix} \epsilon_{r,11}^T & 0 & 0 \\ 0 & \epsilon_{r,22}^T & 0 \\ 0 & 0 & \epsilon_{r,33}^T \end{bmatrix} \tag{3.2.5}$$

$$\mathbf{d} = \begin{bmatrix} 0 & 0 & 0 & 0 & d_{15} & 0 \\ 0 & 0 & 0 & d_{24} & 0 & 0 \\ d_{31} & d_{32} & d_{33} & 0 & 0 & 0 \end{bmatrix} \tag{3.2.6}$$

압전 변형률 상수 **d**는 전기-역학 연성을 나타내는 계수로서 행렬 요소 d_{ij}는 j 성분의 응력이 가해졌을 때 발생하는 i 성분의 전속 밀도를 나타낸다. 즉, 전기장이 일정한 경우 단위 면적당 발생 전하/응력을 나타내는 계수이다. 또는, i 성분의 전기장이 가해졌을 때 발생하는 j 성분의 변형률을 나타낸다. 즉, 응력이 일정한 경우 발생 변형률/전기장을 나타내는 계수이다. 예를 들면, d_{33}는 분극 처리 축(일반적으로 z 축 또는 3 축으로 가정)의 방향으로 단위 전기장이 가해졌을 때 동일한 축 방향으로 발생하는 변형률의 크기를 나타낸다.

이 책에서는 위에서 보인 바와 같이 상태 변수에 대해서는 벡터 표현을, 물성치 계수에 대해서는 편의상 행렬 표현 방식을 사용하였다. 이들을 원래의 물리량인 텐서로 표현하면 식 (3.2.3)의 구성 방정식은 다음과 같이 표현된다.

$$\begin{array}{l} S_{ij} = s_{ijkl}^E T_{kl} + d_{kij} E_k \\ D_i = d_{ikl} T_{kl} + \epsilon_{ik}^T E_k \end{array} \quad (i, j, k, l = 1, 2, 3) \tag{3.2.7}$$

식 (3.2.4), (3.2.5) 및 (3.2.6)의 물성치 계수에 대해 더 알아보자. 압전 재료 중 일반적으로 가장 많이 사용되는 PZT 세라믹의 경우 분극 축에 수직인 xy 평면에 대해서는 물성치가 등방성을 나타낸다. 이를 횡 등방성(transversely isotropic)이라고 하는데, 이를 고려하면 물성치 계수들은 다음과 같은 특성을 갖는다

$$\begin{array}{l} s_{11} = s_{22}, s_{13} = s_{23}, s_{44} = s_{55} \\ \epsilon_{11}^T = \epsilon_{22}^T \\ d_{31} = d_{32}, d_{24} = d_{15} \end{array} \tag{3.2.8}$$

단, polymer 계열인 PVDF의 경우는 횡 등방성이 아니어서, 일반적으로 $d_{15} \neq d_{24}$, $d_{31} \neq d_{32}$ $(d_{31} \approx 5d_{32})$의 특성을 갖는다. PMN-PZT 단결정 압전 소자도 결정 축(crytallographic axis)에 따라 비등방성을 갖는 경우가 있다(예를 들면, 결정축 방향이 [011]인 경우).

| 표 3.2.1 | 압전 재료의 전기-역학 물성치*

($\mathbf{s}^E$: $\times 10^{-12}\,\mathrm{m}^2/\mathrm{N}$, d: $\times 10^{-12}\,\mathrm{m/V}$, $\epsilon_0 = 8.854 \times 10^{-12}\,\mathrm{F/m}$)

	$BaTiO_3$ (poled)	PZT-2	PZT-4	PZT-5A	PZT-5H	PZT-8	PMN-PZT ([001])
s_{11}^E $(=s_{22}^E)$	9.1	11.6	12.3	16.4	16.5	11.5	55.0
s_{12}^E	-2.7	-3.33	-4.05	-5.74	-4.78	-3.7	-26.1
s_{13}^E $(=s_{23}^E)$	-2.9	-4.97	-5.31	-7.22	-8.45	-4.8	-26.9
s_{33}^E	9.5	14.8	15.5	18.8	20.7	13.5	60.6
s_{44}^E $(=s_{55}^E)$	22.8	45.0	39.0	47.5	43.5	31.9	17.2
s_{66}^E	23.6	29.9	32.7	44.3	42.6	30.4	35.0
d_{15} $(=d_{24})$	260.0	440.0	496	584	741	330	178.0
d_{31} $(=d_{32})$	-78.0	-60.2	-123	-171	-274	-37	-715.0
d_{33}	90	152	289	374	593	225	1580
$\epsilon_{11}^T(=\epsilon_{22}^T)/\epsilon_0$	450	990	1475	1730	3130	1290	1690
$\epsilon_{33}^T/\epsilon_0$	700	450	1300	1700	3400	1000	5690

* 압전 재료의 물성치는 각각 www.efunda.com ($BaTiO_3$ 및 PZT 계열) 및 www.ceracomp.com (PMN-PZT [001])을 참조하였다.

대표적인 압전 재료에 대하여 식 (3.2.3)의 구성 방정식에 나타난 물성치 계수를 표 3.2.1에 나타내었다. 표에 나타낸 바와 같이 압전 재료의 물성치는 일반적으로 $\mathbf{s}^E$, $\mathbf{d}$ 및 $\boldsymbol{\epsilon}^T$의 형태로 주어진다(물론 모든 성분이 주어지지 않는 경우가 있으나, 압전 재료의 거동에 큰 영향을 미치지 않는 성분들이므로, 그런 값들은 등방성 포아송 비를 이용하여 근사치로 구한다. 예를 들면, $s_{12}^E = -\nu_{xy}s_{11}^E \approx -\nu s_{11}^E$, $s_{13}^E = -\nu_{xz}s_{33}^E \approx -\nu s_{33}^E$ 등). 그러나, 다음에 다룰 압전 재료의 지배 방정식 및 유한 요소 정식화에는 변형률 $\mathbf{S}$ 및 전기장 $\mathbf{E}$가 독립 변수가 되는 다음과 같은 형태가 사용된다. 이 식은 응력 $\mathbf{T}$ 및 단위 면적당 전하 $\mathbf{D}$에 의해 표현되고 또한, 전기-역학 연성 물성치로서 $\mathbf{e}$로 표현되는 행렬을 사용하기 때문에 응력-전하 형식(stress-charge form) 또는 e-형식 (e-form)이라고 한다.

$$\begin{array}{l}\mathbf{T} = \mathbf{c}^E\mathbf{S} - \mathbf{e}^t\mathbf{E} \\ \mathbf{D} = \mathbf{e}\mathbf{S} + \boldsymbol{\epsilon}^S\mathbf{E}\end{array} \quad \text{또는,} \quad \begin{array}{l}T_{ij} = c_{ijkl}^E S_{kl} - e_{kij}E_k \\ D_i = e_{ikl}S_{kl} + \epsilon_{ik}^S E_k\end{array} \quad (i, j, k, l = 1, 2, 3) \tag{3.2.9}$$

위 식에서 $\mathbf{c}^E$ 는 전기장 $\mathbf{E}$의 값이 고정된 상태(또는 $\mathbf{E} = 0$)에서의 강성(stiffness) 계수 행렬(단위: $\mathrm{N/m^2}$)이며, $\boldsymbol{\epsilon}^S$는 변형률 $\mathbf{S}$의 값이 고정된 상태(또는 $\mathbf{S} = 0$)에서의 유전율 ('clamped' dielectric permittivity) (단위: F/m)을 나타낸다. 그리고, $\mathbf{e}$는 압전 응력 상수

(piezoelectric stress constant) (단위: N/V · m = C/m²)로 정의된다.

식 (3.2.9)를 사용하기 위해서는 각각의 관련된 물성치 ($\mathbf{c}^E$, $\boldsymbol{\epsilon}^S$, $\mathbf{e}$)의 값들이 필요한데, 이는 식 (3.2.3)과 (3.2.9)를 이용한 물성치 행렬간의 관계에 의해 구할 수 있다. 먼저, 식 (3.2.3)의 첫 번째 식을 $\mathbf{T}$에 대해서 정리하면,

$$\mathbf{T} = (\boldsymbol{s}^E)^{-1}\mathbf{S} - (\boldsymbol{s}^E)^{-1}\mathbf{d}^t\mathbf{E} \tag{3.2.10}$$

가 되고 이 식을 다시 식 (3.2.3)의 두 번째 식에 대입하면 다음과 같다.

$$\begin{aligned}\mathbf{D} &= \mathbf{d}\left((\boldsymbol{s}^E)^{-1}\mathbf{S} - (\boldsymbol{s}^E)^{-1}\mathbf{d}^t\mathbf{E}\right) + \boldsymbol{\epsilon}^T\mathbf{E} \\ &= \mathbf{d}(\boldsymbol{s}^E)^{-1}\mathbf{S} + \left(\boldsymbol{\epsilon}^T - \mathbf{d}(\boldsymbol{s}^E)^{-1}\mathbf{d}^t\right)\mathbf{E}\end{aligned} \tag{3.2.11}$$

따라서, 식 (3.2.10)과 (3.2.11)을 식 (3.2.9)와 비교하면, 다음 관계를 얻게 된다.

$$\boldsymbol{c}^E = (\boldsymbol{s}^E)^{-1} \tag{3.2.12a}$$

$$\mathbf{e} = \mathbf{d}\boldsymbol{c}^E \tag{3.2.12b}$$

$$\begin{aligned}\boldsymbol{\epsilon}^S &= \boldsymbol{\epsilon}^T - \mathbf{d}(\boldsymbol{s}^E)^{-1}\mathbf{d}^t = \boldsymbol{\epsilon}^T - \mathbf{e}\,\mathbf{d}^t \\ &= \boldsymbol{\epsilon}^T - \mathbf{e}(\boldsymbol{c}^E)^{-1}\mathbf{e}^t\end{aligned} \tag{3.2.12c}$$

이 밖에도 사용 빈도는 위의 두 가지 형태에 비해 적지만, g-형식 (g-form) 및 h-형식 (h-form)이 있다. g-형식 (g-form)은 독립 변수가 $\mathbf{T}$ 및 전기장 $\mathbf{D}$로서 다음과 같이 표현된다.

$$\begin{aligned}\mathbf{S} &= \mathbf{s}^D\mathbf{T} + \mathbf{g}^t\mathbf{D} \\ \mathbf{E} &= -\mathbf{g}\mathbf{T} + \boldsymbol{\beta}^T\mathbf{D}\end{aligned} \text{ 또는, } \begin{aligned}S_{ij} &= s_{ijkl}^D T_{kl} + g_{kij}D_k \\ E_i &= -g_{ikl}T_{kl} + \beta_{ik}^T D_k\end{aligned} \ (i, j, k, l = 1, 2, 3) \tag{3.2.13}$$

위 식에서 $\mathbf{g}$는 압전 전압 상수(piezoelectric voltage constant)로서 행렬로 표현될 경우 g_{ij}는 j 성분의 응력이 가해졌을 때 발생하는 i 성분의 전기장 또는 그에 따른 전압을 나타낸다. 즉, 전속 밀도가 일정한 경우의 전기장/응력을 나타내는 계수로서 압전 에너지 수확에 있어서는 개회로(open-circuit) 출력 전압 성능을 좌우하는 계수가 되기도 한다. 또한, 독립 변수가 $\mathbf{S}$, $\mathbf{D}$인 h-형식 (h-form)은 다음과 같다.

$$\begin{aligned}\mathbf{T} &= \mathbf{c}^D\mathbf{S} - \mathbf{h}^t\mathbf{D} \\ \mathbf{E} &= -\mathbf{h}\mathbf{S} + \boldsymbol{\beta}^S\mathbf{D}\end{aligned} \text{ 또는, } \begin{aligned}T_{ij} &= c_{ijkl}^D S_{kl} - h_{kij}D_k \\ E_i &= -h_{ikl}S_{kl} + \beta_{ik}^S D_k\end{aligned} \ (i, j, k, l = 1, 2, 3) \tag{3.2.14}$$

3.2.2 구성 방정식을 통해 살펴 본 압전 재료의 거동

앞에서 살펴 본 압전 재료의 구성 방정식을 이용하여, 전기장의 극성 및 변형의 방향 등에 대한 압전 재료의 기본적인 거동 양상을 알아보자. 이는 2.1.2에서 살펴보았던 내용이지만 여기서는 보다 수학적인 방법을 이용해보자.

일반적으로 압전 구조물은 3개의 주 변형 모드(mode of operation)를 이용하게 되는데, 압전 변형률 상수 d_{ij}와 관계가 있다(식 (3.2.6) 아래에 설명된 d_{ij}의 의미를 다시 생각해 보자). 그림 3.1.3의 변형 모드를 d_{33}-모드(종 방향 모드, longitudinal mode)라고 하며, 이 외에도 d_{31}-모드(횡 방향 모드, transverse mode) 및 d_{15}-모드(전단 모드, shear mode)가 있다. 각각의 장단점이 있으며, 응용 분야 및 압전 재료의 특성에 따라 적절한 변형 모드를 선택하여 압전 트랜스듀서를 설계한다.

(1) d_{33}-모드(종 방향 모드)

d_{33}-모드에서는 3축 방향의 외력(혹은 응력) T_3만 작용한다고 가정한다. 따라서, 그림 3.1.3(a)에 나타낸 정 압전 효과의 경우, 아래의 구성 방정식을 고려하자(식 (3.2.3) 참조).

$$D_3 = d_{33} T_3 + \epsilon_{33}^T E_3 \tag{3.2.15}$$

개회로 상태에서는 전극에 모이는 전하가 없으므로 $D_3 = 0$이 된다. 따라서, 위 식에 의해 $E_3 = -\left(d_{33}/\epsilon_{33}^T\right) T_3$이므로, $T_3 > 0$ (인장력)인 경우 $E_3 < 0$가 성립하고, $T_3 < 0$ (압축력)인 경우 $E_3 > 0$이 성립한다($d_{33} > 0$ 이고 $\epsilon_{33}^T > 0$). 이는 이미 3.1.2에서 기술한 바와 같은 결과이다. 그림 3.1.3(a)에서와 같이 압전 재료가 3축의 양의 방향으로 분극된 경우, 변형 방향에 따라 극성 분포의 치우침(그림의 하단에 표시)으로 인해 발생하는 전기장 방향을 확인하자.

이젠 그림 3.1.3(b)에 나타낸 역 압전 효과의 경우, 아래의 구성 방정식을 고려하자.

$$S_3 = s_{33}^E T_3 + d_{33} E_3 \tag{3.2.16}$$

외부 힘은 존재하지 않으므로($T_3 = 0$), 위 식에서 $S_3 = d_{33} E_3$의 관계가 성립한다. 따라서, $E_3 > 0$인 경우 $S_3 > 0$이므로 압전 재료는 인장 변형을 하게 되고, $E_3 < 0$인 경우에는 $S_3 < 0$이므로 압축 변형을 하게 된다. 즉, $E_3 > 0$인 경우 아래쪽 전극에 양의 전하게 모이게 되는데, 이는 분극 처리된 압전 재료의 아래 부위에 형성되어 있는 음의 전하와의 인력으로 인해 인장 변형을 유발한 것으로 이해할 수 있다. 마찬가지로, $E_3 < 0$인 경우에는 위쪽 전극에 모인 양의 전하와 압전 재료 위쪽 부분에 형성되어 있는 양의 전하 사이에 척력이 작용하여 압축 변형을 일으키게 된다. 단, PVDF의 경우

PZT 계열과는 달리 d_{33} 값이 음수이므로 위에서 설명했던 내용과는 반대의 현상이 일어난다.

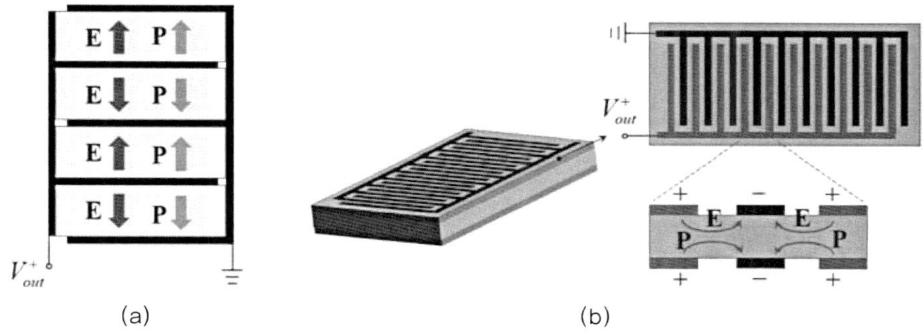

그림 3.2.2 (a) 적층 형태(stack-type)의 압전 소자 및 (b) 길이 방향으로 분극 및 전기장이 인가되는 AFC/MFC 형태의 압전 소자

진동 에너지 수확에서 d_{33}-모드는 진동하는 구조물에 부착하여 사용하는 경우(base excitation)보다 외력 가진(force excitation)의 진동 환경에서 주로 이용되어 왔다. 그림 3.2.2에 d_{33}-모드를 사용하기 위한 적층 형태(stack type) 및 IDE(interdigitated electrode)를 사용한 AFC/MFC 형태의 압전 소자를 나타내었다.

(2) d_{31}-모드(횡 방향 모드)

d_{31}-모드를 이용하기 위해서는 일반적으로 압전 재료를 얇은 층의 형태로 비 압전 구조물에 부착하여 사용한다. 두께 방향의 변형도 존재하지만 길이 방향의 변형에 비해 매우 작으므로 굽힘 하중을 받는 구조물에 효과적이다. 판(plate) 또는 보(beam)의 면에 부착하여 사용하는 것이 대표적인 예이다.
그림 3.2.3(a)에 나타낸 정 압전 효과의 경우, 식 (3.2.3)으로부터 아래 구성 방정식을 고려하자.

$$D_3 = d_{31} T_1 + \epsilon_{33}^{T} E_3 \tag{3.2.17}$$

개회로의 경우 전극에 발생된 전하량은 없으므로 $D_3 = 0$이 된다. 따라서, 위 식에 의해 $E_3 = -\left(d_{31}/\epsilon_{33}^{T}\right) T_1$이 성립하고, d_{31}의 값은 음수이므로 $T_1 > 0$ (인장력)인 경우 $E_3 > 0$이, $T_1 < 0$ (압축력)인 경우 $E_3 < 0$이 각각 성립한다.

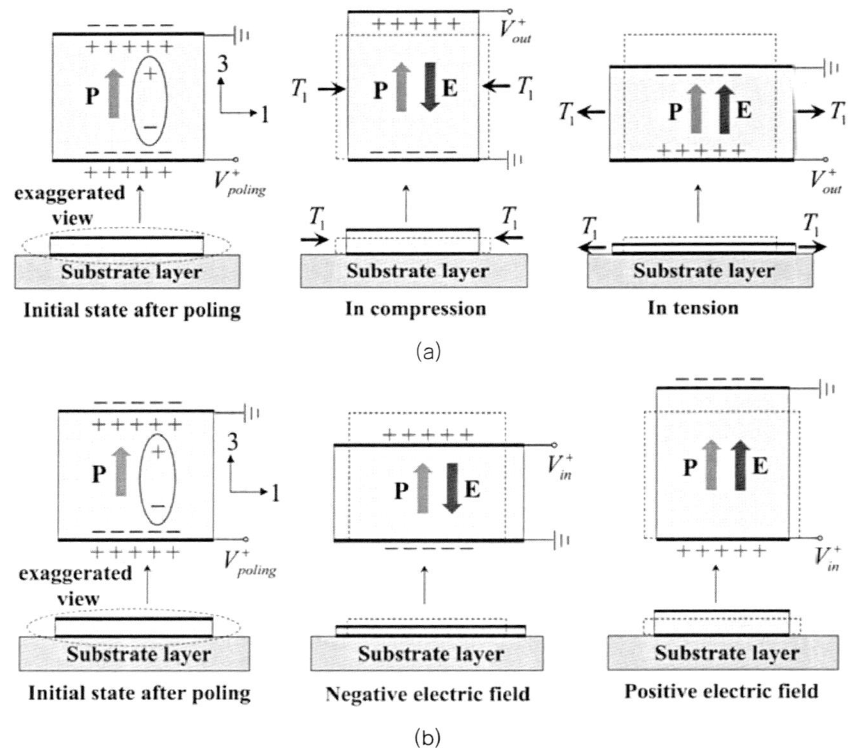

그림 3.2.3 (d_{31}-모드) 양의 방향으로 분극된 압전 재료에 (a) 외부 힘(또는 응력)의 인장/압축 여부에 따른 발생 전기장/전압의 부호 및 (b) 외부 인가된 전기장의 부호에 따른 발생 변형률의 부호

이젠 그림 3.2.3(b)에 나타낸 역 압전 효과의 경우로서 아래의 구성 방정식을 살펴보자.

$$S_1 = s_{11}^E T_1 + d_{31} E_3 \tag{3.2.18}$$

외부 힘은 존재하지 않으므로 $T_1 = 0$에 의해 $S_1 = d_{31}E_3$의 관계가 성립한다. 따라서, $E_3 > 0$인 경우 $S_1 < 0$이 되므로, 압전 재료는 1축 방향으로 압축 변형을 하게 되고, 마찬가지 이유로 $E_3 < 0$인 경우 $S_1 > 0$이 되므로, 1축 방향으로 인장 변형을 하게 된다.

(3) d_{15}-모드(전단 모드)

위에서 설명된 d_{33}-모드 및 d_{31}-모드와의 일관성을 위해 분극은 3축 방향으로 처리되었다고 가정한다. 또한, 그림 3.2.4에서 압전 소자의 아랫면은 변위가 구속되었다고 가정하였다. 압전 소자를 d_{15}-모드로 사용할 때는 분극 시 사용한 전극을 제거하고 분극 방향과 수직방향으로 전극을 새로 만들어야 한다(그림에서 분극 이후 외부에서 힘을 가할 경우 또는 전기장을 가할 경우 전극의 위치가 바뀌어 있음을 주목하라). 추가로, 실제 외팔보 등에 압전 재료를 얇은 층으로 부착하여 d_{15}-모드로 사용할 경우에는 보의 축 방향이 압전 재료의 분극 방향, 즉 3축이 되게 하는 것이 편리하다.
그림 3.2.4(a)에 나타낸 정 압전 효과의 경우, 식 (3.2.3)으로부터 아래 구성 방정식을 고려하자.

$$D_1 = d_{15}T_5 + \epsilon_{11}^T E_1 \tag{3.2.19}$$

개회로의 경우 전극에 발생된 전하량은 없으므로 $D_1 = 0$이 된다. 따라서, 위 식에 의해 $E_1 = -\left(d_{15}/\epsilon_{11}^T\right)T_5$이 성립하고, d_{15}의 값은 양수이므로 $T_5 > 0$인 경우 $E_1 < 0$이, $T_5 < 0$ (압축력)인 경우 $E_1 > 0$이 각각 성립한다.
이젠 그림 3.2.4(b)에 나타낸 역 압전 효과의 경우로서 아래의 구성 방정식을 살펴보자.

$$S_5 = s_{55}^E T_5 + d_{15}E_1 \tag{3.2.20}$$

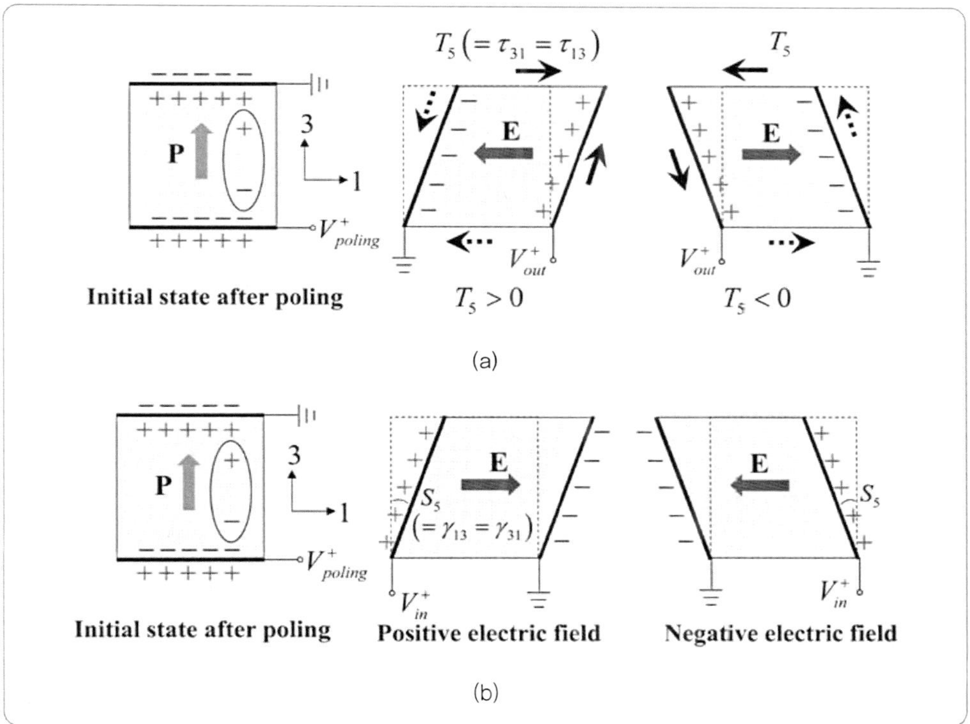

그림 3.2.4 (d_{15}-모드) 양의 방향으로 분극된 압전 재료에 (a) 외부 힘(또는 응력)의 인장/압축 여부에 따른 발생 전기장/전압의 부호 및 (b) 외부 인가된 전기장의 부호에 따른 발생 변형률의 부호

이젠 그림 3.2.3(b)에 나타낸 역 압전 효과의 경우로서 아래의 구성 방정식을 살펴보자. 외부 힘은 존재하지 않으므로($T_5 = 0$), 위 식에서 $S_5 = d_{15}E_1$의 관계가 성립한다. 따라서, 압전 재료는 $E_1 > 0$ 및 $E_1 < 0$인 경우에 대해 각각 그림 3.2.4(b)에 보인 바와 같은 전단 변형을 하게 된다. 그림 3.2.5(a)에 d_{15}-모드를 이용한 경우의 외팔보 구조를 나타내었다. 중앙 압전 층의 상·하면에 일반 비 압전 재료가 부착되어 있다. 분극 방향 및 전극의 위치를 확인하기 바란다. 이 경우에는 전단 변형을 이용하게 되므로 Timoshenko 보(beam) 이론이 적용된다(Malakooti and Sodano, 2015). 참고로 그림 3.2.5(b)에는 앞서 설명한 d_{31}-모드를 이용한 경우가 되며, 압전 외팔보 형태의 에너지 수확 장치를 구성할 때 제일 많이 사용되는 구조가 된다. 이에 대해서는 다음 장의 수학적 모델에서 자세히 다루게 될 것이다.

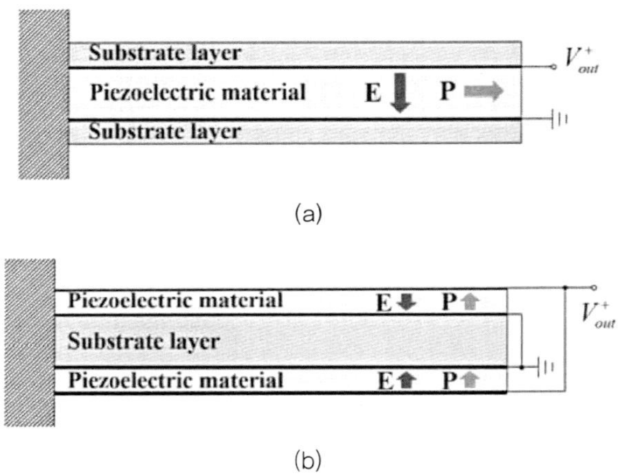

그림 3.2.5 외팔보 압전 에너지 수확 장치의 대표적 구성: (a) d_{15}-모드를 이용한 경우 및 (b) d_{31}-모드를 이용한 경우의 bimorph 구조

표 3.2.1로부터 에너지 변환 성능을 나타낼 수 있는 d_{ij} 계수의 값을 살펴보면, PZT 계열에서 d_{15}의 값이 가장 크므로 전기 출력 관점에서 관심을 가질 만 하다. 다만, 일반적으로 전단 강성이 굽힘 강성보다 작고, 다소 얇은 두께의 압전 재료의 길이 방향으로 분극 처리하는 것이 쉽지는 않다는 것이다.

3.2.3 압전 구성 방정식에 나타난 각 계수들간의 관계

여기서는 구성 방정식들에 나타낸 계수들 간의 관계 및 계수들로 표현된 전기-역학 연성 계수(EMCC: electro-mechanical coupling coefficient)에 대한 설명을 할 것이다. 보다 간단한 전개를 위해, 식 (3.2.12)에 나타낸 관계식과 식 (3.2.13) 및 (3.2.14)에 새로이 표현된 물성치 간의 관계를 특정 성분에 대해서만 자세히 살펴보도록 하자. 즉, 편의상 압전 재료는 d_{33} 모드에서 작동한다고 가정하였다. 따라서, 응력 및 전기장 모두 3 축 방향의 성분만 존재하므로 변형률–전하 형식(strain-charge form) 또는 d-형식 (d-form)의 구성 방정식은 다음과 같이 나타낼 수 있다.

$$S_3 = s_{33}^E T_3 + d_{33} E_3 \tag{3.2.21a}$$

$$D_3 = d_{33} T_3 + \epsilon_{33}^T E_3 \tag{3.2.21b}$$

식 (3.2.21a)를 T_3에 대해서 정리하면 다음과 같고,

$$T_3 = \frac{1}{s_{33}^E} S_3 - \frac{d_{33}}{s_{33}^E} E_3 \tag{3.2.22}$$

이를 다시 식 (3.2.21b)에 대입하면 아래와 같다.

$$\begin{aligned} D_3 &= d_{33}\left(\frac{1}{s_{33}^E} S_3 - \frac{d_{33}}{s_{33}^E} E_3\right) + \epsilon_{33}^T E_3 = \frac{d_{33}}{s_{33}^E} S_3 + \left(\epsilon_{33}^T - \frac{d_{33}^2}{s_{33}^E}\right) E_3 \\ &= \frac{d_{33}}{s_{33}^E} S_3 + \epsilon_{33}^T \left(1 - \frac{d_{33}^2}{\epsilon_{33}^T s_{33}^E}\right) E_3 \end{aligned} \tag{3.2.23}$$

식 (3.2.22) 및 (3.2.23)으로부터 다음과 같은 계수를 정의하면,

$$c_{33}^E = \frac{1}{s_{33}^E};\ e_{33} = \frac{d_{33}}{s_{33}^E} = d_{33} c_{33}^E;\ \epsilon_{33}^S = \epsilon_{33}^T \left(1 - \frac{d_{33}^2}{\epsilon_{33}^T s_{33}^E}\right) = \epsilon_{33}^T \left(1 - k_{33}^2\right) \tag{3.2.24}$$

다음과 같이 독립 변수를 S_3, E_3로 하는 1차원 응력–전하 형식(stress-charge form) 또는 e-형식 (e-form)의 구성 방정식을 얻을 수 있다.

$$T_3 = c_{33}^E T_3 - e_{33} E_3 \tag{3.2.25a}$$

$$D_3 = e_{33} S_3 + \epsilon_{33}^S E_3 \tag{3.2.25b}$$

식 (3.2.24)의 유전율에 대한 마지막 관계식에서 $d_{33}^2/\epsilon_{33}^T s_{33}^E$은 압전 재료의 에너지 변환 비율을 나타내며 d_{33} 모드인 경우 k_{33}^2으로 표시한다. k_{33}는 d_{33} 모드에서의 전기–역학 연성 계수(EMCC: Electro-Mechanical Coupling Coefficient) (Chang et al., 1995; Ikeda, 1996)라고 하며, 제곱 형태인 k_{33}^2이 내포된 물리적 의미로 인해 더 많이 사용된다. 이에 대해서는 3.3에서 다시 자세히 설명하기로 한다.

이젠 식 (3.2.25)를 다음과 같이 행렬식으로 나타내어 보자.

$$\begin{Bmatrix} T_3 \\ D_3 \end{Bmatrix} = \begin{bmatrix} c_{33}^E & -e_{33} \\ e_{33} & \epsilon_{33}^S \end{bmatrix} \begin{Bmatrix} S_3 \\ E_3 \end{Bmatrix} \tag{3.2.26}$$

위 식을 S_3, E_3에 대해서 정리하면 다음과 같다.

$$\begin{Bmatrix} S_3 \\ E_3 \end{Bmatrix} = \begin{bmatrix} c_{33}^E & -e_{33} \\ e_{33} & \epsilon_{33}^S \end{bmatrix}^{-1} \begin{Bmatrix} T_3 \\ D_3 \end{Bmatrix} = \frac{1}{c_{33}^E \epsilon_{33}^S + e_{33}^2} \begin{bmatrix} \epsilon_{33}^S & e_{33} \\ -e_{33} & c_{33}^E \end{bmatrix} \begin{Bmatrix} T_3 \\ D_3 \end{Bmatrix} \tag{3.2.27}$$

즉,

$$S_3 = \frac{\epsilon_{33}^S}{c_{33}^E \epsilon_{33}^S + e_{33}^2} T_3 + \frac{e_{33}}{c_{33}^E \epsilon_{33}^S + e_{33}^2} D_3 \tag{3.2.28a}$$

$$E_3 = -\frac{e_{33}}{c_{33}^E \epsilon_{33}^S + e_{33}^2} T_3 + \frac{c_{33}^E}{c_{33}^E \epsilon_{33}^S + e_{33}^2} D_3 \tag{3.2.28b}$$

이므로, 다음과 같은 계수를 정의하면

$$s_{33}^D = \frac{\epsilon_{33}^S}{c_{33}^E \epsilon_{33}^S + e_{33}^2};\ g_{33} = \frac{e_{33}}{c_{33}^E \epsilon_{33}^S + e_{33}^2};\ \beta_{33}^T = \frac{c_{33}^E}{c_{33}^E \epsilon_{33}^S + e_{33}^2} \tag{3.2.29}$$

다음과 같이 독립 변수를 T_3, D_3로 하는 1차원 g-형식 (g-form)의 구성 방정식을 얻을 수 있다.

$$S_3 = s_{33}^D T_3 + g_{33} D_3 \tag{3.2.30a}$$

$$E_3 = -g_{33} T_3 + \beta_{33}^T D_3 \tag{3.2.30b}$$

식 (3.2.29)에서 정의된 계수는 또한 d-형식의 계수에 의해서도 표현이 가능하다. 즉, 식 (3.2.21b)를 E_3에 대해서 정리하면,

$$E_3 = -\frac{d_{33}}{\epsilon_{33}^T} T_3 + \frac{1}{\epsilon_{33}^T} D_3 \tag{3.2.31}$$

이므로, 이를 식 (3.2.30b)와 비교하면 다음과 같은 관계를 얻을 수 있다.

$$g_{33} = \frac{d_{33}}{\epsilon_{33}^T};\ \beta_{33}^T = \frac{1}{\epsilon_{33}^T} \tag{3.2.32}$$

또한, 식 (3.2.31)을 식 (3.2.21a)에 대입하면,

$$S_3 = s_{33}^E T_3 + d_{33}\left(-\frac{d_{33}}{\epsilon_{33}^T} T_3 + \frac{1}{\epsilon_{33}^T} D_3\right) = \left(s_{33}^E - \frac{d_{33}^2}{\epsilon_{33}^T}\right) T_3 + \frac{d_{33}}{\epsilon_{33}^T} D_3 \tag{3.2.33}$$

이므로, 이 식을 식 (3.2.30a)와 비교하여 아래와 같은 관계를 얻을 수 있다.

$$s_{33}^D = s_{33}^E - \frac{d_{33}^2}{\epsilon_{33}^T} = s_{33}^E\left(1 - \frac{d_{33}^2}{\epsilon_{33}^T s_{33}^E}\right) = s_{33}^E\left(1 - k_{33}^2\right) \tag{3.2.34}$$

마지막으로, 식 (3.2.21)의 d-형식을 다음과 같이 행렬식으로 나타내어 보자.

$$\begin{Bmatrix} S_3 \\ D_3 \end{Bmatrix} = \begin{bmatrix} s_{33}^E & d_{33} \\ d_{33} & \epsilon_{33}^T \end{bmatrix} \begin{Bmatrix} T_3 \\ E_3 \end{Bmatrix} \tag{3.2.35}$$

그런 다음, 위 식을 독립 변수를 S_3, D_3로 하여 표현하면 다음과 같다.

$$\begin{Bmatrix} T_3 \\ E_3 \end{Bmatrix} = \begin{bmatrix} s_{33}^E & d_{33} \\ d_{33} & \epsilon_{33}^T \end{bmatrix}^{-1} \begin{Bmatrix} S_3 \\ D_3 \end{Bmatrix} = \frac{1}{s_{33}^E \epsilon_{33}^T - d_{33}^2} \begin{bmatrix} \epsilon_{33}^T & -d_{33} \\ -d_{33} & s_{33}^E \end{bmatrix} \begin{Bmatrix} S_3 \\ D_3 \end{Bmatrix} \tag{3.2.36}$$

즉,

$$T_3 = \frac{\epsilon_{33}^T}{s_{33}^E \epsilon_{33}^T - d_{33}^2} S_3 - \frac{d_{33}}{s_{33}^E \epsilon_{33}^T - d_{33}^2} D_3 \tag{3.2.37a}$$

$$E_3 = -\frac{d_{33}}{s_{33}^E \epsilon_{33}^T - d_{33}^2} S_3 + \frac{s_{33}^E}{s_{33}^E \epsilon_{33}^T - d_{33}^2} D_3 \tag{3.2.37b}$$

이므로, 위 식에서 다음과 같은 계수를 정의하면

$$\begin{aligned} c_{33}^D &= \frac{\epsilon_{33}^T}{s_{33}^E \epsilon_{33}^T - d_{33}^2} = \frac{1}{s_{33}^E\left(1 - k_{33}^2\right)}; \\ h_{33} &= \frac{d_{33}}{s_{33}^E \epsilon_{33}^T - d_{33}^2} = \frac{k_{33}^2}{d_{33}\left(1 - k_{33}^2\right)}; \\ \beta_{33}^S &= \frac{s_{33}^E}{s_{33}^E \epsilon_{33}^T - d_{33}^2} = \frac{1}{\epsilon_{33}^T\left(1 - k_{33}^2\right)} \end{aligned} \tag{3.2.38}$$

다음과 같이 1차원 h-형식 (h-form)의 구성 방정식을 얻을 수 있다.

$$T_3 = c_{33}^D S_3 - h_{33} D_3 \tag{3.2.39a}$$

$$E_3 = -h_{33} S_3 + \beta_{33}^S D_3 \tag{3.2.39b}$$

식 (3.2.38)에서 정의된 계수는 또한 g-형식의 계수로도 표현이 가능하다. 즉, 식 (3.2.39a)를 S_3에 대해서 정리하면,

$$S_3 = \frac{1}{c_{33}^D} T_3 + \frac{h_{33}}{c_{33}^D} D_3 \tag{3.2.40}$$

이므로, 식 (3.2.30a)와 비교하면 다음과 같은 관계를 얻을 수 있다.

$$c_{33}^D = \frac{1}{s_{33}^D};\ h_{33} = c_{33}^D g_{33} \tag{3.2.41}$$

예제 3.2.1

$h_{33} = e_{33}/\epsilon_{33}^S$임을 보여라.

풀이

식 (3.2.24) 및 (3.2.38)을 이용한다.

$$h_{33} = \frac{\epsilon_{33}^T k_{33}^2}{d_{33}\epsilon_{33}^T(1-k_{33}^2)} = \frac{\epsilon_{33}^T}{d_{33}} \frac{1}{\epsilon_{33}^S} \frac{d_{33}^2}{s_{33}^E \epsilon_{33}^T} = \frac{1}{\epsilon_{33}^S} \frac{d_{33}}{s_{33}^E} = \frac{d_{33} c_{33}^E}{\epsilon_{33}^S} = \frac{e_{33}}{\epsilon_{33}^S}$$

■ ■ ■

예제 3.2.2

$\beta_{33}^T = \beta_{33}^S(1-k_{33}^2)$임을 보여라.

풀이

식 (3.2.32) 및 (3.2.38)을 이용한다.

$$\beta_{33}^S = \frac{1}{\epsilon_{33}^T(1-k_{33}^2)} = \frac{\beta_{33}^T}{1-k_{33}^2}$$

■ ■ ■

예제 3.2.3

$c_{33}^D = c_{33}^E + e_{33}^2/\epsilon_{33}^S$임을 보여라.

풀이

식 (3.2.24), (3.2.38) 및 (3.2.41)을 이용한다.

$$c_{33}^{D} = \frac{c_{33}^{E}}{1-k_{33}^{2}} = \frac{c_{33}^{E}}{1-\dfrac{d_{33}^{2}}{\epsilon_{33}^{T}s_{33}^{E}}} = \frac{\epsilon_{33}^{T}c_{33}^{E}}{\epsilon_{33}^{T}-c_{33}^{E}d_{33}^{2}} \tag{a}$$

따라서, 식 (3.2.24)로부터의 관계식 $\epsilon_{33}^{T} = \epsilon_{33}^{S} + c_{33}^{E}d_{33}^{2}$을 위 식에 대입하면 아래와 같다.

$$c_{33}^{D} = \frac{\epsilon_{33}^{S}c_{33}^{E} + \left(c_{33}^{E}d_{33}\right)^{2}}{\epsilon_{33}^{S}} = \frac{\epsilon_{33}^{S}c_{33}^{E} + e_{33}^{2}}{\epsilon_{33}^{S}} = c_{33}^{E} + \frac{e_{33}^{2}}{\epsilon_{33}^{S}} \tag{b}$$

위 식은 개회로 상태($D=0$) 및 폐회로 상태($E=0$)에서의 강성 계수들간의 관계를 나타낸다. 개회로 상태에서의 강성 계수가 더 커지는 것을 알 수 있다.

■ ■ ■

잠깐 !

▎전기-역학 연성 계수 k_{33}^{2}의 여러 가지 표현

d-형식의 계수에 의해 표현된 전기-역학 연성 계수, $d_{33}^{2}/\epsilon_{33}^{T}s_{33}^{E}$는 다른 형태의 구성 방정식에 나타난 계수들을 이용하여 표현할 수도 있다. 즉, k_{33}^{2}의 정의 식에 식 (3.2.24)를 이용하면 다음의 관계를 얻는다.

$$k_{33}^{2} = \frac{d_{33}^{2}}{\epsilon_{33}^{T}s_{33}^{E}} = \frac{d_{33}^{2}c_{33}^{E}}{\epsilon_{33}^{T}} = \frac{\left(e_{33}/c_{33}^{E}\right)^{2}c_{33}^{E}}{\epsilon_{33}^{T}} = \frac{e_{33}^{2}}{\epsilon_{33}^{T}c_{33}^{E}} \tag{3.2.42}$$

또한, ϵ_{33}^{T}는 식 (3.2.24)에 의해

$$\epsilon_{33}^{T} = \epsilon_{33}^{S} + \frac{d_{33}^{2}}{s_{33}^{E}} = \epsilon_{33}^{S} + \frac{\left(e_{33}/c_{33}^{E}\right)^{2}}{s_{33}^{E}} = \epsilon_{33}^{S} + \frac{e_{33}^{2}}{c_{33}^{E}} \tag{3.2.43}$$

이므로, 이 결과를 다시 식 (3.2.42)에 대입하면 아래와 같다.

$$k_{33}^{2} = \frac{e_{33}^{2}}{\epsilon_{33}^{T}c_{33}^{E}} = \frac{e_{33}^{2}}{\epsilon_{33}^{S}c_{33}^{E} + e_{33}^{2}} \tag{3.2.44}$$

위 식은 식 (3.2.24) 및 (3.2.38)의 $c_{33}^{E} = c_{33}^{D}\left(1-k_{33}^{2}\right)$을 대입하여 다음과 같은 식으로도 표현할 수 있다.

$$k_{33}^{2} = \frac{e_{33}^{2}}{\epsilon_{33}^{T}c_{33}^{E}} = \frac{e_{33}^{2}}{\epsilon_{33}^{T}c_{33}^{D}\left(1-k_{33}^{2}\right)} = \frac{e_{33}^{2}}{\epsilon_{33}^{S}c_{33}^{D}} \tag{3.2.45}$$

3.2.4 압전 재료의 전기-역학 연성 지배 방정식의 유도

앞서 살펴 본 압전 재료의 구성 방정식과 Hamilton 정리를 이용하여 압전 재료의 동적 지배 방정식 및 경계 조건을 유도해 보도록 하자. 이를 위해 이 책에서는 다음의 변분 지시자(variational indicator) V.I.를 사용할 것이다(전기 - 역학 연성 계에 대한 Hamilton의 정리는 부록 A. 1을 참조하기 바란다.).

$$\text{V.I.}=\int_{t_1}^{t_2}(\delta L+\delta W_{nc})dt=\int_{t_1}^{t_2}\left\{\delta\left(T^*-V+W_e^*\right)+\delta W_{nc}\right\}dt \tag{3.2.46}$$

위의 식에서 라그란지안(Lagrangian) L은 운동 수반 에너지(kinetic coenergy) T^*, 탄성 변형 에너지 V 및 전기 수반 에너지(electric coenergy) W_e^*로 구성되며, W_{nc}는 비 보존력에 의해 구조물에 가해지는 일 또는 비 보존 회로 요소에 대해 전류가 한 일을 나타낸다. 위의 식을 변위 및 쇄교 자속 기반 형식화(displacement and flux-linkage formulation)라고 한다(Crandall et al., 1968; Williams, 1996; Preumont, 2006).

식 (3.2.46)에 각각의 에너지에 대한 정의 식 및 식 (3.2.9)에 나타낸 e-형식의 압전 구성 방정식을 대입하면 아래와 같이 표현된다.

$$T^*=\frac{1}{2}\int_{\Omega}\rho\dot{\mathbf{u}}^t\dot{\mathbf{u}}\,d\Omega \tag{3.2.47a}$$

$$V=\frac{1}{2}\int_{\Omega}\mathbf{S}^t\mathbf{T}\,d\Omega=\frac{1}{2}\int_{\Omega}\mathbf{S}^t\left(\mathbf{c}^E\mathbf{S}-\mathbf{e}^t\mathbf{E}\right)d\Omega=\frac{1}{2}\int_{\Omega}\left(\mathbf{S}^t\mathbf{c}^E\mathbf{S}-\mathbf{S}^t\mathbf{e}^t\mathbf{E}\right)d\Omega \tag{3.2.47b}$$

$$W_e^*=\frac{1}{2}\int_{\Omega}\mathbf{E}^t\mathbf{D}\,d\Omega=\frac{1}{2}\int_{\Omega}\mathbf{E}^t\left(\mathbf{e}\mathbf{S}+\boldsymbol{\epsilon}^S\mathbf{E}\right)d\Omega=\frac{1}{2}\int_{\Omega}\left(\mathbf{E}^t\mathbf{e}\mathbf{S}+\mathbf{E}^t\boldsymbol{\epsilon}^S\mathbf{E}\right)d\Omega \tag{3.2.47c}$$

위 식에서 ρ 및 $\mathbf{u}=\left[u_x(x,y,z)\;u_y(x,y,z)\;u_z(x,y,z)\right]^t$는 각각 질량 밀도(mass density) 및 변위의 (x,y,z) 성분을 나타내며, Ω는 적분이 행해지는 구조물의 영역을 나타낸다.

따라서,

$$\begin{aligned}-V+W_e^*&=-\frac{1}{2}\int_{\Omega}\mathbf{S}^t\mathbf{c}^E\mathbf{S}\,d\Omega+\int_{\Omega}\mathbf{S}^t\mathbf{e}^t\mathbf{E}\,d\Omega+\frac{1}{2}\int_{\Omega}\mathbf{E}^t\boldsymbol{\epsilon}^S\mathbf{E}\,d\Omega\\&=\frac{1}{2}\int_{\Omega}\left(\mathbf{E}^t\boldsymbol{\epsilon}^S\mathbf{E}+2\mathbf{S}^t\mathbf{e}^t\mathbf{E}-\mathbf{S}^t\mathbf{c}^E\mathbf{S}\right)d\Omega\end{aligned} \tag{3.2.48}$$

이므로, 이를 이용하여 $\int_{t_1}^{t_2} \delta T^* dt$ 및 $\delta(-V+W_e^*)$에 대해 다음과 같은 식을 얻을 수 있다.

$$\int_{t_1}^{t_2} \delta T^* dt = \int_{t_1}^{t_2} dt \int_{\Omega} \rho \delta \dot{\mathbf{u}}^t \mathbf{u}\, d\Omega$$
$$= \int_{\Omega} \rho \delta \mathbf{u}^t \dot{\mathbf{u}}\, d\Omega \Big|_{t_1}^{t_2} - \int_{t_1}^{t_2} dt \int_{\Omega} \rho \delta \mathbf{u}^t \ddot{\mathbf{u}}\, d\Omega = -\int_{t_1}^{t_2} dt \int_{\Omega} \rho \delta \mathbf{u}^t \ddot{\mathbf{u}}\, d\Omega \tag{3.2.49a}$$

$$\delta(-V+W_e^*) = \int_{\Omega} (\delta \mathbf{E}^t \boldsymbol{\epsilon}^S \mathbf{E} + \delta \mathbf{S}^t \mathbf{e}^t \mathbf{E} + \delta \mathbf{E}^t \mathbf{e} \mathbf{S} - \delta \mathbf{S}^t \mathbf{c}^E \mathbf{S}) d\Omega$$
$$= \int_{\Omega} (\delta \mathbf{E}^t (\boldsymbol{\epsilon}^S \mathbf{E} + \mathbf{e} \mathbf{S}) + \delta \mathbf{S}^t (\mathbf{e}^t \mathbf{E} - \mathbf{c}^E \mathbf{S})) d\Omega = \int_{\Omega} (\delta \mathbf{E}^t \mathbf{D} - \delta \mathbf{S}^t \mathbf{T}) d\Omega \tag{3.2.49b}$$

식 (3.2.49b)의 추가 유도를 편리하게 하기 위해 하첨자를 가진 성분으로 표시하고 (index notation), 여기에 전기장 E_i $(i=1,2,3)$과 전압 ϕ의[3] 관계식 $E_i = -\phi_{,i}$과 변형률-변위 관계식 $S_{ij} = (u_{i,j} + u_{j,i})/2$를 대입하면 아래와 같이 표현된다[4].

$$\begin{aligned}\delta(-V+W_e^*) &= \int_{\Omega} (\delta E_i D_i - \delta S_{ij} T_{ij}) d\Omega = \int_{\Omega} (\delta \phi_{,i} D_i - \delta u_{i,j} T_{ij}) d\Omega \\ &= \int_{\Omega} ((-\delta \phi D_i)_{,i} + \delta \phi D_{i,i} - (\delta u_i T_{ij})_{,j} + \delta u_i T_{ij,j}) d\Omega \\ &= \int_{\Omega} (\delta \phi D_{i,i} + \delta u_i T_{ij,j}) d\Omega - \int_A (\delta \phi D_i n_i + \delta u_i T_{ij} n_j) dA\end{aligned} \tag{3.2.50}$$

위 식에서 n_i는 경계면 A에 수직한 단위 벡터를 나타내며, 마지막 행에서 다이버전스 정리(divergence theorem)가 사용되었다.

비 보존력에 의해 구조물에 가해지는 일 또는 비 보존 회로 요소에 대해 전류가 한 일을 나타내는 W_{nc}에 대한 변분량 δW_{nc}는 체적력(body force) f_i, 면적력(surface force, traction) t_i 및 표면 전하 밀도(surface charge density) q_s에 대해 다음과 같이 표현된다.

$$\delta W_{nc} = \int_{\Omega} f_i \delta u_i\, d\Omega + \int_{A_t} t_i \delta u_i\, dA + \int_{A_q} \dot{q}_s \delta \lambda_i\, dA \tag{3.2.51}$$

위 식에서 λ는 자속(magnetic flux (linkage))을 나타내며, $\phi = d\lambda/dt$이므로 세 번째 항

---

3) 이 책에서는 전압에 대한 기호로서 경우에 따라 v_o 또는 ϕ를 혼용하여 사용하였다.

4) $T_{ij} = T_{ji}$이므로 $\delta S_{ij} T_{ij} = \delta u_{i,j} T_{ij}$가 성립한다.

에 대해 부분 적분을 수행하면 다음과 같다.

$$\int_{t_1}^{t_2}\int_{A_q}\dot{q}_s\delta\lambda_i\,dA\,dt=\int_{A_q}q_s\delta\lambda_i\,dA\bigg|_{t_1}^{t_2}-\int_{t_1}^{t_2}\int_{A_q}q_s\delta\phi\,dA\,dt \tag{3.2.52}$$

따라서, 위 식을 이용하면 식 (3.2.51)은 아래와 같이 표현된다.

$$\delta W_{nc}=\int_{\Omega}f_i\delta u_i\,d\Omega+\int_{A_t}t_i\delta u_i\,dA-\int_{A_q}q_s\delta\phi dA \tag{3.2.53}$$

결국, 식 (3.2.46)을 이용한 Hamilton 정리는 식 (3.2.49a), (3.2.50) 및 (3.2.53)을 이용하여 정리하면,

$$\begin{aligned}&-\int_{t_1}^{t_2}dt\int_{\Omega}\rho\delta u_i\ddot{u}_i d\Omega\\&+\int_{t_1}^{t_2}dt\left(\int_{\Omega}(\delta\phi D_{i,i}+\delta u_i T_{ij,j})d\Omega-\int_{A}(\delta\phi D_i n_i+\delta u_i T_{ij}n_j)dA\right)\\&+\int_{t_1}^{t_2}dt\left(\int_{\Omega}f_i\delta u_i d\Omega+\int_{A_t}t_i\delta u_i dA-\int_{A_q}q_s\delta\phi dA\right)=0\end{aligned} \tag{3.2.54}$$

이므로, 이로부터 다음의 변분식을 얻게 된다.

$$\begin{aligned}&\int_{\Omega}\left(\delta\phi D_{i,i}+\delta u_i\left(-\rho\ddot{u}_i+T_{ij,j}+f_i\right)\right)d\Omega\\&-\int_{A}\left(\delta\phi(D_i n_i+q_s)+\delta u_i(T_{ij}n_j-t_i)\right)dA=0\end{aligned} \tag{3.2.55}$$

따라서, 위 식으로부터 다음과 같은 영역 내의 지배 방정식 및 경계 조건을 얻는다.

(영역 내 지배 방정식)

$$\begin{cases}T_{ij,j}+f_i=\rho\ddot{u}_i\\D_{i,i}=0\end{cases} \tag{3.2.56a}$$

(경계 조건)

$$\begin{cases}T_{ij}n_j=t_i\\D_i n_i=-q_s\end{cases} \tag{3.2.56b}$$

위 식에서 T_{ij} 및 D_i는 식 (3.2.9)의 구성 방정식을 만족한다.

잠깐 !

❙ $D_i n_i = -q_s$에서 표면 전하 밀도 q_s 앞의 음의 기호(negative sign)의 의미

두 유전체의 경계면에 수직한, 전속 밀도 $\mathbf{D}$의 성분 간의 관계를 얻기 위해 그림 3.2.6을 고려해 보도록 하자.

경계면에 놓여진 미소 원기둥 요소는 매우 작은 높이 Δh 및 단면적 ΔA를 갖고 있다. 또한, 법선 벡터 $\mathbf{a}_{n1}$ 및 $\mathbf{a}_{n2}$는 각각 유전체 1 및 2의 경계면에 수직이면서 밖을 향하는 벡터이다. 따라서, 전속 밀도에 대한 Gauss 법칙은 다음과 같이 표현된다.

$$\oint_s \mathbf{D} \cdot d\mathbf{s} = (\mathbf{D}_1 \cdot \mathbf{a}_{n2} + \mathbf{D}_2 \cdot \mathbf{a}_{n1})\Delta A = \mathbf{a}_{n2} \cdot (\mathbf{D}_1 - \mathbf{D}_2)\Delta A = q_s \Delta A$$

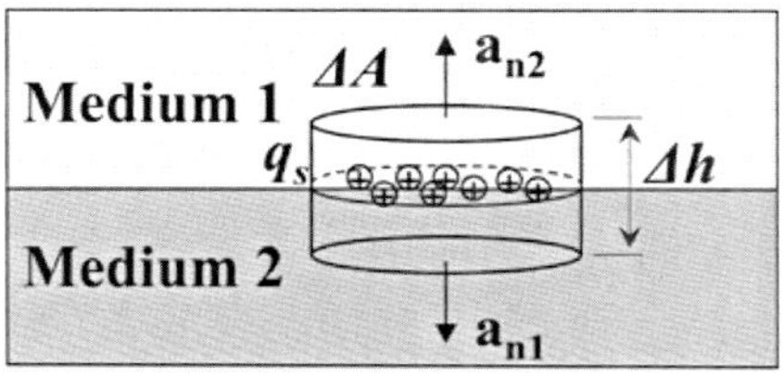

그림 3.2.6 두 유전체(Medium 1과 Medium 2) 사이의 경계 및 법선의 정의

그런데, 유전체 1이 완전 도체라면 $\mathbf{D}_1 = 0$이므로, 위의 식은 $-\mathbf{a}_{n2} \cdot \mathbf{D}_2 = q_s$가 된다. 따라서, $\mathbf{a}_{n2}$를 유전체 2의 바깥 방향으로 향하는 벡터 $\mathbf{n}$, $\mathbf{D}_2$를 유전체 내부의 전속 밀도 $\mathbf{D}$로 각각 바꾸어 쓰면 $\mathbf{D} \cdot \mathbf{n} = -q_s$ 즉, $D_i n_i = -q_s$가 된다. 일부 책에서는 법선의 방향을 여기서 설명한 것과는 반대로 설정하기도 한다.

3.2.5 압전 재료에 대한 유한 요소 정식화(finite element formulation)

식 (3.2.56a)에 나타낸 역학 영역과 전기 영역의 각 지배 방정식에 식 (3.2.9)의 e-형식 구성 방정식을 대입하여 압전 구조물에 대한 유한 요소 정식화를 수행하여 보자. 여기에서는 비 압전 재료는 고려하지 않았다.

먼저 $T_{ij,j} + f_i = \rho \ddot{u}_i$의 양변에 변분 δu_i를 곱하고 영역 Ω에 대해 적분하면

$$\int_\Omega \delta u_i (T_{ij,j} + f_i = \rho \ddot{u}_i) d\Omega = 0 \tag{3.2.57}$$

이고, 첫 번째 항에 대해 부분 적분을 수행하면 다음과 같으므로,

$$\begin{aligned}\int_{\Omega}\delta u_i T_{ij,j}d\Omega &= \int_{\Omega}\left(\left(\delta u_i T_{ij}\right)_{,j} - \delta u_{i,j}T_{ij}\right)d\Omega \\ &= \int_{A}\delta u_i T_{ij}n_j dA - \int_{\Omega}\delta S_{ij}T_{ij}d\Omega\end{aligned} \tag{3.2.58}$$

식 (3.2.57)은 아래와 같이 정리된다.

$$\int_{\Omega}\delta u_i \rho \ddot{u}_i d\Omega + \int_{\Omega}\delta S_{ij}T_{ij}d\Omega = \int_{\Omega}\delta u_i f_i d\Omega + \int_{A}\delta u_i t_i dA \tag{3.2.59a}$$

$$\int_{\Omega}\delta\rho\mathbf{u}^t\ddot{\mathbf{u}}d\Omega + \int_{\Omega}\delta\mathbf{S}^t\mathbf{T}d\Omega = \int_{\Omega}\delta\mathbf{u}^t\mathbf{f}d\Omega + \int_{A}\delta\mathbf{u}^t\mathbf{t}dA \tag{3.2.59b}$$

식 (3.2.59a)에서 식 (3.2.56b)의 $T_{ij}n_j = t_i$의 관계가 사용되었으며, 식 (3.2.59b)는 식 (3.2.59a)를 벡터 형태로 나타낸 것이다.

따라서, 위 식에 변형률과 변위와의 관계식 $\mathbf{S}=\mathbf{B}_{\mathrm{u}}\mathbf{u}$, 전기장과 전압과의 관계식 $\mathbf{E}=-\mathbf{B}_{\phi}\phi$ 및 식 (3.2.9)의 e-형식 구성 방정식을 대입한다. 여기서 $\mathbf{B}_{\mathrm{u}}$ 및 $\mathbf{B}_{\phi}$는 아래와 같다.

$$\mathbf{B}_u = \begin{bmatrix} \frac{\partial}{\partial x} & 0 & 0 & 0 & \frac{\partial}{\partial z} & \frac{\partial}{\partial y} \\ 0 & \frac{\partial}{\partial y} & 0 & \frac{\partial}{\partial z} & 0 & \frac{\partial}{\partial x} \\ 0 & 0 & \frac{\partial}{\partial z} & \frac{\partial}{\partial y} & \frac{\partial}{\partial x} & 0 \end{bmatrix};\ \mathbf{B}_{\phi} = \begin{bmatrix} \frac{\partial}{\partial x} \\ \frac{\partial}{\partial y} \\ \frac{\partial}{\partial z} \end{bmatrix} \tag{3.2.60}$$

따라서, 위 식을 이용하여 $\int_{\Omega}\delta\mathbf{S}^t\mathbf{T}d\Omega$에 대해서는

$$\int_{\Omega}\delta\mathbf{S}^t\mathbf{T}d\Omega = \int_{\Omega}\delta\mathbf{S}^t\left(\mathbf{c}^E\mathbf{S} - \mathbf{e}^t\mathbf{E}\right)d\Omega = \int_{\Omega}\delta\mathbf{u}^t\mathbf{B}_u^t\left(\mathbf{c}^E\mathbf{B}_{\boldsymbol{u}}\mathbf{u} + \mathbf{e}^t\mathbf{B}_{\boldsymbol{\phi}}\phi\right)d\Omega \tag{3.2.61}$$

이므로, 식 (3.2.59b)는 변위 $\mathbf{u} = \left[u_x(x,y,z)\ u_y(x,y,z)\ u_z(x,y,z)\right]^t$ 및 전압 $\phi(x,y,z)$에 대해 다음과 같이 표현된다.

$$\begin{aligned}&\int_{\Omega}\delta\rho\mathbf{u}^t\ddot{\mathbf{u}}d\Omega + \int_{\Omega}\delta\mathbf{u}^t\mathbf{B}_u^t\mathbf{c}^E\mathbf{B}_u\mathbf{u}d\Omega + \int_{\Omega}\delta\mathbf{u}^t\mathbf{B}_u^t\mathbf{e}^t\mathbf{B}_{\phi}\phi d\Omega \\ &= \int_{\Omega}\delta\mathbf{u}^t\mathbf{f}d\Omega + \int_{A}\delta\mathbf{u}^t\mathbf{t}dA\end{aligned} \tag{3.2.62}$$

위의 식에서 변위 $\mathbf{u}$ 및 전압 ϕ에 대해 각각의 형상 함수(shape function)와 요소 절점(node)에서의 값들로 표현된 $\mathbf{u}=\mathbf{N}_u\hat{\mathbf{u}}$와 $\phi=\mathbf{N}_{\phi}\hat{\boldsymbol{\phi}}$을 대입하면, 다음과 같이 압전 구조물의 첫 번째 전기-역학 연성 유한 요소 방정식(finite element equation)을 얻게 된다.

$$\left(\int_{\Omega_e} \rho \mathbf{N}_u^t \mathbf{N}_u d\Omega\right)\ddot{\hat{\mathbf{u}}} + \left(\int_{\Omega_e} \mathbf{N}_u^t \mathbf{B}_u^t \mathbf{c}^E \mathbf{B}_u \mathbf{N}_u d\Omega\right)\hat{\mathbf{u}} + \left(\int_{\Omega_e} \mathbf{N}_u^t \mathbf{B}_u^t \mathbf{e}^t \mathbf{B}_\varphi \mathbf{N}_\phi d\Omega\right)\hat{\boldsymbol{\phi}}$$

$$= \int_{\Omega_e} \mathbf{N}_u^t \mathbf{f} d\Omega + \int_{A_e} \mathbf{N}_u^t \mathbf{t} dA \tag{3.2.63}$$

위 식에서 Ω_e는 유한 요소화된 압전 구조물에서 1개의 요소 영역을 의미한다.
두 번째 유한 요소 연성 방정식을 구하기 위해서는 $D_{i,i}=0$ (식 (3.2.56a) 참조)의 양변에 변분 $\delta\phi$를 곱하고 이를 영역 Ω에 대해 적분한다.

$$\int_{\Omega} \delta\phi D_{i,i} d\Omega = 0 \tag{3.2.64}$$

따라서, 위 식은 부분 적분 수행 후에 아래와 같은 식으로 표현된다.

$$\int_{\Omega}\left((\delta\phi D_i)_{,i} - \delta\phi_{,i} D_i\right) d\Omega = -\int_{\Omega} \delta\phi_{,i} D_i d\Omega + \int_{A} \delta\phi D_i n_i dA = 0 \tag{3.2.65}$$

식 (3.2.56b)에 의해 경계에서는 $D_i n_i = -q_s$의 관계가 성립하므로, 위의 식을 벡터로 표현하면 다음과 같다.

$$\int_{\Omega} (\nabla\delta\phi)^t \mathbf{D} d\Omega = -\int_{A} \delta\phi q_s dA \tag{3.2.66}$$

그런데, 위 식의 좌변은 식 (3.2.9)의 전속 밀도에 대한 구성 방정식 및 $\nabla\phi = \mathbf{B}_\phi \phi$ 관계식을 대입하면 아래와 같이 표현된다.

$$\int_{\Omega} \delta\phi \mathbf{B}_\phi^t (\mathbf{e}\mathbf{S} + \boldsymbol{\epsilon}^S \mathbf{E}) \mathrm{d}\Omega = \int_{\Omega} \delta\phi \mathbf{B}_\phi^t (\mathbf{e}\mathbf{B}_u \mathbf{u} - \boldsymbol{\epsilon}^S \mathbf{B}_\phi \phi) \mathrm{d}\Omega \tag{3.2.67}$$

따라서, 식 (3.2.63)을 얻기 위해 하였던 것과 동일한 방법으로 위 식에 $\mathbf{u} = \mathbf{N}_u \hat{\mathbf{u}}$와 $\phi = \mathbf{N}_\phi \hat{\boldsymbol{\phi}}$을 대입하면 다음과 같이 압전 구조물의 두 번째 전기-역학 연성 유한 요소 방정식을 얻게 된다.

$$\left(\int_{\Omega_e} \mathbf{N}_\phi^t \mathbf{B}_\phi^t \mathbf{e} \mathbf{B}_u \mathbf{N}_u d\Omega\right)\hat{\mathbf{u}} + \left(-\int_{\Omega_e} \mathbf{N}_\phi^t \mathbf{B}_\phi^t \boldsymbol{\epsilon}^S \mathbf{B}_\phi \mathbf{N}_\phi d\Omega\right)\hat{\boldsymbol{\phi}} = -\int_{A} \mathbf{N}_\phi^t q_s dA \tag{3.2.68}$$

마지막으로, 식 (3.2.63) 및 (3.2.68)을 이용하여 요소 단계(element level)서의 압전 구조물에 대한 유한 요소 방정식은 다음과 같이 정리된다.

$$\begin{bmatrix} \mathbf{m} & 0 \\ 0 & 0 \end{bmatrix} \begin{Bmatrix} \ddot{\hat{\mathbf{u}}} \\ \ddot{\hat{\boldsymbol{\phi}}} \end{Bmatrix} + \begin{bmatrix} \mathbf{k}_{uu} & \mathbf{k}_{u\phi} \\ \mathbf{k}_{u\phi}^t & \mathbf{k}_{\phi\phi} \end{bmatrix} \begin{Bmatrix} \hat{\mathbf{u}} \\ \hat{\boldsymbol{\phi}} \end{Bmatrix} = \begin{Bmatrix} \hat{\mathbf{f}} \\ \hat{\mathbf{q}}_e \end{Bmatrix} \tag{3.2.69}$$

위 식에서 각각의 소행렬은 다음과 같이 정의된다.

$$\mathbf{m} = \int_{\Omega_e} \rho \mathbf{N}_u^t \mathbf{N}_u d\Omega \tag{3.2.70a}$$

$$\mathbf{k}_{uu} = \int_{\Omega_e} \mathbf{N}_u^t \mathbf{B}_u^t \mathbf{c}^E \mathbf{B}_u \mathbf{N}_u \mathrm{d}\Omega;$$

$$\mathbf{k}_{u\phi} = \int_{\Omega_e} \mathbf{N}_u^t \mathbf{B}_u^t \mathbf{e}^t \mathbf{B}_\phi \mathbf{N}_\phi \mathrm{d}\Omega; \tag{3.2.70b}$$

$$\mathbf{k}_{\phi\phi} = -\int_{\Omega_e} \mathbf{N}_\phi^t \mathbf{B}_\phi^t \boldsymbol{\epsilon}^S \mathbf{B}_\phi \mathbf{N}_\phi \mathrm{d}\Omega$$

$$\hat{\mathbf{f}} = \int_{\Omega_e} \mathbf{N}_u^t \mathbf{f} d\Omega + \int_{A_e} \mathbf{N}_u^t \mathbf{t} dA;\ \hat{\mathbf{q}}_e = -\int_A \mathbf{N}_\phi^t q_s dA \tag{3.2.70c}$$

따라서, 압전 재료로 구성된 구조물에 대한 유한 요소 방정식은 다음과 같다.

$$\begin{bmatrix} \mathbf{M} & 0 \\ 0 & 0 \end{bmatrix} \begin{Bmatrix} \ddot{\hat{\mathbf{U}}} \\ \ddot{\hat{\boldsymbol{\Phi}}} \end{Bmatrix} + \begin{bmatrix} \mathbf{C}_d & 0 \\ 0 & 0 \end{bmatrix} \begin{Bmatrix} \dot{\hat{\mathbf{U}}} \\ \dot{\hat{\boldsymbol{\Phi}}} \end{Bmatrix} + \begin{bmatrix} \mathbf{K}_{UU} & \mathbf{K}_{U\Phi} \\ \mathbf{K}_{U\Phi}^t & \mathbf{K}_{\Phi\Phi} \end{bmatrix} \begin{Bmatrix} \hat{\mathbf{U}} \\ \hat{\boldsymbol{\Phi}} \end{Bmatrix} = \begin{Bmatrix} \hat{\mathbf{F}} \\ \hat{\mathbf{Q}}_e \end{Bmatrix} \tag{3.2.71}$$

위 식에서 행렬 $\mathbf{C}_d$는 압전 구조물의 역학 감쇠(mechanical damping)를 나타내며, 나머지 행렬은 다음과 같이 각 요소 단계에서의 행렬(elemental matrix)이 전역 행렬(global matrix)로 조합된 결과를 나타낸다.

$$\mathbf{M} = \sum_e \mathbf{m};\ \mathbf{K}_{UU} = \sum_e \mathbf{k}_{uu};\ \mathbf{K}_{U\Phi} = \sum_e \mathbf{k}_{u\phi};\ \mathbf{K}_{\Phi\Phi} = \sum_e \mathbf{k}_{\phi\phi}; \tag{3.2.72}$$

$$\hat{\mathbf{F}} = \sum_e \hat{\mathbf{f}};\ \hat{\mathbf{Q}}_e = \sum_e \hat{\mathbf{q}}_e$$

3.3. 압전 재료의 전기-역학 연성 계수

3.3.1 압전 재료의 폐회로(short-circuit) 및 개회로(open-circuit) 상태

압전 현상을 이용한 센서 및 액추에이터는 압전 재료에 부착된 전극 간의 연결 상태에 따라 폐회로 및 개회로의 상태가 존재하게 된다. 이러한 연결 상태에 따라 전기적인 특성 뿐만 아니라 압전 구조물의 역학적 특성이 변하기도 하며, 이에 대한 개념을 이용하여 전기-역학 연성 계수(EMCC)를 에너지 관점에서 설명하기도 한다. 또한, 나중에 언급할 압전 진동 에너지 수확 장치의 성능 평가에 있어서도 그 개념에 대한 이해가 필수적이기 때문에 여기서 잠깐 언급하기로 한다.

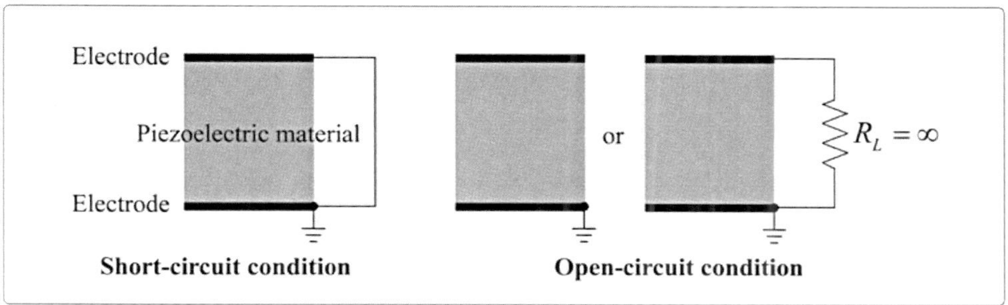

그림 3.3.1 압전 소자의 전극 간의 연결 유무에 따른 폐/개회로 상태

그림 3.3.1에서와 같이 폐회로 상태는 전극간에 전기적으로 단락된(short) 상태로서 이 경우 압전 구조물에 외부의 역학 에너지가 유입되어도 구조물의 변형 및 운동 에너지로만 저장될 뿐 전기 에너지로의 변환은 없다. 즉, 이 경우 압전 재료는 단순히 이방성 재료일 뿐이다.

이에 비해 개회로 상태는 외부 부하 저항[5])이 무한대의 값을 갖는 경우 또는 전극간의 연결이 개방된 경우로서 외부에서 유입되는 역학적 가진 에너지가 전기 에너지로 일부 변환되어 압전 재료에 저장된다. 따라서, 폐회로 상태일때와 동일한 가진 응력에 대해, 개회로 상태에서는 탄성 변형 에너지로 저장될 부분의 일부가 전기 에너지로 변환되기 때문에 구조 강성이 높아진다(변형 에너지가 작을수록 강성이 높다는 것을 상기하자). 압전 진동 에너지 수확 장치의 경우 유한한 값의 저항(더욱 정확하게는 임피던스의 크기)을 갖는 외부 부하가 연결되어 여기에서 전력이 소모된다.

3.3.2 압전 재료의 전기-역학 연성 계수

압전 재료는 역학 에너지 및 전기 에너지의 상호 변환에 관계하기 때문에 에너지 변환 효율에 관한 성능 지수가 존재한다. 이는 압전 재료를 이용한 센서 및 액추에터의 해석·설계 및 성능 평가 시 매우 중요하게 활용되는 개념이다.

앞서 3.2.3에서 d-형식의 구성 방정식의 물성치 계수 들을 이용하여 압전 재료의 전기-역학 연성 계수를 $d_{33}^2/s_{33}^E\epsilon_{33}^T$ (d_{33} 모드인 경우 k_{33}^2)로 정의하였다. 그런데, 전기-역학 연성 계수를 이와 같이 정의하면, 압전 재료가 복합 모드로 작용하거나 또는 다른 비

5) 전극에 임의의 저항 및 리액턴스 요소(커패시터, 인덕터)가 연결될 수 있으나, 압전 진동 에너지 수확에서는 일반적으로 외부 부하에 대해 등가의 저항 요소가 연결되었다고 가정한다. 이를 간단히 R_L로 표현한 경우 이 값이 특정 유한한 값을 갖는 경우가 아닌 양 극단의 값(0 또는 ∞)을 갖는 경우를 설명하고 있다.

압전 재료와 압전 재료가 포함된 일반적인 구성의 센서 및 액추에이터의 경우에는 이를 직접 적용하기가 곤란해진다. 따라서, 편의상 d_{33} 모드에 대해서, 전기-역학 연성 계수를 에너지에 대한 식으로 유도하고 이를 일반화하여 일반 3차원 압전 구조물의 경우에 적용하도록 한다. 센서 및 액추에이터가 주로 작동하는 특정 모드에 대한 전기-역학 연성 계수를 표현하고자 할 때 k_{33}^2 (d_{33} 모드), k_{31}^2 (d_{31} 모드) 및 k_{15}^2 (d_{15} 모드) 등으로 표기한다는 사실을 상기하자.

식 (3.2.21a)로부터 폐회로 상태에서 외부 응력 T_3가 가해지는 경우 단위 부피당 저장되는 변형 에너지 w_{me}^{sc}는 $E_3 = 0$이므로 다음과 같이 표현된다.

$$w_{me}^{sc} = \frac{1}{2} S_3 T_3 = \frac{1}{2} s_{33}^E T_3^2 \tag{3.3.1}$$

반면, 개회로 상태에서는 $D_3 = 0$이므로, 식 (3.2.21b)에서 $E_3 = -\left(d_{33}/\epsilon_{33}^T\right) T_3$가 성립한다. 이를 식 (3.2.21a)에 대입하면

$$S_3 = s_{33}^E T_3 + d_{33}\left(-\frac{d_{33}}{\epsilon_{33}^T} T_3\right) = s_{33}^E\left(1 - \frac{d_{33}^2}{s_{33}^E \epsilon_{33}^T}\right) T_3 = s_{33}^D T_3 \tag{3.3.2}$$

이므로, 개회로 상태에서 단위 부피당 저장되는 변형 에너지 w_{me}^{oc}는 다음과 같다.

$$w_{me}^{oc} = \frac{1}{2} S_3 T_3 = \frac{1}{2} s_{33}^D T_3^2 = \frac{1}{2} s_{33}^E T_3^2\left(1 - \frac{d_{33}^2}{s_{33}^E \epsilon_{33}^T}\right) = w_{me}^{sc} - \frac{1}{2}\frac{d_{33}^2}{\epsilon_{33}^T} T_3^2 \tag{3.3.3}$$

위 식 (3.3.1) 및 (3.3.3)을 비교해보면, 동일한 T_3에 대해 개회로 상태일 때의 외부 가진에 의한 변형 에너지가 폐회로 상태일 때보다 작아지는 것을 알 수 있다. 이는 동일한 외부 가진 하에서, 개회로 상태에서는 폐회로 상태에서 저장된 탄성 변형 에너지의 일부가 다른 형태의 에너지(아래에서 유도하겠지만, 이는 단위 부피 당 저장된 전기 에너지가 된다.)로 변환된다는 것을 의미한다(동일한 외력 하에서 개회로 상태에서의 탄성 변형 에너지가 작아지므로 강성이 증가함을 의미하기도 한다.).

그런데, 위의 결과들로부터 $\left(w_{me}^{sc} - w_{me}^{oc}\right)/w_{me}^{sc}$의 값이 바로 $d_{33}^2/s_{33}^E\epsilon_{33}^T$ $(= k_{33}^2)$가 된다는 것을 알 수 있다. 따라서, 다음과 같이 전기-역학 연성 계수를 폐회로 상태일 때의 저장된 탄성 변형 에너지 대비 변환된 전기 에너지의 비율로 정의할 수 있다.

$$k^2 = \frac{w_{me}^{sc} - w_{me}^{oc}}{w_{me}^{sc}} = \frac{W_{me}^{sc} - W_{me}^{oc}}{W_{me}^{sc}} \tag{3.3.4}$$

위 식에서 $W_{me}^{sc(oc)} = \int_{\Omega} w_{me}^{sc(oc)} d\Omega$이다. 식 (3.3.4)는 d_{33} 모드로 변형하는 압전 재료에 대해 유도하였지만, 일반적인 3차원 압전 장치의 전기-역학 연성 계수를 정의하기 위해 확장 적용된다. 따라서, k^2에서 변형 모드를 표기하기 위한 하첨자 '33'을 생략하였다.

그렇다면, 식 (3.3.4)의 분자에 있는 $w_{me}^{sc} - w_{me}^{oc}$가 단위 부피당 저장된 전기 에너지인지를 확인해 보자. 식 (3.3.3)에서 $w_{me}^{sc} - w_{me}^{oc} = (1/2)\left(d_{33}^2/\epsilon_{33}^T\right)T_3^2$ 이므로, 여기에 $E_3 = -\left(d_{33}/\epsilon_{33}^T\right)T_3$를 대입하면 다음과 같다.

$$w_{me}^{sc} - w_{me}^{oc} = \frac{1}{2}\left(\frac{d_{33}^2}{\epsilon_{33}^T}\right)T_3^2 = \frac{1}{2}\left(\frac{d_{33}^2}{\epsilon_{33}^T}\right)\left(\frac{\epsilon_{33}^T}{d_{33}}\right)^2 E_3^2 = \frac{1}{2}\epsilon_{33}^T E_3^2 \equiv w_{ele}^{oc} \tag{3.3.5}$$

위 식에서 w_{ele}^{oc}는 개회로 상태에서의 변형 에너지 중 일부가 변환되어 저장된 단위 부피당 전기 에너지를 나타낸다. 따라서, 식 (3.3.4)는 다음과 같이 나타낼 수도 있다.

$$k^2 = \frac{W_{ele}^{oc}}{W_{me}^{sc}} = \frac{W_{ele}^{oc}}{W_{me}^{oc} + W_{ele}^{oc}} \tag{3.3.6}$$

위 식에서 W_{me}^{oc} 및 W_{ele}^{oc} ($W_{ele}^{oc} = \int_{\Omega} w_{ele}^{oc} d\Omega$)는 각각 개회로 상태에서의 변위 및 전압에 의해 계산된 에너지로서 관련 물성치는 s_{33}^D 및 ϵ_{33}^T임을 유의하기 바란다. 그런데, 앞서 살펴 본 유한 요소 방정식과 관련하여 식 (3.2.70)에는 물성치로서 $\mathbf{s}^D$ 및 $\boldsymbol{\epsilon}^T$를 사용하지 않으므로 유한 요소법을 이용하여 식 (3.3.6)을 계산하기 위해서는 식의 적절한 변형이 필요하다. 우선 식 (3.3.2) 및 (3.3.3)을 d-형식에 대해 고려하면 다음과 같다. 즉, 개회로 상태에서는 $D_3 = 0$이므로, 식 (3.2.25b)에서 $E_3 = -\left(e_{33}/\epsilon_{33}^S\right)T_3$가 성립한다. 이를 식 (3.2.25a)에 대입하면 $T_3 = c_{33}^E\left(1 + e_{33}^2/c_{33}^E\epsilon_{33}^S\right)S_3 = c_{33}^D S_3$가 된다(이는 예제 3.2.3의 식 (b)를 통해서도 확인 가능하다.). 따라서, 만약 분극 방향으로만 변형하는 길이 L, 단면적 A인 1차원 압전 구조물이라면 개회로 상태에서의 에너지에 대한 식은 각각

$$W_{me}^{oc} = \frac{1}{2}\int_{\Omega} c_{33}^D S_3^2 d\Omega = \frac{1}{2}c_{33}^D\left(\frac{u_3}{L}\right)^2 AL = \frac{1}{2}\left(\frac{c_{33}^D A}{L}\right)u_3^2 \tag{3.3.7a}$$

$$W_{ele}^{oc} = \frac{1}{2}\int_{\Omega} \epsilon_{33}^T E_3^2 d\Omega = \frac{1}{2}\epsilon_{33}^T\left(\frac{\phi}{L}\right)^2 AL = \frac{1}{2}\left(\frac{\epsilon_{33}^T A}{L}\right)\phi^2 \tag{3.3.7b}$$

이므로, 식 (3.3.6)은 아래와 같다.

$$k^2 = \frac{\frac{1}{2}\left(\frac{\epsilon_{33}^T A}{L}\right)\phi^2}{\frac{1}{2}\left(\frac{c_{33}^D A}{L}\right)u_3^2 + \frac{1}{2}\left(\frac{\epsilon_{33}^T A}{L}\right)\phi^2} = \frac{\frac{1}{2}\left(\frac{\epsilon_{33}^T A}{L}\right)\phi^2(1-k^2)}{\frac{1}{2}\left(\frac{c_{33}^D A}{L}\right)u_3^2(1-k^2) + \frac{1}{2}\left(\frac{\epsilon_{33}^T A}{L}\right)\phi^2(1-k^2)}$$

$$= \frac{\frac{1}{2}\left(\frac{\epsilon_{33}^S A}{L}\right)\phi^2}{\frac{1}{2}\left(\frac{c_{33}^E A}{L}\right)u_3^2 + \frac{1}{2}\left(\frac{\epsilon_{33}^S A}{L}\right)\phi^2} \tag{3.3.8}$$

위 식에서 식 (3.2.24) 및 예제 3.2.3의 식 (a)의 관계 등이 사용되었다. 따라서, 유한 요소 방정식 (3.2.71)을 이용하여 3차원 압전 구조물로 일반화하면 전기-역학 연성 계수를 다음 식에 의해 구할 수 있다.

$$k^2 = \frac{W_{ele}^{oc}}{W_{me}^{oc} + W_{ele}^{oc}} = \frac{\hat{\boldsymbol{\Phi}}^t \mathbf{K}_{\Phi\Phi}\hat{\boldsymbol{\Phi}}}{\hat{\mathbf{U}}^t \mathbf{K}_{UU}\hat{\mathbf{U}} + \hat{\boldsymbol{\Phi}}^t \mathbf{K}_{\Phi\Phi}\hat{\boldsymbol{\Phi}}} \tag{3.3.9}$$

상용 유한요소 해석 소프트웨어에서 계산된 개회로 상태의 변형 에너지 및 전기 에너지는 대부분 위식에 나타낸 에너지 식을 이용한다.

전기-역학 연성 계수는 다음과 같이 폐회로 및 개회로 상태의 고유 진동수들에 의해 정의되기도 한다.

$$k^2 = \frac{\omega_{oc}^2 - \omega_{sc}^2}{\omega_{oc}^2} = \frac{f_{oc}^2 - f_{sc}^2}{f_{oc}^2} \tag{3.3.10}$$

위 식에서 ω (rad/s)=$2\pi f$ (Hz)이다. 따라서, 등가 질량 m인 1차원 압전 구조물이라면, $\omega_{sc}^2 = c_{33}^E A/mL$ 및 $\omega_{oc}^2 = c_{33}^D A/mL$이므로, 이를 위 식에 대입하면 다음과 같다.

$$k^2 = \frac{c_{33}^D A/mL - c_{33}^E A/mL}{c_{33}^D A/mL} = \frac{c_{33}^D - c_{33}^E}{c_{33}^D} \tag{3.3.11}$$

그런데, 예제 3.2.3의 결과 및 식 (3.2.44)를 이용하면, 위의 식은 다음과 같이 다시 k_{33}^2이 됨을 알 수 있다.

$$k^2 = \frac{c_{33}^D - c_{33}^E}{c_{33}^D} = \frac{e_{33}^2/\epsilon_{33}^S}{(\epsilon_{33}^S c_{33}^E + e_{33}^2)/\epsilon_{33}^S} = \frac{e_{33}^2}{\epsilon_{33}^S c_{33}^E + e_{33}^2} \equiv k_{33}^2 \tag{3.3.12}$$

이 책에서는 압전 재료 자체만의 전기-역학 연성 계수와 구별하여 압전 재료가 부착된 구조물 및 장치(센서, 액추에이터, 압전 진동 에너지 수확 장치 등)의 전기-역학 연성 계수를 나타내기 위해 추후 필요에 따라 하첨자 'sys (system)'를 이용하여 k_{sys}^2으로 표기하였다. 이는 식 (3.3.4), (3.3.6), (3.3.9) 및 (3.3.10)을 이용하여 평가될 수 있다.

한편, 앞서 살펴보았듯이 유한요소 정식화에는 e-형식의 구성 방정식이 사용되므로, 압전 재료의 에너지 변환 효율을 해당 형식에 나타난 물성치 계수들로 표현하는 것이 편리한 경우가 있다. 식 (3.2.24)를 k_{33}^2에 대한 정의 $d_{33}^2/\epsilon_{33}^T s_{33}^E$에 대입하면

$$k_{33}^2 = \frac{d_{33}^2}{\epsilon_{33}^T s_{33}^E} = \frac{\left(\dfrac{e_{33}}{c_{33}^E}\right)^2}{\dfrac{\epsilon_{33}^S}{1-k_{33}^2}\dfrac{1}{c_{33}^E}} \tag{3.3.13}$$

이므로, k_{33}^2에 대해 정리하면 다음과 같다.

$$k_{33}^2 = \frac{1}{\dfrac{\epsilon_{33}^S c_{33}^E}{e_{33}^2}+1} \equiv \frac{1}{\dfrac{1}{k_{e,33}^2}+1} = \frac{k_{e,33}^2}{1+k_{e,33}^2} \tag{3.3.14}$$

위 식에서 $k_{e,33}^2$으로 정의된 $e_{33}^2/\epsilon_{33}^S c_{33}^E$를 '편의' 전기-역학 연성 계수(expedient EMCC) (Ikeda, 1996)[6]라고 하며, 압전 재료를 포함한 구조물인 경우에는 $k_e^2 = k_{sys}^2/\left(1-k_{sys}^2\right)$ 이므로, 식 (3.3.4), (3.3.6) 및 (3.3.10)에 대응하여 각각 다음과 같이 정의된다.

$$k_e^2 = \frac{W_{me}^{sc} - W_{me}^{oc}}{W_{me}^{oc}} = \frac{W_{ele}^{oc}}{W_{me}^{oc}};\ k_e^2 = \frac{\omega_{oc}^2 - \omega_{sc}^2}{\omega_{sc}^2} = \frac{f_{oc}^2 - f_{sc}^2}{f_{sc}^2} \tag{3.3.15}$$

또한, $k_{e,33}^2 = e_{33}^2/\epsilon_{33}^S c_{33}^E$에 1차원 압전 재료 구조물의 개회로 상태에서의 변위 u_3 및 전압 ϕ를 이용하면

$$k_{e,33}^2 = \frac{u_3^2 (e_{33}A/L)^2 \phi^2}{\left(\epsilon_{33}^S A/L\right)\phi^2 \times \left(c_{33}^E A/L\right) u_3^2} \tag{3.3.16}$$

이므로, 유한 요소 방정식 (3.2.71)을 이용하여 3차원 구조물로 일반화하면 '편의' 전기-역학 연성 계수를 다음 식에 의해 구할 수 있다.

---

6) d-형식 또는 e-형식 등에 관계없이 각각의 전기-역학 연성 계수는 (연성 물성치)^2/(전기 물성치×역학 물성치)로 표현됨을 확인하자.

$$k_e^2 = \frac{\left(\hat{\mathbf{U}}^t \mathbf{K}_{U\Phi}\hat{\boldsymbol{\Phi}}\right)^2}{\left(\hat{\mathbf{U}}^t \mathbf{K}_{UU}\hat{\mathbf{U}}\right)\left(\hat{\boldsymbol{\Phi}}^t \mathbf{K}_{\Phi\Phi}\hat{\boldsymbol{\Phi}}\right)} \equiv \frac{W_{coup}^{oc}}{W_{me}^{oc}\, W_{ele}^{oc}} \tag{3.3.17}$$

위 식에서 W_{coup}^{oc} 는 전기-역학 연성 에너지를 의미한다. 위 식 역시 (3.3.6) 및 (3.3.9)의 관계에서와 같이 탄성 변형 에너지가 $\mathbf{c}^E$에 의해 표현되므로 엄밀한 의미에서 개회로 상태에서의 에너지(W_{me}^{oc})를 의미하지는 않는다. 그러나, 전체 편의 전기-역학 연성 계수의 관점에서는 타당하다.

압전에 대한 문헌 중에는 전기-역학 연성 계수 k_{sys}^2를 k_e^2와 혼용하고 있는 경우가 있으니 원래의 정의를 잘 알아둘 필요가 있다. 따라서, 식 (3.3.17)의 결과는 엄밀하게는 편의 전기-역학 연성 계수를 의미함에도 그냥 전기-역학 연성 계수로 표현하는 문헌도 있다.

3.4. 진동 에너지 수확 응용을 위한 압전 재료의 선택

압전 진동 에너지 수확 장치를 설계하기 위해 우선 에너지 변환 효율이 높은 압전 재료의 선택이 우선일 것이다. 여러 선택의 기준이 있겠지만 여기서는 압전 재료의 물성치 및 에너지 밀도와의 관계에 대해서 알아볼 것이다. 앞서의 내용에서 압전 변형률 상수 d_{ij}는 j 성분의 응력이 가해졌을 때 발생하는 i 성분의 단위 면적 당 발생 전하를 나타낸다고 하였다. 또한, 압전 전압 상수인 g_{ij}는 j 성분의 응력이 가해졌을 때 발생하는 i 성분의 전기장 또는 그에 따른 전압을 나타내며, 압전 에너지 수확에 있어서는 개회로(open-circuit) 출력 전압 성능을 좌우하는 계수가 된다고 하였다. 그렇다면, 외부 가진에 의한 전기 에너지 출력 성능은 이 계수들과 밀접한 관계가 있을 것으로 보인다. 여기서는 압전 변형률 상수와 압전 전압 상수의 곱으로 정의되는 변환 계수(transduction coefficient, $d \cdot g$)와 압전 재료의 에너지 밀도(단위 부피당 에너지)와의 관계를 유도하여, 진동 에너지 수확을 위해 압전 재료를 이용할 경우 그 선택 기준이 무엇인지에 대해서 알아보도록 하자(Islam and Priya, 2006a, 2006b). 뒤에서 다룰 외팔보 형태의 압전 진동 에너지 수확 구조물을 고려하여 여기서는 d_{31} 모드에 대해 살펴보겠지만, 다른 변형 모드에 대해서도 동일하게 적용됨을 미리 말해둔다.

먼저, 개회로 상태에서 압전 재료에 저장되는 전기 에너지 밀도는 식 (3.3.5)에 의해 다음과 같이 표현된다.

$$w_{ele}^{oc} = \frac{1}{2}\epsilon_{33}^T E_3^2 \tag{3.3.18}$$

위 식에 식 (3.2.32)로 부터의 관계식 $g_{31} = d_{31}/\epsilon_{33}^{T}$과 g-형식의 구성 방정식 (3.2.30b)에서 개회로 상태($D_3 = 0$)를 고려한 $E_3 = -g_{31}T_1$를 대입하면 다음과 같이 개회로 상태에서의 전기 에너지 밀도 식을 얻는다.

$$w_{ele}^{oc} = \frac{1}{2}\epsilon_{33}^{T}E_3^2 = \frac{1}{2}\frac{d_{31}}{g_{31}}(-g_{31}T_1)^2 = \frac{1}{2}(d_{31}\cdot g_{31})T_1^2 \tag{3.3.19}$$

따라서, 주어진 외부 응력 T_1에 대해 전기 에너지로의 변환이 큰 압전 재료를 선택하기 위해서 $d_{31}\cdot g_{31}$의 값이 큰 것이 유리함을 알 수 있다.

그렇다면, 변환 계수 $d_{31}\cdot g_{31}$의 값을 최대화하기 위한 방법을 알아보자. 참고문헌(Islam and Priya, 2006a, 2006b)에서는 $d_{31}\cdot g_{31}$을 압전 재료의 grain 크기와 같은 미세 구조에 관련된 변수 x에 대해 1차 미분한 결과로부터 0이 되는 조건 $|d_{31}| = \left(\epsilon_{33}^{T}\right)^{0.5}$ ($d_{31} < 0$임을 유의하자!)를 유도하였다. 그러나, 실은 해당 조건은 $d_{31}\cdot g_{31}$이 항상 상수가 되는 조건으로서 해당 논문에서 언급한 바와는 달리 2차 미분 결과도 0이 되므로 $d_{31}\cdot g_{31}$를 최대화하는 조건이 되지 않는다. 대신 $|d_{31}| = \left(\epsilon_{33}^{T}\right)^{n}$의 관계식을 가정하여 다음의 관계식을 최대화하는 것으로 한다. 현재 상용화된 다결정 압전 세라믹 압전 소자의 경우 n은 약 1.1에서 1.3의 값을 갖는 것으로 되어 있다.

$$d_{31}\cdot g_{31} = \frac{d_{31}^2}{\epsilon_{33}^{T}} = \left(\epsilon_{33}^{T}\right)^{2n-1} \tag{3.3.20}$$

위의 식에서 $\epsilon_{33}^{T} = \epsilon_{33}^{T} = \epsilon_{33,r}^{T}\epsilon_0 = \epsilon_{33,r}^{T}\times 8.854\times 10^{-12}\,\mathrm{F/m}$로서 1보다 매우 작은 수이다. 따라서, 식 (3.3.20)의 $\left(\epsilon_{33}^{T}\right)^{2n-1}$의 값을 최대화하기 위해서는 n의 값이 작을수록 좋기 때문에 다음의 유도된 식을 이용하여 물성치를 조절한다.

$$|g_{31}| = \frac{|d_{31}|}{\epsilon_{33}^{T}} = \left(\epsilon_{33}^{T}\right)^{n-1} \Rightarrow n = 1 + \frac{\ln(|g_{31}|)}{\ln\left(\epsilon_{33}^{T}\right)} \tag{3.3.21}$$

앞에서 $d_{31}\cdot g_{31}$의 값을 최대화하기 위해 d_{31} 또는 g_{31}의 값을 직접 조절하지 않는 이유는 d_{31} 또는 ϵ_{33}^{T} 값의 변화가 비슷한 경향을 보여 g_{31} 값이 잘 변하지 않기 때문이다. 따라서, 식 (3.3.21)을 이용하여 n을 최소화하면 g_{31} 및 $d_{31}\cdot g_{31}$의 크기가 커지게 된다. 다만, 압전 재료에 따라 $d_{31}\cdot g_{31}$의 값은 d_{31} 또는 ϵ_{33}^{T} 값의 비율에 따라 반드시 커지지 않을 수도 있다. 몇몇 압전 재료에 대한 변환 계수들의 비교는 6.3에서 다시 살펴보도록 할 것이다.

여기서 언급한 내용은 주어진 응력하에 압전 재료에서만의 전기 에너지 밀도를 나타낸 것이다. 또한, 식 (3.3.19)에 나타낸 바와 같이 에너지 밀도는 압전 재료 나의 발생 응력 크기와도 관계가 있는데, 일반적으로 진동 에너지 수확을 위해 압전 재료는 비 압전 재료의 진동 구조물에 부착되어 사용되고, 압전 재료마다 강성 및 밀도가 서로 다르므로 동일한 진동 환경 하에서 발생 응력이 다를 수 있다. 따라서, 각각의 압전 재료가 실제 진동 에너지 수확에 사용되었을 때의 발생 전력을 분석하는 것이 더욱 실용적이다.

잠깐 !

참고 문헌(Islam and Priya, 2006a, 2006b)에서 제시한 조건 $|d_{31}|=\left(\epsilon_{33}^{T}\right)^{0.5}$가 $d_{31}\cdot g_{31}$의 값을 최대화 하는 조건이 될 수 없음을 간단히 확인해 보자. 동일한 유도 방법을 이용하여 $d_{31}\cdot g_{31}$을 압전 재료의 grain 크기와 같은 미세 구조에 관련된 변수 x 에 대해 미분하여 보자. $d_{31}\cdot g_{31}$은 $d_{31}^2/\epsilon_{33}^{T}$이므로 여기서는 유도의 편의상 $f(x;\mathbf{p})=\epsilon_{33}^{T}$ 및 $h(x;\mathbf{p})=d_{31}$라고 가정하자. 여기서 $\mathbf{p}$는 x이외에 물성치에 영향을 주는 파라미터라고 본다.

$$\frac{\partial}{\partial x}\left(\frac{h^2}{f}\right)=2\left(\frac{h}{f}\right)\frac{\partial h}{\partial x}-\left(\frac{h}{f}\right)^2\frac{\partial f}{\partial x} \tag{a}$$

따라서, 위 식은 다음과 같이 정리되므로

$$\frac{1}{h}\frac{\partial h}{\partial x}=\frac{1}{2}\frac{1}{f}\frac{\partial f}{\partial x} \tag{b}$$

아래와 같은 최종 관계식을 얻을 수 있다.

$$\ln|h|=\frac{1}{2}\ln|f|+C^{*}\Rightarrow|h|=e^{C^{*}}\sqrt{|f|}=C\sqrt{|f|} \tag{c}$$

위의 식으로부터 $|d_{31}|=\left(\epsilon_{33}^{T}\right)^{0.5}$ ($\epsilon_{33}^{T}>0$ 및 C(적분 상수)$=1$ 가정)임을 얻는다. 그러나, 이러한 유도는 $d_{31}\cdot g_{31}$의 값을 최대화하는, 미세 구조에 관련된 변수 x의 특정 값을 구하는 것이 아니라, 모든 x에 대해 $d_{31}\cdot g_{31}$의 미분이 0가 되는 조건(즉, 상수가 되는 조건)을 구하는 것이 된다. 즉, $d_{31}\cdot g_{31}=d_{31}^2/\epsilon_{33}^{T}$에 결과를 대입하면 항상 1이 되는 것을 알 수 있다. 따라서, 이러한 조건에서는 $d_{31}\cdot g_{31}$의 1차를 포함한 모든 고차 미분 결과가 항상 0이 된다.

Chapter 04

압전 진동 에너지 수확 장치의 수학적 모델링

Mathematical Modelling of a Piezoelectric Vibration Energy Harvester

압전 진동 에너지 수확 장치는 매우 다양한 형태(Kim, 2013; Kim and Kim, 2013; Kim et al., 2004; Kim et al., 2005a, 2005b; Kim et al., 2015; Minazara et al., 2006; Roundy and Wright, 2004; Wang and Xu, 2007; Wang et al., 2007; Zheng and Xu, 2008)로 구현될 수 있으나, 주변 환경으로부터 쉽게 수확 가능한 진동 에너지의 주파수 대역이 대부분 300 Hz 이하의 저 주파수 대역임과 또한 구조가 간단하면서도 외부 가진에 의해 큰 변형률을 얻을 수 있는 점을 고려하여 그 동안 외팔보(cantilever) 형태가 상대적으로 많이 연구되어 왔다. 특히, 외팔보 기반의 압전 진동 에너지 수확 장치에 대한 수학적 모델은 진동 에너지 수확 장치의 물리적 거동에 대한 이해와 다양한 설계 변수의 영향을 파악하는데 매우 중요한 수단이기 때문에, 초기의 연구들이 중점적으로 수행되어 왔던 분야이다. 4장은 압전 진동 에너지 수확에 대해 본격적인 이해를 하기 위한 첫 단계라고 할 수 있으므로, 현재 정립이 잘 되어 있는 수학적 모델을 이용하여 압전 진동 에너지 수확 장치의 전기-역학 연성 및 그에 따른 전기 출력 특성 등을 다루고 있다.

외팔보 진동 에너지 수확 장치에 대한 수학적 모델은 대표적으로 1 자유도 집중 질량-스프링 계 모델(single degree-of-freedom mass-spring model) (Roundy and Wright, 2004; duToit et al., 2005), 가정 모드법 기반 모델(assumed mode model) (Sodano et al., 2004b; duToit et al., 2005; Liao and Sodano, 2008; Kim and Kim, 2011), 연속체 기반 모델(continuous or distributed parameter model) (Erturk and Inman, 2008, 2009; Kim and Kim, 2011) 및 유한요소 모델(finite element model) (Marqui et al., 2009) 등으로 구분될 수 있다. 이 중에서 1 자유도 집중 질량-스프링 계 모델은 간단하면서도 에너지 수확에 대한 직관적인 개념 파악에는 유용하나, 부정확하며 모드 형상 및 보에 형성된 변형률 분포 등을 알 수 없다. 특히, 압전 진동 에너지 수확 장치에 대한 초기의 1 자유도 집중 질량-스프링 계 모델(Roundy and Wright, 2004)은 등가 회로 개념을 사용하여 보의 정적 방정식으로부터 전기-역학 연성 지배 방정식을 유도하였으나, 보의 질량의 무시되어 고유 진동수가 높게 계산되고, 전기 출력은 낮게 평가되는 단점이 있었다. 가정 모드법 기반의 모델은 외팔보 진동 에너지 수확 장치의 1차 고유 진동 모드를 가정하여 상당히 정확하게 전기-역학 연성 특성 및 전기 출력 특성을 파악할 수 있으나, 정확성이 가정된 모드 형상 함수에 좌우된다. 이에 비해 단일 외팔보 진동 에너지 수확 장치에 대한 Euler-Bernoulli 보(beam) 기반의 연속체 모델(Erturk and Inman, 2008b, 2009)은 다른 수학적 모델보다 정확하면서도 각 설계 변수에 따른 성능의 변화를 효과적으로 확인할 수 있다. 물론, 그 이전에도 연속체 기반의 수학적 모델이 개발된 바 있으나(Lu et al., 2004; Chen et al., 2006; Lin et al., 2007) 전기 출력이 역학 영역에 미치는 연성 효과를 고려하지 않은 일방향 연성(one-way coupling) 모델로서 결과가 정확하지 못하였다.

한편, 외부 가진에 의한 역학 에너지를 전기 에너지로 더욱 효과적으로 변환하기 위해서는 실용적인 관점에서 압전 층이 부착된 보의 면적을 넓히는 것이 유리할 것이다. 그러나, 보의 길이 대비 폭이 넓은 경우에는 평판(plate) 거동을 함으로써 지금까지의 보 이론에 근거한 수학적 모델들에 의해서는 정확한 전기 출력 결과를 얻을 수 없다. 이를 해결하기 위해 평판 형태의 압전 진동 에너지 수확 장치에 대한 유한 요소 모델이 제안된 바 있으며(Marqui et al., 2009), 평면 응력(plane stress) 및 평면 변형률(plane strain) 상태의 물성치에 대한 보간을 이용하여 외팔보 기반의 개선된 수학적 모델이 제안된 바 있다(Kim and Kim, 2011). 후자의 모델은 또한 외팔보 끝단 질량을 집중 질량이 아닌 분포 질량으로 가정함으로써 더욱 일반적이고 현실적인 외팔보를 다루었으며, 더불어 설계 변수 파악의 용이성이 기존 보 이론 기반의 수학적 모델과 동일하다. 이는 유한 요소 모델에서는 얻을 수 없는 장점이다.

4장에서는 위에서 언급한 수학적 모델 중 끝단 집중 질량을 갖는 외팔보에 대한 가정 모드법 및 연속체 기반 모델의 유도를 통해 외팔보 압전 진동 에너지 수확 장치의 특성 등을 자세히 알아볼 것이다. 각각의 수학적 모델을 설명함에 앞서서 1 자유도계 집중-질량 스프링 계 모델 및 압전 층이 없는 단일 외팔보의 진동에 대해 살펴 본 후 압전 층이 있는 복합재 외팔보에 대한 경우를 알아본다.

4.1. 압전 진동 에너지 수확 장치: 1 자유도 집중 질량-스프링 계 모델

여기서는 duToit 등(2005)과 Aldraihem and Baz (2011)에서 제안된 방법을 이용하여 1 자유도 집중 질량-스프링 계 모델을 유도할 것이다. 그러나, 이 모델은 압전 진동 에너지 수확 장치의 전기-역학 연성 관계 및 외부 가진에 의한 전기 출력 특성의 개념적 파악에는 도움이 되지만, 실제 외팔보 형태의 압전 진동 에너지 수확 장치의 거동에는 직접 적용할 수 없음을 미리 밝혀둔다. 또한, 압전 진동 에너지 수확 장치는 대부분의 경우에 있어서 구조물이 진동하는 지점에 부착하여 사용되므로 직접적인 외력에 의한 가진(direct force excitation)보다는 기저의 운동에 의한 가진(base excitation)을 고려하여 수학적 모델링을 유도할 것이다.

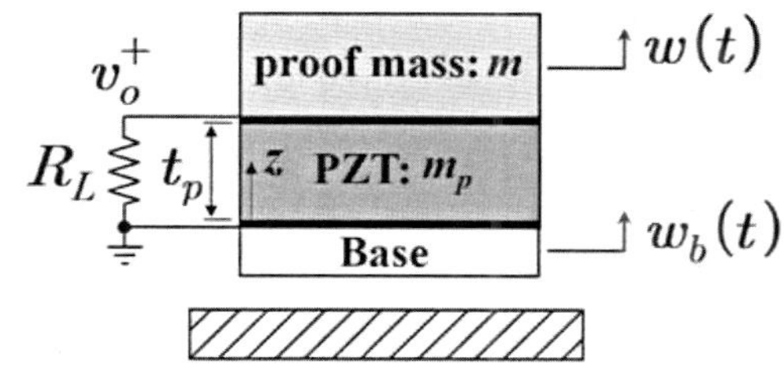

그림 4.1.1 압전 진동 에너지 수확 장치의 1 자유도 등가 모델(d_{33}-모드)

그림 4.1.1에 나타낸 압전 진동 에너지 수확 장치의 1 자유도 모델처럼 등가의 질량과 스프링이 주어진 계에 대해서는 부록 A.1의 라그란지 방정식을 이용하는 것이 간편하다. 여기서는 식 (A.1.33)을 이용하되, 식 (3.2.52) 및 (3.2.53)에서 일반 힘 및 일반 좌표가 각각 ϕ(지금부터는 전압을 $v_o(t)$로 표현할 것이다) 및 $-\int_{A_q} q_s dA \equiv -q_e$ 임을 고려하여 라그란지 방정식은 다음과 같이 표현된다.

$$\frac{d}{dt}\left(\frac{\partial L}{\partial \dot{w}_r}\right) - \frac{\partial L}{\partial w_r} = 0; \quad \frac{d}{dt}\left(\frac{\partial L}{\partial \dot{v}_o}\right) - \frac{\partial L}{\partial v_o} = -q_e \tag{4.1.1}$$

위 식에서 $w_r(t)$ $(=w(t)-w_b(t))$는 기저(base)의 변위 $w_b(t)$에 대한 집중 질량 m의 상대 변위를 나타내며, $q_e(t)$는 압전 전극에 생성된 전하량을 나타낸다. 또한, 라그란지안은 $L = T^* - V + W_e^*$로 표현되며 그림 4.1.1의 모델에 대한 운동 수반 에너지, 탄성 변형 에너지 및 전기 수반 에너지에 관련된 항들은 각각 다음과 같이 나타낼 수 있다.

$$T^* = \frac{1}{2}m\left(\dot{w}_b + \dot{w}_r\right)^2 + \frac{1}{2}\rho_p A_p \int_0^{t_p}\left(\dot{w}_b + \frac{z}{t_p}\dot{w}_r\right)^2 dz \tag{4.1.2a}$$

$$\begin{aligned} V - W_e^* &= \frac{1}{2}\int_\Omega T_3 S_3 d\Omega - \frac{1}{2}\int_\Omega D_3 E_3 d\Omega \\ &= \frac{1}{2}\int_\Omega \left(c_{33}^E S_3 - e_{33}E_3\right) S_3 d\Omega - \frac{1}{2}\int_\Omega \left(e_{33}S_3 + \epsilon_{33}^S E_3\right) E_3 d\Omega \\ &= \frac{1}{2}\int_\Omega c_{33}^E S_3^2 d\Omega - \int_\Omega e_{33} S_3 E_3 d\Omega - \frac{1}{2}\int_\Omega \epsilon_{33}^S E_3^2 d\Omega \\ &= \frac{1}{2}\frac{c_{33}^E A_p}{t_p} w_r^2 + \frac{e_{33}A_p}{t_p} v_o w_r - \frac{1}{2}\frac{\epsilon_{33}^S A_p}{t_p} v_o^2 \end{aligned} \tag{4.1.2b}$$

식 (4.1.2a)에서 A_p 및 t_p는 각각 압전 재료의 단면적 및 두께를 나타낸다. 또한, 앞서 언급한 바와 같이 압전 재료의 끝단(집중 질량 m이 부착된 부위)의 기저 변위에 대한 상대 변위를 $w_r(t)$라고 표시하였으므로, 기저에 부착된 좌표계를 기준으로 하여 압전 재료 내 임의의 지점 z에서의 변위를 $(z/t_p)w_r$과 같이 선형으로 변한다고 가정하였다. 일반적인 관례를 따라 위 식들의 유도에서도 압전의 분극 방향을 3축으로 가정하였으며(그림 3.2.1 참조), 식 (4.1.2b)에서는 $E_3 =- v_o/t_p$의 관계가 사용되었다. 또한, 압전 재료의 강성, 압전 연성 계수(piezoelectric coupling coefficient)[1] 및 커패시턴스(clamped capacitance)를 각각 k_p, α 및 C_p^S[2] 라고 표기하고, 다음과 같이 정의하면

$$k_p = \frac{c_{33}^E A_p}{t_p};\ \alpha = \frac{e_{33}A_p}{t_p};\ C_p^S = \frac{\epsilon_{33}^S A_p}{t_p} \tag{4.1.3}$$

식 (4.1.2b)는 아래와 같이 나타낼 수 있다.

$$V - W_e^* = \frac{1}{2}k_p w_r^2 + \alpha v_o w_r - \frac{1}{2}C_p^S v_o^2 \tag{4.1.4}$$

따라서, 식 (4.1.2a) 및 (4.1.4)을 이용하여 $L = T^* - V + W_e^*$에 대해 라그란지 방정식 (4.1.1)을 적용하면, 그림 4.1.1의 압전 진동 에너지 수확 장치에 대한 1 자유도 집중 질량-스프링 모델의 전기-역학 연성 방정식(electromechanically coupled equaticns)은 아래와 같이 유도된다.

$$\begin{aligned}&\left(m + \frac{1}{3}m_p\right)\ddot{w}_r(t) + c_d\dot{w}_r(t) + k_p w_r(t) + \alpha v_o(t)\\&= m_{eq}\ddot{w}_r(t) + c_d\dot{w}_r(t) + k_p w_r(t) + \alpha v_o(t) =- \left(m + \frac{1}{2}m_p\right)\ddot{w}_b(t) =- \mu m_{eq}\ddot{w}_b(t)\end{aligned}$$

(4.1.5a)[3]

$$\alpha w_r(t) - C_p^S v_o(t) =- q_e \tag{4.1.5b}$$

위 식에서 μ는 기저 가진의 경우 필요한 수정 계수(Erturk and Inman, 2008a, 2008c)로서 위의 경우에는 $(m + m_p/2)/(m + m_p/3)$가 되며, c_d는 구조물의 역학 감쇠

---

1) 3장에서 처음 언급한 전기-역학 연성 계수(EMCC)와는 다르다.

2) 지배 방정식의 커패시턴스 표현식에 ϵ_{33}^S $(\neq \epsilon_{33}^T)$이 사용되었으므로, 이 책에서는 일정 변형률 조건을 표기하기 위해 커패시턴스에도 C_p^S처럼 상첨자에 'S'를 사용하였다.

3) μ는 기저 가진의 경우, PZT의 유효 질량을 고려하는 경우에 필요한 수정 계수로서 $m \gg m_p$ 인 경우에는 1의 값을 갖는다. 이에 대해서는 외팔보의 가정 모드법 기반 수학적 모델에서 좀 더 자세히 살펴 볼 것이다.

(mechanical damping) 거동을 표현하기 위해 사용된 점성 감쇠 계수(단위: N·s/m)를 나타낸다. 식 (4.1.5)는 그림 4.1.1에 대해 유도된 결과이지만 뒤에서 다룰 외팔보 압전 진동 에너지 수확 장치의 경우에도 동일한 형태의 지배 방정식을 얻게 된다(물론, m_{eq}, k_p, α 및 C_p^S에 대한 식은 다르게 표현된다).

식 (4.1.5)는 또한 $\omega_{sc}^2 = k_p/m_{eq}$ 및 $e_{33} = d_{33}c_{33}^E$(식 (3.2.24) 참조)임을 이용하여 다음과 같이 표현할 수도 있다.

$$\ddot{w}_r(t) + 2\zeta\omega_{sc}\dot{w}_r(t) + \omega_{sc}^2 w_r(t) + \omega_{sc}^2 d_{33} v_o(t) = -\mu\ddot{w}_b(t) \tag{4.1.6a}$$

$$\alpha\dot{w}_r(t) - C_p^S\dot{v}_o(t) = \frac{v_o(t)}{R_L} \tag{4.1.6b}$$

위 식에서 $i_o = \dot{q}_e$ 및 $v_o = -R_L i_o$ (그림 A.1.5의 설명 참조)의 관계가 사용되었다. 따라서, 기저가 조화 운동(harmonic motion)을 할 경우 $w_b = W_b e^{j\omega t}$이므로, 외부 부하를 나타내는 등가 저항 R_L에서의 출력 전압 $v_o = \widetilde{V}_o e^{j\omega t}$ ($\widetilde{V}_o = V_o e^{-j\phi}$)의 크기 V_o 및 평균 전력 $P_{avg} = P_o = (1/2)V_o^2/R_L$은 식 (4.1.6)으로부터 다음과 같이 구해진다.

$$V_o(R_L,\omega) = \frac{\alpha}{C_p^S}\frac{\mu A_b}{\sqrt{\left(\dfrac{\omega_{sc}^2-\omega^2}{\omega R_L C_p^S} - 2\zeta\omega_{sc}\omega\right)^2 + \left(\omega_{sc}^2 + \dfrac{\alpha^2}{m_{eq}C_p^S} - \omega^2 + \dfrac{2\zeta\omega_{sc}}{R_L C_p^S}\right)^2}} \tag{4.1.7a}$$

$$P_o(R_L,\omega) = \frac{1}{2R_L}\left(\frac{\alpha}{C_p^S}\right)^2\frac{\mu^2 A_b^2}{\left(\dfrac{\omega_{sc}^2-\omega^2}{\omega R_L C_p^S} - 2\zeta\omega_{sc}\omega\right)^2 + \left(\omega_{sc}^2 + \dfrac{\alpha^2}{m_{eq}C_p^S} - \omega^2 + \dfrac{2\zeta\omega_{sc}}{R_L C_p^S}\right)^2} \tag{4.1.7b}$$

위 식에서 $A_b = \omega^2 W_b$로서 기저 운동의 가속도 크기를 나타낸다. 이로부터 출력 전압 및 전력은 각각 기저 운동의 가속도 및 가속도의 제곱에 비례한다는 것을 알 수 있다. 특히, 외부 부하 저항이 $R_L \to \infty$인 경우, 즉 개회로 상태의 출력 전압(open-circuit voltage) $V_o^{oc}(\omega)$는 식 (4.1.7a)로부터 아래와 같이 표현된다.

$$V_o^{oc}(\omega) = \frac{\alpha}{C_p^S}\frac{\mu A_b}{\sqrt{(2\zeta\omega_{sc}\omega)^2 + \left(\omega_{sc}^2 + \dfrac{\alpha^2}{m_{eq}C_p^S} - \omega^2\right)^2}} \tag{4.1.8}$$

위 식으로부터 개회로 상태의 고유 진동수 ω_{oc}는 다음과 같이 정의되고,

$$\omega_{oc}^2 = \omega_{sc}^2 + \frac{\alpha^2}{m_{eq} C_p^S} \tag{4.1.9}$$

개회로 상태의 강성 역시 다음과 같이 유도됨을 쉽게 알 수 있다.

$$k_p^{oc} = k_p + \frac{\alpha^2}{C_p^S} \tag{4.1.10}$$

3 장에서 살펴 본 바와 같이, 식 (4.1.9) 및 (4.1.10)은 개회로 상태에서의 탄성 변형 에너지 일부가 전기 에너지로 저장되어 강성이 증가하고 이로 인해 고유 진동수가 높아짐을 나타낸다. 식 (3.3.15)로부터 '편의' 전기-역학 연성 계수는 $\left(\omega_{oc}^2 - \omega_{sc}^2\right)/\omega_{sc}^2$로 표현되는데, 이 값을 증가시키기 위해서는 개회로 및 폐회로 상태의 고유 진동수 차이가 커야한다. 따라서, '편의' 전기-역학 연성 계수의 증가를 통해 전기 에너지로의 변환 효율을 높이기 위해서는 식 (4.1.9)로부터 α의 값을 높이고 C_p^S의 값을 낮추는 것이 효과적이라는 것을 알 수 있다(등가 질량 일정 조건).

참고로 식 (4.1.8)로부터 개회로 상태의 출력 전압의 최대값은, 식 (4.1.8)에 대해 $dV_o^{oc}(\omega)/d\omega = 0$을 적용하여 얻은 $\omega^* = \sqrt{\omega_{sc}^2(1-2\zeta^2) + \alpha^2/\left(m_{eq} C_p^S\right)}$을 대입하여 다음과 같이 구해진다.

$$V_o^{oc}(\omega)\big|_{\max} = V_o^{oc}(\omega^*) = \frac{\alpha}{C_p^S} \frac{\mu A_b}{2\zeta\omega_{sc}\sqrt{\dfrac{\alpha^2}{m_{eq} C_p^S} + \omega_{sc}^2(1-\zeta^2)}} \tag{4.1.11}$$

그런데, 일반적으로 ζ의 값은 매우 작으므로(특히, 압전 진동 에너지 수확 장치는 감쇠가 최대한 작도록 설계될 것이다), 보다 실용적으로 개회로 상태의 출력 전압 $V_o^{oc}(\omega)$는 $\omega^* \approx \omega_{oc} = \sqrt{\omega_{sc}^2 + \alpha^2/\left(m_{eq} C_p^S\right)}$ (식 (4.1.9) 참조)에서 다음과 같은 최대값을 갖는다.

$$V_o^{oc}(\omega)\big|_{\max} \approx V_o^{oc}(\omega_{oc}) = \frac{\alpha}{C_p^S} \frac{\mu A_b}{2\zeta\omega_{sc}\omega_{oc}} \tag{4.1.12}$$

이젠 식 (4.1.7b)의 평균 전력 $P_o(R_L, \omega)$이 최대값이 되는 R_L^* 및 ω^*을 구해보자. $P_o(R_L, \omega)$은 특정 ω에서 임의의 외부 저항 R_L에서 소모되는 평균 전력을 나타내므로, 압전 진동 에너지 수확 장치의 최대 발생 전력 값은 $\partial P_o(R_L, \omega)/\partial R_L$이 0이 되는 R_L^*을 구하고 이를 다시 $P_o(R_L, \omega)$식에 대입하여 얻을 수 있다. 먼저 $\partial P_o(R_L, \omega)/$

$\partial R_L = 0$을 만족하는 R_L^*은 다음과 같이 구해진다.

$$R_L^*(\omega) = \frac{1}{\omega C_p^S}\sqrt{\frac{\left(\omega^2-\omega_{sc}^2\right)^2+\left(2\zeta\omega_{sc}\omega\right)^2}{\left(\omega_{oc}^2-\omega^2\right)^2+\left(2\zeta\omega_{sc}\omega\right)^2}} \tag{4.1.13}$$

최대 전력 발생 조건이 외부 저항 R_L의 크기가 내부 임피던스의 크기 $|\tilde{Z}_{Th}|$ 와 같은 경우라는 사실을 고려하면(부록 A.2), 위에서 구한 $R_L^*(\omega)$는 압전 진동 에너지 수확 장치의 내부 임피던스의 크기와 같게 된다. 이렇게 구한 $R_L^*(\omega)$를 특정 ω에서의 최적 저항(또는 최적 임피던스)(optimal resistance, optimal impedance) $R_L^{opt}(\omega)$라고 하고, $R_L = R_L^{opt}(\omega)$를 임피던스 정합(impedance matching)이라고 한다. 물론, 엄밀한 의미에서의 임피던스 정합은 외부 부하의 인덕턴스 및 커패시턴스 요소를 고려해야겠지만 (Brufau-Penella and Puig-Vidal, 2009), 압전 진동 에너지 수확 분야에서는 일반적으로 외부 부하가 저항으로만 이루어져 있는 경우를 고려한다.

따라서, 임의의 ω에서 임피던스 정합된 외부 부하 저항에서의 발생 전력은 식 (4.1.13)을 식 (4.1.7b)에 대입하여 정리하면 다음과 같이 표현된다.

$$P_o(\omega) = \frac{1}{2}\frac{\alpha^2\mu^2A_b^2\omega/(2C_p^S)}{\sqrt{\left(\omega^2-\omega_{sc}^2\right)^2+\left(2\zeta\omega_{sc}\omega\right)^2}\sqrt{\left(\omega_{oc}^2-\omega^2\right)^2+\left(2\zeta\omega_{sc}\omega\right)^2}+2\zeta\omega_{sc}\omega\left(\omega_{oc}^2-\omega_{sc}^2\right)} \tag{4.1.14}$$

위 식의 최대값을 구하기 위해 이번에는 $dP_o(\omega)/d\omega = 0$을 만족하는 ω^*를 구하면 다음과 같다[4].

$$\omega_1^* = \frac{1}{2}\left[\sqrt{(\omega_{oc}+\omega_{sc})^2-(2\zeta\omega_{sc})^2}-\sqrt{(\omega_{oc}-\omega_{sc})^2-(2\zeta\omega_{sc})^2}\right] \tag{4.1.15a}$$

$$\omega_2^* = \frac{1}{2}\left[\sqrt{(\omega_{oc}+\omega_{sc})^2-(2\zeta\omega_{sc})^2}+\sqrt{(\omega_{oc}-\omega_{sc})^2-(2\zeta\omega_{sc})^2}\right] \tag{4.1.15b}$$

따라서, $P_o(\omega)$의 최대값은 ω_1^* 및 ω_2^*를 식 (4.1.14)에 대입하여 얻을 수 있으나, 그 결과 식이 간단하게 표현되지는 않는다. 그런데, 식 (4.1.15)로부터 폐회로 및 개회로 상태의 고유 진동수와의 대소 관계를 비교하면 다음과 같음을 알 수 있다.

---

4) $dP_o(\omega)/d\omega = 0$를 만족하는 해 $\omega_3^* = (1/\sqrt{6})\sqrt{\omega_{oc}^2+\omega_{sc}^2-4\omega_{sc}^2\zeta^2+\sqrt{12\omega_{oc}^2\omega_{sc}^2+\left(\omega_{oc}^2+\omega_{sc}^2-4\omega_{sc}^2\zeta^2\right)^2}}$ 가 1개 더 존재하지만 이는 국부 최소값이 되는 해이다. $\omega_1^* < \omega_3^* < \omega_2^*$의 관계가 성립한다.

$$\omega_{sc} < \omega_1^* < \omega_2^* < \omega_{oc} \tag{4.1.16}$$

또한, ω_1^*, ω_2^* 및 ω_{sc}, ω_{oc}와는 다음과 같은 관계를 갖는다.

$$\omega_1^* + \omega_2^* = \sqrt{(\omega_{oc} + \omega_{sc})^2 - (2\zeta\omega_{sc})^2} \tag{4.1.17a}$$

$$\omega_1^* \omega_2^* = \omega_{sc}\omega_{oc} \tag{4.1.17b}$$

따라서, $P_o(\omega)$의 최대값 등에 대한 결과 식을 보다 간단히 표현하기 위해, 식 (4.1.15)에서 ζ의 값이 매우 작은 경우 $\omega_1^* \approx \omega_{sc}$ 및 $\omega_2^* \approx \omega_{oc}$가 된다는 사실에 주목하자[5]. 이러한 사실로부터, 압전 진동 에너지 수확 장치는 가진 주파수가 폐회로 또는 개회로 상태의 고유 진동수(ω_{sc} 또는 ω_{oc})와 일치할 때 최대 전력을 발생시킨다고 하며, 이런 특성을 선형 공진(linear and resonant) 특성이라고 한다. 따라서, 부하에서의 최대 발생 전력 및 해당 출력 전압을 구하기 위해, 보다 실용적으로는 각각의 고유 진동수(ω_{sc} 및 ω_{oc})에서 임피던스 정합된 외부 부하 저항이 연결된 경우를 고려한다. 즉, 식 (4.1.7)에 $R_L = R_L^{opt}(\omega_{sc})$ (식 (4.1.13)) 및 $\omega = \omega_{sc}$를 대입하거나(폐회로 고유 진동수 가진 시), $R_L = R_L^{opt}(\omega_{oc})$ 및 $\omega = \omega_{oc}$를 대입하여(개회로 고유 진동수 가진 시) 구하며, 그 결과를 표 4.1.1에 나타내었다.

| 표 4.1.1 | 고유 진동수 가진 시 최적 저항에서의 출력 전압 및 최대 발생 전력

	폐회로 고유 진동수($\omega = \omega_{sc}$)	개회로 고유 진동수($\omega = \omega_{oc}$)
R_L^{opt}	$\dfrac{1}{\omega_{sc}C_p^S}\dfrac{2\zeta}{\sqrt{k_e^4 + 4\zeta^2}}$	$\dfrac{1}{\omega_{oc}C_p^S}\dfrac{\sqrt{k_e^4 + 4\zeta^2(1+k_e^2)}}{2\zeta\sqrt{1+k_e^2}}$
V_o	$\dfrac{\mu\alpha A_b}{\omega_{sc}^2 C_p^S\sqrt{4\zeta^2 + \left(k_e^2 + \sqrt{k_e^4 + 4\zeta^2}\right)^2}}$	$\dfrac{\mu\alpha A_b\sqrt{k_e^4 + 4\zeta^2(1+k_e^2)}}{2\zeta\omega_{sc}\omega_{oc}C_p^S\sqrt{4\zeta^2(1+k_e^2) + \left(k_e^2 + \sqrt{k_e^4 + 4\zeta^2(1+k_e^2)}\right)^2}}$
P_o	$\dfrac{1}{2}\dfrac{\alpha^2}{C_p^S}\dfrac{\mu^2 A_b^2}{4\zeta\omega_{sc}^3\left(k_e^2 + \sqrt{k_e^4 + 4\zeta^2}\right)}$	$\dfrac{1}{2}\dfrac{\alpha^2}{C_p^S}\dfrac{\mu^2 A_b^2}{4\zeta\omega_{sc}^3\left(k_e^2 + \sqrt{k_e^4 + 4\zeta^2(1+k_e^2)}\right)}$

5) 역학 진동에서 공진 주파수(ω_{res}: resonance frequency)와 고유 진동수(ω_n: natural frequency)는 $\omega_{res} = \omega_n\sqrt{1-2\zeta^2}$의 관계가 성립하고, ζ가 매우 작은 경우 $\omega_{res} \approx \omega_n$이므로, 일반적으로 구분 없이 공진 주파수로서 고유 진동수를 사용함을 상기하자.

표 4.1.1에 나타낸 최적 저항에 대해 근사적으로 $R_L^{opt} \approx 1/(\omega_{sc} C_p^S)$ (폐회로 고유 진동수 가진의 경우)을 사용하는 경우도 있으나(Richards et al., 2004) 이는 전기-역학 연성을 무시한 $k_e^2 = 0$이 되는 경우로서 실제 발생하는 최대 전력 값보다 낮게 평가되어진다. 한편, 폐회로 또는 개회로 고유 진동수로 가진 시, 임의의 외부 저항값에 대한 출력 전압 및 전력 관계식이 필요한 경우가 있다. 이를 위해 식 (4.1.7)의 ω에 ω_{sc} 또는 ω_{oc}를 대입시키면 표 4.1.2에 나타낸바와 같이 R_L의 함수로서 출력 전압 및 발생 전력 관계식을 얻을 수 있다.

그런데, 표 4.1.2에 나타낸 $P_o(R_L)$은 임의의 외부 저항 R_L에서 소모되는 평균 전력을 나타내므로, 압전 진동 에너지 수확 장치의 최대 발생 전력 값은 $dP_o(R_L)/dR_L$이 0이 되는 R_L^{opt}을 구하고 이를 다시 $P_o(R_L)$식에 대입하여 얻을 수 있다. 이 결과는 표 4.1.1에 나타낸 R_L^{opt}와 동일하게 된다.

미리 언급하지만, 표 4.1.1 및 4.1.2에 나타낸 식들은 외팔보 형태의 압전 진동 에너지 수확 장치의 경우에도 똑 같이 적용된다. 다만, 외팔보 형태에서는 등가 질량 m_{eq} 및 식 (4.1.3)에 나타낸 계수들의 관계식이 다를 뿐이다. 기저 가진의 경우, 실제 압전 진동 에너지 수확 장치는 일반적으로 d_{33} 모드보다 변형률 생성에 더욱 유리한 d_{31} 모드가 많이 사용되므로 전기 출력 양상들에 대한 보다 자세한 기술은 압전 외팔보 진동 에너지 수확 장치에 대한 수학적 모델링 부분에서 하기로 한다.

| 표 4.1.2 | 고유 진동수 가진 시 R_L에서의 출력 전압 및 발생 전력

	폐회로 고유 진동수($\omega = \omega_{sc}$)	개회로 고유 진동수($\omega = \omega_{oc}$)
$V_o(R_L)$	$\dfrac{R_L \alpha \mu A_b}{\sqrt{(2\zeta\omega_{sc}^2 C_p^S R_L)^2 + (C_p^S R_L k_e^2 \omega_{sc}^2 + 2\zeta\omega_{sc})^2}}$	$\dfrac{R_L \alpha \mu A_b}{\sqrt{(k_e^2 \omega_{sc} + 2\zeta\omega_{sc}\omega_{oc} C_p^S R_L)^2 + (2\zeta\omega_{sc})^2}}$
$P_o(R_L)$	$\dfrac{1}{2}\dfrac{R_L \alpha^2 \mu^2 A_b^2}{(2\zeta\omega_{sc}^2 C_p^S R_L)^2 + (C_p^S R_L k_e^2 \omega_{sc}^2 + 2\zeta\omega_{sc})^2}$	$\dfrac{1}{2}\dfrac{R_L \alpha^2 \mu^2 A_b^2}{(\omega_{oc} k_e^2/(1+k_e^2) + 2\zeta\omega_{sc}\omega_{oc} C_p^S R_L)^2 + (2\zeta\omega_{sc})^2}$

[예제 4.1.1]

식 (4.1.9) 및 (4.1.10)이 성립함을 보여라.

풀이

개회로 상태에서의 식 (4.1.5) 또는 (4.1.6)을 주파수 영역에서 표현한 후,

$$\left(k_p - \omega^2 m_{eff} + j\omega c_d\right)\widetilde{W}_r + \alpha\,\widetilde{V}_o^{oc} = \mu\omega^2 m_{eff} W_b = \mu m_{eff} A_b \tag{a-1}$$

$$\alpha\,\widetilde{W}_r - C_p^S \widetilde{V}_o^{oc} = 0 \tag{a-2}$$

위 식을 $\widetilde{W}_r$에 대해 정리하면 다음과 같다.

$$\left(k_p + \frac{\alpha^2}{C_p^S} - \omega^2 m_{eff} + j\omega c_d\right)\widetilde{W}_r = \mu m_{eff} A_b \tag{b}$$

따라서, 원래의 강성 k_p는 개회로 상태에서 $k_p + \alpha^2/C_p^S$가 되고, 질량은 변하지 않으므로 고유 진동수 ω_{oc}는 다음과 같이 표현된다.

$$\omega_{oc} = \sqrt{\frac{k_p + \alpha^2/C_p^S}{m_{eff}}} = \sqrt{\frac{k_p}{m_{eff}} + \frac{\alpha^2}{m_{eff}C_p^S}} = \sqrt{\omega_{sc}^2 + \frac{\alpha^2}{m_{eff}C_p^S}} \tag{c}$$

■ ■ ■

[예제 4.1.2]

식 (4.1.2a)에서 압전 재료의 등가 질량 $m_{eq,piezo} = m_p/3$임을 유도하여라.

풀이

이번에는 기저가 고정되어 있고 그림 4.1.1의 구조물이 외력을 받는다고 가정하자. 압전 재료 임의의 지점 z에서의 변위를 $w_p(z,t)$라고 하면, 미소 두께 dz에 대한 운동 에너지 dT_p는 $\rho_p \dot{w}_p^2 A_p dz/2$로 표현된다. 또한, 압전 재료의 끝단의 변위를 $w_{tip}(t)(=w_p(t_p,t))$라고 하면, 압전 재료 임의의 지점 z에서의 속도는 $\dot{w}_p(z,t) = (z/t_p)\dot{w}_{tip}$으로 표현된다. 따라서,

$$dT_p = \frac{1}{2}\rho_p \dot{w}_p^2 A_p dz = \frac{1}{2}\rho_p\left(\frac{t_p}{z}\dot{w}_{tip}\right)^2 A_p dz \tag{a}$$

이므로, 압전 재료의 운동 에너지 T_p는 다음과 같이 표현된다.

$$T_p = \int_0^{t_p}\frac{1}{2}\rho_p \dot{w}_p^2 A_p dz = \frac{1}{2}\left(\frac{1}{3}\rho_p A_p t_p\right)\dot{w}_{tip}^2 = \frac{1}{2}\left(\frac{1}{3}m_p\right)\dot{w}_{tip} \tag{b}$$

■ ■ ■

예제 4.1.3

식 (4.1.13)으로부터 폐회로 및 개회로 상태 고유 진동수에서의 최적 저항에 대한 식(표 4.1.1)을 유도하시오.

풀이

$$\begin{aligned} R_L^*(\omega_{sc}) &= \frac{1}{\omega_{sc}C_p^S}\sqrt{\frac{(2\zeta\omega_{sc}^2)^2}{(\omega_{oc}^2-\omega_{sc}^2)^2+(2\zeta\omega_{sc}^2)^2}} = \frac{1}{\omega_{sc}C_p^S}\frac{2\zeta\omega_{sc}^2}{\sqrt{(\omega_{oc}^2-\omega_{sc}^2)^2+(2\zeta\omega_{sc}^2)^2}} \\ &= \frac{1}{\omega_{sc}C_p^S}\frac{2\zeta\omega_{sc}^2}{\sqrt{k_e^4\omega_{sc}^4+(2\zeta\omega_{sc}^2)^2}} = \frac{1}{\omega_{sc}C_p^S}\frac{2\zeta}{\sqrt{k_e^4+4\zeta^2}} \end{aligned} \tag{a}$$

$$\begin{aligned} R_L^*(\omega_{oc}) &= \frac{1}{\omega_{oc}C_p^S}\sqrt{\frac{(\omega_{oc}^2-\omega_{sc}^2)^2+(2\zeta\omega_{sc}\omega_{oc})^2}{(2\zeta\omega_{sc}\omega_{oc})^2}} = \frac{1}{\omega_{oc}C_p^S}\frac{\sqrt{(\omega_{oc}^2-\omega_{sc}^2)^2+(2\zeta\omega_{sc}\omega_{oc})^2}}{2\zeta\omega_{sc}\omega_{oc}} \\ &= \frac{1}{\omega_{oc}C_p^S}\frac{\sqrt{k_e^4+(2\zeta\omega_{oc}/\omega_{sc})^2}}{2\zeta\omega_{oc}/\omega_{sc}} = \frac{1}{\omega_{oc}C_p^S}\frac{\sqrt{k_e^4+4\zeta^2(1+k_e^2)}}{2\zeta\sqrt{1+k_e^2}} \end{aligned} \tag{b}$$

위 식에서 $\omega_{oc}/\omega_{sc} = \sqrt{1+k_e^2}$ 의 관계가 이용되었다.

■ ■ ■

4.2. 외팔보 압전 진동 에너지 수확 장치: 연속체 기반 수학적 모델

외팔보 압전 진동 에너지 수확 장치는 고유 진동수를 조절하거나 또는 기저 가진에 대한 응답 변형률(strain)을 증가시키기 위해 일반적으로 끝단에 질량체를 포함한다. 끝단 질량(tip mass)이 없는 경우의 수학적 모델은 끝단 질량이 있는 경우에 대해서 끝단 질량의 효과를 무시하면 된다. 그러나, 여기에서는 끝단 질량의 추가가 수학적 모델에서 어떻게 반영되는지를 보다 명확히 하기 위해, 중복되는 내용이 있을지라도 우선 끝단 질량이 없는 경우에 대한 연속체 기반의 수학적 모델(distributed parameter or continuous mathematical model)을 유도한 후에 끝단 질량이 있는 경우를 다룰 것이다. 또한, 외팔보 압전 진동 에너지 수확 장치에 대한 수학적 모델의 효과적인 유도 및 이해를 돕기 위해, 우선 압전 재료가 부착되지 않은 일반 단일 외팔보에 대한 수학적 모델을 간단하게 다루고자 한다. 여기에서 고려하는 일반 단일 외팔보를 그림 4.2.1에 나타내었다.

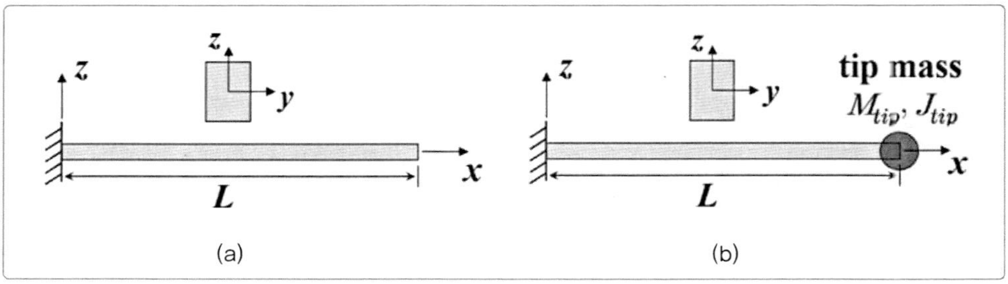

그림 4.2.1 외팔보: (a) 끝단 질량(tip mass)이 없는 경우 및 (b) 끝단 질량이 있는 경우(끝단 질량은 집중 질량(lumped, concentrated mass)으로 가정)

4.2.1 끝단 질량(tip mass)이 없는 외팔보 압전 진동 에너지 수확 장치

(1) 단일 외팔보의 운동 방정식 및 정규 직교 모드 해석

기저가 가진되는 외팔보에 대한 운동 방정식의 해는 정규 모드(normal mode)에 의해 전개 가능하기 때문에 우선 외팔보의 자유 진동(free vibration)에 대한 운동 방정식을 유도하고 이로부터 정규 직교화된 모드(orhotnormal mode)를 구해보자. 그림 4.2.2는 그림 4.2.1에 나타낸 외팔보의 미소 길이 dx에 해당하는 부위에 작용하는 힘들을 나타내고 있다. 그림에서 $V(x,t)$, $M(x,t)$는 각각 x 좌표에서의 전단력(shear force) 및 굽힘 모멘트(bending moment)를, $w(x,t)$는 z 방향(횡방향, transverse direction)으로의 변위를 나타내며, $f(x,t)$는 미소 길이 dx에 작용하는 단위 길이 당 분포력(distributed force)을 나타낸다. 따라서, 이 힘들에 대한 힘 평형 방정식을 적용하면 다음과 같다.

$$\begin{aligned} &(V+dV)-V+f(x,t)dx=\rho A dx\frac{\partial^2 w(x,t)}{\partial t^2} \\ &(M+dM)-M+(V+dV)dx+f(x,t)dx\frac{dx}{2}=0 \end{aligned} \tag{4.2.1}$$

위 식에서 ρ 및 A는 보의 질량 밀도(mass density) 및 단면적을 나타낸다. 식 (4.2.1)을 정리하면 다음과 같이 표현된다.

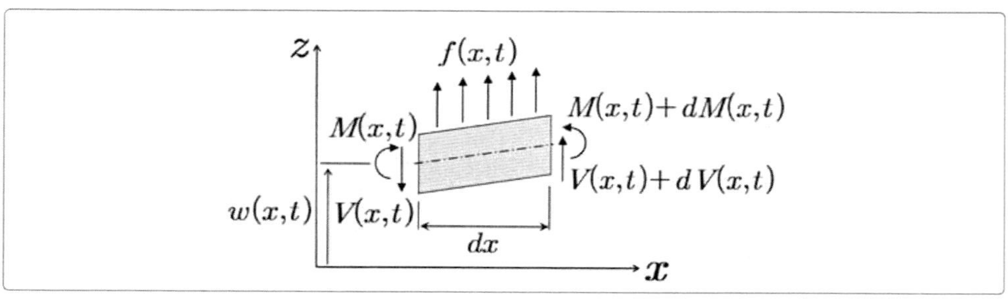

그림 4.2.2 미소 길이 dx 부위에 작용하는 힘 및 변위에 대한 부호 관계

$$\begin{aligned} &\frac{\partial V}{\partial x} + f(x,t) = \rho A \frac{\partial^2 w(x,t)}{\partial t^2} \\ &\frac{\partial M}{\partial x} + V = 0 \end{aligned} \tag{4.2.2}$$

따라서, 식 (4.2.2)를 연립하여 전단력을 제거하면 다음과 같이 굽힘 모멘트로 표현된 1개의 식을 얻게 된다.

$$-\frac{\partial^2 M}{\partial x^2} + f(x,t) = \rho A \frac{\partial^2 w(x,t)}{\partial t^2} \tag{4.2.3}$$

또한, 위 식에 굽힘 모멘트와 곡률 사이의 관계식(moment-curvature relation) $EI\partial^2 w(x,t)/\partial x^2 = M$ (EI: 보의 굽힘 강성(flexural rigidity))을 대입하면 다음과 같이 단일보에 대한 운동 방정식을 얻을 수 있다.

$$\frac{\partial^2}{\partial x^2}\left(EI(x)\frac{\partial^2 w(x,t)}{\partial x^2}\right) + \rho A \frac{\partial^2 w(x,t)}{\partial t^2} = f(x,t) \tag{4.2.4}$$

위 식은 외력이 작용하지 않는 균일한 보에 대해서는 다음과 같이 표현된다.

$$EI\frac{\partial^4 w(x,t)}{\partial x^4} + \rho A \frac{\partial^2 w(x,t)}{\partial t^2} = 0 \tag{4.2.5}$$

식 (4.2.5)의 해는 변수 분리법(separation of variables)을 이용하거나 또는 해의 조화 운동(harmonic motion)을 가정하여 $w(x,t) = C\phi(x)\sin(\omega t - \theta)$ (C: 임의의 상수, ω: 각 진동수, rad/s)를 직접 대입하여 구한다. 결국 공간 좌표 x에 대한 식은 다음과 같이 표현된다.

$$\frac{d^4\phi(x)}{dx^4} - \left(\frac{\omega}{c}\right)^2 \phi(x) = 0 \tag{4.2.6}$$

위 식에서 $c = \sqrt{EI/\rho A}$ 로서 굽힘파(bending wave)의 위상 속도(phase velocity)를 나타낸다. 또한, 파수(wave number) k ($k = 2\pi/\lambda$, λ: 파장)를 이용하면 식 (4.2.6)은 다음과 같이 나타낼 수 있다.

$$\frac{d^4\phi(x)}{dx^4} - k^4\phi(x) = 0 \tag{4.2.7}$$

참고로, 식 (4.2.6)과 (4.2.7)을 비교하면 다음과 같이 보의 굽힘파에 대한 파수의 정의를 확인할 수 있으며, 또한 반대로 각 진동수 ω를 파수 및 보의 물성치 및 기하학적 특성에 의해 표현할 수 있다.

$$k^4 = \frac{\omega^2}{c^2} = \frac{\rho A \omega^2}{EI};\omega = (kL)^2\sqrt{\frac{EI}{\rho A L^4}} \tag{4.2.8}$$

식 (4.2.7)의 해는 $\phi(x) = \alpha e^{px}$로 가정하여 대입하면 $p = \pm k, \pm jk$이므로,

$$\phi(x) = \overline{\alpha}_1 e^{kx} + \overline{\alpha}_2 e^{-kx} + \overline{\alpha}_3 e^{jkx} + \overline{\alpha}_4 e^{-jkx} \tag{4.2.9}$$

이고, 다음의 관계를 이용하면

$$\begin{aligned} e^x &= \sinh x + \cosh x, e^{-x} = -\sinh x + \cosh x \\ e^{jx} &= \cos x + j\sin x, e^{-jx} = \cos x - j\sin x \end{aligned} \tag{4.2.10}$$

식 (4.2.9)는 아래와 같이 나타낼 수 있다.

$$\phi(x) = \alpha_1 \sinh kx + \alpha_2 \cosh kx + \alpha_3 \cos kx + \alpha_4 \sin kx \tag{4.2.11}$$

위 식에 나타낸 $\phi(x)$를 보의 고유 함수(고유 모드)라고 한다. 따라서, $w(x,t) = C\phi(x)\sin(\omega t - \theta)$임을 고려하여, 다음과 같이 외팔보에 대한 경계 조건을 $\phi(x)$에 대입하면 자유 진동하는 외팔보의 고유 모드를 구할 수 있다.

($x = 0$에서의 기하학적 경계 조건)

$$w(0,t) = 0 \rightarrow C\phi(0)\sin(\omega t - \theta) = 0 \rightarrow \phi(0) = 0 \tag{4.2.12a}$$

$$\left.\frac{\partial w}{\partial x}\right|_{x=0} = C\sin(\omega t - \theta)\left.\frac{d\phi}{dx}\right|_{x=0} = 0 \rightarrow \left.\frac{d\phi}{dx}\right|_{x=0} = 0 \tag{4.2.12b}$$

| 표 4.2.1 | 외팔보의 첫 8개 고유 모드에 대한 kL의 값

k_1L	k_2L	k_3L	k_4L	k_5L	k_6L	k_7L	k_8L
1.8751	4.6941	7.8548	10.996	14.137	17.279	20.420	23.562

($x = L$에서의 힘 평형 조건)

$$-\frac{\partial}{\partial x}\left.\left(EI\frac{\partial^2 w}{\partial x^2}\right)\right|_{x=L} = -EIC\sin(\omega t - \theta)\left.\frac{d^3\phi}{dx^3}\right|_{x=L} = 0 \rightarrow \left.\frac{d^3\phi}{dx^3}\right|_{x=L} = 0 \tag{4.2.13a}$$

$$EI\left.\frac{\partial^2 w}{\partial x^2}\right|_{x=L} = EIC\sin(\omega t - \theta)\left.\frac{d^2\phi}{dx^2}\right|_{x=L} = 0 \rightarrow \left.\frac{d^2\phi}{dx^2}\right|_{x=L} = 0 \tag{4.2.13b}$$

식 (4.2.12)로부터 $\alpha_3 = -\alpha_2$ 및 $\alpha_4 = -\alpha_1$임을 알 수 있으며, 이를 식 (4.2.13)의 결과에 대입하면 다음과 같이 미지수 2개에 대한 식을 얻을 수 있다.

$$\alpha_1(\cosh kL + \cos kL) + \alpha_2(\sinh kL - \sin kL) = 0 \tag{4.2.14a}$$

$$\alpha_1(\sinh kL + \sin kL) + \alpha_2(\cosh kL + \cos kL) = 0 \tag{4.2.14b}$$

따라서, 0이 아닌 α_1 및 α_2를 얻기 위해 식 (4.2.14)에 대한 행렬식이 0이 됨을 이용하면 다음과 같은 주파수 특성 방정식(characteristic or frequency equation)을 얻을 수 있다.

$$\cosh kL \times \cos kL = -1 \tag{4.2.15}$$

위의 비선형 방정식은 MATLAB 또는 Mathematica 등의 계산용 소프트웨어를 이용하여 표 4.2.1과 같이 손쉽게 kL의 값을 구할 수 있다.

이젠 식 (4.2.11)에 나타낸 보의 고유 모드를 외팔보인 경우에 대해 구하기 위해, 우선 식 (4.2.14a)로부터 α_1 및 α_2에 대한 관계를 다음과 같이 구한다.

$$\alpha_1 = -\frac{\sinh kL - \sin kL}{\cosh kL + \cos kL}\alpha_2 \tag{4.2.16}$$

위 식과 식 (4.2.12)로부터 유도되었던 $\alpha_3 = -\alpha_2$ 및 $\alpha_4 = -\alpha_1$의 관계를 식 (4.2.11)에 대입하면 다음과 같이 $\phi(x)$를 상수 α_2에 대해서 표현할 수 있다.

$$\phi(x) = \alpha_2(\cosh kx - \cos kx) - \frac{\sinh kL - \sin kL}{\cosh kL + \cos kL}\alpha_2(\sinh kx - \sin kx) \tag{4.2.17}$$

위 식에 의하면 표 4.2.1에 나타낸 $k_r L$ $(r = 1, 2, 3, \ldots)$의 값에 따라 서로 다른 $\phi(x)$를 얻을 수 있다. 따라서, 그러한 각각의 함수를 r번째 고유 모드라고 하며(대응하는 ω_r을 각 고유 진동수(angular natural frequency)라고 한다), 하첨자 r을 사용하여 식 (4.2.17)을 다음과 같이 쓸 수 있다.

$$\phi_r(x) = \alpha_r\{(\cosh k_r x - \cos k_r x) - \beta_r(\sinh k_r x - \sin k_r x)\} \tag{4.2.18}$$

$$\beta_r = \frac{\sinh k_r L - \sin k_r L}{\cosh k_r L + \cos k_r L}$$

식 (4.2.18)은 임의의 상수 α_r을 포함하고 있으므로, 이를 정규화하여 사용한다. 이를 위해 식 (4.2.8)을 이용하여 식 (4.2.7)을 다시 표현하면 다음과 같고

$$\frac{d^2}{dx^2}\left(EI\frac{d^2\phi(x)}{dx^2}\right) - \omega^2\rho A\phi(x) = 0 \tag{4.2.19}$$

서로 다른 2개의 각 고유 진동수 (ω_i, ω_j) 및 그에 대응하는 고유 모드 (ϕ_i, ϕ_j)에 대해서 다음과 같은 2개의 식을 고려해보자.

$$\frac{d^2}{dx^2}\left(EI\frac{d^2\phi_i(x)}{dx^2}\right) - \omega_i^2\rho A\phi_i(x) = 0 \tag{4.2.20a}$$

$$\frac{d^2}{dx^2}\left(EI\frac{d^2\phi_j(x)}{dx^2}\right) - \omega_j^2\rho A\phi_j(x) = 0 \tag{4.2.20b}$$

이제 식 (4.2.20a)의 양변에 $\phi_j(x)$를 곱하고 외팔보의 길이 L에 대해 적분하면 다음과 같으므로

$$\int_0^L \phi_j(x)\frac{d^2}{dx^2}\left(EI\frac{d^2\phi_i(x)}{dx^2}\right)dx = \omega_i^2\int_0^L \rho A\phi_j(x)\phi_i(x)dx \tag{4.2.21}$$

위 식의 좌변에 대해 2번 부분 적분을 수행한 후 경계 조건 식 (4.2.12)와 (4.2.13)을 적용하면 아래와 같은 결과를 얻게 된다.

$$\begin{aligned}&\int_0^L \phi_j(x)\frac{d^2}{dx^2}\left(EI\frac{d^2\phi_i(x)}{dx^2}\right)dx \\ &= \int_0^L EI\frac{d^2\phi_j(x)}{dx^2}\frac{d^2\phi_i(x)}{dx^2}dx = \omega_i^2\int_0^L \rho A\phi_j(x)\phi_i(x)dx\end{aligned} \tag{4.2.22a}$$

또한, 식 (4.2.20b)에 대해서도 이번에는 양변에 $\phi_i(x)$를 곱하고 동일한 방식을 적용하면 다음과 같은 식을 얻게 된다.

$$\begin{aligned}&\int_0^L \phi_i(x)\frac{d^2}{dx^2}\left(EI\frac{d^2\phi_j(x)}{dx^2}\right)dx \\ &= \int_0^L EI\frac{d^2\phi_i(x)}{dx^2}\frac{d^2\phi_j(x)}{dx^2}dx = \omega_j^2\int_0^L \rho A\phi_i(x)\phi_j(x)dx\end{aligned} \tag{4.2.22b}$$

따라서, 식 (4.2.22)에 나타낸 2개의 식을 서로 빼면 다음과 같이 고유 모드에 대한 정규 직교 특성을 얻을 수 있으며,

$$\left(\omega_i^2 - \omega_j^2\right)\int_0^L \rho A\phi_i(x)\phi_j(x)dx = 0 \quad (i \neq j) \tag{4.2.23}$$

식 (4.2.22) 및 위 식으로부터 $i \neq j$인 경우에 대해 아래와 같은 관계를 얻게 된다.

$$\int_0^L \rho A \phi_i(x) \phi_j(x) dx = 0 \tag{4.2.24a}$$

$$\int_0^L \phi_i(x) \frac{d^2}{dx^2}\left(EI \frac{d^2\phi_j(x)}{dx^2} \right) dx = \int_0^L EI \frac{d^2\phi_i(x)}{dx^2} \frac{d^2\phi_j(x)}{dx^2} dx = 0 \tag{4.2.24b}$$

따라서, r번째 고유 모드 $\phi_r(x)$가 $\int_0^L \rho A \phi_r^2(x) = 1$이 되도록 정규화된다면, 식 (4.2.18)로부터 $\alpha_r = 1/\sqrt{\rho A L}$이 되어 고유 모드는 아래와 같이 표현된다[6].

$$\phi_r(x) = \frac{1}{\sqrt{\rho A L}} \left\{ (\cosh k_r x - \cos k_r x) - \frac{\sinh k_r L - \sin k_r L}{\cosh k_r L + \cos k_r L} (\sinh k_r x - \sin k_r x) \right\} \tag{4.2.25}$$

위의 고유 모드는 식 (4.2.22) 및 (4.2.24)를 이용하면 다음의 정규 직교 특성을 가짐을 확인할 수 있다.

$$\int_0^L \rho A \phi_i(x) \phi_j(x) dx = \delta_{ij} \tag{4.2.26a}$$

$$\int_0^L \phi_i(x) \frac{d^2}{dx^2}\left(EI \frac{d^2\phi_j(x)}{dx^2} \right) dx = \int_0^L EI \frac{d^2\phi_i(x)}{dx^2} \frac{d^2\phi_j(x)}{dx^2} dx = \omega_i^2 \delta_{ij} \tag{4.2.26b}$$

(2) 기저 가진 상태의 단일 외팔보에 대한 수학적 모델링

단일 외팔보의 자유 진동에 대한 식 (4.2.5)는 구조물 주변의 공기 점성으로 인한 감쇠 (viscous air (medium) damping) c_a와 변형률에 관계된 감쇠 (strain-rate dependent Kelvin-Voigt damping) c_s를 추가하여 다음과 같이 표현된다(Banks and Inman, 1991).

$$\frac{\partial^2}{\partial x^2}(M(x,t) + M_s(x,t)) + c_a \frac{\partial w(x,t)}{\partial t} + \rho A \frac{\partial^2 w(x,t)}{\partial t^2} = 0 \tag{4.2.27}$$

위 식에 외팔보의 내력 모멘트와 곡률과의 관계식 $M(x,t) = EI\partial^2 w(x,t)/\partial x^2$ 및 감쇠 c_s에 관련된 내력 모멘트 $M_s(x,t) = c_s I \partial^3 w(x,t)/\partial x^2 \partial t$를 대입하여 다시 변위에 대한

6) 표 4.2.1의 모든 k_r에 대해 $\int_0^L \phi_r^2(x)/\alpha_r^2 dx = L$이 성립한다.

운동 방정식으로 표현하면 다음과 같다.

$$EI\frac{\partial^4 w(x,t)}{\partial x^4}+c_s I\frac{\partial^5 w(x,t)}{\partial x^4 \partial t}+c_a\frac{\partial w(x,t)}{\partial t}+\rho A\frac{\partial^2 w(x,t)}{\partial t^2}=0 \tag{4.2.28}$$

위 식에 포함된 $w(x,t)$는 절대(고정) 좌표계에서 측정된 변위로서, 기저의 가진에 의해 외팔보의 운동이 발생하는 경우에는 다음과 같이 기저의 운동 $w_b(t)$와 외팔보의 기저 운동에 대한 상대 변위 $w_{rel}(x,t)$의 합으로 표현된다.

$$w(x,t)=w_b(t)+w_{rel}(x,t) \tag{4.2.29}$$

만약, 기저의 운동이 z축 방향의 횡방향 변위 $g(t)$ 뿐만 아니라 y축 중심의 회전 운동(회전각 $h(t)$(rad))까지 한다면, 기저의 운동은 $w_b(x,t)=g(t)-xh(t)$ 로서 시간 및 공간 좌표의 함수로 표현될 것이다. 그러나, 이 책에서는 기저의 회전 운동이 없는 경우, 즉 $w_b(x,t)=g(t)=w_b(t)$인 경우만을 고려할 것이다(회전 운동을 고려할 경우에는 나중에 유도될 식에서 이의 영향을 어렵지 않게 추가할 수 있다).
따라서, 기저 가진에 의한 외팔보의 운동 방정식은 식 (4.2.29)를 식 (4.2.28)에 대입하여 다음과 같이 구할 수 있다.

$$\begin{aligned}&EI\frac{\partial^4 w_{rel}(x,t)}{\partial x^4}+c_s I\frac{\partial^5 w_{rel}(x,t)}{\partial x^4 \partial t}+c_a\frac{\partial w_{rel}(x,t)}{\partial t}+\rho A\frac{\partial^2 w_{rel}(x,t)}{\partial t^2}\\&=-\rho A\frac{d^2 w_b(t)}{dt^2}-c_a\frac{dw_b(t)}{dt}\end{aligned} \tag{4.2.30}$$

위의 식에 대한 해를 구하기 위해 우선 상대 운동 변위 $w_{rel}(x,t)$에 대해 다음과 같이 모드 전개한 후,

$$w_{rel}(x,t)=\sum_{r=1}^{\infty}\phi_r(x)\eta_r(t) \tag{4.2.31}$$

식 (4.2.30)에 대입하면 아래와 같은 식을 얻는다.

$$\begin{aligned}&EI\sum_{r=1}^{\infty}\frac{d^4\phi_r(x)}{dx^4}\eta_r(t)+c_s I\sum_{r=1}^{\infty}\frac{d^4\phi_r(x)}{dx^4}\frac{d\eta_r(t)}{dt}+c_a\sum_{r=1}^{\infty}\phi_r(x)\frac{d\eta_r(t)}{dt}\\&+\rho A\sum_{r=1}^{\infty}\phi_r(x)\frac{d^2\eta_r(t)}{dt^2}=-\rho A\frac{d^2 w_b(t)}{dt^2}-c_a\frac{dw_b(t)}{dt}\end{aligned} \tag{4.2.32}$$

위 식의 양변에 $\phi_s(x)$를 곱한 후 보이 길이 L에 대해 적분하고, 고유 모드에 대한 정규 직교 조건식 (4.2.26)을 적용하면

$$\begin{aligned} &\frac{d^2\eta_r(t)}{dt^2}+\left(\frac{c_s\omega_r^2}{E}+\frac{c_a}{\rho A}\right)\frac{d\eta_r(t)}{dt}+\omega_r^2\eta_r(t) \\ &=-\rho A\int_0^L\phi_r(x)dx\frac{d^2w_b(t)}{dt^2}-c_a\int_0^L\phi_r(x)dx\frac{dw_b(t)}{dt} \end{aligned} \tag{4.2.33}$$

이므로, 이는 모드 좌표(modal coordinate) $\eta_r(t)$에 대해 다음과 같이 정리된다.

$$\frac{d^2\eta_r(t)}{dt^2}+2\zeta_r\omega_r\frac{d\eta_r(t)}{dt}+\omega_r^2\eta_r(t)=f_r \tag{4.2.34}$$

위 식에서 모드 외력 f_r은 다음과 같이 정의되며,

$$f_r=-\rho A\int_0^L\phi_r(x)dx\frac{d^2w_b(t)}{dt^2}-c_a\int_0^L\phi_r(x)dx\frac{dw_b(t)}{dt} \tag{4.2.35}$$

r번째 모드에 대한 감쇠비(damping ratio)는 ζ_r로 표현하였다. 따라서, 감쇠에 대해서는 식 (4.2.33)과 (4.2.34)를 비교하면 $2\zeta_r\omega_r=c_s\omega_r^2/E+c_a/\rho A$임을 알 수 있으며, r번째 모드의 감쇠비를 $\zeta_r=\zeta_r^s+\zeta_r^a$와 같이 표현하면, 아래와 같은 관계를 얻는다.

$$\zeta_r^s=\frac{c_s\omega_r}{2E};\ \zeta_r^a=\frac{c_a}{2\rho A\omega_r} \tag{4.2.36}$$

위 식에서 감쇠 계수 c_s는 구조 강성(E)에 비례하고, 공기 감쇠 계수 c_a는 단위 길이당 질량(ρA)에 비례함을 알 수 있다. 이 두 감쇠 계수를 구하기 위해서는 서로 다른 두 모드에서의 고유 진동수와 모드 감쇠비를 알면 된다. 즉, 모드 감쇠비와 2개의 감쇠 계수 사이에는 다음과 같은 행렬식으로 표현된 관계식이 성립한다.

$$\begin{Bmatrix}2\zeta_1\omega_1\\2\zeta_2\omega_2\end{Bmatrix}=\begin{bmatrix}\dfrac{\omega_1^2}{E} & \dfrac{1}{\rho A}\\ \dfrac{\omega_2^2}{E} & \dfrac{1}{\rho A}\end{bmatrix}\begin{Bmatrix}c_s\\c_a\end{Bmatrix} \tag{4.2.37}$$

따라서, 위의 식을 c_s 및 c_a에 대해 정리하면 다음과 같다.

$$\begin{Bmatrix}c_s\\c_a\end{Bmatrix}=\begin{bmatrix}\dfrac{\omega_1^2}{E} & \dfrac{1}{\rho A}\\ \dfrac{\omega_2^2}{E} & \dfrac{1}{\rho A}\end{bmatrix}^{-1}\begin{Bmatrix}2\zeta_1\omega_1\\2\zeta_2\omega_2\end{Bmatrix}=\frac{2\omega_1\omega_2}{\omega_1^2-\omega_2^2}\begin{bmatrix}\dfrac{E}{\omega_2} & -\dfrac{E}{\omega_1}\\ -\rho A\omega_2 & \rho A\omega_1\end{bmatrix}\begin{Bmatrix}\zeta_1\\\zeta_2\end{Bmatrix} \tag{4.2.38}$$

그런데, 식 (4.2.36)의 결과를 이용하여 식 (4.2.34)의 해를 구하기 위해서는 c_s 및 c_a의

값 자체는 필요하지 않다. 즉, 식 (4.2.34)의 모드 감쇠비 ζ_r만 구하면 되는데, 이는 일반적으로 대수 감소(logarithmic decrement)법이나 반 동력점(half power point)을 이용한다. 이 경우 실험을 통해 구한 ζ_r에는 ζ_r^s 및 ζ_r^a가 모두 반영되어 있으므로, 감쇠를 구성하는 c_s 및 c_a 성분을 구할 목적이 아니라면, 실용적으로는 이에 대한 구분이 필요 없는 셈이다. 또한, 식 (4.2.35)에서 공기 감쇠에 의한 가진도 $\zeta_r^a \ll 1$인 경우에는 무시할 수 있으므로 이 책에서는 공기에 의한 감쇠를 고려하지 않을 것이다.

임의의 기저 가진 변위 $w_b(t)$에 대한 식 (4.2.34)의 해는 다음의 Duhamel 적분법을 이용하여 구한다.

$$\eta_r(t) = \frac{1}{\omega_{dr}} \int_0^t f_r(\tau) e^{-\zeta_r \omega_r (t-\tau)} \sin \omega_{dr}(t-\tau) d\tau \tag{4.2.39}$$

위 식에서 $\omega_{dr} = \omega_r \sqrt{1-\zeta_r^2}$이다. 따라서, 상대 운동 $w_{rel}(x,t)$는 식 (4.2.31)에 의해 다음과 같다.

$$w_{rel}(x,t) = \sum_{r=1}^{\infty} \phi_r(x) \eta_r(t) = \sum_{r=1}^{\infty} \frac{\phi_r(x)}{\omega_{dr}} \int_0^t f_r(\tau) e^{-\zeta_r \omega_r (t-\tau)} \sin \omega_{dr}(t-\tau) d\tau \tag{4.2.40}$$

만약, 기저의 운동이 조화 함수로서 $w_b(t) = W_b e^{j\omega t}$로 표현된다면, 식 (4.2.34)에 대한 정상 상태의 모드 응답 $\eta_r(t)$는 식 (4.2.25)를 이용하여 다음과 같이 표현되므로,

$$\begin{aligned}
\eta_r(t) &= \frac{\rho A \omega^2}{\omega_r^2 - \omega^2 + j2\zeta_r \omega_r \omega} W_b e^{j\omega t} \int_0^L \phi_r(x) dx \\
&= \frac{\rho A \omega^2}{\omega_r^2 - \omega^2 + j2\zeta_r \omega_r \omega} \frac{2}{k_r \sqrt{\rho A L}} \frac{\sinh k_r L - \sin k_r L}{\cosh k_r L + \cos k_r L} W_b e^{j\omega t} \\
&= \frac{\rho A \omega^2}{\omega_r^2 - \omega^2 + j2\zeta_r \omega_r \omega} \frac{2\beta_r}{k_r \sqrt{\rho A L}} W_b e^{j\omega t}
\end{aligned} \tag{4.2.41}$$

상대 응답 $w_{rel}(x,t)$는 다음과 같이 표현된다.

$$\begin{aligned}
w_{rel}(x,t) &= \sum_{r=1}^{\infty} \phi_r(x) \eta_r(t) \\
&= W_b e^{j\omega t} \sum_{r=1}^{\infty} \left\{ \cosh k_r x - \cos k_r x - \beta_r (\sinh k_r x - \sin k_r x) \right\} \frac{2\beta_r}{k_r L} \frac{\omega^2}{\omega_r^2 - \omega^2 + j2\zeta_r \omega_r \omega}
\end{aligned} \tag{4.2.42}$$

(3) 기저 가진 상태의 압전 복합재 외팔보 진동 에너지 수확 장치의 수학적 모델링

지금까지는 한쪽 끝단이 고정된 단일 외팔보가 기저 가진을 받는 경우의 상대 변위를 구하는 방법에 대해 살펴보았다. 지금부터는 앞에서 살펴본 방법들을 이용하여 압전 층이 존재하는 압전 복합재 외팔보가 기저 가진 상태에서 갖는 전기-역학 특성에 대해 살펴보도록 하겠다.

그림 4.2.3은 압전 층의 개수 및 압전 층 사이의 전기 연결 방법 등에 따른, 일반적인 외팔보 압전 진동 에너지 수확 장치의 구성을 나타낸다. 압전 재료로서 많이 사용되는 PZT는 파손되기 쉬운 취성 재료(brittle material)로서 보통 Al 이나 Brass 등의 합금 또는 플라스틱의 한쪽 면(unimorph 구성) 또는 양쪽 면(bimorph 구성)에 부착하여 사용한다. 이 책에서는 압전 재료가 부착되는 재료를 기판(substrate)이라고 칭한다. 특히, 그림 4.2.3(b)에 나타낸 바와 같이 bimorph 구조는 양쪽 압전 재료 층의 분극 상태에 따른 전극 간의 연결 방법에 따라 병렬 및 직렬 형태로 나눌 수 있는데, 전기 출력 특성이 서로 다르므로 각각의 경우에 대해서 살펴 볼 것이다. 우선 unimorph 구성의 압전 진동 에너지 수확 장치에 대한 수학적 모델링을 알아보자.

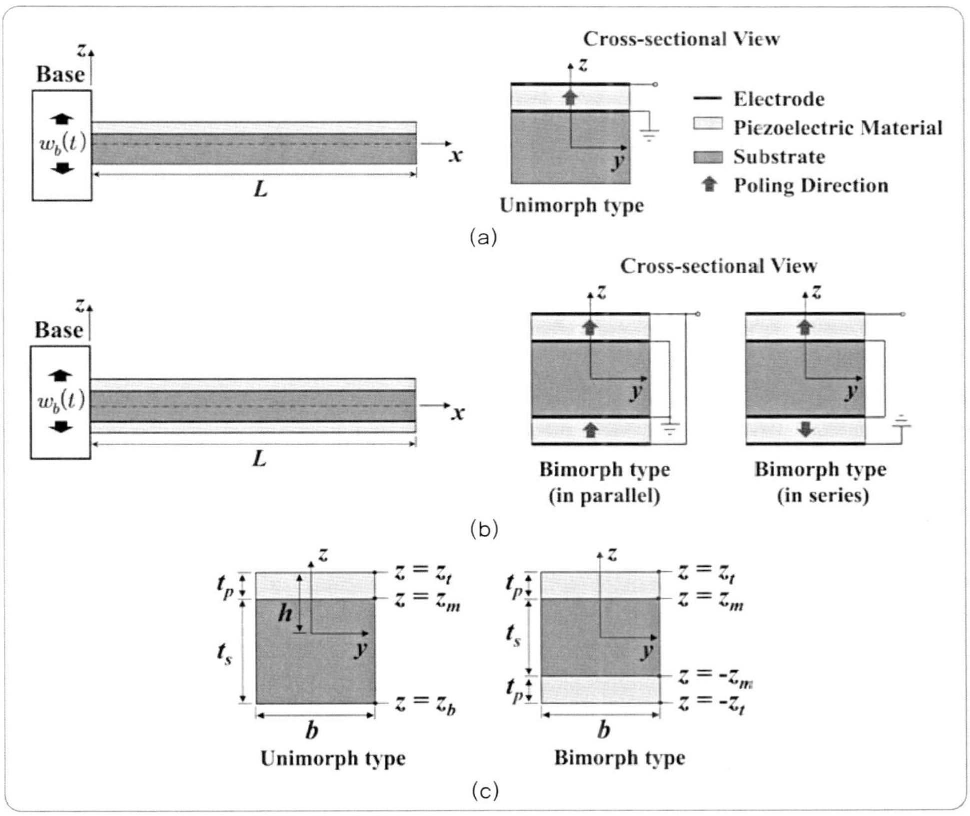

그림 4.2.3 외팔보 압전 진동 에너지 수확 장치의 구성: (a) unimorph 및 (b) bimorph 형태, (c) 단면의 치수($z = 0$은 중립면)

Unimorph 구조

보의 가정에 의해 길이 방향에 수직인 성분의 응력은 무시할 수 있으므로, 기판(상/하첨자 s) 및 압전 재료(상/하첨자 p)의 구성 방정식(식 (3.2.25) 참조)은 다음과 같이 1차원 형태로 나타낼 수 있다.

$$T_1^s = (c_{11}^E)_{subst} S_1^s \equiv Y_s S_1^s \tag{4.2.43a}$$

$$T_1^p = (c_{11}^E)_{piezo} S_1^p - e_{31} E_3 \equiv Y_p S_1^p - e_{31} E_3 \tag{4.2.43b}$$

위의 구성 방정식을 이용하기 위해 식 (4.2.30)의 첫째 항을 다시 굽힘 모멘트에 의한 것으로 표현하면 다음과 같다. 단, 앞서 언급한 바와 같이 공기 감쇠에 의한 가진을 무시하고, 다른 감쇠는 식 (4.2.34)에서와 같이 나중에 모드 좌표계로 표현된 역학 방정식에서 모드 감쇠비로 고려할 것이다.

$$\frac{\partial^2 M(x,t)}{\partial x^2} + (\rho A)_c \frac{\partial^2 w_{rel}(x,t)}{\partial t^2} = -(\rho A)_c \frac{d^2 w_b(t)}{dt^2} \tag{4.2.44}$$

위의 식에서 $(\rho A)_c$는 unimorph 복합재의 단위 길이 당 질량을 나타낸다.

$$(\rho A)_c = \rho_p A_p + \rho_s A_s = \rho_p b t_p + \rho_s b t_s \tag{4.2.45}$$

(ρ_p, ρ_s : 압전 재료 및 기판 재료의 밀도)

굽힘 모멘트 $M(x,t)$와 응력 T_1사이의 관계는

$$M(x,t) = -\int_{h-t_p-t_s}^{h-t_p} T_1^s bz dz - \int_{h-t_p}^{h} T_1^p bz dz \tag{4.2.46}$$

이므로, 여기에 식 (4.2.43)을 대입하면 아래와 같다.

$$\begin{aligned} M(x,t) &= -\int_{h-t_p-t_s}^{h-t_p} E_s S_1^s bz dz - \int_{h-t_p}^{h} (E_p S_1^p - e_{31} E_3) bz dz \\ &= \frac{\partial^2 w_{rel}(x,t)}{\partial x^2} \left(\int_{h-t_p-t_s}^{h-t_p} E_s bz^2 dz + \int_{h-t_p}^{h} E_p bz^2 dz \right) - \int_{h-t_p}^{h} v_o(t) \frac{e_{31}}{t_p} bz dz \end{aligned} \tag{4.2.47}$$

위 식에서 $S_1 = -z\partial^2 w_{rel}/\partial x^2$ 및 $E_3 = -v_o/t_p$의 관계가 사용되었다. 또한, 복합재 단면의 등가 굽힘 강성 $(EI)_c$[7]와 압전 연성 계수와 관련된 $\overline{\alpha}$를 다음과 같이 정의하면,

7) 복합 단면보의 중립축, 등가 굽힘 강성 등에 대해서는 부록 A.3을 참조하기 바란다.

$$\begin{aligned}(EI)_c &= b\int_{h-t_p-t_s}^{h-t_p} E_s z^2 dz + b\int_{h-t_p}^{h} E_p z^2 dz \\ &= \frac{b}{3}E_s\left\{(h-t_p)^3-(h-t_p-t_s)^3\right\}+\frac{b}{3}E_p\left\{h^3-(h-t_p)^3\right\}\end{aligned} \tag{4.2.48a}$$

$$\overline{\alpha} = -\frac{e_{31}b\left\{h^2-(h-t_p)^2\right\}}{2t_p} = -e_{31}b\left(h-\frac{t_p}{2}\right) \tag{4.2.48b}$$

식 (4.2.47)은 다음과 같이 나타낼 수 있다.

$$M(x,t) = (EI)_c\frac{\partial^2 w_{rel}(x,t)}{\partial x^2} + \overline{\alpha}v_o(t)(H(x)-H(x-L)) \tag{4.2.49}$$

식 (4.2.49)의 유도 과정에서 e_{31}의 값이 음수이므로 상수 $\overline{\alpha}$를 양수로 만들기 위해(식 (4.1.3) 참조) 음수 기호까지 포함되어 있음을 유의하기 바란다. 또한, 위 식의 $H(x)$는 Heaviside(단위 계단) 함수로서 식 (4.2.44)에서 식 (4.2.49)에서 정의된 $M(x,t)$가 x에 대해 편미분될 때 $v_o(t)$항을 계속 유지하기 위해 사용되었다(Erturk and Inman, 2008b). 따라서, 식 (4.2.49)를 식 (4.2.44)에 대입하면 아래와 같이 전기적으로 연성된 역학 지배 방정식(mechanical equation of motion with electrical coupling)을 얻게 된다.

$$\begin{aligned}&(EI)_c\frac{\partial^4 w_{rel}(x,t)}{\partial x^4} + (\rho A)_c\frac{\partial^2 w_{rel}(x,t)}{\partial t^2} + \overline{\alpha}v_o(t)\left(\frac{d\delta(x)}{dx} - \frac{d\delta(x-L)}{dx}\right) \\ &= -(\rho A)_c\frac{d^2 w_b(t)}{dt^2}\end{aligned} \tag{4.2.50}$$

위 식을 얻기 위해 $dH(x)/dx = \delta(x)$의 관계식이 사용되었다.

한편, 1차원 d-형식의 전속 밀도에 대한 구성 방정식에 전기장 및 전압과의 관계식을 대입하면 아래와 같고,

$$D_3 = e_{31}S_1(x,t) + \epsilon_{33}^S E_3 = e_{31}S_1(x,t) - \epsilon_{33}^S\frac{v_o(t)}{t_p} \tag{4.2.51}$$

그림 4.2.3(c) 좌측 그림으로부터 압전 층의 변형률 $S_1(x,t)$는 $z = h - t_p/2$에서 평균값을 가지므로 위 식은 다음과 같이 나타낼 수 있다(여기에 대해서는 뒤에서 다룰 가정 모드법 기반 수학적 모델링에서 다시 설명할 것이다. 또한, 식 (4.2.48b)의 압전 연성 계수와 관련된 $\overline{\alpha}$ 역시 중립축에서 압전 층 중간까지의 거리에 의해 표현되었음을 확인하기 바란다).

$$D_3 = -e_{31}\left(h-\frac{t_p}{2}\right)\frac{\partial^2 w_{rel}(x,t)}{\partial x^2} - \epsilon_{33}^S\frac{v_o(t)}{t_p} \tag{4.2.52}$$

따라서, 전극에 생성되는 전하 $q_e(t)$는 위 식을 이용하여 전극 면적에 대해 전속 밀도 D_3를 적분하여 얻을 수 있다.

$$-q_e(t) = \int_A \boldsymbol{D}\cdot\boldsymbol{n}\,dA = -b\int_0^L\left(e_{31}\left(h-\frac{t_p}{2}\right)\frac{\partial^2 w_{rel}(x,t)}{\partial x^2} + \epsilon_{33}^S\frac{v_o(t)}{t_p}\right)dx \tag{4.2.53}$$

위 식에서 $q_e(t)$ 앞의 음의 부호는 그림 3.2.6에서 설명했던 이유와 동일하다.[8] 위 식으로부터 출력 전류는 다음과 같으므로,

$$i_o(t) = \frac{-dq_e(t)}{dt} = -e_{31}b\left(h-\frac{t_p}{2}\right)\int_0^L\frac{\partial^3 w_{rel}(x,t)}{\partial x^2\partial t}dx - \epsilon_{33}^S\frac{bL}{t_p}\frac{dv_o(t)}{dt} \tag{4.2.54}$$

압전 외팔보 진동 에너지 수확 장치에 연결된 부하의 등가 저항 R_L에서의 출력 전압은 아래와 같이 표현된다.

$$v_o(t) = R_L i_o(t) = -R_L e_{31}b\left(h-\frac{t_p}{2}\right)\int_0^L\frac{\partial^3 w_{rel}(x,t)}{\partial x^2\partial t}dx - R_L C_p^S\frac{dv_o(t)}{dt} \tag{4.2.55}$$

위 식에서 $C_p^S = \epsilon_{33}^S bL/t_p$로서 unimorph 압전 층의 변형률 고정 상태에서의 커패시턴스를 나타낸다. 식 (4.2.55)를 다음과 같이 정리하여 표현하고, 이를 식 (4.2.50)과 짝을 이루는, 역학적으로 연성된 전기 회로 지배 방정식(electrical circuit equation with mechanical coupling)이라고 부른다.

$$-e_{31}b\left(h-\frac{t_p}{2}\right)\int_0^L\frac{\partial^3 w_{rel}(x,t)}{\partial x^2\partial t}dx - C_p^S\frac{dv_o(t)}{dt} = \frac{v_o(t)}{R_L} \tag{4.2.56}$$

식 (4.2.50) 및 (4.2.56)을 풀기 위해 상대 변위 $w_{rel}(x,t)$에 대한 모드 전개식 (4.2.31)을 고려하면, 우선 식 (4.2.50)은 아래와 같이 표현된다.

---

8) 그림 3.2.6에 의해, 압전층에서 발생한 전류가 나가는 방향이 $-\dot{q}_e$이 된다. 뒤에서 다룰 가정 모드법에서 사용한 전기 - 역학 연성계의 Hamilton 정리(부록 A.1 참조)에서는 관례상 $i_o(t) = dq_e/dt$, $v_o(t) = -R_L i_o(t)$의 관계가 사용된다.

$$(EI)_c \sum_{r=1}^{\infty} \frac{d^4\phi_r(x)}{dx^4}\eta_r(t) + (\rho A)_c \sum_{r=1}^{\infty} \phi_r(x)\frac{d^2\eta_r(t)}{dt^2} + \overline{\alpha} v_o(t)\left(\frac{d\delta(x)}{dx} - \frac{d\delta(x-L)}{dx}\right)$$
$$= -(\rho A)_c \frac{d^2 w_b(t)}{dt^2}$$

(4.2.57)

그리고, 위 식은 양변에 $\phi_s(x)$를 곱한 후 식 (4.2.26)의 정규 직교화 조건 및 다음과 같은 관계식을 적용하면

$$\int_{-\infty}^{\infty} \frac{d^{(n)}\delta(x-x_0)}{dx^{(n)}} f(x)dx = (-1)^n \frac{d^{(n)}f(x_0)}{dx^{(n)}} \tag{4.2.58}$$

아래와 같이 r번째 고유 모드 좌표계에 의한 식으로 표현된다.

$$\frac{d^2\eta_r(t)}{dt^2} + \omega_r^2\eta_r(t) + \overline{\alpha} v_o(t)\int_0^L \phi_r(x)\left(\frac{d\delta(x)}{dx} - \frac{d\delta(x-L)}{dx}\right)dx$$
$$= \frac{d^2\eta_r(t)}{dt^2} + \omega_r^2\eta_r(t) + \overline{\alpha}\left.\frac{d\phi_r(x)}{dx}\right|_{x=L} v_o(t) = -(\rho A)_c \int_0^L \phi_r(x)dx \frac{d^2 w_b(t)}{dt^2}$$

(4.2.59)

위 식에서 $x = 0$에서의 외팔보의 기하학적 경계 조건인 $d\phi_r(x)/dx = 0$이 적용되었다. 따라서, 식 (4.2.34)에서와 같이 $\overline{\alpha} = 0$인 경우(비연성)의 모드 감쇠비 ζ_r을 추가하여 다음과 같이 감쇠가 고려된 전기 연성 역학 방정식을 얻을 수 있다(앞에서 압전 층이 없는 기저 가진 외팔보의 경우에서와 같이 c_s와 c_a를 고려하여 유도하여도 같은 결과를 얻게 된다).

$$\frac{d^2\eta_r(t)}{dt^2} + 2\zeta_r\omega_r\frac{d\eta_r(t)}{dt} + \omega_r^2\eta_r(t) + \alpha_r v_o(t) = -\gamma_r\frac{d^2 w_b(t)}{dt^2} \tag{4.2.60}$$

위 식에서 r번째 모드에서의 압전 연성 계수 α_r 및 γ_r은 각각 다음과 같이 정의된다.

$$\alpha_r = \overline{\alpha}\left.\frac{d\phi_r(x)}{dx}\right|_{x=L} = -e_{31}b\left(h - \frac{t_p}{2}\right)\left.\frac{d\phi_r(x)}{dx}\right|_{x=L} \tag{4.2.61a}$$

$$\gamma_r = (\rho A)_c \int_0^L \phi_r(x)dx \tag{4.2.61b}$$

식 (4.2.50)으로부터 식 (4.2.59)를 유도했던 방법을 동일하게 식 (4.2.56)에 대해서도 적용하면 아래와 같이 r번째 고유 모드 좌표계에 의한 식으로 표현할 수 있다.

$$
\begin{aligned}
&-e_{31}b\left(h-\frac{t_p}{2}\right)\sum_{r=1}^{\infty}\int_0^L \frac{d^2\phi_r(x)}{dx^2}dx\frac{d\eta_r(t)}{dt}-C_p^S\frac{dv_o(t)}{dt} \\
&=-e_{31}b\left(h-\frac{t_p}{2}\right)\sum_{r=1}^{\infty}\frac{d\phi_r(x)}{dx}\bigg|_{x=L}-C_p^S\frac{dv_o(t)}{dt} \\
&=\sum_{r=1}^{\infty}\alpha_r\frac{d\eta_r(t)}{dt}-C_p^S\frac{dv_o(t)}{dt}=\frac{v_o(t)}{R_L}
\end{aligned}
\tag{4.2.62}
$$

만약, 기저에 의한 가진이 조화 가진의 경우로서 $w_b(t)=W_b e^{j\omega t}$이면, 식 (4.2.60)의 해는 $v_o(t)=\widetilde{V}_o e^{j\omega t}$임을 고려하여 다음과 같이 나타낼 수 있다.

$$
\eta_r(t)=\frac{\gamma_r\omega^2 W_b-\alpha_r\widetilde{V}_o}{\omega_r^2-\omega^2+j2\zeta_r\omega_r\omega}e^{j\omega t}
\tag{4.2.63}
$$

또한, 식 (4.2.62)를 $v_o(t)=\widetilde{V}_o e^{j\omega t}$에 대해 정리하면 다음과 같으므로,

$$
\frac{1+j\omega C_p^S R_L}{R_L}\widetilde{V}_o e^{j\omega t}=\sum_{r=1}^{\infty}\alpha_r\frac{d\eta_r(t)}{dt}
\tag{4.2.64}
$$

식 (4.2.63)을 위의 식에 대입하여 아래와 같은 식을 얻는다.

$$
\frac{1+j\omega C_p^S R_L}{R_L}\widetilde{V}_o=\sum_{r=1}^{\infty}\alpha_r j\omega\frac{\gamma_r\omega^2 W_b-\alpha_r\widetilde{V}_o}{\omega_r^2-\omega^2+j2\zeta_r\omega_r\omega}
\tag{4.2.65}
$$

따라서, 외부 부하 저항 R_L에서의 출력 전압은 아래와 같이 표현된다.

$$
\widetilde{V}_o(R_L,\omega)=\frac{\displaystyle\sum_{r=1}^{\infty}\frac{j\omega^3\alpha_r\gamma_r W_b}{\omega_r^2-\omega^2+j2\zeta_r\omega_r\omega}}{\displaystyle\sum_{r=1}^{\infty}\frac{j\omega\alpha_r^2}{\omega_r^2-\omega^2+j2\zeta_r\omega_r\omega}+\frac{1+j\omega R_L C_p^S}{R_L}}
\tag{4.2.66}
$$

만약, 외팔보 압전 진동 에너지 수확 장치가 첫 번째 고유 진동수 근처에서 작동되는 것을 가정한다면, 식 (4.2.31)에서 $w_{rel}(x,t)$를 첫 번째 모드에 대해서만 전개해도 $(r=1)$ 충분히 훌륭한 근사 모델을 생성하게 된다. 이 경우 위의 식은 다음과 같이 간단하게 나타낼 수 있다.

$$
\widetilde{V}_o(R_L,\omega)=\frac{j\omega\alpha\gamma R_L A_b}{j\omega\alpha^2 R_L+\left(1+j\omega R_L C_p^S\right)\left(\omega_{sc}^2-\omega^2+j2\zeta\omega_{sc}\omega\right)}
\tag{4.2.67}
$$

위 식을 간단히 표현하기 위해 $r=1$인 경우를 나타내는 하첨자 '1'을 생략하였으며, ω_1

은 폐회로 상태의 고유 진동수 ω_{sc}로 표기하였다. 또한, $A_b = \omega^2 W_b$ 임을 이용하였다. 따라서, 출력 전압의 크기 $V_o = |\widetilde{V}_o|$는 다음과 같이 표현되고, 평균 전력 $P_{avg}(= P_o)$는 $(1/2)\,V_o/R_L$ 관계식을 이용하여 계산한다.

$$V_o(R_L,\omega) = \frac{\alpha}{C_p^S}\frac{\gamma A_b}{\sqrt{\left(\dfrac{\omega_{sc}^2 - \omega^2}{\omega R_L C_p^S} - 2\zeta\omega_{sc}\omega\right)^2 + \left(\omega_{sc}^2 + \dfrac{\alpha^2}{C_p^S} - \omega^2 + \dfrac{2\zeta\omega_{sc}}{R_L C_p^S}\right)^2}} \tag{4.2.68}$$

개회로 상태의 전압은 외부 부하 저항 $R_L \rightarrow \infty$ 임을 고려하면, 위 식으로부터 다음과 같이 구할 수 있다.

$$V_o^{oc}(\omega) = \frac{\alpha}{C_p^S}\frac{\gamma A_b}{\sqrt{(2\zeta\omega_{sc}\omega)^2 + \left(\omega_{sc}^2 + \dfrac{\alpha^2}{C_p^S} - \omega^2\right)^2}} \tag{4.2.69}$$

위 식으로부터 개회로 상태 및 폐회로 상태의 고유 진동수가 다음과 같이 식 (4.1.9)와 매우 비슷하게 정의되는 것을 확인할 수 있다.

$$\omega_{oc}^2 = \omega_{sc}^2 + \frac{\alpha^2}{C_p^S} \tag{4.2.70}$$

그러나, 위 식에서는 식 (4.1.9)와는 다르게 질량에 관한 기호가 포함되지 않음을 유의하기 바란다. 이는 상대 변위 $w_{rel}(x,t)$의 전개 함수인 고유 모드 $\phi_r(x)$가 보의 질량에 대해 정규 직교화되어 식 (4.2.70)에 질량 기호가 포함되지 않으며, 압전 연성 계수를 정의하는 α(식 (4.2.61a) 참조)에는 이미 고유 모드 $\phi(x)$가 포함되어 있기 때문이다. 또한, γ는 기저 가진으로 인한 외팔보의 횡방향 변위 계산시 발생되는 수정 계수와 관련된 항으로서(Erturk and Inman, 2008a, 2008c) 이에 대해서는 가정 모드 기반 수학적 모델링에서 다시 다루게 될 것이다[9].

9) 동일한 값을 갖지는 않지만, 이미 식 (4.1.5a)에서 그림 4.1.1의 기저 가진에 대한 운동방정식에 μ 기호를 사용한바 있다.

❙ 표 4.2.1 ❙ 고유 진동수 가진 시 R_L에서의 출력 전압 및 발생 전력

	폐회로 고유 진동수($\omega=\omega_{sc}$)	개회로 고유 진동수($\omega=\omega_{oc}$)
$V_o(R_L)$	$\dfrac{R_L\alpha\gamma A_b}{\sqrt{\left(2\zeta\omega_{sc}^2C_p^SR_L\right)^2+\left(C_p^SR_Lk_e^2\omega_{sc}^2+2\zeta\omega_{sc}\right)^2}}$	$\dfrac{R_L\alpha\gamma A_b}{\sqrt{\left(k_e^2\omega_{sc}+2\zeta\omega_{sc}\omega_{oc}C_p^SR_L\right)^2+\left(2\zeta\omega_{sc}\right)^2}}$
$P_o(R_L)$	$\dfrac{1}{2}\dfrac{R_L\alpha^2\gamma^2A_b^2}{\left(2\zeta\omega_{sc}^2C_p^SR_L\right)^2+\left(C_p^SR_Lk_e^2\omega_{sc}^2+2\zeta\omega_{sc}\right)^2}$	$\dfrac{1}{2}\dfrac{R_L\alpha^2\gamma^2A_b^2}{\left(\omega_{oc}k_e^2/\left(1+k_e^2\right)+2\zeta\omega_{sc}\omega_{oc}C_p^SR_L\right)^2+\left(2\zeta\omega_{sc}\right)^2}$

식 (4.2.68)을 이용하여 평균 발생 전력은 $V_o^2/2R_L$에 의해 계산할 수 있으며, 공진 주파수에서의 가진 및 최적 저항에서의 전기 출력 계산식들은 표 4.1.1 및 4.1.2와 유사하다. 단, unimorph 외팔보 압전 에너지 수확 장치에서는 식 (4.2.61)에 나타낸 α와 γ를 사용하여야 한다. 이를 표 4.2.1 및 4.2.2에 나타내었다.

Bimorph 구조

Bimorph 구조에서는 그림 4.2.3(b)에 나타낸 바와 같이 기판 상하면에 부착된 2개의 압전층의 전극 간의 연결 상태에 따라 병렬 및 직렬 형태가 존재한다. 이러한 연결 방법에 따라 출력 전압 및 전류의 특성이 상이하므로 목적에 따라 잘 선택하여야 한다. 수학적 모델링을 통해 살펴보겠지만, 2개의 연결 방법은 모두 동일한 전력을 발생시키지만 병렬 연결은 직렬 연결에 비해 출력 전류의 양이 더 크다. 따라서, 압전 재료의 일반적인 고출력 전압 특성으로 인해 외부 부하에서 요구하는 최소 출력 전압을 만족시킬 수 있는 경우가 많고, 압전 진동 에너지 수확 장치의 미미한 발생 전력을 간헐적으로 축전/충전하여 쓰는 경우를 고려하면 출력 전류가 더욱 큰 병렬 연결이 선호된다.

❙ 표 4.2.2 ❙ 고유 진동수 가진 시 최적 저항에서의 출력 전압 및 최대 발생 전력

	폐회로 고유 진동수($\omega=\omega_{sc}$)	개회로 고유 진동수($\omega=\omega_{oc}$)
R_L^{opt}	$\dfrac{1}{\omega_{sc}C_p^S}\dfrac{2\zeta}{\sqrt{k_e^4+4\zeta^2}}$	$\dfrac{1}{\omega_{oc}C_p^S}\dfrac{\sqrt{k_e^4+4\zeta^2\left(1+k_e^2\right)}}{2\zeta\sqrt{1+k_e^2}}$
V_o	$\dfrac{\alpha\gamma A_b}{\omega_{sc}^2C_p^S\sqrt{4\zeta^2+\left(k_e^2+\sqrt{k_e^4+4\zeta^2}\right)^2}}$	$\dfrac{\alpha\gamma A_b\sqrt{k_e^4+4\zeta^2\left(1+k_e^2\right)}}{2\zeta\omega_{sc}\omega_{oc}C_p^S\sqrt{4\zeta^2\left(1+k_e^2\right)+\left(k_e^2+\sqrt{k_e^4+4\zeta^2\left(1+k_e^2\right)}\right)^2}}$
P_o	$\dfrac{1}{2}\dfrac{\alpha^2}{C_p^S}\dfrac{\gamma^2A_b^2}{4\zeta\omega_{sc}^3\left(k_e^2+\sqrt{k_e^4+4\zeta^2}\right)}$	$\dfrac{1}{2}\dfrac{\alpha^2}{C_p^S}\dfrac{\gamma^2A_b^2}{4\zeta\omega_{sc}^3\left(k_e^2+\sqrt{k_e^4+4\zeta^2\left(1+k_e^2\right)}\right)}$

● 병렬 연결의 경우

기판 상하면에 부착되는 압전 층의 분극 방향이 동일한 경우 중립면을 중심으로 상하 압전 층의 굽힘 변형률은 서로 반대 방향이 되어 발생 전기장의 방향의 역시 서로 반대가 된다. 따라서, 그림 4.2.3(b)의 좌측 단면에 나타낸 바와 같이 전극 간에 병렬 연결을 한다. 이렇게 하면 기판 윗면의 압전 층에는 $E_3(t) = -v_o(t)/t_p$, 아랫면의 압전 층에는 $E_3(t) = v_o(t)/t_p$의 관계가 각각 성립하므로 식 (4.2.46) 및 (4.2.47)을 bimorph 구조의 병렬 연결 형태에 대해 적용하면 아래와 같다.

$$
\begin{aligned}
M(x,t) &= -\int_{-t_s/2}^{t_s/2} T_1^s bzdz - \int_{t_s/2}^{t_p+t_s/2} T_1^p bzdz - \int_{-t_p-t_s/2}^{-t_s/2} T_1^p bzdz \\
&= -\int_{-t_s/2}^{t_s/2} E_s S_1^s bzdz - \int_{t_s/2}^{t_p+t_s/2} \left(E_p S_1^p - e_{31}E_3\right) bzdz - \int_{-t_p-t_s/2}^{-t_s/2} \left(E_p S_1^p - e_{31}E_3\right) bzdz \\
&= b\left(\int_{-t_s/2}^{t_s/2} E_s z^2 dz + \int_{t_s/2}^{t_p+t_s/2} E_p z^2 dz + \int_{-t_p-t_s/2}^{-t_s/2} E_p z^2 dz\right) \frac{\partial^2 w_{rel}(x,t)}{\partial x^2} \\
&\qquad + \frac{e_{31}b}{t_p}\left(\int_{-t_p-t_s/2}^{-t_s/2} zdz - \int_{t_s/2}^{t_p+t_s/2} zdz\right) v_o(t)
\end{aligned}
\tag{4.2.71}
$$

따라서, unimorph 구조에서 적용했던 동일한 과정을 거치면, bimorph 병렬 연결 구조에 대한 등가의 굽힘 강성 $(EI)_c$ 및 압전 연성 상수 α_r은 다음과 같이 유도된다.

$$
\begin{aligned}
(EI)_c &= b\left(\int_{-t_s/2}^{t_s/2} E_s z^2 dz + \int_{t_s/2}^{t_p+t_s/2} E_p z^2 dz + \int_{-t_p-t_s/2}^{-t_s/2} E_p z^2 dz\right) \\
&= E_s \frac{bt_s^3}{12} + E_p \frac{2}{3}\left\{\left(t_p + \frac{t_s}{2}\right)^3 - \left(\frac{t_s}{2}\right)^3\right\}
\end{aligned}
\tag{4.2.72a}
$$

$$
\begin{aligned}
\alpha_r &= \bar{\alpha} \left.\frac{d\phi_r(x)}{dx}\right|_{x=L} = \frac{e_{31}b}{t_p}\left(\int_{-t_p-t_s/2}^{-t_s/2} zdz - \int_{t_s/2}^{t_p+t_s/2} zdz\right) \left.\frac{d\phi_r(x)}{dx}\right|_{x=L} \\
&= -2e_{31}b \frac{t_s + t_p}{2} \left.\frac{d\phi_r(x)}{dx}\right|_{x=L}
\end{aligned}
\tag{4.2.72b}
$$

등가 굽힘 강성에 관한 식 (4.2.72a)는 구조 역학적 특성에 관계된 물리량으로서 뒤에서 다룰 직렬 연결의 경우에도 동일한 식으로 표현된다. 또한, 식 (4.2.45)의 단위 길이당 질량이 bomorph 구조에서는 전기적 연결 형태에 관계없이 모두 동일하게 $(\rho A)_c = 2\rho_p bt_p + \rho_s bt_s$로 표현된다. 식 (4.2.72b)에 나타낸 bimorph 구조의 병렬 연결 형태에 대한 압전 연성 상수 α_r은 식 (4.2.48b)의 경우에서와 같이 중립축에서 압전 층 중간까지의 거리에 대한 항이 포함되어 있음을 유의하기 바란다. 지금까지 언급한

bimorph 구조의 병렬 연결 형태에 대한 관계식을 이용하면 앞서 unimorph 구조에서 유도하였던 식 (4.2.50) 및 (4.2.60)을 그대로 사용할 수 있다.
한편, 기판 상·하면의 압전 층에는 각각 다음과 같이 전속 밀도가 분포한다.

$$D_3 = e_{31}S_1^p - \epsilon_{33}^S \frac{v_o(t)}{t_p} \quad \text{(기판 윗면에 부착된 압전 층)} \tag{4.2.73a}$$

$$D_3 = e_{31}S_1^p + \epsilon_{33}^S \frac{v_o(t)}{t_p} \quad \text{(기판 아랫면에 부착된 압전 층)} \tag{4.2.73b}$$

앞서 unimorph 구조의 경우와 마찬가지로 위 식에서 변형률 S_1^p는 중립축으로부터 각각의 압전 층 중앙까지의 거리에서 계산된 양으로서 이를 대입하면 아래와 같이 표현된다.

$$D_3 = -e_{31}\left(t_s + \frac{t_p}{2}\right)\frac{\partial^2 w_{rel}(x,t)}{\partial x^2} - \epsilon_{33}^S \frac{v_o(t)}{t_p} \quad \text{(기판 윗면에 부착된 압전 층)} \tag{4.2.74a}$$

$$D_3 = e_{31}\left(t_s + \frac{t_p}{2}\right)\frac{\partial^2 w_{rel}(x,t)}{\partial x^2} + \epsilon_{33}^S \frac{v_o(t)}{t_p} \quad \text{(기판 아랫면에 부착된 압전 층)} \tag{4.2.74b}$$

따라서, 전극에 생성되는 전하 $q_e(t)$는 위 식에 나타낸 전속 밀도를 아래와 같이 적분하여 구할 수 있다. 단, 병렬 연결에서 전극의 총 발생 전하는 각 전극의 전하의 합과 같다는 사실에 유의하자.

$$\begin{aligned} -q_e(t) &= \int_A \boldsymbol{D}\cdot\boldsymbol{n}\,dA = \int_{A_{upper}} D_3(x,t)dA - \int_{A_{lower}} D_3(x,t)dA \\ &= -\int_0^L \left(2e_{31}b\left(t_s + \frac{t_p}{2}\right)\frac{\partial^2 w_{rel}(x,t)}{\partial x^2} + 2b\epsilon_{33}^S \frac{v_o(t)}{t_p}\right)dx \\ &= -2e_{31}b\left(t_s + \frac{t_p}{2}\right)\sum_{r=1}^{\infty}\left.\frac{d\phi_r(x)}{dx}\right|_{x=L}\eta_r(t) - 2\epsilon_{33}^S\frac{bL}{t_p}v_o(t) \\ &= \sum_{r=1}^{\infty}\alpha_r\eta_r(t) - C_p^S v_o(t) \end{aligned} \tag{4.2.75}$$

위 식으로부터 전극간에 병렬 연결된 bimorph 구조의 커패시턴스는 두께 t_p인 커패시터를 병렬 연결했을때의 등가 커패시턴스임을 확인할 수 있다.

$$C_p^S = 2\epsilon_{33}^S \frac{bL}{t_p} \tag{4.2.76}$$

● **직렬 연결의 경우**

그림 4.2.3(b)의 우측 단면에 나타낸 직렬 연결에서는 각각의 압전 층에서의 발생 전기장의 방향이 동일하고, 두께가 t_p인 커패시턴스를 직렬 연결한 것이므로, 전체 전기장은 $E_3(t) = -v_o(t)/2t_p$로 나타낼 수 있다. 또한, 기판의 상·하면에 부착된 압전 층에서의 분극 방향이 서로 반대이므로 $d_{31}^{upper} = d_{31}$ 및 $d_{31}^{lower} = -d_{31}$의 관계가 성립한다($e_{31} = d_{31}c_{11} = d_{31}E_p$이므로 e_{31}에 대해서도 동일한 부호 관계가 적용된다). 따라서, 이를 식 (4.2.71)에서 α_r을 유도하기 위한 부분에 대해 적용하면 다음과 같으므로,

$$\begin{aligned}&\int_{t_s/2}^{t_p+t_s/2}(e_{31}E_3bz)dz+\int_{-t_p-t_s/2}^{-t_s/2}(-e_{31}E_3bz)dz\\&=-\int_{t_s/2}^{t_p+t_s/2}e_{31}\frac{v_o(t)}{2t_p}bzdz+\int_{-t_p-t_s/2}^{-t_s/2}e_{31}\frac{v_o(t)}{2t_p}bzdz\\&=\frac{e_{31}b}{2t_p}\left(-\int_{t_s/2}^{t_p+t_s/2}zdz+\int_{-t_p-t_s/2}^{-t_s/2}zdz\right)v_o(t)\end{aligned} \tag{4.2.77a}$$

앞서 병렬 연결에서와 같이 동일한 유도 절차를 추가로 진행하면 아래와 같이 직렬 연결에서의 압전 연성 상수를 유도할 수 있다. 등가 굽힘 강성은 병렬 연결의 경우와 같다.

$$\begin{aligned}\alpha_r &= \frac{e_{31}b}{2t_p}\left(-\int_{t_s/2}^{t_p+t_s/2}zdz+\int_{-t_p-t_s/2}^{-t_s/2}zdz\right)\frac{d\phi_r(x)}{dx}\bigg|_{x=L}\\&=-e_{31}b\frac{t_s+t_p}{2}\frac{d\phi_r(x)}{dx}\bigg|_{x=L}\end{aligned} \tag{4.2.77b}$$

또한, 기판 상·하면의 압전 층에는 각각 다음과 같이 전속 밀도가 분포한다.

$$D_3 = e_{31}S_1^p - \epsilon_{33}^S\frac{v_o(t)}{2t_p} \quad \text{(기판 윗면에 부착된 압전 층)} \tag{4.2.78a}$$

$$D_3 = -e_{31}S_1^p - \epsilon_{33}^S\frac{v_o(t)}{2t_p} \quad \text{(기판 아랫면에 부착된 압전 층)} \tag{4.2.78b}$$

위 식에 중립축으로부터 각각의 압전 층 중앙까지의 거리에서 계산된 변형률 S_1^p를 대입하면, 앞서 병렬 연결의 경우와는 다르게 상·하면에 부착된 압전 층에는 다음과 같이 동일한 전속 밀도가 존재하게 된다.

$$D_3 = -e_{31}\left(t_s+\frac{t_p}{2}\right)\frac{\partial^2 w_{rel}(x,t)}{\partial x^2} - \epsilon_{33}^S\frac{v_o(t)}{2t_p} \quad \text{(기판 상·하면에 부착된 압전 층)} \tag{4.2.79}$$

따라서, 전극에 생성되는 전하 $q_e(t)$는 직렬 연결에서는 위 식에 나타낸 전속 밀도를 아래와 같이 하나의 전극 면적에 대해서만 적분하여 얻게 된다.

$$
\begin{aligned}
-q_e(t) &= \int_A \boldsymbol{D}\cdot\boldsymbol{n}\,dA = \int_A D_3(x,t)\,dA \\
&= -\int_0^L\left(e_{31}b\left(t_s+\frac{t_p}{2}\right)\frac{\partial^2 w_{rel}(x,t)}{\partial x^2}+b\epsilon_{33}^S\frac{v_o(t)}{2t_p}\right)dx \\
&= -e_{31}b\left(t_s+\frac{t_p}{2}\right)\sum_{r=1}^{\infty}\left.\frac{d\phi_r(x)}{dx}\right|_{x=L}\eta_r(t)-\epsilon_{33}^S\frac{bL}{2t_p}v_o(t) \\
&= \sum_{r=1}^{\infty}\alpha_r\eta_r(t)-C_p^S v_o(t)
\end{aligned}
\tag{4.2.80}
$$

위 식으로부터 bimorph 구조의 직렬 연결의 경우 커패시턴스는 두께 t_p인 커패시터를 직렬 연결했을 때의 등가 커패시턴스임을 확인할 수 있다.

$$
C_p^S = \frac{1}{2}\epsilon_{33}^S\frac{bL}{t_p} \tag{4.2.81}
$$

Bimorph 구조에서의 병렬 연결과 직렬 연결을 비교해보면, $(EI)_c$ 및 $(\rho A)_c$가 동일하므로 식 (4.2.8)에 의하면 폐회로 상태의 고유 진동수가 서로 동일함을 알 수 있다. 또한, 식 (4.2.70)에 의하면 폐회로 및 개회로 상태의 고유 진동수의 차이는 α^2/C_p^S인데, 여기에 식 (4.2.72b), (4.2.76), (4.2.77b) 및 (4.2.81)을 대입해보면 전극 간의 연결 상태에 관계없이 동일한 값을 가짐을 알 수 있다. 따라서, 개회로 상태의 고유 진동수가 같고 표 4.2.2에 의하면 폐회로 또는 개회로 상태에서의 최대 발생 전력도 서로 같음을 알 수 있다. 다만, 표 4.2.2의 최대 출력 전압에 대한 식에서 α/C_p^S를 고려하면, 직렬 연결인 경우의 출력 전압이 병렬 연결인 경우에 비해 2배가 높고 따라서 전류는 0.5배가 된다는 것을 확인할 수 있다.

지금까지 끝단 질량이 없는 외팔보 압전 진동 에너지 수확 장치에 대한 수학적 모델링과 전기 출력 특성을 살펴 보았다. 표 4.2.1 및 4.2.2에 그 결과를 정리하였으며, 이 결과들을 사용함에 있어서 unimorph 및 bimorph 구조(병렬 및 직렬 연결)에 대한 주요 계수들의 차이를 표 4.2.3에 정리하였다. 치수와 관련된 사항은 그림 4.2.3을 참조하기 바란다.

| 표 4.2.3 |　끝단 질량이 없는 외팔보 압전 진동 에너지 수확 장치의 주요 계수 차이

	Unimorph 구조	Bimorph 구조	
		병렬 연결	직렬 연결
$(EI)_c$	$E_s\left\{\frac{bt_s^3}{12}+bt_s\left(h-t_p-\frac{t_s}{2}\right)^2\right\}$ $-E_p\left\{\frac{bt_p^3}{12}+bt_p\left(h-\frac{t_p}{2}\right)^2\right\}$	$E_s\frac{bt_s^3}{12}$ $+2E_p\left\{\frac{bt_p^3}{12}+bt_p\left(\frac{t_s+t_p}{2}\right)^2\right\}$	$E_s\frac{bt_s^3}{12}$ $+2E_p\left\{\frac{bt_p^3}{12}+bt_p\left(\frac{t_s+t_p}{2}\right)^2\right\}$
$(\rho A)_c$	$\rho_p bt_p+\rho_s bt_s$	$2\rho_p bt_p+\rho_s bt_s$	$2\rho_p bt_p+\rho_s bt_s$
α	$-e_{31}b\left(h-\frac{t_p}{2}\right)\frac{d\phi_r(x)}{dx}\Big\vert_{x=L}$	$-2e_{31}b\frac{t_s+t_p}{2}\frac{d\phi_r(x)}{dx}\Big\vert_{x=L}$	$-e_{31}b\frac{t_s+t_p}{2}\frac{d\phi_r(x)}{dx}\Big\vert_{x=L}$
C_p^S	$\epsilon_{33}^S\frac{bL}{t_p}$	$2\epsilon_{33}^S\frac{bL}{t_p}$	$\frac{1}{2}\epsilon_{33}^S\frac{bL}{t_p}$

예제 4.2.1

그림 4.2.3(c)의 unimorph 구조에서 중립면으로부터 압전 층 윗면까지의 거리 h를 유도하여라.

풀이

고체 역학에서의 응력 기호 σ_x를 사용하면, 중립면의 높이 h는 $\int_{h-t_p-t_s}^{h}\sigma_x bdz=0$에 의해 구할 수 있다. 따라서, 아래 관계식이 성립하여,

$$\int_{h-t_p-t_s}^{h-t_p}E_s zdz+\int_{h-t_p}^{h}E_p zdz=0 \tag{a}$$

적분을 수행하면 다음과 같다.

$$E_s\left\{(h-t_p)^2-(h-t_p-t_s)^2\right\}+E_p\left\{h^2-(h-t_p)^2\right\}=0 \tag{b}$$

위 식을 h에 대해서 정리하면 아래와 같은 관계식을 얻는다.

$$h=\frac{E_s t_s(t_s+2t_p)+E_p t_p^2}{2(t_s E_s+t_p E_p)} \tag{c}$$

[예제 4.2.2]

그림 4.2.3(c)의 unimorph 구조에서 등가의 굽힘 강성 $(EI)_c$를 유도하여라.

풀이

굽힘 모멘트는 고체 역학에서의 응력 기호 σ_x 및 처짐(deflection)의 곡률 반경 $\rho_x(x)$를 이용하여 $M = -\int_{h-t_p-t_s}^{h} \sigma_x zbdz = (1/\rho_x)\left(\int_{h-t_p-t_s}^{h-t_p} E_s z^2 bdz + \int_{h-t_p}^{h} E_p z^2 bdz\right)$에 의해 구한다. 따라서, 굽힘 강성은 아래와 같다.

$$\begin{aligned}(EI)_c &= \int_{h-t_p-t_s}^{h-t_p} E_s z^2 bdz + \int_{h-t_p}^{h} E_p z^2 bdz \\ &= \frac{b}{3}\left[E_s\left\{(h-t_p)^3 - (h-t_p-t_s)^3\right\} + E_p\left\{h^3 - (h-t_p)^3\right\}\right]\end{aligned} \tag{a}$$

더욱 간편하게는 부록 A.3의 변환 단면법을 이용하여 아래와 같이 유도할 수도 있다.

$$(EI)_c = E_s\left\{\frac{bt_s^3}{12} + bt_s\left(h - t_p - \frac{t_s}{2}\right)^2\right\} + E_p\left\{\frac{bt_p^3}{12} + bt_p\left(h - \frac{t_p}{2}\right)^2\right\} \tag{b}$$

■ ■ ■

[예제 4.2.3]

그림 4.2.3(c)의 bimorph 구조에서 등가의 굽힘 강성 $(EI)_c$를 유도하여라.

풀이

이 문제에서 굽힘 모멘트는 다음과 같이 표현된다.

$$M = -\int_{-t_p-t_s/2}^{t_p+t_s/2} \sigma_x zbdz = (1/\rho_x)\left(\int_{-t_s/2}^{t_s/2} E_s z^2 bdz + 2\int_{t_s/2}^{t_p+t_s/2} E_p z^2 bdz\right) \tag{a}$$

따라서, 등가의 굽힘 강성 $(EI)_c$는 아래와 같다.

$$\begin{aligned}(EI)_c &= \int_{-t_s/2}^{t_s/2} E_s z^2 bdz + 2\int_{t_s/2}^{t_p+t_s/2} E_p z^2 bdz \\ &= E_s\frac{bt_s^3}{12} + E_p\frac{2}{3}\left\{\left(t_p + \frac{t_s}{2}\right)^3 - \left(\frac{t_s}{2}\right)^3\right\}\end{aligned} \tag{b}$$

또는, 더욱 간편하게 변환 단면법을 이용하여 아래와 같이 표현할 수도 있다.

$$(EI)_c = E_s\frac{bt_s^3}{12} + 2E_p\left\{\frac{bt_p^3}{12} + bt_p\left(\frac{t_s+t_p}{2}\right)^2\right\} \tag{c}$$

■ ■ ■

예제 4.2.4

압전 재료의 물성치는 변형률-전하로 표현된 구성 방정식에 포함된 물성치로 주어진다. 식 (4.2.43) 및 (4.2.51)의 Y_p, e_{31} 및 ϵ_{33}^S를 이들 물성치로 표현하여라.

풀이

보는 길이에 비해 단면적의 치수가 매우 작다. 따라서, xy 및 xz 평면에 대한 평면 응력(plane stress) 조건을 고려하면, 유일하게 0이 아닌 응력 성분은 T_1이다. 따라서, 식 (3.2.3)에 $T_2=T_3=T_4=T_5=T_6=0$을 적용하면 구성 방정식은 다음과 같이 표현된다.

$$T_1 = \frac{1}{s_{11}^E}(S_1 - d_{31}E_3) = \frac{1}{s_{11}^E}S_1 - \frac{d_{31}}{s_{11}^E}E_3 \equiv Y_p S_1^p - e_{31}E_3 \tag{a-1}$$

$$D_3 = d_{31}T_1 + \epsilon_{33}^T E_3 \tag{a-2}$$

식 (a-1)을 대입하면 식 (a-2)는 다음과 같이 표현된다.

$$D_3 = \frac{d_{31}}{s_{11}^E}S_1 + \left(\epsilon_{33}^T - \frac{d_{31}^2}{s_{11}^E}\right)E_3 \equiv e_{31}S_1^p + \epsilon_{33}^S E_3 \tag{b}$$

■ ■ ■

4.2.2 끝단 질량(tip mass)이 있는 외팔보 압전 진동 에너지 수확 장치

(1) 단일 외팔보의 운동 방정식 및 정규 직교 모드 해석

그림 4.2.1(b)의 끝단 질량이 있는 경우에는 식 (4.2.11)의 $\phi(x)$에 대해 $x=0$에서의 기하학적 경계 조건은 식 (4.2.12)와 동일하지만, $x=L$에서의 힘 평형 조건을 나타내는 식 (4.2.13)은 아래와 같이 변경되어야 한다.

$$\frac{\partial}{\partial x}\left(EI\frac{\partial^2 w}{\partial x^2}\right)\bigg|_{x=L} = M_{tip}\frac{\partial^2 w}{\partial t^2}\bigg|_{x=L} \rightarrow EI\frac{d^3\phi}{dx^3}\bigg|_{x=L} = -\omega^2 M_{tip}\phi(L) \tag{4.2.82a}$$

$$EI\frac{\partial^2 w}{\partial x^2}\bigg|_{x=L} = -J_{tip}\frac{\partial^2}{\partial t^2}\left(\frac{\partial w}{\partial x}\right)\bigg|_{x=L} \rightarrow EI\frac{d^2\phi}{dx^2}\bigg|_{x=L} = \omega^2 J_{tip}\frac{d\phi}{dx}\bigg|_{x=L} \tag{4.2.82b}$$

따라서, 식 (4.2.12)로부터 구한 $\alpha_3 = -\alpha_2$ 및 $\alpha_4 = -\alpha_1$을 이용하면, 식 (4.2.11)을 위 식에 대입한 결과는 다음과 같다.

$$\begin{aligned}&\alpha_1\{\rho AL(kL)^3(\cosh kL + \cos kL) + (kL)^4 M_{tip}(\sinh kL - \sin kL)\}\\ &+\alpha_2\{\rho AL(kL)^3(\sinh kL - \sin kL) + (kL)^4 M_{tip}(\cosh kL - \cos kL)\} = 0\end{aligned} \tag{4.2.83a}$$

$$\begin{aligned}&\alpha_1\{\rho AL^3(\sinh kL + \sin kL) - (kL)^3 J_{tip}(\cosh kL - \cos kL)\}\\ &+\alpha_2\{\rho AL^3(\cosh kL + \cos kL) - (kL)^3 J_{tip}(\sinh kL + \sin kL)\} = 0\end{aligned} \tag{4.2.83b}$$

위 식에서 $\omega^2 = k^4 EI/\rho A$의 관계가 이용되었다. 따라서, 식 (4.2.83)에 대한 행렬식이 0이 됨을 이용하면, 다음과 같이 끝단 질량이 있는 경우의 주파수 특성 방정식(characteristic or frequency equation)을 얻을 수 있다.

$$\begin{aligned}&1 + \cos kL\cosh kL + \frac{kL \cdot M_{tip}}{\rho AL}(\cos kL\sinh kL - \sin kL\cosh kL)\\ &-\frac{(kL)^3 \cdot J_{tip}}{\rho AL \cdot L^2}(\cosh kL\sin kL + \sinh kL\cos kL)\\ &+\frac{(kL)^4 \cdot M_{tip} \cdot J_{tip}}{(\rho AL)^2 \cdot L^2}(1 - \cos kL\cosh kL) = 0\end{aligned} \tag{4.2.84}$$

위 식에서 끝단 질량이 없는 경우, 즉, $M_{tip} = 0$ 및 $J_{tip} = 0$인 경우는 곧 식 (4.2.15)가 됨을 알 수 있다. 그런데, 식 (4.2.84)는 식 (4.2.15)의 경우와는 달리, 식에 끝단 질량 및 보에 대한 여러 변수가 포함되므로, 이에 대한 정보가 주어져야만 비선형 방정식을 풀어서 kL값을 구할 수 있다.

식 (4.2.83a)로부터

$$\alpha_1 = -\frac{\rho AL(\sinh kL - \sin kL) + kL \cdot M_{tip}(\cosh kL - \cos kL)}{\rho AL(\cosh kL + \cos kL) + kL \cdot M_{tip}(\sinh kL - \sin kL)}\alpha_2 \tag{4.2.85}$$

이므로, 식 (4.2.12)로부터의 $\alpha_3 = -\alpha_2$ 및 $\alpha_4 = -\alpha_1$과 함께 식 (4.2.11)에 대입하면 아래와 같이 끝단 질량이 있는 경우의 r번째 고유 모드를 구할 수 있다.

$$\phi_r(x) = \alpha_r\{(\cosh k_r x - \cos k_r x) - \beta_r(\sinh k_r x - \sin k_r x)\} \tag{4.2.86}$$

$$\beta_r = \frac{\rho AL(\sinh k_r L - \sin k_r L) + k_r L \cdot M_{tip}(\cosh k_r L - \cos k_r L)}{\rho AL(\cosh k_r L + \cos k_r L) + k_r L \cdot M_{tip}(\sinh k_r L - \sin k_r L)}$$

주파수 특성 방정식에서와 같이 $M_{tip}=0$ 및 $J_{tip}=0$인 경우 위 식에 나타낸 β_r도 역시 식 (4.2.18)의 β_r로 표현됨을 확인할 수 있다.

식 (4.2.86)의 끝단 질량이 있는 경우의 고유 모드 $\phi_r(x)$에 대해서도 정규 직교화 모드를 구해보도록 한다. 식 (4.2.21)의 좌변에 대해 2번 부분 적분을 수행한 후 경계 조건 식 (4.2.12)와 (4.2.82)를 적용하면

$$\begin{aligned}&\int_0^L \phi_j(x)\frac{d^2}{dx^2}\left(EI\frac{d^2\phi_i(x)}{dx^2}\right)dx\\&=-\omega_i^2 M_{tip}\phi_j(L)\phi_i(L)-\omega_i^2 J_{tip}\frac{d\phi_j(L)}{dx}\frac{d\phi_i(L)}{dx}+\int_0^L EI\frac{d^2\phi_j(L)}{dx^2}\frac{d^2\phi_i(L)}{dx^2}dx\end{aligned} \tag{4.2.87}$$

이므로, 다음과 같은 관계를 얻는다.

$$\begin{aligned}&\int_0^L EI\frac{d^2\phi_j(x)}{dx^2}\frac{d^2\phi_i(x)}{dx^2}dx\\&=\omega_i^2\left(\int_0^L \rho A\phi_j(x)\phi_i(x)dx+M_{tip}\phi_j(L)\phi_i(L)+J_{tip}\frac{d\phi_j(L)}{dx}\frac{d\phi_i(L)}{dx}\right)\end{aligned} \tag{4.2.88a}$$

마찬가지로, 식 (4.2.20b)의 양변에 $\phi_i(x)$를 곱하고 동일한 방식을 따르면, 다음과 같은 식을 얻게 된다.

$$\begin{aligned}&\int_0^L EI\frac{d^2\phi_i(x)}{dx^2}\frac{d^2\phi_j(x)}{dx^2}dx\\&=\omega_j^2\left(\int_0^L \rho A\phi_i(x)\phi_j(x)dx+M_{tip}\phi_i(L)\phi_j(L)+J_{tip}\frac{d\phi_i(L)}{dx}\frac{d\phi_j(L)}{dx}\right)\end{aligned} \tag{4.2.88b}$$

따라서, 식 (4.2.88)의 두 식을 빼면 다음과 같이 끝단 질량이 있는 경우의 고유 모드에 대한 정규 직교 특성을 얻을 수 있으며,

$$\left(\omega_i^2-\omega_j^2\right)\left(\int_0^L \rho A\phi_i(x)\phi_j(x)dx+M_{tip}\phi_i(L)\phi_j(L)+J_{tip}\frac{d\phi_i(L)}{dx}\frac{d\phi_j(L)}{dx}\right)=0 \tag{4.2.89}$$

식 (4.2.88) 및 위 식으로부터 $i\neq j$인 경우에 대해 다음과 같은 관계를 얻게 된다.

$$\int_0^L \rho A\phi_i(x)\phi_j(x)dx + M_{tip}\phi_i(L)\phi_j(L) + J_{tip}\frac{d\phi_i(L)}{dx}\frac{d\phi_j(L)}{dx} = 0 \quad (4.2.90a)$$

$$\int_0^L EI\frac{d^2\phi_i(x)}{dx^2}\frac{d^2\phi_j(x)}{dx^2}dx = 0 \quad (4.2.90b)$$

위에서 식 (4.2.90b)는 식 (4.2.21)의 좌변을 2번 부분 적분 수행한 결과를 이용하면 다음과 같이 나타낼 수도 있다. 외팔보가 기저 가진을 받는 경우의 지배 방정식 유도에서 아래의 관계식이 이용될 것이므로 잘 알아두기 바란다.

$$\int_0^L \phi_j(x)\frac{d^2}{dx^2}\left(EI\frac{d^2\phi_i(x)}{dx^2}\right)dx - \phi_j(L)\frac{d}{dx}\left(EI\frac{d^2\phi_i(L)}{dx^2}\right) + \frac{d\phi_j(L)}{dx}EI\frac{d^2\phi_i(L)}{dx^2} = 0$$

(4.2.91a)

$$\int_0^L \phi_i(x)\frac{d^2}{dx^2}\left(EI\frac{d^2\phi_j(x)}{dx^2}\right)dx - \phi_i(L)\frac{d}{dx}\left(EI\frac{d^2\phi_j(L)}{dx^2}\right) + \frac{d\phi_i(L)}{dx}EI\frac{d^2\phi_j(L)}{dx^2} = 0$$

(4.2.91b)

따라서, 끝단 질량이 있는 경우의 정규 직교화 특성은 식 (4.2.90) 및 (4.2.91)에 의해 다음과 같이 표현된다.

$$\int_0^L \rho A\phi_i(x)\phi_j(x)dx + M_{tip}\phi_i(L)\phi_j(L) + J_{tip}\frac{d\phi_i(L)}{dx}\frac{d\phi_j(L)}{dx} = \delta_{ij} \quad (4.2.92a)$$

$$\begin{aligned}&\int_0^L EI\frac{d^2\phi_i(x)}{dx^2}\frac{d^2\phi_j(x)}{dx^2}dx \\ &= \int_0^L \phi_j(x)\frac{d^2}{dx^2}\left(EI\frac{d^2\phi_i(x)}{dx^2}\right)dx - \phi_j(L)\frac{d}{dx}\left(EI\frac{d^2\phi_i(L)}{dx^2}\right) + \frac{d\phi_j(L)}{dx}EI\frac{d^2\phi_i(L)}{dx^2} \\ &= \omega_i^2\delta_{ij}\end{aligned}$$

(4.2.92b)

이상의 결과로부터, 끝단 질량이 있는 외팔보의 r번째 고유 모드 $\phi_r(x)$는 다음의 식에 의해 정규화된다.

$$\begin{aligned}&\int_0^L \rho A\{\phi_r(x)\}^2dx + M_{tip}\{\phi_r(L)\}^2 + J_{tip}\left\{\frac{d\phi_r(L)}{dx}\right\}^2 \\ &= \int_0^L\left[(\rho A + M_{tip}\delta(x-L))\{\phi_r(x)\}^2 + J_{tip}\delta(x-L)\left\{\frac{d\phi_r(x)}{dx}\right\}^2\right]dx = 1\end{aligned}$$

(4.2.93)

(2) 기저 가진되는 단일 외팔보의 수학적 모델링

끝단 질량이 있는 단일 외팔보가 기저 가진을 받는 경우, 감쇠를 무시하면 운동 지배 방정식은 다음과 같이 나타낼 수 있다(부록 A. 4 참조).

$$EI\frac{\partial^4 w_{rel}(x,t)}{\partial x^4}+\rho A\frac{\partial^2 w_{rel}(x,t)}{\partial t^2}=-\left(\rho A+M_{tip}\delta(x-L)\right)\frac{d^2 w_b(t)}{dt^2} \quad (4.2.94)$$

위 식의 해 $w_{rel}(x,t)$에 대해 지금까지 해왔던 방식대로 모드 전개식 (4.2.31)을 대입하면 아래와 같다(단, 여기에서 $\phi_r(x)$는 식 (4.2.93)에 의해 정규 직교화된 식 (4.2.86)의 고유 모드를 의미한다).

$$EI\sum_{r=1}^{\infty}\frac{d^4\phi_r(x)}{dx^4}\eta_r(t)+\rho A\sum_{r=1}^{\infty}\phi_r(x)\frac{d^2\eta_r(t)}{dt^2}=-\left(\rho A+M_{tip}(x-L)\right)\frac{d^2 w_b(t)}{dt^2} \quad (4.2.95)$$

위 식의 양변에 $\phi_s(x)$를 곱하고 적분하면

$$\begin{aligned}&\sum_{r=1}^{\infty}\left\{\int_0^L\phi_s(x)EI\frac{d^4\phi_r(x)}{dx^4}dx\right\}\eta_r(t)+\sum_{r=1}^{\infty}\left\{\int_0^L\rho A\phi_s(x)\phi_r(x)dx\right\}\frac{d^2\eta_r(t)}{dt^2}\\&=-\int_0^L\phi_s(x)\left(\rho A+M_{tip}(x-L)\right)\frac{d^2 w_b(t)}{dt^2}dx\end{aligned} \quad (4.2.96)$$

이므로, 식 (4.2.92)의 정규 직교성을 이용하면 위 식은 아래와 같이 전개된다.

$$\begin{aligned}&\sum_{r=1}^{\infty}\left\{\int_0^L\omega_r^2\delta_{rs}+\phi_s(L)\frac{d}{dx}\left(EI\frac{d^2\phi_r(L)}{dx^2}\right)-\frac{d\phi_s(L)}{dx}EI\frac{d^2\phi_r(L)}{dx^2}\right\}\eta_r(t)\\&+\sum_{r=1}^{\infty}\left\{\delta_{rs}-M_{tip}\phi_s(L)\phi_r(L)-\frac{d\phi_s(L)}{dx}J_{tip}\frac{d\phi_r(L)}{dx}\right\}\frac{d^2\eta_r(t)}{dt^2}\\&=-\int_0^L\phi_s(x)\left(\rho A+M_{tip}(x-L)\right)\frac{d^2 w_b(t)}{dt^2}dx\end{aligned} \quad (4.2.97)$$

따라서, 위 식을 정리하면 아래와 같다.

$$\frac{d^2\eta_r(t)}{dt^2}+\omega_r^2\eta_r(t)=-\int_0^L \phi_r(x)(\rho A+M_{tip}(x-L))\frac{d^2w_b(t)}{dt^2}dx$$
$$+\sum_{r=1}^{\infty}\left\{\phi_s(x)\left(M_{tip}\phi_r(x)\frac{d^2\eta_r(t)}{dt^2}-\frac{d}{dx}\left(EI\frac{d^2\phi_r(x)}{dx^2}\right)\eta_r(t)\right)\right\}_{x=L} \tag{4.2.98}$$
$$+\sum_{r=1}^{\infty}\left\{\frac{d\phi_s(x)}{dx}\left(J_{tip}\frac{d\phi_r(x)}{dx}\frac{d^2\eta_r(t)}{dt^2}+EI\frac{d^2\phi_r(x)}{dx^2}\eta_r(t)\right)\right\}_{x=L}$$

그런데, 위 식의 우변에 있는 항은 경계 조건 식 (4.2.82)를 고려하면 다음과 같이 소거된다.

$$\sum_{r=1}^{\infty}\left\{M_{tip}\phi_r(x)\frac{d^2\eta_r(t)}{dt^2}-\frac{d}{dx}\left(EI\frac{d^2\phi_r(x)}{dx^2}\right)\eta_r(t)\right\}_{x=L}$$
$$=\left\{M_{tip}\frac{\partial^2 w(x,t)}{\partial t^2}-\frac{\partial}{\partial x}\left(EI\frac{\partial^2 w(x)}{\partial x^2}\right)\right\}_{x=L}=0 \tag{4.2.99a}$$

$$\sum_{r=1}^{\infty}\left\{J_{tip}\frac{d\phi_r(x)}{dx}\frac{d^2\eta_r(t)}{dt^2}+EI\frac{d^2\phi_r(x)}{dx^2}\eta_r(t)\right\}_{x=L}$$
$$=\left\{J_{tip}\frac{\partial^2}{\partial t^2}\frac{\partial w(x,t)}{\partial x}+EI\frac{\partial^2 w(x,t)}{\partial x^2}\right\}_{x=L}=0 \tag{4.2.99b}$$

따라서, 식 (4.2.98)은 모드 감쇠비 ζ_r을 사용하여 모드 좌표 $\eta_r(t)$에 대해 다음과 같이 정리된다.

$$\frac{d^2\eta_r(t)}{dt^2}+2\zeta_r\omega_r\frac{d\eta_r(t)}{dt}+\omega_r^2\eta_r(t)=-\int_0^L \phi_r(x)(\rho A+M_{tip}(x-L))\frac{d^2w_b(t)}{dt^2}dx \tag{4.2.100}$$

기저의 조화 운동을 가정하여 $w_b(t)=W_be^{j\omega t}$이면, 위 식에 대한 정상 상태의 모드 응답은 다음과 같이 표현된다.

$$\eta_r(t)=\frac{\omega^2}{\omega_r^2-\omega^2+j2\zeta_r\omega_r\omega}W_be^{j\omega t}\left(\rho A\int_0^L \phi_r(x)dx+M_{tip}\phi_r(L)\right) \tag{4.2.101}$$

당연한 결과이지만, 위 식에서 $M_{tip}=0$ 및 $J_{tip}=0$(J_{tip}은 위 식에 명시적으로 나타나 있지는 않지만 $\phi_r(x)$를 정규 직교화하는데 사용되었다)이면, 식 (4.2.41)의 끝단 질량이 없는 경우가 된다.

┃표 4.2.4┃ 끝단 질량의 존재 유무에 따른 변수 차이

	Unimorph 구조	Bimorph 구조	
		병렬 연결	직렬 연결
α	$-e_{31}b\left(h-\dfrac{t_p}{2}\right)\dfrac{d\phi_1(x)}{dx}\bigg\vert_{x=L}$	$-2e_{31}b\dfrac{t_s+t_p}{2}\dfrac{d\phi_1(x)}{dx}\bigg\vert_{x=L}$	$-e_{31}b\dfrac{t_\varepsilon+t_p}{2}\dfrac{d\phi_1(x)}{dx}\bigg\vert_{x=L}$
	끝단 질량이 없는 경우		
	$\phi_1(x)$: 식 (4.2.15), (4.2.18), (4.2.25)		
	끝단 질량이 있는 경우		
	$\phi_1(x)$: 식 (4.2.84), (4.2.86), (4.2.93)		
γ	끝단 질량이 없는 경우		
	$\gamma_1=(\rho A)_c\int_0^L\phi_1(x)dx$		
	끝단 질량이 있는 경우		
	$\gamma_1=(\rho A)_c\int_0^L\phi_1(x)dx+M_{tip}\phi_1(L)$		

(3) 기저 가진되는 외팔보 압전 진동 에너지 수확 장치의 수학적 모델링

앞에서 끝단 질량이 있는 단일 외팔보의 정규 직교 모드 및 운동 지배 방정식을 살펴보았다. 끝단 질량이 있는 외팔보 압전 진동 에너지 수확 장치의 경우, 끝단 질량이 없는 경우와 비교하면 그 차이는 단지 끝단 질량의 존재 및 그로 인한 정규 직교화된 고유 모드에 있다. 따라서, 표 4.2.1과 4.2.2에 나타낸 전기 출력 관계식에서 α와 γ에 대한 것만 끝단 질량이 있는 경우의 식으로 대체하면 다를 것이 없다. 이를 표 4.2.4에 정리해 놓았다.

4.3. 외팔보 압전 진동 에너지 수확 장치: 가정 모드법 기반 수학적 모델

4.3.1 가정 모드를 위한 형상 함수의 선정

앞에서 살펴 본 연속체 기반 수학적 모델에서 외팔보의 상대 변위 $w_{rel}(x,t)$는 고유 모드 $\phi_r(x)$와 모드 좌표 $\eta_r(t)$를 이용한 전개식으로 표현할 수 있었다. 그리고, 외팔보 형태의 압전 진동 에너지 수확 장치는 일반적으로 외부 가진 주파수가 장치의 고유 진동수와 일치하는 경우(그리고, 첫 번째 고유 모드)에 최대 전력이 발생하므로, 전기 출력에 대한 관계식은 첫 번째 고유 모드 가진을 가정하여 보다 간단히 표현되었다. 따라서, 첫 번째 고유 진동수 근처에서는 외팔보의 상대 변위 $w_{rel}(x,t)$가 다음과 같이 단일 모드 전개식으로 근사화될 수 있다.

$$w_{rel}(x,t) = \phi_a(x)\eta(t) \tag{4.3.1}$$[10]

위 식에서 $\phi_a(x)$를 위해 외팔보 끝단에서의 값이 1인 함수($\phi_a(L)=1$)를 사용하게 되면 $\eta(t)$는 시간에 따라 변하는 끝단의 위치를 나타낸다.

따라서, 가정 모드법에서는 보통 공간 좌표의 함수인 $\phi_a(x)$를 위해 첫 번째 고유 모드 자체를 사용하거나(이 경우 정규 직교화를 하지 않고 $\phi(L)=1$이 되도록 고유 모드 계수 값을 조정할 수 있다) 아니면 이를 잘 표현할 수 있는 다항 함수 등을 사용한다. 흔히 외팔보의 형상 함수로서 자주 사용되는 함수는 끝단에 집중 하중이 가해졌을 때의 정적 처짐 곡선(static deflection curve)이다. 그런데, 끝단 질량이 없는 외팔보가 기저 가진되는 경우에는 끝단 집중 하중이 가해질 때의 형상 함수보다는 균일 분포 하중이 가해질 때의 형상 함수가 좀 더 정확한 결과를 내는 것으로 알려져 있다(Erturk and Inman, 2008c). 또한, 최근에는 형상 함수로서 끝단 집중 하중이 가해질 때 및 균일 분포 하중이 가해질 때의 처짐 곡선 2개를 보간하여 사용하면 원래의 고유 모드를 좀 더 잘 표현할 수 있음이 보고된 바 있다(Kim JE, 2017). 이에 의하면 기저 가진되는, 끝단 질량이 없는 외팔보의 경우에도 그 형상 함수는 끝단 집중 하중 시의 처짐의 특성을 상당 부분 갖고 있음이 확인된다.

다만, 4.3절에서는 가정 모드법을 이용한 수학적 모델의 유도에서 $\phi_a(x)$의 특정한 형태는 고려하지 않았다. 그렇지만 가정 모드법에서는 적절한 $\phi_a(x)$의 선택이 정확한 해를 얻기 위한 필요충분 조건임은 자명하다.

예제 4.3.1

길이가 L인 외팔보 끝단에 집중 하중이 가해지는 경우와 분포 하중이 가해지는 경우의 각각에 대한 식 (4.3.1)의 형상 함수를 유도하여라.

풀이

1) 끝단에 집중 하중(concentrated force) f가 $+z$ 방향으로 가해지는 경우의 굽힘 모멘트–곡률 관계식은

10) 여기에서 사용된 $\eta(t)$는 연속체 기반 수학적 모델에서 사용하였던 모드 좌표를 의미하지 않는다.

$$EI\frac{d^2w}{dx^2}=M=f(L-x) \tag{a}$$

이므로, 적분 후 경계 조건 $w(0)=dw/dx|_{x=L}=0$을 적용하면 외팔보의 정적 처짐 곡선 $w(x)$는 다음과 같다.

$$w(x)=\frac{f}{6EI}x^2(3L-x) \tag{b}$$

따라서, $w(L)=1$이 되기 위해 $f=3EI/L^3$이 되어야 하고, 이 경우 $\phi_a(x)$는 다음과 같다.

$$\phi_a(x)=\frac{1}{2}\left\{3\left(\frac{x}{L}\right)^2-\left(\frac{x}{L}\right)^3\right\}\equiv\phi_c(x) \tag{c}$$

2) 보의 전체 길이에 대해 균일 분포 하중(distributed force) $q(\mathrm{N/m})$가 $+z$ 방향으로 가해지는 경우의 굽힘 모멘트-곡률 관계식은 아래와 같다.

$$EI\frac{d^2w}{dx^2}=\frac{q}{2}(L-x)^2 \tag{d}$$

따라서, 1)번에서처럼 동일한 경계 조건을 적용하면 $w(x)$는 다음과 같다.

$$w(x)=\frac{q}{24EI}(6L^2x^2-4Lx^3+x^4) \tag{e}$$

위 식에서 $w(L)=1$이 되기 위한 $q=8EI/L^4$을 대입하면, 이 경우 $\phi_a(x)$는 다음과 같이 표현된다.

$$\phi_a(x)=\frac{x^2}{3L^2}\left\{6-4\left(\frac{x}{L}\right)+\left(\frac{x}{L}\right)^2\right\}\equiv\phi_d(x) \tag{f}$$

■ ■ ■

잠깐 !

가정 모드 $\phi_a(x)$를 위해 첫 번째 고유 모드 $\phi(x)$ ($\phi(L)=1$이 되도록 계수 조절)를 사용하는 것보다 예제 4.3.1의 다항식 $\phi_c(x)$ 또는 $\phi_d(x)$를 사용하는 것이 더욱 간단해 보인다. 그러나, 끝단 질량의 크기에 따라 위의 함수들만으로는 고유 모드를 정확하게 표현할 수 없는 경우가 있다. 아래에 제시된 그림에서 확인해 보도록 하자.

그림 4.3.1은 끝단 질량이 없는 경우($M_{tip}=0$)에 처짐 곡선(deflection shape), 기울기(slope, d/dx) 및 곡률(curvature, d^2/dx^2)의 관점에서 고유 모드($\phi(x)$, $\phi(L)=1$)와 다항 함수 $\phi_c(x)$, $\phi_d(x)$들을 비교하였다. 그림에서 나타낸 바와 같이 $\phi_c(x)$ 보다는 $\phi_d(x)$가 고유 모드를 더욱 잘 표현하고 있음을 보여준다. 따라서, 이 경우 가정 모드로서 $\phi_d(x)$를 쓰는 것이 유리하다. 그럼에도 불구하고 $\phi_d(x)$의 사용이 매우 만족스럽지는 않다. 사실 이 경우에는 $\phi_a(x)=0.66\phi_d(x)+0.34\phi_c(x)$를 쓰는 것이 고유 모드를 더욱 잘 표현한다는 것이 연구된 바 있다(Kim JE, 2017).

한편, 그림 4.3.2에 나타낸 바와 같이 끝단 질량이 있는 경우에는 $\phi_d(x)$보다 $\phi_c(x)$가 고유 모드를 더욱 잘 표현하고 있음을 알 수 있다. 그림은 끝단 질량이 보의 질량보다 5배가 되는 경우로서, $\phi(x)\approx\phi_c(x)$임을 알 수 있다.

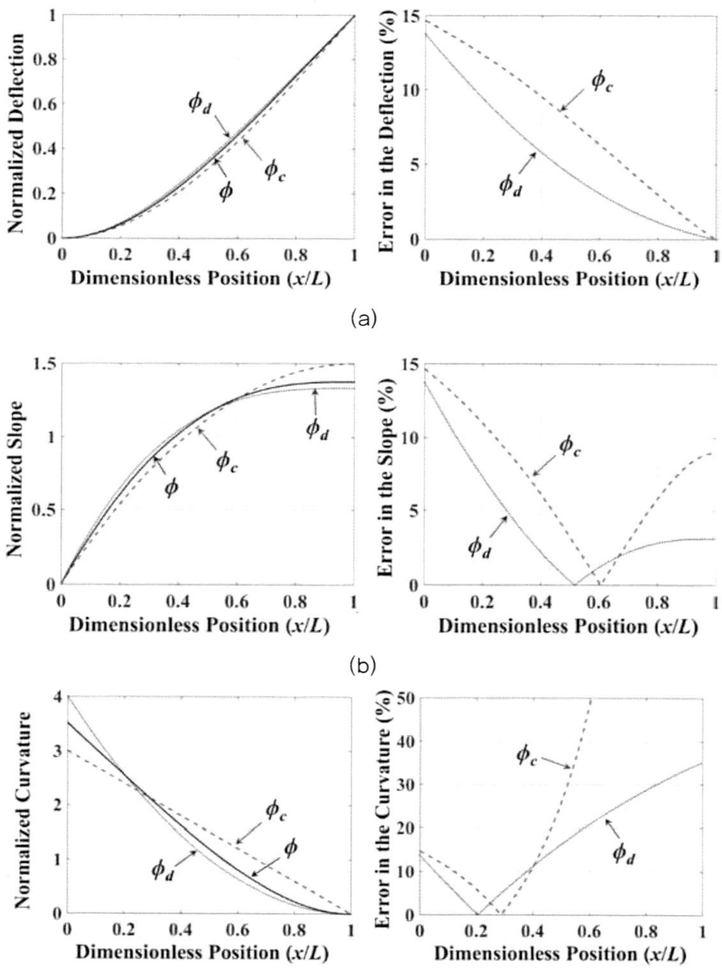

그림 4.3.1 끝단 질량이 없는 경우의 고유 모드($\phi(x)$, $\phi(L)=1$)와 다항 함수 $\phi_c(x)$, $\phi_d(x)$의 비교: (a) 처짐 곡선, (b) 기울기 및 (c) 곡률

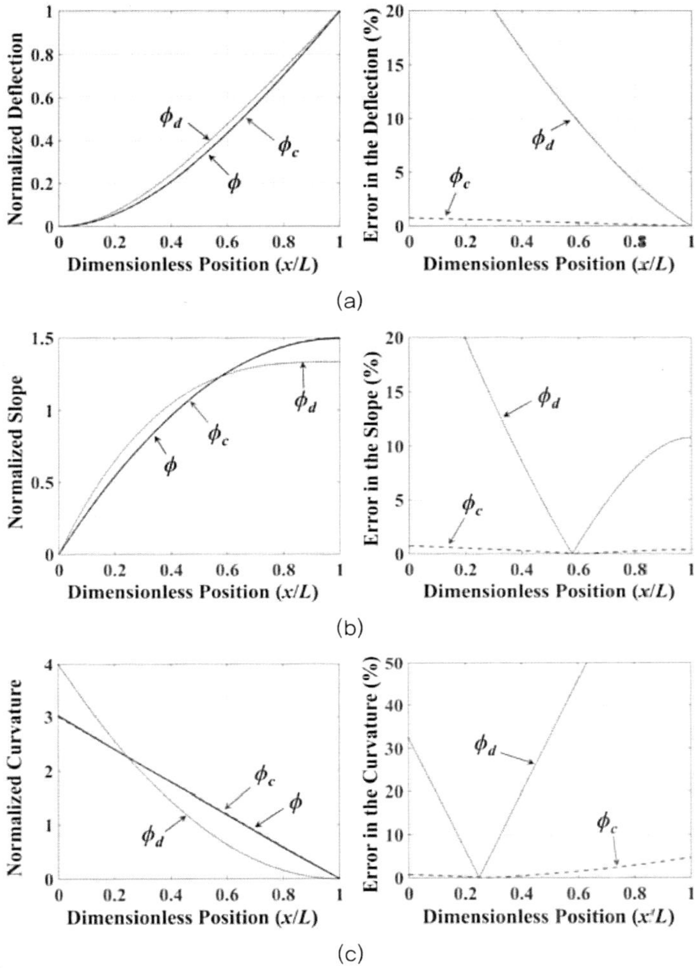

그림 4.3.2 끝단 질량이 있는 경우($M_{tip}/\rho AL=5$)의 고유 모드($\phi(x)$, $\phi(L)=1$)와 다항 함수 $\phi_c(x)$, $\phi_d(x)$의 비교: (a) 처짐 곡선, (b) 기울기 및 (c) 곡률

4.3.2 전기-역학 연성 방정식의 유도

(1) Unimorph 구조

그림 4.2.3(a)에 나타낸 unimorph 구조의 압전 진동 에너지 수확 장치에 대해 가정 모드법을 이용한 전기-역학 연성 방정식을 유도해 본다. 라그란지안 $L = T^* - W$에 대해 운동 수반 에너지 및 위치 에너지 W는 각각 다음과 같다.

$$\begin{aligned} T^* &= \frac{1}{2}M_{tip}\left(\frac{dw_b(t)}{dt}+\frac{\partial w_{rel}(x,t)}{\partial t}\right)^2+\frac{1}{2}J_{tip}\left(\frac{\partial}{\partial t}\left(\frac{\partial w_{rel}(L,t)}{\partial x}\right)\right)^2 \\ &+\frac{1}{2}\int_0^L \rho_p bt_p\left(\frac{dw_b(t)}{dt}+\frac{\partial w_{rel}(x,t)}{\partial t}\right)^2 dx+\frac{1}{2}\int_0^L \rho_s bt_s\left(\frac{dw_b(t)}{dt}+\frac{\partial w_{rel}(x,t)}{\partial t}\right)^2 dx \end{aligned} \tag{4.3.2a}$$

$$W = W_{mech} - W_{elec}^* = \frac{1}{2}\int_\Omega S_1 T_1 d\Omega - \frac{1}{2}\int_\Omega E_3 T_3 d\Omega \tag{4.3.2b}$$

위의 식 중 식 (4.3.2b)는 1차원 압전 구성 방정식 식 (4.2.43)을 대입하면 아래와 같이 표현된다.

$$\begin{aligned} W &= \left(\frac{1}{2}\int_{\Omega_s} E_s\left(S_1^s\right)^2 d\Omega + \frac{1}{2}\int_{\Omega_p} E_s\left(S_1^p\right)^2 d\Omega\right)+\left(-\int_{\Omega_p} e_{31}E_3 S_1^p d\Omega\right) \\ &+\left(-\frac{1}{2}\int_{\Omega_p}\epsilon_{33}^S E_3^2 d\Omega\right) \equiv W_{strain}+W_{couple}+W_{elec} \end{aligned} \tag{4.3.3}$$

위 식에서 각각의 에너지 항은 차례대로 역학 변형 에너지(mechanical strain energy), 전기-역학 연성 에너지(electromechanical coupling energy) 및 전기 에너지(electrical energy)로 정의된다. 이들은 아래와 같이 각각의 최종 형태로 유도된다.

$$\begin{aligned} W_{strain} &= \frac{1}{2}\left(\frac{1}{2}\int_{\Omega_s} E_s\left(S_1^s\right)^2 d\Omega + \frac{1}{2}\int_{\Omega_p} E_s\left(S_1^p\right)^2 d\Omega\right) \\ &= \frac{b}{2}\left(E_s\int_{h-t_p-t_s}^{h-t_p} z^2 dz + E_p\int_{h-t_p}^{h} z^2 dz\right)\int_0^L\left(\frac{d^2\phi_a(x)}{dx^2}\right)dx \cdot \eta^2(t) \\ &= \frac{1}{2}(EI)_c\int_0^L\left(\frac{d^2\phi_a(x)}{dx^2}\right)dx \cdot \eta^2(t) \end{aligned} \tag{4.3.4a}$$

$$W_{couple} = -\frac{1}{2}\int_{\Omega_p} e_{31}E_s S_1^p d\Omega = -\frac{e_{31}}{t_p}\int_{A_p} z dA \cdot \int_0^L \frac{d^2\phi_a(x)}{dx^2}dx \cdot \eta(t) \cdot v_o(t)$$
$$= -e_{31}b\left(h - \frac{t_p}{2}\right)\int_0^L \frac{d^2\phi_a(x)}{dx^2}dx \cdot \eta(t) \cdot v_o(t) \tag{4.3.4b}$$

$$W_{elec} = -\frac{1}{2}\int_{\Omega_p} \epsilon_{33}^S E_s^2 d\Omega = -\frac{1}{2}\epsilon_{33}^S \frac{bL}{t_p} v_o^2(t) \tag{4.3.4c}$$

위 식에서 변형률-곡률 관계식 $S_1 = -z \cdot \partial^2 w_{rel}/\partial x^2$ 및 전압-전기장의 관계식 $E_3 = -v_o(t)/t_p$이 사용되었다. 따라서, 식 (4.3.2), (4.3.3) 및 (4.3.4)를 이용하여 라그란지안 L은 2개의 일반 좌표 $\eta(t)$ 및 $v_o(t)$로 표현되며(식 (4.3.2a)에는 식 (4.3.1)을 대입), 이에 대해 다음의 라그란지 방정식을 적용하면,

$$\frac{d}{dt}\left(\frac{\partial L}{\partial \dot{\eta}}\right) - \frac{\partial L}{\partial \eta} = \frac{d}{dt}\left(\frac{\partial T^*}{\partial \dot{\eta}}\right) + \frac{\partial W_{strain}}{\partial \eta} + \frac{\partial W_{couple}}{\partial \eta} + \frac{\partial W_{elec}}{\partial \eta} = 0 \tag{4.3.5a}$$

$$\frac{d}{dt}\left(\frac{\partial L}{\partial \dot{v}_o}\right) - \frac{\partial L}{\partial v_o} = \frac{\partial W}{\partial v_o} = -q_e(t) \tag{4.3.5b}$$

전기-역학 연성 방정식은 아래와 같이 표현된다.

$$m_{eq}\ddot{\eta}(t) + c_{eq}\dot{\eta}(t) + k_{eq}\eta(t) + \alpha v_o(t) = -m_{in}\ddot{w}_b(t) \tag{4.3.6a}$$

$$\alpha\eta(t) - C_p^S v_o(t) = -q_e(t) \tag{4.3.6b}$$

위 식에서 사용된 기호는 각각 다음과 같이 정의된다.

$$\begin{aligned}
m_{eq} &= M_{tip} + J_{tip}\left(\frac{d\phi_a(L)}{dx}\right)^2 + (\rho_p b t_p + \rho_s b t_s)\int_0^L \phi_a^2(x)dx \\
m_{in} &= M_{tip} + (\rho_p b t_p + \rho_s b t_s)\int_0^L \phi_a(x)dx \\
k_{eq} &= (EI)_c\int_0^L\left(\frac{d^2\phi_a(x)}{dx^2}\right)^2 dx \\
\alpha &= -e_{31}b\left(h - \frac{t_p}{2}\right)\int_0^L \frac{d^2\phi_a(x)}{dx^2}dx \\
C_p^S &= \epsilon_{33}^S \frac{bL}{t_p}
\end{aligned} \tag{4.3.7}$$

식 (4.3.6)은 기저의 조화 가진 $w_b(t) = W_b e^{j\omega t}$에 대한 응답 $\eta(t) = \widetilde{H}e^{j\omega t}$ 및

$v_o(t) = \widetilde{V}_o e^{j\omega t}$를 고려하면, 다음과 같이 표현된다.

$$\left(\omega_{sc}^2 - \omega^2 + j2\zeta_m \omega_{sc}\omega\right)\widetilde{H}(\omega) + \frac{\alpha}{m_{eq}}\widetilde{V}_o(\omega) = \mu\omega^2 W_b(\omega) \tag{4.3.8a}$$

$$j\omega\alpha\widetilde{H}(\omega) - j\omega C_p^S \widetilde{V}_o(\omega) = \frac{\widetilde{V}_o(\omega)}{R_L} \tag{4.3.8b}$$

위 식에서 μ는 m_{in}/m_{eq}로 정의되고, 이 역시 식 (4.1.5)에서 언급한 것과 같이 기저의 가진으로 인해 발생하는 항으로서 수정 계수(correction factor)라고 부른다(여기서는 외팔보의 기저 가진이므로 그 값은 서로 다르다). 또한, $i(t) = dq_e(t)/dt$의 관계식으로부터 $\widetilde{I}_o = \widetilde{V}_o/R_L$의 식이 대입되었다(그림 A.1.5 설명 참조). 식 (4.3.8)로부터 개회로 상태의 출력 전압은 식 (4.3.8b)에서 $R_L \to \infty$의 경우를 가정한 결과인 $\alpha\widetilde{H}(\omega) = C_p^S \widetilde{V}_o(\omega)$를 식 (4.3.8a)에 대입함으로서 얻을 수 있으며 그 크기는 다음과 같다.

$$V_o(\omega) = \left|\widetilde{V}_o(\omega)\right| = \frac{\alpha}{C_p^S}\frac{\mu A_b}{\sqrt{\left(2\zeta_m\omega_{sc}\omega\right)^2 + \left(\omega_{oc}^2 - \omega^2\right)^2}} \tag{4.3.9}$$

위 식에서 A_b는 기저의 가진 가속도 크기$(= \omega^2 W_b)$이며, 이 수학적 모델에 의한 폐회로 및 개회로 상태의 고유 진동수 및 강성은 각각 다음과 같은 관계를 갖게 된다.

$$\omega_{oc}^2 = \frac{k_{eq}^{oc}}{m_{eq}} = \omega_{sc}^2 + \frac{\alpha^2}{m_{eq}C_p^S};\ k_{eq}^{oc} = k_{eq} + \frac{\alpha^2}{C_p^S} \tag{4.3.10}$$

유한한 크기의 외부 저항 R_L 및 최적 저항에서의 전기 출력 관계식은 표 4.1.1 및 4.1.2에 나타낸 것과 같다. 단, 관련 변수들은 식 (4.3.7) 및 (4.3.10)에 나타낸 관계를 이용해야 한다. 또한, 이미 언급한 바와 같이 μ는 식 (4.3.7)의 m_{in}/m_{eq}에 의해 계산된 값으로 대체되어야 한다.

(2) Bimorph 구조

연속체 기반 수학적 모델에서 살펴 본 바와 같이 bimorph 구조에서는 전극 간의 연결 상태와 관계없이 역학 물리량은 서로 같으며 아래에 그 결과를 나타내었다.

$$m_{eq} = M_{tip} + J_{tip}\left(\frac{d\phi_a(L)}{dx}\right)^2 + (2\rho_p bt_p + \rho_s bt_s)\int_0^L \phi_a^2(x)dx$$

$$m_{in} = M_{tip} + (2\rho_p bt_p + \rho_s bt_s)\int_0^L \phi_a(x)dx \tag{4.3.11}$$

$$k_{eq} = (EI)_c\int_0^L\left(\frac{d^2\phi_a(x)}{dx^2}\right)^2 dx$$

그러나, 커패시턴스 C_p^S 및 압전 연성 상수 α는 연속체 기반 수학적 모델에서 살펴 본 바와 같이 병렬 또는 직렬 연결에 따라 그 표현식이 서로 다르다. 여기서는 가정 모드법을 적용하여 각각의 연결 방법에 따른 결과를 유도하였다. 먼저, 병렬 연결인 경우의 전기-역학 연성 에너지 및 전기 에너지 식을 구하면 다음과 같다.

$$\begin{aligned} W_{couple} &= e_{31}\int_{A_p} zdA \cdot \int_0^L \frac{d^2\phi_a(x)}{dx^2}dx \cdot \eta(t) \cdot E_3 \\ &= \left(e_{31}\int_0^L \frac{d^2\phi_a(x)}{dx^2}dx \cdot \eta(t)\right)\left\{\left(bt_p\frac{t_s+t_p}{2}\left(-\frac{v_o(t)}{t_p}\right)\right)_u + \left(-bt_p\frac{t_s+t_p}{2}\left(\frac{v_o(t)}{t_p}\right)\right)_l\right\} \\ &= -2e_{31}b\frac{t_s+t_p}{2}\int_0^L \frac{d^2\phi_a(x)}{dx^2}dx \cdot \eta(t) \cdot v_o(t) \end{aligned} \tag{4.3.12a}$$

$$W_{elec} = -\int_{\Omega_p}\epsilon_{33}^S\left(-\frac{v_o(t)}{t_p}\right)^2 d\Omega = -\epsilon_{33}^S\frac{bL}{t_p}v_o^2(t) \tag{4.3.12b}$$

위 식에서 하첨자 u 및 l은 각각 기판 위 및 아래의 압전 층을 의미한다. 식 (4.3.12)를 이용하여 라그란지 방정식을 적용하면 다음과 같이 병렬 연결인 경우에 대한 압전 연성 상수 및 커패시턴스를 구할 수 있다.

$$\begin{aligned} \alpha &= -2e_{31}b\frac{t_s+t_p}{2}\int_0^L \frac{d^2\phi_a(x)}{dx^2}dx \\ C_p^S &= 2\epsilon_{33}^S\frac{bL}{t_p} \end{aligned} \tag{4.3.13}$$

마찬가지로, 직렬 연결인 경우의 전기-역학 연성 에너지 및 전기 에너지 식을 구하면 다음과 같다.

$$
\begin{aligned}
W_{couple} &= e_{31}\int_{A_p} zdA \cdot \int_0^L \frac{d^2\phi_a(x)}{dx^2}dx \cdot \eta(t) \cdot E_3 \\
&= \int_0^L \frac{d^2\phi_a(x)}{dx^2}dx \cdot \eta(t)\left(-\frac{v_o(t)}{2t_p}\right)\left\{\left(bt_p\frac{t_s+t_p}{2}(e_{31})\right)_u + \left(-bt_p\frac{t_s+t_p}{2}(-e_{31})\right)_l\right\} \\
&= -e_{31}b\frac{t_s+t_p}{2}\int_0^L \frac{d^2\phi_a(x)}{dx^2}dx \cdot \eta(t) \cdot v_o(t)
\end{aligned}
$$

(4.3.14a)

$$
W_{elec} = -\frac{1}{2}\int_{\Omega_p} \epsilon_{33}^S\left(-\frac{v_o(t)}{2t_p}\right)^2 d\Omega = -\frac{1}{4}\epsilon_{33}^S\frac{bL}{t_p}v_o^2(t) \tag{4.3.14b}
$$

위 식으로부터 직렬 연결인 경우의 압전 연성 상수 및 커패시턴스는 아래와 같이 표현된다는 것을 확인할 수 있다.

$$
\begin{aligned}
\alpha &= -e_{31}b\frac{t_s+t_p}{2}\int_0^L \frac{d^2\phi_a(x)}{dx^2}dx \\
C_p^S &= \frac{1}{2}\epsilon_{33}^S\frac{bL}{t_p}
\end{aligned} \tag{4.3.15}
$$

4.4. 수학적 모델을 이용한 압전 외팔보의 출력 전기 계산

우리는 앞에서 압전 진동 에너지 수확 장치에 대한 수학적 모델을 다루었다. 끝단 질량이 있는 경우와 없는 경우 모두에 대해 각각 연속체 및 가정 모드법 기반의 전기-역학 연성 방정식을 유도하고, 이를 이용하여 다양한 전기 출력량에 대한 식을 유도하였다. 여기에서는 이를 이용하여 간단한 예제로서 끝단 질량이 없는 직사각형 형상의 압전 외팔보에 대한 전기 출력 양상을 살펴보고자 한다. 압전 층은 기판 층의 상·하면에 2개가 부착되고 전극간의 연결은 병렬로 하였다. 해당 결과는 모두 상용유한요소 해석 소프트웨어인 ANSYS APDL (version 18.2)의 결과와도 비교하였다.

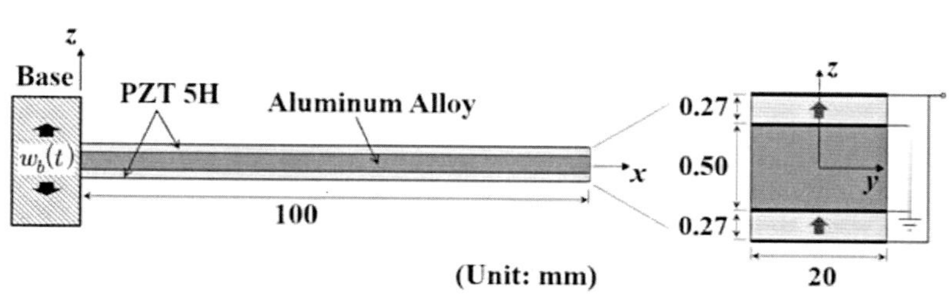

그림 4.4.1 끝단 질량이 없는 압전 외팔보 진동 에너지 수확 장치

| 표 4.4.1 | 압전 재료(PZT 5H 및 알루미늄 합금의 물성치

(s^E: $\times 10^{-12}$ m^2/N, d: $\times 10^{-12}$ m/V, $\epsilon_0 = 8.854 \times 10^{-12}$ F/m, ρ: kg/m^3)

PZT 5H (PSI-5H4E) (http://www.piezo.com/catalog7C.pdf)			
mass density (ρ_p)	7800	s^E_{11} (=s^E_{22})	16.13
d_{15} (=d_{24})	741	s^E_{12}	-4.839
d_{31} (=d_{32})	-320	s^E_{13} (=s^E_{23})	-6.0
d_{33}	650	s^E_{33}	16.13
$\epsilon^T_{11}(=\epsilon^T_{22})/\epsilon_0$	3800	s^E_{44} (=s^E_{55})	52.0
$\epsilon^T_{33}/\epsilon_0$	3800	s^E_{66}	41.94
Aluminum Alloy			
mass density (ρ_s)	2700	Y_s	69 GPa

그림 4.4.1에 전기 출력 계산 대상 압전 외팔보를 나타내었으며, 압전 재료 및 기판으로 사용되는 알루미늄 합금의 물성치는 표 4.4.1에 나타내었다(압전 재료의 물성치 중 해당 업체에서 제공하지 않는 것들은 재료의 이방성 및 포아송 비를 0.3으로 가정하여 추정하거나 다른 PZT 5H 물성치 등을 참고하였다). 다만, 상용유한요소 해석 소프트웨어를 이용하는 경우에는 모든 방향의 3차원 물성치가 필요하나 수학적 모델은 1차원이므로 예제 4.2.4의 결과를 이용한다.

4.4.1 고유 진동수의 계산

연속체 기반 모델에서는 식 (4.2.15)를 이용하여 kL의 값을 구한 후, 식 (4.2.8)에 의해 각 고유 진동수를 구한다. 물론, 복합보의 등가 굽힘 강성 $(YI)_c$ 및 2개의 압전 층 및 기판 층이 고려된 단위 길이당 밀도 $(\rho A)_c$을 이용하여야 한다(표 4.2.3 참조). 이 경우 전극 간에 단락이 된 폐회로 고유 진동수가 구해진다. 또한, 식 (4.2.70)을 이용하면 개회로 상태의 고유 진동수가 얻어진다. 전기-역학 연성 계수의 정의를 고려하면, 폐회로 상태 및 개회로 상태의 고유 진동수 차이가 클수록 일반적으로 전기 에너지 출력 면에서 유리하다고 볼 수 있다.

가정 모드법 기반의 수학적 모델에서는 (예제 4.3.1) 다음에서 설명한 바와 같이 $\phi_a(x) = 0.66\phi_d(x) + 0.34\phi_c(x)$를 가정 모드로 사용하였다. 식 (4.3.7) 및 (4.3.10)을 이용하여 폐회로 상태 및 개회로 상태의 고유 진동수를 구하였다. 2가지 수학적 모델 및 유한요소 해석 결과를 표 4.4.2에 나타내었다. 표에서 알 수 있듯이 가정법 모드 기반 수학적 모델의 결과가 연속체 모델을 사용한 결과와 거의 동일함을 알 수 있다. 즉, 가정 모드의 선택이 매우 적절하였음을 알 수 있다. 그런데, 유한요소 해석 결과와는 다소 차이가 있다. 이러한 경향은 다음의 전기 출력 해석 결과에서도 확인할 수 있다. 이는 유한 요소 모델의 강성이 다소 강하게 계산되는 이유도 있지만(변위 기반의 유한 요소법은 유한 요소 모델의 노드의 개수가 작을수록 강성이 실제의 값보다 높게 계산됨을 상기하자), 지금의 예제처럼 보의 길이 대비 폭 비율(종횡비)에 기인한다. 즉, 보의 가정에 맞게 유도된 모델이므로 종횡비가 증가하여 보의 가정에서 벗어난 평판 거동(plate behavior)을 하게 되면 앞에서 기술한 수학적 모델의 정확도도 떨어진다. 일반적으로 xy 및 xz 평면에 대한 평면 응력을 가정한 경우의 수학적 모델을 이용한 (폐회로 상태의) 고유 진동수는 실제의 평판 거동을 하게 되는 경우보다 고유 진동수가 낮게 계산된다. 이를 해결하기 위해 평판 형태의 압전 진동 에너지 수확 장치에 대한 유한 요소 모델이 제안된 바 있으며(Marqui et al., 2009), 평면 응력(plane stress) 및 평면 변형률(plane strain) 상태의 물성치에 대한 보간을 이용하여 외팔보 기반의 개선된 수학적 모델이 제안된 바 있다(Kim and Kim, 2011). 다만, 지금의 예제처럼 약 5:1 이상의 종횡비에 대해서는 어느 정도의 오차는 있지만 보 이론 가정의 수학적 모델이 상당히 정확하다.

| 표 4.4.2 | 그림 4.4.1에 대한 고유 진동수 해석 결과

	연속체 모델	가정 모드법	ANSYS APDL
f_{sc} (Hz)	57.56	57.59	58.79
f_{oc} (Hz)	60.92	61.02	62.57

4.4.2 전기 출력량 계산

우선 다양한 전기 출력량을 계산하기 전에 식 (4.1.7) 및 (4.2.68)을 이용하여 출력 전압 및 발생 전력을 특정 범위의 가진 주파수(f: Hz)와 외부 부하 저항(R_L: kΩ)에 대해 그려보자. 그림 4.4.2(a) 및 4.4.2(b)는 각각 출력 전압 및 발생 전력을 나타내고 있다. 일반적으로 출력 전압은 외부 부하 저항이 클수록 커지나 발생 전력은 특정 최대값을 향해 증가 후 감소하는 경향을 보인다. 또한, 주어진 부하 저항에서의 최대 크기를 나타내는 주파수(고유 진동수가 된다)가 부하 저항이 커질수록 점점 커지는 것을 알 수 있다. 이러한 경향들을 다음과 같은 다양한 전기 출력 그래프를 통해 더 알아보기로 하자. 해석을 위해 모드 감쇠 계수 ζ의 값으로 0.015를 사용하였으며, 기저 가진 가속도 A_b의 값으로 $1\,\mathrm{m/s^2}$을 사용하였다.

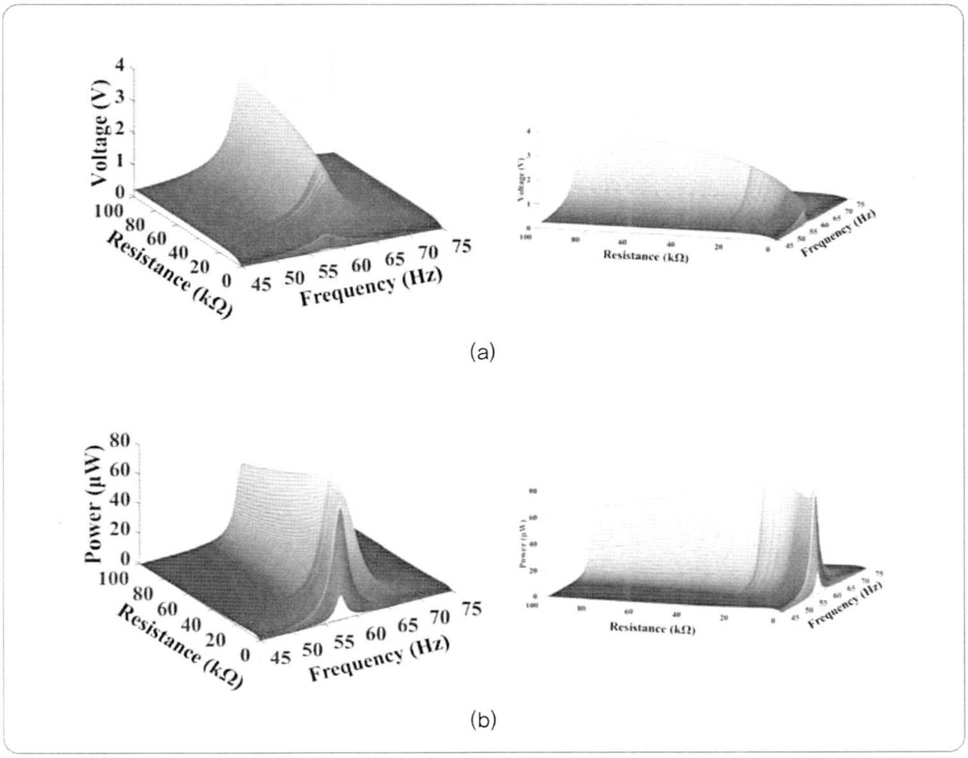

그림 4.4.2 압전 진동 에너지 수확 장치의 전형적인 전기 출력 특성: (a) 출력 전압 및 (b) 발생 전력

(1) 부하 저항이 무한대일 경우의 출력 전압

그림 4.4.3에 앞서 기술한 2가지 수학적 모델 및 ANSYS APDL을 이용한 결과를 비교하였다. 무부하 출력 전압은 개회로 상태의 고유 진동수 f_{oc} (Hz)에서 최대값을 갖는다. 4.4.1에서 언급한 바와 같이 고유 진동수 해석 결과의 차이가 다소 있으므로, 최대값이 나타나는 위치도 차이가 발생한다. 해석에 의하면 가정 모드법 기반의 경우 61.02 Hz에서 3.96 V, 연속체 기반의 경우 60.92 Hz에서 3.92 V, 그리고 ANSYS 유한요소 해석의 경우에는 62.57 Hz에서 4.00 V의 출력 전압 값을 갖는다.

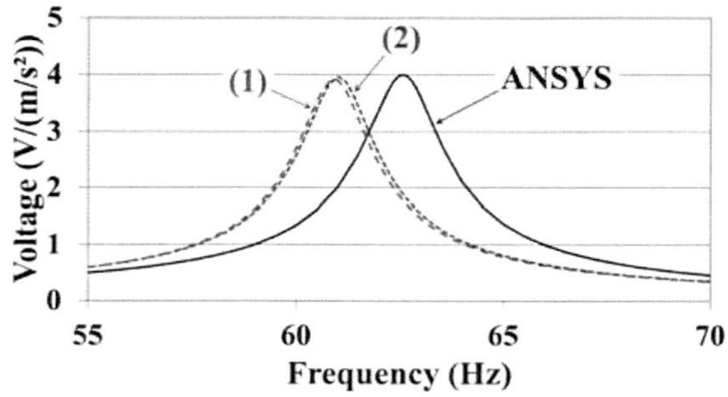

그림 4.4.3 개회로 상태($R_L = \infty$)의 무부하 출력 전압: (1): 가정 모드법 기반 수학적 모델 (2): 연속체 기반 수학적 모델, (3) ANSYS APDL

(2) 고유 진동수 가진 시 외부 부하 저항 대비 출력 전압 및 전력

공진형 압전 진동 에너지 수확 장치는 고유 진동수와 같은 가진 주파수에서 사용한다. 고유 진동수에는 폐회로 상태 및 개회로 상태가 있으나, 에너지 수확 장치 응용 분야의 특성상 충전을 위한 전류의 크기가 중요하므로 일반적으로 내부 임피던스가 보다 작은 폐회로 상태의 고유 진동수를 고려한다. 여기서는 기저의 가진 주파수가 폐회로 및 개회로 상태의 고유 진동수인 경우 모두를 살펴보았다.

그림 4.4.4(a)에는 폐회로 상태의 고유 진동수로 가진할 경우의 출력 전압 및 발생 전력을 나타내었다. 외부 부하 저항 값이 커질수록 출력 전압의 값은 커지고 발생 전력은 특정 부하 저항 크기에서 최대값을 갖는다. 발생 전력이 최대값이 되는 외부 부하의 저항이 바로 폐회로 고유 진동수에서의 내부 임피던스의 크기가 되며, 표 4.1.1 또는 4.2.2의 R_L^{opt}를 나타낸다. 연속체 모델에서는 1.66 kΩ에서 77.38 μW, 가정 모드법 기반 모델에서는 1.62 kΩ에서 77.56 μW, 그리고 ANSYS 유한요소 해석의 경우에는 1.53 kΩ에서 75.24 μW의 값을 얻을 수 있었다.

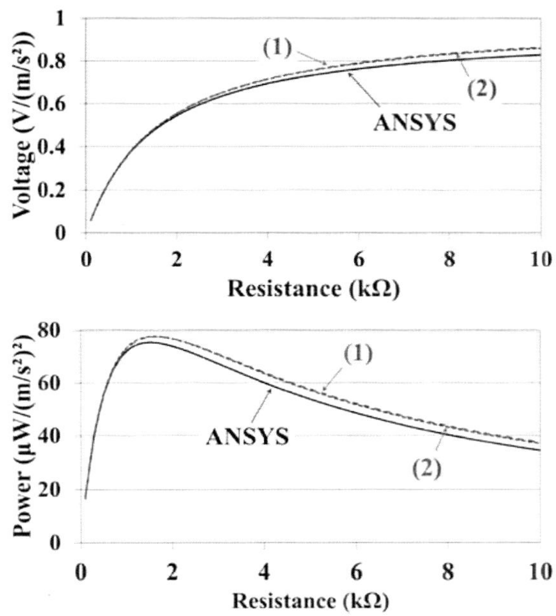

(a)

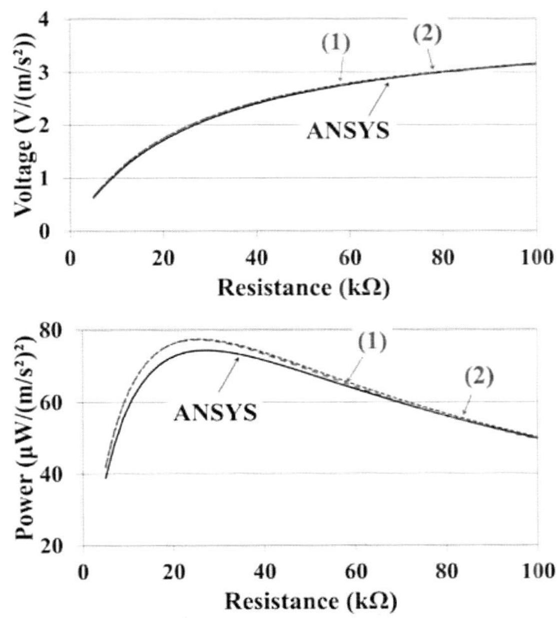

(b)

그림 4.4.4 고유 진동수로 가진 시 외부 부하 저항 크기 대비 압전 진동 에너지 수확 장치의 전기 출력: (a) f_{sc} 또는 (b) f_{oc}로 가진 할 경우의 출력 전압(좌측 그림) 및 발생 전력(우측 그림)

한편, 그림 4.4.4(b)는 개회로 상태의 고유 진동수로 가진할 경우의 전기 출력 양상을 보여준다. 외부 부하 저항의 크기가 커질수록 전압의 크기가 그림 4.4.4(a)의 경우보다 훨씬 커진다. 발생 전력은 폐회로 상태의 고유 진동수로 가진하는 경우와 거의 비슷하나 최대 전력이 발생되는 부하 저항의 크기가 더욱 크다. 즉, 개회로 상태의 내부 임피던스는 폐회로 상태보다 훨씬 크기 때문에 발생 전류는 더욱 작아지는 것이다. 연속체 모델에서는 25.30 kΩ에서 77.25 μW, 가정 모드법 기반 모델에서는 25.73 kΩ에서 77.43 μW, 그리고 ANSYS 유한요소 해석의 경우에는 27.16 kΩ에서 74.38 μW의 값을 얻을 수 있었다.

(3) 외부 가진 주파수 대비 출력 전압 및 전력

모든 주파수에서 내부 임피던스의 크기와 같은 외부 부하 저항이 부착된 경우, 가진 주파수 대비 압전 진동 에너지 수확 장치의 출력 전압 및 발생 전력을 의미한다. 즉, 외부 부하 저항이 식 (4.1.13)으로 표현된 경우이다. ANSYS를 이용할 경우 특정 주파수에서의 R_L^{opt}의 값은 기저가 고정된 압전 진동 에너지 수확 장치에 해당 주파수의 단위 전압을 가한 후 전극에서 발생하는 전하의 실수부(q_r) 및 허수부(q_i)를 이용하여 $R_L^{opt} = 1/\left(2\pi f\sqrt{q_r^2+q_i^2}\right)$에 의해 구하였다.

그림 4.4.5(a)에 출력 전압 및 발생 전력을 나타내었다(출력 전압은 임피던스 정합된 부하 저항이 있는 경우로서 그림 4.4.3의 무부하 출력 전압과는 전혀 다름에 유의하자). 출력 전압의 크기는 개회로 상태의 고유 진동수에서 가장 크며, 발생 전력은 2개의 고유 진동수에서 거의 동일한 크기로 최대값이 된다. 이는 그림 4.4.4의 발생 전력 그래프에서도 확인할 수 있다. 발생 전력 그래프에서 2개의 봉우리는 감쇠 계수가 커질수록 그 크기가 작아지면서 구분이 모호해 진다. 폐회로 상태의 고유 진동수에서 임피던스 정합된 상태에서는 단위 가속도 가진에 대해 출력 전압이 0.51 V (가정 모드법 기반 모델), 0.50 V (연속체 모델), 0.48 V (ANSYS)로 상당히 낮다. 따라서, 전력 관리 회로의 입력 전압(압전 진동 에너지 수확 장치의 출력 전압)은 특정 값 이상이어야 하므로, 만일 발생 전력이 높다 하더라도 설계 변경이 요구되는 상황이다(일반적으로 전기 출력량을 증가시키기 위해 끝단 질량을 사용한다). 또한, 다른 2가지 수학적 모델을 이용한 결과에 대해서도 동일하게 적용되지만, ANSYS 해석 결과의 경우의 발생 전력은 75. 24 μW @58.79 Hz ($=f_{sc}$), 76. 46 μW @59.0 Hz ($=f_1^*$), 74.96 μW @62.5 Hz ($=f_2^*$) 및 74.38 μW @62.57 Hz ($=f_{oc}$)이 된다. 즉, 식 (4.1.16)에서 살펴 본 바와 같이 발생 전력의 최대값은 폐회로 및 개회로 고유 진동수 사이에서 발생하지만, 실용적으로는 2개의 고유 진동수에서 발생 전력이 최대가 된다고 간주한다.

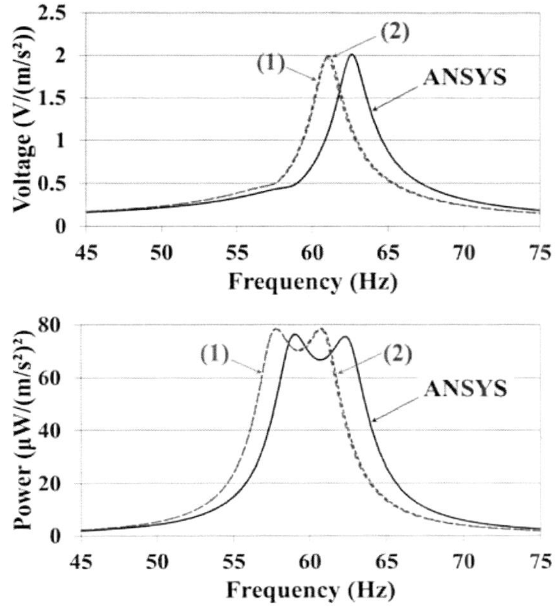

(a)

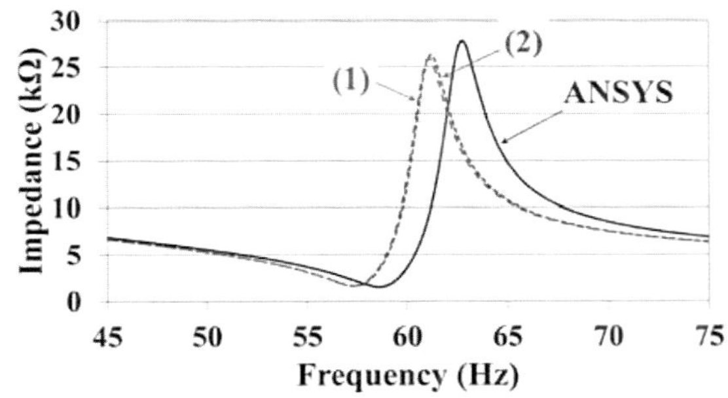

(b)

그림 4.4.5 (a) 임피던스 정합된 외부 부하 저항에서의 외부 가진 주파수 대비 출력 전압 및 발생 전력, (b) 내부 임피던스의 크기

그림 4.4.5(b)에는 주파수 대비 압전 진동 에너지 수확 장치의 내부 임피던스 크기를 나타내었다. 대략 폐회로 및 개회로 상태의 고유 진동수에서 각각 최소값과 최대값을 가지며, 이는 '**(2) 고유 진동수 가진 시 외부 부하 저항 대비 출력 전압 및 전력**'에서 살펴본 바와 같다.

한편, 임피던스 정합을 식 (4.1.13) (또는 표 4.1.1 및 4.2.2)에 의하지 않고 간단하게 $1/\omega_{sc}C_p^S$ 또는 $1/\omega C_p^S$를 사용하는 경우도 있다. 이는 $k_e^2=0$(즉, 전기-역학 비연성 상태)의 경우에 $C_p^S \| R_L$ 병렬 회로에 대한 정합 저항의 크기로서 압전 진동 에너지 수확 장치의 근사 정합 저항의 크기로서 종종 사용된 바 있다(Liao and Sodano, 2008;

Richards et al., 2004). 따라서, 식 (4.1.13) 또는 근사 임피던스 정합에 따른 전기 출력 결과의 차이를 비교하고자 이를 그림 4.4.6에 나타내었다. 그림에서 알 수 있듯이 $1/\omega_{sc}C_p^S$ 또는 $1/\omega C_p^S$를 사용하는 경우에는 그 결과가 거의 동일하지만, 식 (4.1.13)을 이용하는 경우의 결과와는 매우 다름을 알 수 있다.

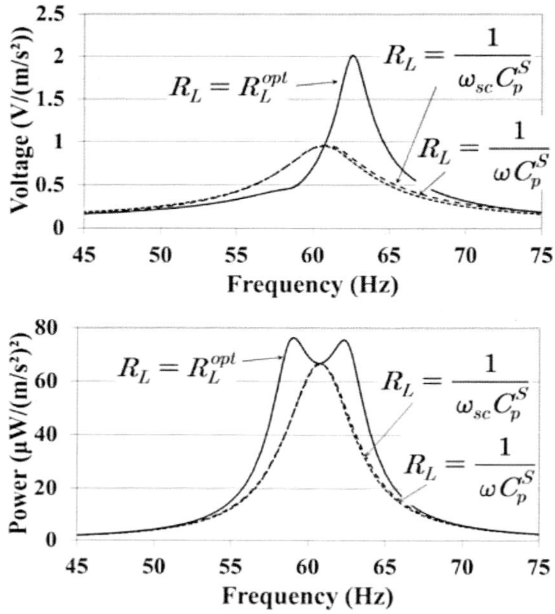

(a)

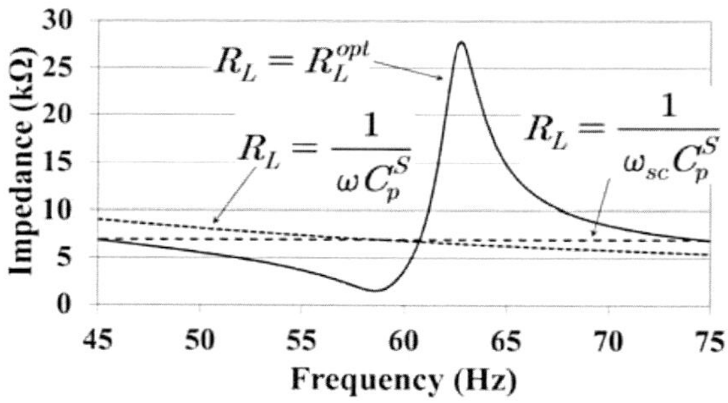

(b)

그림 4.4.6 임피던스 정합 방법에 따른 (a) 외부 부하 저항에서의 외부 가진 주파수 대비 출력 전압 및 발생 전력, (b) 내부 임피던스의 크기

4.5. 무차원화된 수학적 모델

여기에서는 식 (4.1.7)에 대한 무차원 식(dimensionless equations)을 유도하여 보자. 몇 개의 무차원 파라미터들에 의해 보다 일반적으로 표현된 식은 해를 구하기도 용이해지며, 구해진 해 역시 무차원 파라미터들에 의해 표현되어 관련 물리 현상에 대한 통찰을 갖다 주기도 한다. 또한, 성능에 대한 설계 변수의 영향도 파악에도 유리하여 시스템 분석 및 최적화 등에 사용할 수 있다(duToit and Wardle, 2006, 2007; duToit et al., 2005; Shu and Lien, 2006; Liao and Sodano, 2008, 2009; Renno et al., 2009).

식 (4.1.7)을 무차원화하기 위해 다음과 같은 무차원 파라미터들을 정의한다.

$$r = \frac{\omega}{\omega_{sc}};\ \lambda = \omega_{sc} C_p^S R_L;\ k_e^2 = \frac{\alpha^2}{k_{eq} C_p^S} \tag{4.5.1}$$

따라서, 식 (4.1.7a)는 다음과 같이 정리되므로

$$\frac{V_o(R_L,\omega)}{m_{in}A_b} = \frac{1}{\alpha}\frac{\lambda r k_e^2}{\sqrt{(1-r^2-2\zeta\lambda r^2)^2 + \left((1+k_e^2-r^2)\lambda r + 2\zeta r\right)^2}} \tag{4.5.2}$$

출력 전압에 대한 최종 무차원 식은 아래와 같이 표현된다.

$$\frac{V_o}{(m_{in}A_b/\alpha)} = \frac{\lambda r k_e^2}{\sqrt{(1-r^2-2\zeta\lambda r^2)^2 + \left((1+k_e^2-r^2)\lambda r + 2\zeta r\right)^2}} \tag{4.5.3}$$

식 (4.1.7b)의 발생 전력에 대한 무차원 식은 동일한 절차를 이용하면 다음과 같이 유도된다.

$$\frac{P_o}{(m_{in}A_b)^2/(\omega_{sc}m_{eq})} = \frac{1}{2}\frac{\lambda r^2 k_e^2}{(1-r^2-2\zeta\lambda r^2)^2 + \left((1+k_e^2-r^2)\lambda r + 2\zeta r\right)^2} \tag{4.5.4}$$

발생 전력이 $\omega = \omega_{sc}$ 또는 $\omega = \omega_{oc}$에서 최대값을 갖는 것과 같이 위의 무차원화된 발생 전력 식은 $r = 1$ 또는 $r = \sqrt{1+k_e^2}$ 에서 최대값을 갖는다.

한편, 식 (4.1.13)에 나타낸 임의의 주파수에서의 최적 저항은 다음과 같이 표현되므로,

$$R_L^{opt}(\omega) = \frac{1}{\omega C_p^S}\sqrt{\frac{(r^2-1)^2+(2\zeta r)^2}{\left((\omega_{oc}^2/\omega_{sc}^2)-r^2\right)^2+(2\zeta r)^2}} = \frac{1}{\omega C_p^S}\sqrt{\frac{(r^2-1)^2+(2\zeta r)^2}{\left(1+k_e^2-r^2\right)^2+(2\zeta r)^2}} \tag{4.5.5}$$

무차원화된 최적 저항 $\lambda^{opt}(=\omega_{sc}C_p^S R_L^{opt})$은 다음과 같다.

$$\lambda^{opt} = \frac{1}{r}\sqrt{\frac{(r^2-1)^2+(2\zeta r)^2}{\left(1+k_e^2-r^2\right)^2+(2\zeta r)^2}} \tag{4.5.6}$$

잠깐 !

식 (4.5.1)의 무차원 파라미터를 다시 한 번 살펴보자. 먼저, 진동수 비율 r은 폐회로 고유 진동수에 대한 가진 주파수의 비율로서 이는 진동학에서 매우 자주 사용하는 파라미터이다.

또한, 폐회로 상태의 고유 진동수에서 압전 커패시턴스의 임피던스(리액턴스) 크기는 $1/\omega_{sc}C_p^S$이고, 부하 저항의 임피던스 크기는 R_L이므로 $1/\omega_{sc}C_p^S$의 역수와 R_L의 크기의 곱은 무차원이 된다. 또는, 표 4.1.1에서 $k_e^2=0$ 인 경우, 최적 저항 $R_L^{opt} \approx 1/\omega_{sc}C_p^S$임을 알 수 있는데(근사 최적 저항), 이로부터 $\omega_{sc}C_p^S R_L$는 무차원임을 알 수 있다. 그리고 $r=\omega/\omega_{sc}$ 및 $\lambda=\omega_{sc}C_p^S R_L$로부터 $\lambda \cdot r=\omega C_p^S R_L$의 관계는 쉽게 유도될 수 있다.

편의 전기-역학 연성 계수 $k_e^2=\alpha^2/k_{eq}C_p^S$은 다음과 같이 유도된다.

$$k_e^2 = \frac{\omega_{oc}^2-\omega_{sc}^2}{\omega_{sc}^2} = \frac{\alpha^2}{m_{eq}C_p^S\omega_{sc}^2} = \frac{\alpha^2}{k_{eq}C_p^S}$$

위 식에서 식 (4.1.9) 및 $\omega_{sc}^2=k_{eq}/m_{eq}$의 관계가 사용되었다.

Chapter 05

등가 전기회로 관점에서의 압전 진동 에너지 수확 장치

Piezoelectric Vibration Energy Harvester by Equivalent Electrical Circuits

5.1. 머리말

압전 진동 에너지 수확 장치의 물리적 거동을 이해하고 다양한 설계 변수들의 영향도를 파악하기 위해, 압전 진동 에너지 수확의 초기 연구는 주로 외팔보 압전 진동 에너지 수확 장치에 대한 수학적 모델의 개발 위주로 이뤄졌었다(Erturk and Inman, 2008c; Sodano et al., 2004b; Kim and Kim, 2011). 그런데, 압전 진동 에너지 수확 장치로부터 최종적으로 얻는 전기는 직류(DC)임에도 불구하고, 기존의 수학적 모델(연속체 또는 가정법 모드 기반) 및 3차원 유한요소 모델은 일반적으로 압전 에너지 수확 장치에 연결되는 전파 정류 회로(full wave rectifier)의 비선형성을 고려할 수 없기에 직류 출력량 해석이 불가능하거나 매우 어렵다. 이러한 문제를 해결하기 위해 압전 진동 에너지 수확 장치의 등가 전기 회로(EECM: equivalent electrical circuit model)를 이용한 직류 전기 출력량 해석 기법이 제안되었다(Elvin and Elvin, 2009a, 2009b; Yang and Tang, 2009). 사실, 등가 전기 회로 모델은 압전 센서 및 액추에이터의 해석 및 설계를 위해 이미 그동안 다양한 형태로 제안된 바 있다. 특히, 압전 에너지 수확 장치 분야와 관련하여 제안된 등가 전기 회로 모델은 그림 5.1.1에 나타낸 바와 같이 구분할 수 있다. 그림 5.1.1(a)에 나타낸 등가 전기 회로 모델은 Van Dyke 모델이라고 불리며 압전 현상에 대한 IEEE 표준으로 채택되어 있다(IEEE Standards Board, 1987). 이 모델은 처음으로 압전 진동 에너지 수확 장치의 해석을 위해 사용된 모델(Umeda et al., 1996)로서, 실험으로 구한 등가 전기 회로 파라미터(EECP: equivalent electrical circuit parameter)의 값들을 이용하여, 강철 공(steel ball)과 충돌하는 압전 진동 에너지 수확 장치의 전기 출력 에너지를 구하였다. Goldfarb와 Jones (1999)는 측정된 역학 파리미터의 값들로부터 전기-역학 변압기 비율을 이용하여 등가 전기 회로 요소 값들을 구하고 이를 통해 PZT 스택(stack)의 에너지 변환 효율을 구한바 있다. 그림 5.1.1(a)에는 별도로 나타내지는 않았지만, 이들 연구에서는 유전 손실(dielectric loss)을 고려하기 위해 압전 커패시턴스(C_p^S)와 병렬로 저항을 추가 연결하거나(Umeda et al., 1996), 전압과 전하사이의 전기 이력(electrical hysteresis)을 고려하기 위해 부하 저항과 직렬로 Maxwell 커패시턴스를 추가 연결하였다(Goldfarb and Jones, 1999). 한편, 간단한 형상의 압전 진동 에너지 수확 장치의 정류 전기 출력을 근사적으로 구하기 위해, 등가 전기 회로의 회로 요소 값들이 역학 및 전기 회로 파라미터들 간의 관계식으로부터 유도되었다(Shu and Lien, 2006). Op het Veld 등(2009)은 그림 5.1.1(a)의 등가 전기 회로를 이용하여 최대 발생 전력을 위한 복소 임피던스 정합(complex impedance matching)에 대해 기술하였다. 그림 5.1.1(b)에 나타낸 등가 회로도 자주 사용되어 왔는데(Elvin and Elvin, 2009a, 2009b;

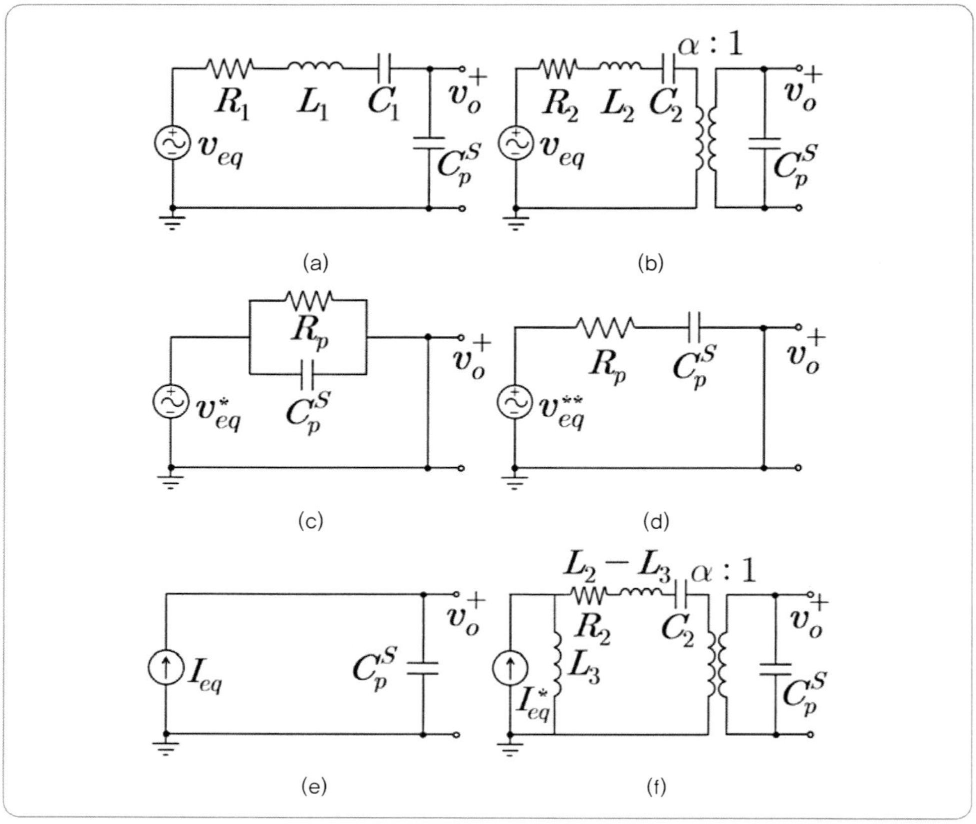

그림 5.1.1 **압전 진동 에너지 수확 장치 해석을 위한 다양한 등가 전기 회로 모델:** (a) Van Dyke 모델, (b) 변압기 요소 모델, (c) $R_p - C_p$ 병렬 모델, (d) $R_p - C_p$ 직렬 모델, (e) 비연성 전류원 모델 및 (f) 기저 가진되는 압전 진동 에너지 수확 장치를 위해 고안된 모델 (서로 다른 값을 갖는 기호들은 상첨자 또는 하첨자를 이용하여 구분하였다)

Yang and Tang, 2009; Roundy and Wright, 2004; Ajitsaria et al., 2007; Renaud et al., 2008), 전기-역학 연성을 명시적으로 표현하기 위해 변압기 요소(transformer element)를 포함하고 있는 점이 특징이다. 그러나, 이 등가회로는 비록 역학 영역에 해당하는 등가 전기 회로 파라미터(EECP: equivalent electrical circuit parameter)를 직관적으로 이해하기 쉽다는 장점이 있지만, 변압기 요소의 추가 고려는 복잡할뿐더러 등가 전기 회로 파라미터를 상용 임피던스 분석기에 의해 실험적으로 구하는 것이 용이하지 않다. 그림 5.1.1(c) (또는 이 회로의 Norton 등가 회로)(Jeon et al., 2005; Ferrari et al., 2008) 및 (d) (NG and Liao, 2005)의 등가 회로는 압전 진동 에너지 수확 장치의 등가 전기회로로 잘 이용되지는 않고 있다. 상당히 간단한 회로 구성임에도 불구하고 회로 파라미터와 관련된 수학적 모델이 없고, 따라서 등가 회로의 해석은 단지 실험적으로 구한 값들을 이용하여야만 한다. 그림 5.1.1(e)의 비연성 전류원 모델은 주로 전기 영역을 모델링하는데 사용되어 왔다(Ottman et al., 2002; Guan and Liao, 2007; Lin et al., 2007;

Erturk and Inman, 2008). 이 등가 전기회로 모델은 매우 단순하게 압전 진동 에너지 수확 장치의 전기 출력 특성을 파악하는데 적당하여 전력 관리 회로(power management circuits)를 개발하기 위하여 사용되거나(Ottman et al., 2002; Guan and Liao, 2007), 역학 영역과 연성된 전기 영역에서의 지배 방정식을 유도하는데 사용되었다(Lin et al., 2007; Erturk and Inman, 2008). 그림 5.1.1(f)의 등가 회로는 기저 가진되는 압전 진동 에너지 수확 장치를 위해 특별히 고안된 등가 회로이다(Brufau-Penella and Puig-Vidal, 2009). 그러나, 회로의 복잡함은 차치하고서라도 이 등가 회로는 기저 가진만을 고려하였기에 외력에 의한 직접 가진의 경우는 고려하지 못하는 단점이 있다. 또한, 종속 전압원 및 전류원(dependent voltage and current sources)이 필요하다는 단점이 있다.

등가 전기 회로를 이용하여 기저 가진되는 압전 진동 에너지 수확 장치를 해석하는 매우 유용한 방법으로서, Yang과 Tang (2009)은 유한요소해석 소프트웨어를 이용하여 그림 5.1.1(b)의 등가 전기 회로 파라미터를 구하는 법을 제시한 바 있다. 그러나, 이를 위해 전기 어드미턴스(electrical admittance)에 대한 Nyquist 원을 완전하게 구해야 하며, 추가적으로 이에 대한 실수값 및 허수값의 최대치를 결정하여야만 한다. 외팔보 압전 진동 에너지 수확 장치는 공진 상태에서 작동하는 것을 고려할 때, 이러한 절차는 다소 시간이 걸리는 작업이기도 하다

5장에서는 앞서 다룬 압전 진동 에너지 수확 장치를 전기적 관점에서 다룬다. 기본적인 역학 시스템의 등가 전기 회로로부터 시작하여, 압전 진동 에너지 수확 장치의 등가 전기 회로 파라미터에 대한 표현을 유도하게 된다. 이렇게 구한 등가 전기 회로 파라미터에 대한 식 및 전기 회로 해석 기법을 이용하여 앞서 다룬 다양한 전기 출력량을 동일하게 유도할 수 있음을 확인할 수 있다. 또한, 유한요소해석 소프트웨어를 이용하여 일반적인 형상의 압전 진동 에너지 수확 장치에 대한 등가 전기 회로 파라미터를 추출하는 알고리듬을 소개하며, 이를 통해 전파 정류 회로 및 평활 커패시터가 고려된 직류 출력 해석 결과를 살펴볼 것이다.

5.2. 전기-역학 시스템 상사(analogy)

나중에 다루게 될 등가 전기 회로 기반 압전 진동 에너지 수확 장치의 해석 및 에너지 변환 효율의 유도를 위해, 여기서는 압전 진동 에너지 수확 장치를 전기 회로 관점에서 살펴볼 것이다. 우선 제일 간단한 질량-감쇠-강성 역학 시스템에 대한 등가의 전기 회로에 대한 것부터 알아보자. 그림 5.2.1(a)에 나타낸 역학 시스템은 외력 $f(t)$가 가해지는 경우로 다음과 같은 운동 방정식으로 표현된다.

$$m\ddot{w}(t)+c\dot{w}(t)+kw(t)=f(t) \tag{5.2.1}$$

5.2.1 힘-전류 상사(force-current analogy) 등가 전기 회로

그림 5.2.1(b)의 좌측에 나타낸 $R_m L_m C_m$ 병렬 연결 회로에 대해 Kirchhoff 전류 법칙(KCL: Kirchhoff's Current Law)을 적용하면 다음과 같은 식을 얻을 수 있다.

$$i_{eq}=i_{R_m}+i_{L_m}+i_{C_m}=\frac{v}{R_m}+\frac{1}{L_m}\int vdt+C_m\frac{dv}{dt} \tag{5.2.2}$$

따라서, 쇄교 자속(magnetic flux linkage) ϕ와 전압 v와의 관계인 $v=d\phi/dt=\dot{\phi}(t)$를 위 식에 대입하면 아래와 같은 식을 얻는다.

$$C_m\ddot{\phi}(t)+\frac{1}{R_m}\dot{\phi}(t)+\frac{1}{L_m}\phi(t)=i_{eq}(t) \tag{5.2.3}$$

식 (5.2.1)과 (5.2.3)을 비교하면, 표 5.2.1과 같이 역학 시스템에 대한 등가의 (병렬) 전기 회로에 대한 힘-전류 상사 관계를 얻게 된다. 여기서 역학 시스템의 우변의 힘이 등가 전기 회로 시스템 우변의 전류원과 같으므로 '힘-전류 상사'라는 표현을 사용하였다.

| 표 5.2.1 | 힘-전류 상사에서 변수들간의 대응 관계

역학 시스템	등가 전기 회로(병렬 연결)
force: $f(t)$	current source: $i_{eq}(t)$
displacement: $w(t)$	magnetic flux linkage: $\phi(t)$
velocity: $\dot{w}(t)$	voltage: $v(t)$
mass: m	capacitance: C_m
damping: c	1/resistance: $1/R_m$
stiffness: k	1/inductance: $1/L_m$

5.2.2 힘-전압 상사(force-voltage analogy) 등가 전기 회로

이젠 그림 5.2.1(b)의 우측에 나타낸 $R_m L_m C_m$ 직렬 연결 회로에 대해 Kirchhoff 전압 법칙(KVL: Kirchhoff's Voltage Law)을 적용하면 다음과 같은 식을 얻는다.

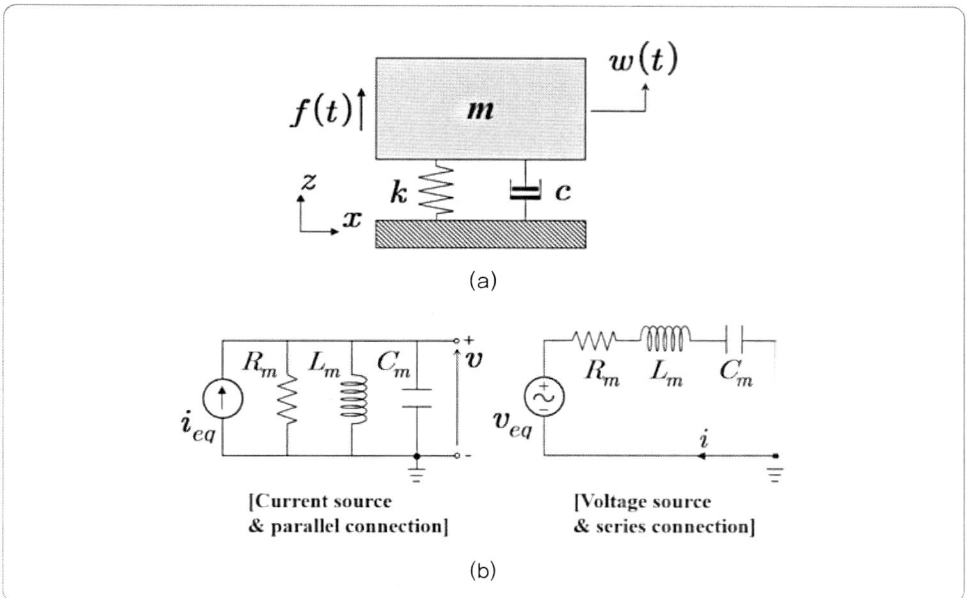

그림 5.2.1 (a) 역학 시스템과 등가의 (b) 전기 시스템(병렬 연결 및 직렬 연결)

표 5.2.2 힘-전압 상사에서 변수들간의 대응 관계

역학 시스템	등가 전기 회로(직렬 연결)
force: $f(t)$	voltage source: $v_{eq}(t)$
displacement: $w(t)$	electric charge: $q(t)$
velocity: $\dot{w}(t)$	current: $i(t)$
mass: m	inductance: L_m
damping: c	resistance: R_m
stiffness: k	1/capacitance: $1/C_m$

$$v_{eq} = v_{R_m} + v_{L_m} + v_{C_m} = R_m i + L_m \frac{di}{dt} + \frac{1}{C_m} \int i dt \tag{5.2.4}$$

위 식에 전하 q와 전류 i와의 관계식 $i = dq/dt = \dot{q}$을 대입하면 아래와 같은 미분 방적을 얻게 된다.

$$L_m \ddot{q}(t) + R_m \dot{q}(t) + \frac{1}{C_m} q(t) = v_{eq}(t) \tag{5.2.5}$$

따라서, 힘-전류 상사에서와 같이 힘-전압 상사 등가 전기 회로에서는 표 5.2.2와 같은 관계가 존재함을 알 수 있다.

[예제 5.2.1]

그림 5.2.2(a)는 기저의 가진에 의해 진동하는 질량-감쇠-강성 시스템을 나타낸다. 기저의 변위를 $w_b(t)$, 질량 m의 고정 좌표계에서의 절대 변위(absolute displacement)를 $w(t)$라고 할 때, 이 경우 등가의 전기 회로를 구하여라.

풀이

등가의 전기 회로는 그림 5.2.2(b)와 같이 나타낼 수 있다. 힘-전압 상사에서의 대응 관계를 이용하되 전압원을 전류원으로 대체하였다. 이 경우 식을 통하여 등가임을 확인해 보자. 그림 5.2.2(a)에 나타낸 역학 시스템의 경우 복소 응답 변위 $\widetilde{W}$ $(w(t)=\widetilde{W}e^{j\omega t})$는 다음과 같이 유도된다.

$$j\omega\widetilde{W}=\frac{j\omega c+k}{k-\omega^2 m+j\omega c}j\omega W_b \tag{a}$$

한편, 그림 5.2.2(b)의 전기 회로에서 각각의 가지(branch)에 대한 임피던스 $\widetilde{Z}_1$ 및 $\widetilde{Z}_2$는 다음과 같다.

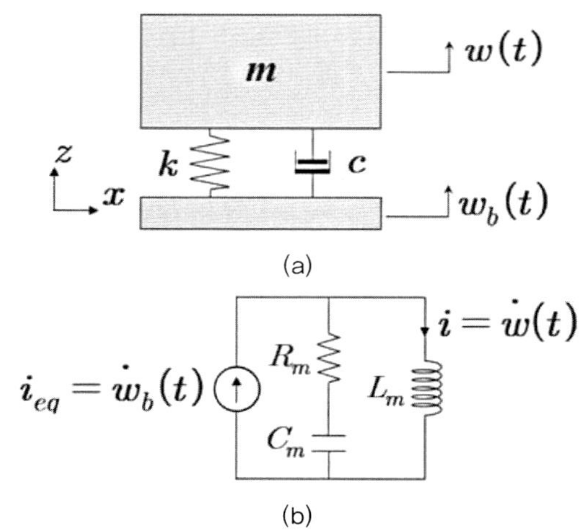

그림 5.2.2 (a) 기저 가진 역학 시스템과 (b) 전류원으로 표현된 등가 전기 회로

$$\widetilde{Z}_1=R_m+\frac{1}{j\omega C_m}=c+\frac{k}{j\omega};\ \widetilde{Z}_2=j\omega L_m=j\omega m \tag{b}$$

위 식에서 각각의 소자는 힘-전압 상사에서의 대응 관계를 이용하였다. 따라서, 인덕터에 흐르는 전류를 $\widetilde{I}$ $(i(t)=\widetilde{I}e^{j\omega t})$라고 하면, 이는 다음과 같이 표현된다.

$$
\begin{aligned}
\widetilde{I} &= \frac{\widetilde{Z}_1}{\widetilde{Z}_1 + \widetilde{Z}_2} I_{eq} = \frac{R_m + 1/j\omega C_m}{R_m + 1/j\omega C_m + j\omega L_m} I_{eq} = \frac{c + k/j\omega}{c + k/j\omega + j\omega m} I_{eq} \\
&= \frac{j\omega c + k}{k - \omega^2 m + j\omega c +} I_{eq}
\end{aligned} \tag{c}
$$

위 식을 식 (a)와 비교하면 $\widetilde{I} = j\omega \widetilde{W}$, $I_{eq} = j\omega W_b$ $(i(t) = \dot{w}(t)$ 및 $I_{eq}(t) = \dot{w}_b(t))$이 성립함을 알 수 있으며, 이는 유도 과정에서 힘-전압 상사를 사용하고 있으므로 당연한 결과가 된다(힘-전압 상사에서 전류와 속도는 등가임을 기억하자). 이로서 그림 5.2.2에 나타낸 역학 및 전기 회로 시스템은 서로 등가임을 확인할 수 있다.

■ ■ ■

5.3. 압전 진동 에너지 수확 장치의 등가 전기회로

5.3.1 압전 진동 에너지 수확 장치의 준 정적(quasi-static) 등가 전기회로

(1) 등가 전기 회로

외부 가진 주파수가 압전 진동 에너지 수확 장치의 첫 번째 고유 진동수에 비해 상당히 저 주파수 대역에 존재할 때, 앞서 살펴본 압전 진동 에너지 수확 장치에 대한 전기-역학 연성 방정식의 준 정적 표현은 다음과 같다.

$$k_{eq} w(t) + \alpha v_o(t) = f(t) \tag{5.3.1a}$$

$$\alpha w(t) - C_p^S v_o(t) = - q(t) \tag{5.3.1b}$$

위 식에서 f는 외력 뿐만 아니라 기저 가진을 나타낼 수 있다(이 경우 f는 $-m_{in}\ddot{w}_b$로 나타낼 수 있으며, w는 기저에 대한 상대 변위 w_r $(w_r = w - w_b)$로 대체된다). 식 (5.3.1a)는 전기 물리량과 연성된 역학 영역(mechanical domain)의 식으로서, 그림 5.3.1(a)의 좌측 회로에서 Kirchhoff 전압 법칙을 적용한 결과를 나타낸다. 여기서 힘-전압 상사에 의해 w는 전하 q에 대응되었다. 또한, 식 (5.3.1b)는 역학 물리량과 연성된 전기 영역(electrical domain)에서의 식을 나타내고, 양변을 미분한 결과는 그림 5.3.1(a)의 우측 회로에서 Kirchhoff 전류 법칙을 적용한 결과를 나타낸다. 여기서 $\dot{q}$의 방향에 유의하도록 한다. 즉, $-\dot{q}$이 외부 부하에 흐르는 전류가 되며, 이는 4장에서도 언급한 바가 있다.

식 (5.3.1)을 각각 나타낸 그림 5.3.1(a)의 2개의 전기 회로는 변압기(transformer) 요소를 사용하여 그림 5.3.1(b)의 1개의 등가 전기 회로로 나타낼 수 있다. 변압기 요소를 사용한 압전 진동 에너지 수확 장치 등가 전기 회로는 역학 및 전기 회로 영역에서의 각각의 식을 잘 표현하고 그 구성이 용이하기 때문에 그 동안의 연구에서 많이 사용되어 왔다. 그러나, 변압기 요소의 추가적인 사용으로 인해 여러 번거로움이 발생하기도 한다. 따라서, 변압기 요소가 제거된 등가 전기 회로는 다음과 같이 구한다.

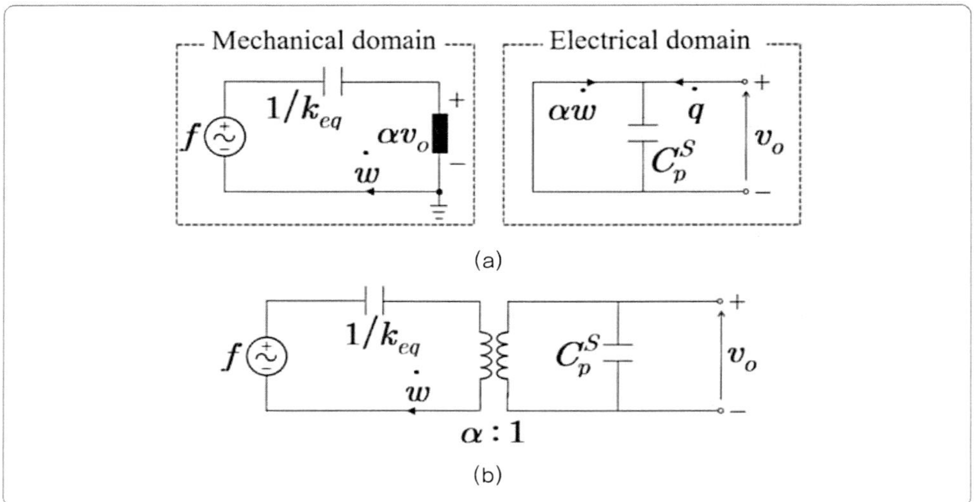

그림 5.3.1. 준 정적 압전 시스템의 (a) 역학 및 전기 영역 회로도 표현 및 (b) 변압기 요소를 사용하여 표현된 상호 연성 시스템

그림 5.3.1(a)의 좌측 회로에서 그림 5.3.1(b)의 변압기 요소에 해당하는 부위의 전압이 $\alpha \cdot v_o$이고, 흐르는 전류는 $\dot{w}$이다. 반면에 그림 5.3.1(b)의 우측 회로에 대해서는 대응되는 물리량이 각각 v_o 및 $\alpha \cdot \dot{w}$임을 알 수 있다. 따라서, 변압기 요소 없이 회로를 연결하기 위해서는 다음과 같이 우선 식 (5.3.1a)의 양변을 α로 나누어 전압을 맞춘 후, 흐르는 전류가 $\alpha \cdot \dot{w}$ (전하는 $\alpha \cdot w$)이 되도록 계수를 조절한다.

$$(k_{eq}/\alpha)w + v_o = f/\alpha \Rightarrow (k_{eq}/\alpha^2)\alpha w + v_o = f/\alpha \tag{5.3.2}$$

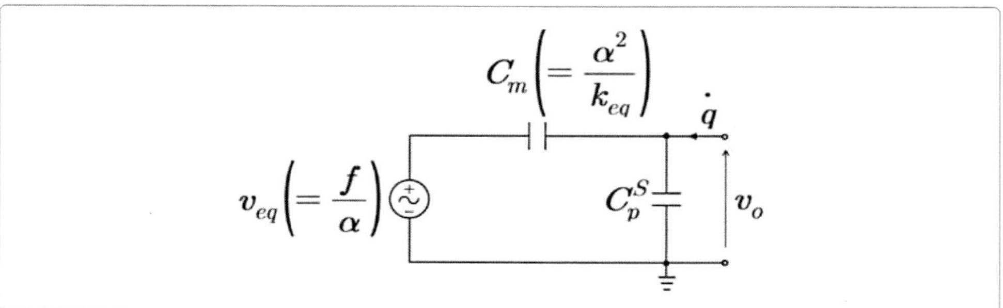

그림 5.3.2. 압전 진동 에너지 수확 장치의 등가 전기 회로(준 정적 상태)

위 식에서 α^2/k_{eq}는 등가 커패시턴스(압전 재료 자체의 커패시턴스가 아니다)를 나타내며, C_m으로 표시한다. 따라서, 준 정적 가정 하에 압전 진동 에너지 수확 장치의 등가 전기 회로는 그림 5.3.2와 같이 나타낼 수 있다.

잠깐 !

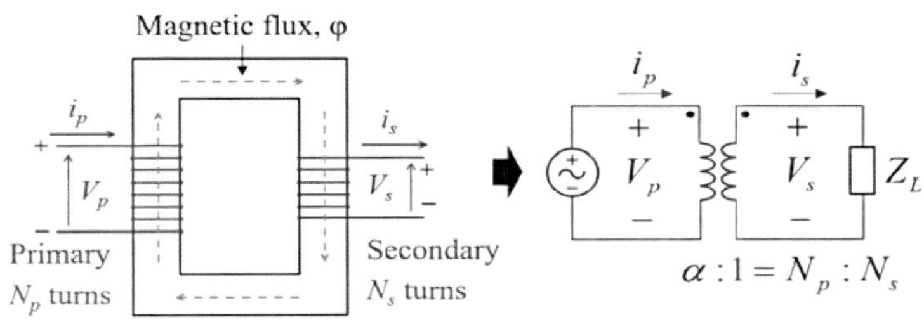

그림 5.3.3. 이상적인 변압기(ideal transformer)에서의 전압, 전류 관계

변압기는 위에 보인 바와 같이 전자기 상호 유도 작용에 의해 여러 개의 회로들 사이에서 전기 에너지를 전달하는 전기 장치이다. 변압이 이뤄질 때 현실적으로는 권선 저항, 누설 자속 및 기타 열손실 등으로 인해 에너지 손실이 발생하지만 여기서는 이를 무시하고 이상적인 변압기를 가정한다.

1 차측 단자에서의 전압을 V_p 라고 하면, 이는 Faraday의 전자기 유도 법칙(Faraday's law of electromagnetic induction)에 의해 $N_p d\phi/dt$로 표현된다. 이 쇄교 자속(flux linkage)에 의해 2차측 단자에 유도되는 전압 V_s는 $N_s d\phi/dt$로 표현된다. 따라서, 전압 및 권선 수 사이에는 다음과 같은 관계가 성립함을 알 수 있다.

$$\frac{V_p}{V_s} = \frac{N_p}{N_s} \tag{a}$$

또한, 에너지 보존에 의해 $i_p V_p = i_s V_s$이 성립하므로 다음과 같은 관계를 얻는다.

$$\frac{V_p}{V_s} = \frac{i_s}{i_p} = \frac{N_p}{N_s} = \alpha \tag{b}$$

위 식에서 α를 권선 비(turns ratio) 또는 변압비(transformation ratio)라고 한다.

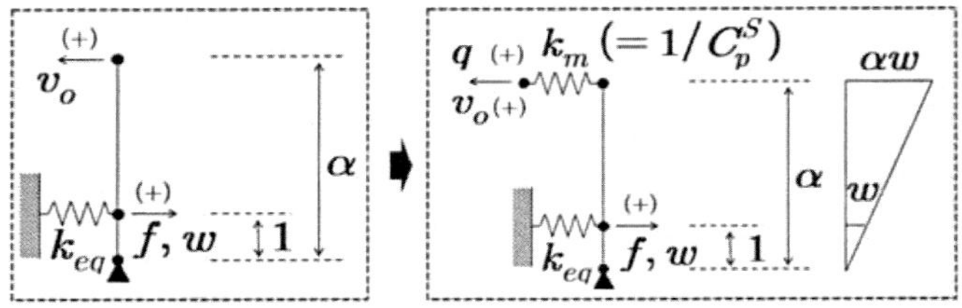

그림 5.3.4. 준 정적 압전 진동 에너지 수확 장치의 등가 역학 시스템

(2) 등가 역학 시스템

그림 5.3.2의 등가 전기 회로만큼 유용하게 쓰이지는 않으나 일부 연구자에 의해 식 (5.3.1)이 나타내는 등가 역학 시스템이 제시된 바 있다. 따라서, 식 (5.3.1)에 대한 이해를 넓힌다는 차원에서 그 내용을 소개하고자 하며, 본 내용은 압전 진동 에너지 수확 장치의 이해를 위해 꼭 필요하지는 않다.

힘-전압 상사에 의해 전압 v_o 및 전하 q를 각각 힘 및 변위라고 한다면, 모멘트 평형에 의해 그림 5.3.4의 좌측 그림은 식 (5.3.1a)를 표현하고 있다. 여기에 우측 그림에 나타낸 바와 같이 등가 힘 v_o가 작용하는 부위에 등가 스프링 $k_m(=1/C_p^S)$를 추가로 부착하면, 스프링 외력-변위 관계에 의해 $v_o = k_m(q+\alpha w)$가 되며, 이는 곧 식 (5.3.1b)가 됨을 알 수 있다. 따라서, 최종 등가 역학 시스템은 그림 3.5.4의 우측과 같게 된다. 유도 과정에서 기하학적 적합성(geometric compatibility) 및 각각의 물리량에 대한 '양(positive)'의 방향에 유의하도록 한다.

5.3.2 압전 진동 에너지 수확 장치의 동적(dynamic) 등가 전기회로

(1) 등가 전기 회로

압전 재료의 내부 커패시턴스인 C_p^S의 유전 손실(dielectric loss)을 무시하면 압전 진동 에너지 수확 장치의 동적 지배 방정식은 앞서 살펴본 바와 같이 다음의 식으로 표현된다.

$$m_{eq}\ddot{w}(t) + c_{eq}\dot{w}(t) + k_{eq}w(t) + \alpha v_o(t) = f(t) \tag{5.3.3a}$$

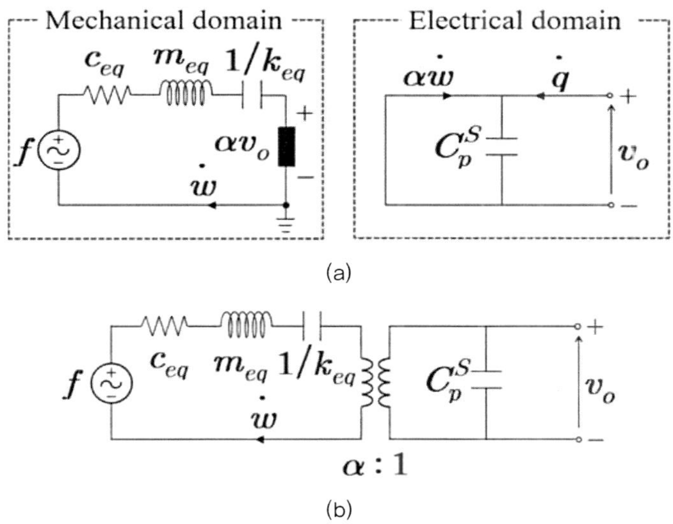

그림 5.3.5. 동적 압전 시스템의 (a) 역학 및 전기 영역 회로도 표현 및 (b) 변압기 요소를 사용하여 표현된 상호 연성 시스템

$$\alpha w(t) - C_p^S v_o(t) = - q(t) \tag{5.3.3b}$$

준 정적 표현에서 유도하였던 방법과 동일한 과정을 거쳐, 힘-전압 상사 원리를 이용하면 식 (5.3.3a)는 그림 5.3.5(a)의 좌측 회로와 같다. 또한, 식 (5.3.3b)에 대한 회로는 준 정적 표현과 동일하며 이를 그림 5.3.5(a)의 우측에 다시 나타내었다. 식 (5.3.3)을 표현하는 그림 5.3.3(a)의 2개의 전기 회로는 변압기 요소를 사용하여 그림 5.3.3(b)의 1개의 등가 전기 회로로 나타낼 수 있다.

변압기 요소를 제거한 최종 등가 전기 회로는 그림 5.3.6에 나타내었다. 압전 진동 에너지 수확 장치의 교류 및 직류 출력 해석을 위해, 이 책에서 다루는 등가 전기 회로 해석 기법과 직접 관련이 있으므로 잘 알아두어야 한다. 그림 5.3.6에는 압전 진동 에너지 수확 장치의 등가 전기 회로에 외부 부하 저항이 추가로 부착되어 있다. 그림으로부터 압전 진동 에너지 수확 장치의 등가 전기 회로 요소들은 다음과 같이 표현될 수 있음을 알 수 있다.

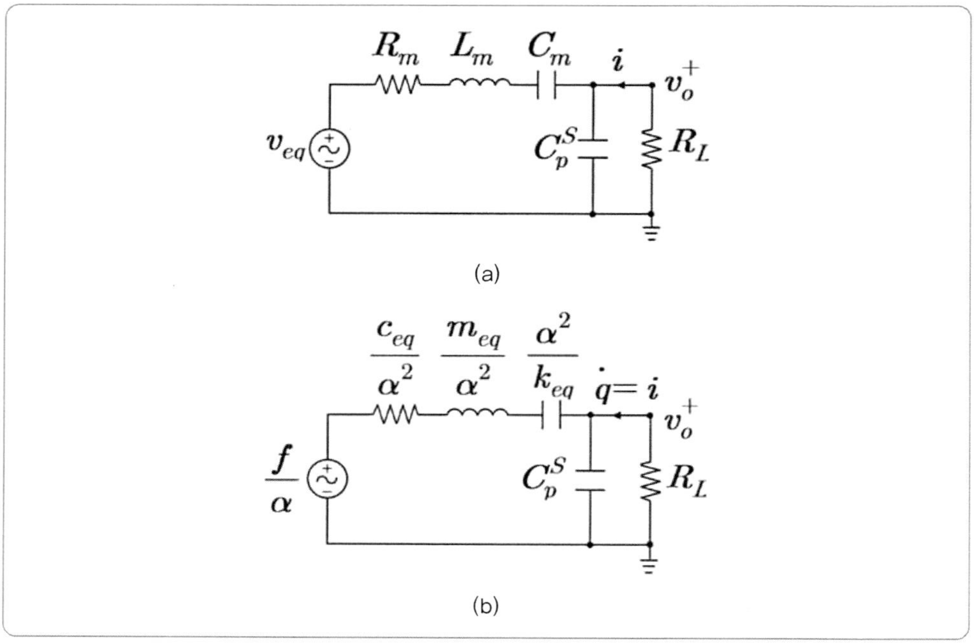

그림 5.3.6. 동적 압전 진동 에너지 수확 장치의 등가 전기 회로(부하 저항 포함): (a) 등가 전기 회로 및 (b) 등가의 역학 물리량으로 표현된 등가 전기 회로

$$v_{eq} = \frac{f}{\alpha};\ R_m = \frac{c_{eq}}{\alpha^2},\ L_m = \frac{m_{eq}}{\alpha^2},\ C_m = \frac{\alpha^2}{k_{eq}} \tag{5.3.4}$$

(2) 등가 역학 시스템

동적 영역에서도 그림 5.3.4의 우측 그림에 질량과 감쇠 요소를 추가하여 등가 역학 시스템으로 나타낼 수 있다. 즉, 모멘트 평형 및 스프링 외력-변위 관계를 이용하면 그림 5.3.7에 나타낸 바와 같은 등가의 역학 시스템이 얻어진다.

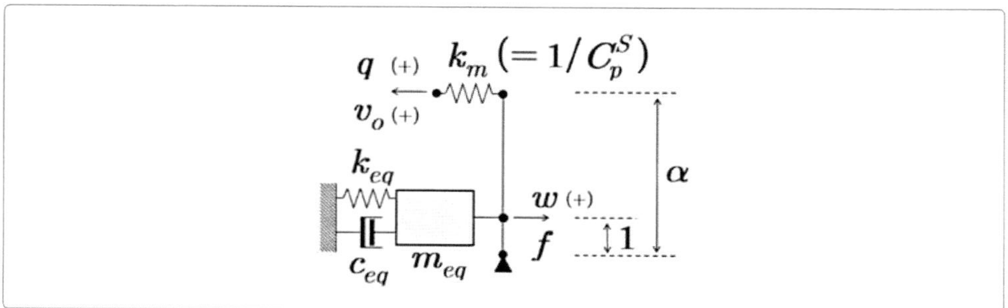

그림 5.3.7. 동적 압전 진동 에너지 수확 장치의 등가 역학 시스템

5.4. 등가 전기 회로를 이용한 압전 진동 에너지 수확 장치의 해석

5.4.1 등가 전기 회로 파리미터를 이용한 전기 출력량 표현

그림 5.3.6(a)에 나타낸 압전 진동 에너지 수확 장치의 등가 전기 회로 및 회로 파라미터들을 이용하여 개회로 전압 및 외부 부하 저항에 따른 전기 출력량 등을 구해보자(이를 등가 전기 회로 파라미터 방법(EECM: equivalent electrical circuit method)이라고도 한다). 여기에 그림 5.3.6(b)에 나타낸 등가의 역학 물리량을 대입하면 4장에서 구한 여러 전기 출력량 표현식과 같아야 함을 미리 예측할 수 있다. 여기서는 압전 진동 에너지 수확 장치가 진동하는 기저에 부착되어 있다고 가정하여, 지배 방정식은 식 (4.3.6)과 같이 표현된다고 가정하자. 따라서, 식 (5.3.4)에서 등가 전압원 v_{eq}는 $-\mu m_{eq}\ddot{w}_b/\alpha$가 됨에 유의하자.

그림 5.3.6(a)에 대해 우선 외부 저항값이 무한대인 무부하의 경우($R_L=\infty$)의 개회로 전압(open-circuit voltage) $\widetilde{V}_o v_o = \widetilde{V}_o e^{j\omega t}$를 구해보자. 출력단의 전압은 전체 임피던스 ($\widetilde{Z}_t$)에 대한 압전 커패시턴스의 임피던스($1/j\omega C_p^S$) 비율에 비례하므로 다음과 같이 표현된다.

$$\begin{aligned}\widetilde{V}_o &= \frac{1/j\omega C_p^S}{\widetilde{Z}_t}V_{eq} = \frac{1/j\omega C_p^S}{R_m + j\omega L_m + 1/j\omega C_m + 1/j\omega C_p^S}V_{eq} \\ &= \frac{V_{eq}}{(1+\dfrac{C_p^S}{C_m} - \omega^2 L_m C_p^S) + j\omega R_m C_p^S}\end{aligned} \tag{5.4.1}$$

위 식으로부터 개회로 출력 전압의 크기는 다음과 같이 유도된다.

$$V_o = |\widetilde{V}_o| = \frac{V_{eq}}{\sqrt{(1+\dfrac{C_p^S}{C_m} - \omega^2 L_m C_p^S)^2 + (\omega R_m C_p^S)^2}} \tag{5.4.2}$$

폐회로 상태의 고유 진동수 ω_{sc}는 $R_L=0$ 일 때의 임피던스 $\widetilde{Z}_t$ $(=R_m + j(\omega L_m - 1/\omega C_m)$의 허수부가 0인 경우의 주파수인 $\sqrt{1/(L_m C_m)}$ 이 된다. 유사한 방식으로 개회로 상태의 고유 진동수(ω_{oc})는 $R_L=\infty$ 일 때의 임피던스 $\widetilde{Z}_t$의 허수부가 0이 되는 주파수로서 다음과 같이 쓸 수 있다.

$$\omega_{oc} = \sqrt{\frac{C_p^S + C_m}{C_p^S C_m L_m}} = \sqrt{\frac{1}{L_m} \times \frac{C_p^S + C_m}{C_p^S C_m}} \tag{5.4.3}$$

따라서, 위 식에 나타낸 개회로 고유 진동수 ω_{oc}는 폐회로 상태의 고유 진동수 ω_{sc}와 다음과 같은 관계를 갖게 된다.

$$\begin{aligned} \omega_{oc}^2 &= \frac{1}{L_m} \times \frac{C_p^S + C_m}{C_p^S C_m} = \frac{1}{L_m C_m}\left(1 + \frac{C_m}{C_p^S}\right) = \frac{1}{L_m C_m} + \frac{1}{L_m C_p^S} \\ &= \omega_{sc}^2 + \frac{1}{L_m C_p^S} \end{aligned} \tag{5.4.4}$$

위 식에서 $1/L_m C_p^S$은 식 (5.3.4)에 나타낸 등가 회로 파라미터를 대입하면 $\alpha^2/m_{eq} C_p^S$이 되므로 4장에서 살펴 본 식 (4.1.9)와 같음을 알 수 있다. 이젠 등가 회로 파라미터를 식 (5.4.1)에 대입하여 4장에서 살펴 본 개회로 출력 전압에 대한 식 (4.1.8)과 같게 표현되는지를 살펴보자. 이를 위해 이미 위에서 언급한 관계식 $L_m C_p^S = m_{eq} C_p^S/\alpha^2 = 1/\left(\omega_{oc}^2 - \omega_{sc}^2\right)$, $k_{eq} = m_{eq}\omega_{sc}^2$, 식 (5.3.4)의 기저 가진에 대한 등가 회로 파라미터 식, 그리고 $c_{eq} = 2\zeta\omega_{sc} m_{eq}$을 이용한다. 그러한 과정을 아래 식에 나타내었다.

$$\begin{aligned} \widetilde{V}_o &= \frac{\mu m_{eq} A_b/\alpha}{(1 + \frac{k_{eq}}{\alpha^2} C_p^S - \frac{\omega^2}{\omega_{oc}^2 - \omega_{sc}^2}) + j\omega \frac{c_{eq}}{\alpha^2} C_p^S} \\ &= \frac{\mu m_{eq} A_b/\alpha}{(1 + \frac{m_{eq}\omega_{sc}^2}{\alpha^2} C_p^S - \frac{\omega^2}{\omega_{oc}^2 - \omega_{sc}^2}) + j\omega \frac{2\zeta\omega_{sc} m_{eq}}{\alpha^2} C_p^S} \\ &= \frac{\mu m_{eq} A_b/\alpha}{(1 + \frac{\omega_{sc}^2}{\omega_{oc}^2 - \omega_{sc}^2} - \frac{\omega^2}{\omega_{oc}^2 - \omega_{sc}^2}) + j \frac{2\zeta\omega\omega_{sc}}{\omega_{oc}^2 - \omega_{sc}^2}} \\ &= \frac{\alpha}{C_p^S} \times \frac{\mu A_b}{(\omega_{oc}^2 - \omega^2) + j2\omega\omega_{sc}} \end{aligned} \tag{5.4.5}$$

따라서, 위 식의 크기 $|\widetilde{V}_o|$는 압전 진동 에너지 수확 장치의 전기-역학 연성 방정식으로부터 구한, 개회로 상태에서의 출력 전압 식과 동일함을 확인할 수 있다.

[예제 5.4.1]

식 (4.1.8)에 대한 복소수 표현 식 및 식 (5.4.1)을 이용하여 식 (5.3.4)의 등가 전기 회로 파라미터 표현식을 유도하여라.

풀이

식 (4.1.8)에 대한 복소수 표현식을 직접 이용하거나 또는 식 (4.3.6)을 이용하면 기저의 조화 가진 $w_b = W_b e^{j\omega t}$ 및 $R_L = \infty$에 대한 출력 전압 $\widetilde{V}_o^{oc}$는 다음과 같이 표현된다.

$$\widetilde{V}_o^{oc}(\omega) = \frac{\mu m_{eq} A_b / \alpha}{\left(1 + \frac{k_{eq}}{\alpha^2} C_p^S - \omega^2 \frac{m_{eq}}{\alpha^2} C_p^S\right) + j\omega \frac{c_{eq}}{\alpha^2} C_p^S} \tag{a}$$

위 식을 식 (5.4.1)과 비교하면 다음과 같이 등가 전기 회로 파라미터 관계식을 얻을 수 있으며, 이는 식 (5.3.4)의 결과와 같음을 알 수 있다.

$$V_{eq} = \frac{\mu m_{eq} A_b}{\alpha};\ R_m = \frac{c_{eq}}{\alpha^2},\ L_m = \frac{m_{eq}}{\alpha^2},\ C_m = \frac{\alpha^2}{k_{eq}} \tag{b}$$

■ ■ ■

이젠 임의의 외부 저항 R_L이 부하로 연결되었을 때의 전기 출력 계산식을 유도해 보자. 특정 회로 요소 양단의 전위차는 회로의 전체 임피던스에 대한 해당 회로 요소의 임피던스에 비례하므로, 이를 구하기 위해 각각의 임피던스를 먼저 알아보자. 그림 5.3.6(a)에서 C_p^S와 R_L은 병렬 연결되어 있으므로 이에 대한 등가의 임피던스 $\widetilde{Z}_{C_p^S \| R_L}$ 및 R_L을 포함한 전체 회로의 임피던스 $\widetilde{Z}_t$는 각각 다음과 같다.

$$\widetilde{Z}_{C_p \| R_L} = \frac{1}{1/R_L + j\omega C_p^S} = \frac{R_L}{1 + j\omega C_p^S R_L} \tag{5.4.6a}$$

$$\widetilde{Z}_t = R_m + j\omega L_m + \frac{1}{j\omega C_m} + \widetilde{Z}_{C_p \| R_L} \tag{5.4.6b}$$

따라서, R_L (또는 C_p^S) 양단에 걸리는 전압 $\widetilde{V}(R_L, \omega)$은 다음과 같이 표현된다.

$$\widetilde{V}_o(R_L,\omega)=\frac{\widetilde{Z}_{C_p^S\|R_L}}{\widetilde{Z}_t}V_{eq}=\frac{\dfrac{R_L}{1+j\omega C_p^S R_L}}{R_m+j\omega L_m+\dfrac{1}{j\omega C_m}+\dfrac{R_L}{1+j\omega C_p^S R_L}}V_{eq}$$

$$=\frac{\left(\omega_{oc}^2-\omega_{sc}^2\right)V_{eq}}{\omega_{oc}^2-\omega^2+\dfrac{R_m}{R_L C_p L_m}-j\left(\dfrac{\omega_{sc}^2-\omega^2}{\omega C_p R_L}-\omega\dfrac{R_m}{L_m}\right)} \tag{5.4.7}$$

위 식에서 $\omega_{sc}^2=1/L_m C_m$ 및 $\omega_{oc}^2=\omega_{sc}^2+1/L_m C_p^S$의 관계가 이용되었다. 식 (5.4.7)로부터 출력 전압의 크기 $V_o=\left|\widetilde{V}_o\right|$를 구할 수 있으며, 평균 전력 $P_{avg}(=P_o)$는 $(1/2)V_o^2/R_L$ 관계식을 이용하여 계산한다.

한편, 발생 전력 값이 최대가 되는 외부 부하 저항 값인, 압전 진동 에너지 수확 장치의 내부 임피던스 $\widetilde{Z}_{int}$를 구해보자. 이는 그림 5.3.6(a)에 나타낸 등가 전기 회로에서 등가 전압원을 제거한 후 직렬 연결된 $R_m L_m C_m$와 C_p^S를 병렬 연결한 회로의 임피던스가 된다[11](압전 진동 에너지 수확 장치의 임피던스를 구하는 것이므로 외부 부하 저항 R_L은 고려하지 않는다).

$$\frac{1}{\widetilde{Z}_{int}}=\frac{1}{R_m+j\omega L_m+\dfrac{1}{j\omega C_m}}+j\omega C_p^S \tag{5.4.8a}$$

$$\widetilde{Z}_{int}=\frac{R_m+j\left(\omega L_m-\dfrac{1}{\omega C_m}\right)}{1-\omega^2 L_m C_p^S+\dfrac{C_p^S}{C_m}+j\omega C_p^S R_m} \tag{5.4.8b}$$

위 식에 각각의 등가 전기 회로 파라미터를 대입하면 식 (4.1.13)의 형태와 같음을 확인할 수 있다.

참고로 폐회로 고유 진동수인 경우($\omega=\omega_{sc}$)에 식 (5.4.8b)의 내부 임피던스는 다음과 같이 표현되므로,

$$\widetilde{Z}_{int}(\omega=\omega_{sc})=\frac{R_m}{1+j\omega_{sc}C_p^S R_m} \tag{5.4.9}$$

11) 이는 또한 Thevenin 등가 임피던스이기도 하다. 이에 대해서는 5.4.2에서 자세히 알아보도록 한다.

그 크기는 다음과 같다.

$$Z_{int} = \left|\tilde{Z}_{int}(\omega = \omega_{sc})\right| = \frac{R_m}{\sqrt{1+\left(\omega_{sc} C_p^S R_m\right)^2}} \tag{5.4.10}$$

위 식에 등가 전기 회로 파라미터를 대입하면 다음과 같이 표 4.1.1에 나타낸 $R_L^{opt}(\omega_{sc})$와 같아짐을 알 수 있다.

$$\begin{aligned} Z_{int} &= \frac{c_{eq}/\alpha^2}{\sqrt{1+\left(\omega_{sc} C_p^S c_{eq}/\alpha^2\right)^2}} = \frac{2\zeta\omega_{sc} m_{eq}/\alpha^2}{\sqrt{1+\left(\omega_{sc} C_p^S \cdot 2\zeta\omega_{sc} m_{eq}/\alpha^2\right)^2}} \\ &= \frac{1}{C_p^S}\frac{2\zeta\omega_{sc}}{\sqrt{\left(\omega_{oc}^2-\omega_{sc}^2\right)^2+\omega_{sc}^2(2\zeta\omega_{sc})^2}} = \frac{1}{\omega_{sc} C_p^S}\frac{2\zeta}{\sqrt{k_e^4+4\zeta^2}} \end{aligned} \tag{5.4.11}$$

위 식을 유도하기 위해 $\alpha^2/m_{eq} = \left(\omega_{oc}^2 - \omega_{sc}^2\right) C_p^S$ 관계식을 이용하였다.

5.4.2 Thevenin 회로를 이용한 전기 출력량 표현

그림 5.3.6(a)에 대한 Thevenin 등가 회로를 이용하여 전기 출력량에 대한 표현을 알아보자. 등가 전기 회로 파라미터를 이용한 해석은 5.4.1에 기술된 내용으로서 충분하다.

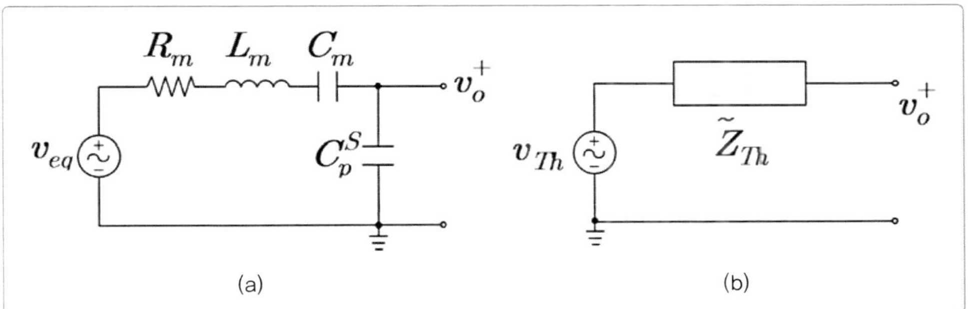

그림 5.4.1. (a) 동적 압전 진동 에너지 수확 장치의 등가 전기 회로 및 (b) Thevenin 등가 회로

여기서 Thevenin 등가 회로를 이용하여 전기 출력량 계산식을 살펴보는 목적은 다음과 같다: "무부하 개회로 상태의 전압의 최대값이 크면 임피던스 정합된 부하 저항에서의 발생 전력이 항상 커지는가?"에 대한 질문의 대답을 줄 수 있기 때문이다. 이는 압전 진동 에너지 수확 장치의 설계를 할 때 매우 유용할 수 있다. 즉, 전산 최적화를 이용할 경우 발생 전력을 목적 함수로 설정할 수도 있지만, 개회로 상태 고유 진동수에서의 무부하 출력 전압을 최대화할 수 있기 때문이다(실제로 많이 사용되어 왔으나, 엄밀한 근거는 제시된 적이 없다). 물론, Thevenin 등가 회로의 사용은 전기 회로를 이용하여 또

다른 관점에서 전기 출력량의 계산식을 표현할 수 있다는 점도 보여준다.

우선 압전 진동 에너지 수확 장치의 Thevenin 등가 회로를 알아보자. 그림 5.4.1(a)에는 앞서 보아왔던 외부 부하 저항이 제거된 압전 진동 에너지 수확 장치의 등가 전기회로를 나타내었으며 그림 5.4.1(b)에는 그 회로의 Thevenin 등가 회로를 나타내었다 ($v_{eq} = V_{eq}e^{j\omega t}$, $v_{Th} = \tilde{V}_{Th}e^{j\omega t}$, $v_o = \tilde{V}_o e^{j\omega t}$).

먼저 Thevenin 등가 전압은 그림에서 보인 출력단의 전압과 같으므로 ◦는 곧 식 (5.4.1)의 무부하 전압이 된다. 이를 다음 식에 다시 나타내었다.

$$\tilde{V}_{Th} = \frac{V_{eq}}{(1 + \dfrac{C_p^S}{C_m} - \omega^2 L_m C_p^S) + j\omega R_m C_p^S} \tag{5.4.12}$$

한편, Thevenin 등가 임피던스 $\tilde{Z}_{Th}$는 그림 5.4.1(a)의 출력단에서 바라보았을 때 등가 전압원이 제거된 상태에서 직렬 연결된 $R_m - L_m - C_m$와 C_p^S를 병렬 연결한 회로의 임피던스가 되는데, 이는 바로 식 (5.4.8b)에 나타낸 압전 진동 에너지 수확 장치의 내부 임피던스 $\tilde{Z}_{int}$와 같게 된다.

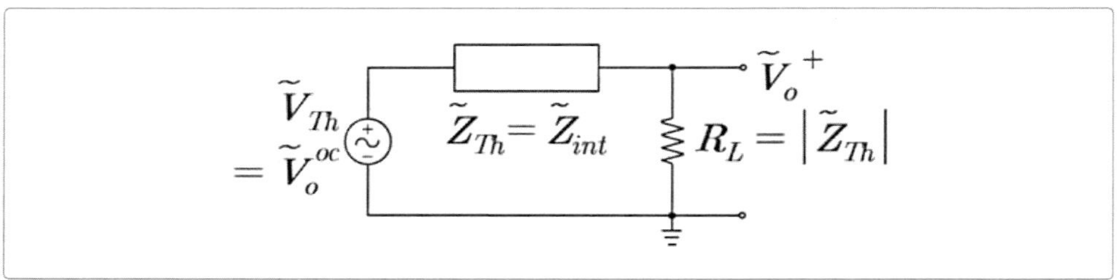

그림 5.4.2. 최적 부하 저항이 연결된 압전 진동 에너지 수확 장치의 Thevenin 등가 회로

$$\tilde{Z}_{Th} = \frac{R_m + j\left(\omega L_m - \dfrac{1}{\omega C_m}\right)}{1 - \omega^2 L_m C_p^S + \dfrac{C_p^S}{C_m} + j\omega C_p^S R_m} \tag{5.4.13}$$

이제 압전 진동 에너지 수확 장치의 Thevenin 등가 회로에 임피던스 정합된 부하 저항이 연결된 경우($R_L = R_L^{opt} = Z_{Th} = Z_{int}$), 부하 저항에서의 전기 출력량에 대해 알아보자. 그림 5.4.2에 Thevenin 등가 회로를 나타내었으며, Thevenin 전압원은 개회로 상태의 출력 전압 $\tilde{V}_o^{oc}(\omega)$와 같으며, Thevenin 저항(임피던스) $\tilde{Z}_{Th}(\omega)$는 내부 임피던스 $\tilde{Z}_{int}(\omega)$와 같다는 사실을 상기하자. 따라서, 이를 이용하여 최적 임피던스 상태에서 임

의의 주파수에서의 출력단에서의 전압 및 발생 전력은 다음과 같이 표현된다.

$$\widetilde{V}_o(\omega) = \frac{R_L}{\widetilde{Z}_{Th}(\omega) + R_L}\widetilde{V}_{Th}(\omega) = \frac{Z_{Th}(\omega)}{\widetilde{Z}_{Th}(\omega) + Z_{Th}(\omega)}\widetilde{V}_o^{oc}(\omega) \tag{5.4.14a}$$

$$\begin{aligned} P_o(\omega) &= \frac{1}{2R_L}\left|\widetilde{V}_o(\omega)\right|^2 = \frac{1}{2}\frac{Z_{Th}(\omega)}{\left|\widetilde{Z}_{Th}(\omega) + Z_{Th}(\omega)\right|^2}\left|\widetilde{V}_o^{oc}(\omega)\right|^2 \\ &= \frac{1}{4}\frac{1}{R_{Th} + Z_{Th}}\left|\widetilde{V}_o^{oc}(\omega)\right|^2 \end{aligned} \tag{5.4.14b}$$

위 식에서 $\widetilde{Z}_{Th}(\omega) = R_{Th}(\omega) + jX_{Th}(\omega)$이다.

식 (5.4.14)를 개회로 상태의 고유 진동수 $\omega = \omega_{oc}$에서 구해보자. 압전 진동 에너지 수확 장치의 운용 특성을 고려하면 폐회로 고유 진동수에서의 거동을 살펴보는 것이 적절하지만, $P_o(\omega_{sc}) \simeq P_o(\omega_{oc})$이고 $V_o^{oc}(\omega_{oc})$의 식이 보다 간결하게 표현되기 때문이다. 이를 위해 먼저 $\omega = \omega_{oc}$에서 R_{Th}, Z_{Th} 및 V_o^{oc}에 대한 식을 구하면 다음과 같다

$$\begin{aligned} R_{Th}(\omega_{oc}) &= \frac{L_m}{R_m C_p^S} - \frac{L_m}{R_m\left(C_m + C_p^S\right)} = \frac{L_m}{R_m C_p^S}\frac{k_e^2}{1+k_e^2} \\ &= \frac{1}{C_p^S}\frac{m_{eq}}{c_{eq}}\frac{k_e^2}{1+k_e^2} = \frac{1}{2\zeta\omega_{sc}C_p^S}\frac{k_e^2}{1+k_e^2} \\ &= \frac{1}{\omega_{sc}C_p^S}\frac{k_e^2}{2\zeta\left(1+k_e^2\right)} \end{aligned} \tag{5.4.15a}$$

$$Z_{Th}(\omega_{oc}) = \frac{1}{\omega_{oc}C_p^S}\frac{\sqrt{k_e^4 + 4\zeta^2\left(1+k_e^2\right)}}{2\zeta\sqrt{1+k_e^2}} = \frac{1}{\omega_{sc}C_p^S}\frac{\sqrt{k_e^4 + 4\zeta^2\left(1+k_e^2\right)}}{2\zeta\left(1+k_e^2\right)} \tag{5.4.15b}$$

$$V_o^{oc}(\omega_{oc}) = \frac{\alpha}{C_p^S}\frac{\mu A_b}{2\zeta\omega_{sc}\omega_{oc}} \tag{5.4.15c}$$

식 (5.4.15a)에서 $\omega_{oc}^2 = 1/(L_m C_m) + 1/(L_m C_p^S)$, $k_e^2 = C_m / C_p^S$, $\omega_{oc} = \omega_{sc}\sqrt{1+k_e^2}$ 의 관계가 이용되었으며, 식 (5.4.15b) 및 (5.4.15c)는 각각 표 4.1.1 및 식 (4.1.12)에 나타낸 바와 같다. 따라서, 식 (5.4.14b)로부터 $P_o(\omega_{oc})$는 다음과 같이 표현된다.

$$P_o(\omega_{oc}) = \frac{1}{2R_L}\left|\widetilde{V}_{Th}(\omega_{oc})\right|^2 = \frac{1}{2}\frac{Z_{Th}(\omega_{oc})}{\left|\widetilde{Z}_{Th}(\omega_{oc}) + Z_{Th}(\omega_{oc})\right|^2}\left|\widetilde{V}_o^{oc}(\omega_{oc})\right|^2$$
$$= \frac{1}{4}\frac{1}{R_{Th} + Z_{Th}(\omega_{oc})}\left|\widetilde{V}_o^{oc}(\omega_{oc})\right|^2 \quad (5.4.16)$$

식 (5.4.15a) 및 (5.4.15b)를 이용하면 위 식의 $1/(R_{Th} + Z_{Th})$은 다음과 같으므로,

$$\frac{1}{R_{Th} + Z_{Th}(\omega_{oc})} = \frac{2\zeta\omega_{sc}C_p^S(1+k_e^2)}{k_e^2 + \sqrt{k_e^4 + 4\zeta^2(1+k_e^2)}} \quad (5.4.17)$$

발생 전력 $P_o(\omega_{oc})$은 아래와 같이 정리되며, 이는 표 4.1.1에 나타낸 개회로 고유 진동수에서의 발생 전력 식과 동일하다.

$$P_o(\omega_{oc}) = \frac{1}{4} \cdot \left[\frac{2\zeta\omega_{sc}C_p^S(1+k_e^2)}{k_e^2 + \sqrt{k_e^4 + 4\zeta^2(1+k_e^2)}}\right] \cdot \left[\frac{\alpha}{C_p^S}\frac{\mu A_b}{2\zeta\omega_{sc}\omega_{oc}}\right]^2 \quad (5.4.18)$$

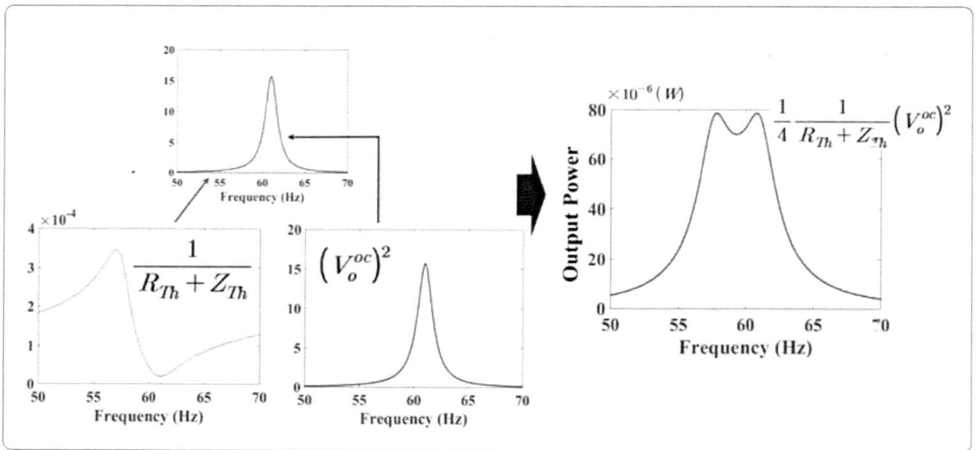

그림 5.4.3. 식 (5.4.14b)의 발생 전력에 대한 기여 요소별 주파수 특성

지금까지 4.4절에서 이미 유도하였던 압전 진동 에너지 수확 장치의 발생 전력 식을 식 (5.4.14b)로 표현하고, 식 (5.4.18)에 기여 요소별로 나누어 보았다. 이 과정을 그림 5.4.3에 나타내었으며, 이를 통해 발생 전력에 대한 각 부분의 기여도를 확인할 수 있다. 결국 식 (5.4.16)에 의하면, 발생 전력을 최대화한다는 것은 무부하 출력 전압을 최대화하면서 동시에 개회로 상태의 고유 진동수에서의 내부 임피던스의 크기를 작게 해야 한다는 것을 의미한다(R_{Th}와 Z_{Th}의 경향은 본질적으로 비슷하다). 그런데, 무부하 출력 전압의 최대값은 개회로 상태의 고유 진동수에서 발생하므로 결국 개회로 상태의

고유 진동수에서의 내부 임피던스의 크기를 작게하는 것과 동시에 무부하 출력 전압을 최대화하는 것은 폐회로 상태의 고유 진동수에서의 발생 전력도 최대가 된다는 것을 의미하게 되는 것이다.

5.4.3 유한요소모델을 이용한 등가 전기 회로 파리미터의 계산 및 등가 전기 회로 해석 기법

압전 진동 에너지 수확 장치의 전기 출력량은 4장의 수학적 모델을 이용해도 되지만, 식 (5.3.4)의 등가 전기 회로 파라미터 값을 구한 후 5.4.1에서 설명한 등가 전기 회로 기법을 이용해서 구할 수도 있다. 다만, 식 (5.3.4)의 등가 전기 회로 파라미터 관계식에 포함된 m_{eq}, k_{eq} 및 α등은 임의의 형상을 갖는 외팔보에 대해서는 정확한 값을 구하는 것에 한계가 있다. 따라서, 유한요소모델(특히 상용 유한요소해석)을 사용하여 등가 전기 회로 파라미터 값을 구할 수 있다면 등가 전기 회로 기법의 유용성은 더욱 자명해진다. 일반 교류 해석 뿐만 아니라 부하 측에 정류기능(rectification)을 포함한 다양한 전력 관리 회로가 연결된 경우에도 간단한 전기 회로 해석 도구를 이용하여 보다 용이하게 구할 수 있기 때문이다. 여기서는 상용 유한 요소 해석 소프트웨어를 이용하여 임의의 형상의 압전 진동 에너지 수확 장치에 대해서도 적용 가능한 등가 전기 회로 파라미터 추출 기법을 설명하였다.

그림 5.4.1(a)의 등가 전기 회로에서 입력 어드미턴스(admittance) $\widetilde{Y}_{elec}$를 다음과 같이 외부 역학적 가진이 없는 상태에서 단위 전압 $\widetilde{V}_o$에 대해 전극에서 발생하는 전하 $\widetilde{Q}_e$로 정의하자(즉, $V_{eq}=0$이다).

$$\widetilde{Y}_{elec}(\omega)=\left.\frac{\widetilde{Q}_e}{\widetilde{V}_o}\right|_{A_b=0}=C_p^S+\frac{1}{1/C_m-\omega^2L_m+j\omega R_m} \tag{5.4.19}$$

위 식에 폐회로 상태의 고유 진동수에 대한 식 $\omega_{sc}=1/\sqrt{L_mC_m}$을 대입 후 $\widetilde{Y}_{elec}$의 실수부와 허수부를 다음과 같이 표현하자.

$$\mathrm{Im}\left(\widetilde{Y}_{elec}(\omega_{sc})\right)=-\frac{1}{\omega_{sc}R_m} \tag{5.4.20a}$$

$$\mathrm{Re}\left(\widetilde{Y}_{elec}(\omega_{sc})\right)=C_p^S \tag{5.4.20b}$$

이젠 위의 결과들을 이용하여 등가 전기 회로 파라미터 추출법을 단계별로 기술하고, 임의의 형상을 갖는 압전 진동 에너지 수확 장치의 전기 출력량 해석에 직접 적용하여 보자.

● 1단계: 고유 진동수의 계산

압전 외팔보 진동 에너지 수확 장치의 형상이 주어지면, 유한요소해석을 통해 다음과 같이 폐회로 및 개회로 상태의 고유 진동수를 얻을 수 있다.

$$\omega_{sc} = 2\pi f_{sc};\ \omega_{oc} = 2\pi f_{oc} \tag{5.4.21}$$

● 2단계: 등가 저항 R_m의 계산

식 (5.4.20a)로부터, 등가 저항 R_m의 값은 $-1/\left(\omega_{sc} \cdot \mathrm{Im}\left(\widetilde{Y}_{elec}(\omega_{sc})\right)\right)$에 의해 얻을 수 있다. $\mathrm{Im}\left(\widetilde{Y}_{elec}(\omega_{sc})\right)$의 값은 기저 가진이 없을 경우 폐회로 상태의 고유 진동수에서 압전 외팔보에 단위 전압을 가한 후 전극에서 발생하는 전하량의 허수부를 나타낸다. 이를 $Q_{e,im}^{V}$ 라고 표시하면, 등가 저항 R_m은 다음의 관계식에 의해 얻을 수 있다.

$$R_m = -\frac{1}{\omega_{sc} \cdot Q_{e,im}^{V}} \tag{5.4.22}$$

위 식에서 발생 전하량의 허수부 $Q_{e,im}^{V}$의 부호는 유한요소모델에서 발생 전하량을 구할 때 접지 전극 또는 전압이 가해지는 전극에서 얻느냐에 따라서 부호가 달라진다. 편리하게는 단순히 식 (5.4.22)의 절대값을 취하는 것도 가능하지만, 식 (5.4.22)의 등가 저항 값이 양수가 되도록 하는, 즉, 허수부 전하량이 음수가 되는 전극을 선택한다고 생각하는 것이 바람직하다.

● 3단계: 압전커패시턴스 C_p^S의 계산

식 (5.4.20b)로부터, 압전 커패시턴스 C_p^S의 값은 $\mathrm{Re}\left(Y_{elec}(\omega_{sc})\right)$에 의해 구한다. 즉, 전 단계에서 선택한 전극에서 추출한 발생 전하량의 실수부가 곧 압전 커패시턴스 C_p^S의 값이 된다. 어드미턴스(admittance) $\widetilde{Y}_{elec}$의 실수부 및 허수부에 의해 각각 C_p^S 및 R_m의 값이 구해진다.

$$C_p^S = \mathrm{Re}\left(Y_{elec}(\omega_{sc})\right) \tag{5.4.23}$$

● 4단계: 등가 커패시턴스 C_m의 계산

폐회로 및 개회로 상태의 고유 진동수의 제곱식 ω_{sc}^2 및 ω_{oc}^2가 등가 전기 회로 파라미터에 의해 각각 $1/(L_m C_m)$, $1/(L_m C_m) + 1/(L_m C_p^S)$로 표현되므로, 이 2개의 식에서 L_m을 소거하면 다음의 식을 얻는다.

$$C_m = k_e^2 C_p^S = \frac{\omega_{oc}^2 - \omega_{sc}^2}{\omega_{sc}^2} C_p^S = \frac{f_{oc}^2 - f_{sc}^2}{f_{sc}^2} C_p^S \tag{5.4.24}$$

● 5단계: 등가 인덕턴스 L_m의 계산

폐회로 고유 진동수의 제곱식 ω_{sc}^2은 $1/(L_m C_m)$이므로 이를 이용하여 등가 인덕턴스를 구하는 관계식은 다음과 같이 표현된다.

$$L_m = \frac{1}{\omega_{sc}^2 C_m} = \frac{1}{4\pi^2 f_{sc}^2 C_m} \tag{5.4.25}$$

● 6단계: 등가 전압원 V_{eq}의 계산

식 (4.1.5)에 의해 무부하 상태의 출력 전압은 아래와 같이 표현된다.

$$\widetilde{V}_o^{oc}(\omega) = \frac{\alpha}{C_p^S} \frac{\mu m_{eq} A_b}{k_{eq} - \omega^2 m_{eq} + j\omega c_{eq} + \alpha^2 / C_p^S} \tag{5.4.26}$$

위 식은 $c_{eq} = 0$ 및 $\omega = \omega_{sc}$을 대입하면 아래와 같이 등가 전압원에 대한 회로 파라미터 관계식이 된다(식 (5.3.4) 또는 예제 5.4.1 참조).

$$\widetilde{V}_o^{oc} = \frac{\mu m_{eq} A_b}{\alpha} \equiv V_{eq} \tag{5.4.27}$$

따라서, 감쇠비를 0으로 하고 폐회로 상태의 고유 진동수에서 기저의 가속도 A_b로 가진한 후 얻게 되는 출력 전압의 실수부가 등가 전압원 V_{eq}가 된다.

이젠 위에서 설명한 등가 전기 회로 파라미터 추출법을 이용하여 그림 5.4.4에 나타낸 압전 진동 에너지 수확 장치의 등가 전기 회로 파라미터들을 구하고, 5.4.1에서 제시한 전기 회로 식을 이용하여 전기 출력량을 해석해보자. 압전 재료 및 기판으로 사용된 알루미늄의 물성치는 표 4.4.1과 같으며, 끝단 질량으로 사용된 황동의 탄성계수 및 질량 밀도는 각각 110GPa 및 8470kg/m^{3}이다. 기판 상·하면에 부착된 압전 재료 전극 간의 연결은 병렬로 되어 있다.

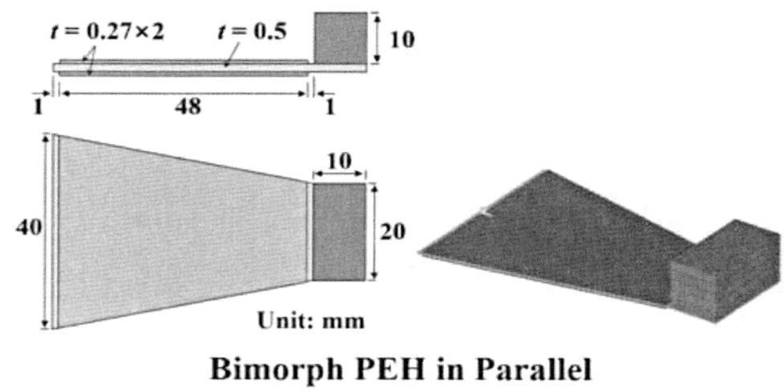

그림 5.4.4. 사다리꼴 형상의 압전 외팔보 진동 에너지 수확 장치

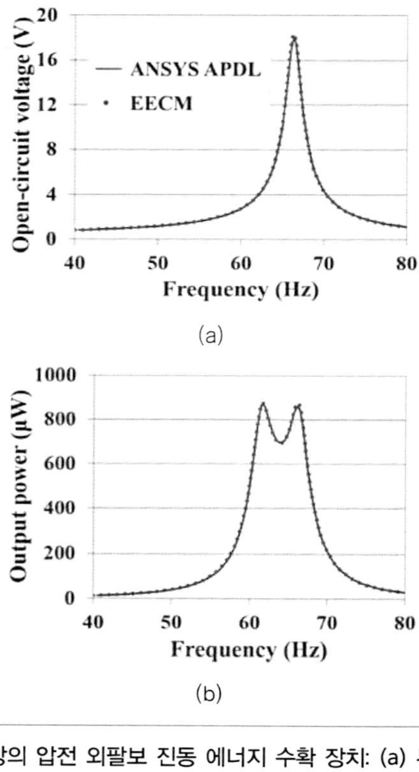

그림 5.4.5. 사다리꼴 형상의 압전 외팔보 진동 에너지 수확 장치: (a) 무부하 출력 전압 및 (b) 최적 정합된 부하에서의 발생 전력

상용 유한 요소 해석 소프트웨어인 ANSYS APDL (version 18.2)을 사용하여 계산된 폐회로(f_{sc}) 및 개회로 상태의 고유 진동수(f_{oc})는 각각 61.43Hz 및 66.35Hz이다. 앞서 6단계로 설명된 등가 전기 회로 추출법에 의해, 그림 5.4.4에 나타낸 압전 진동 에너지 수확 장치의 등가 전기 회로 파라미터는 각각 다음과 같다.

$R_m = 1.804\text{k}\Omega,\ L_m = 156.488\ \text{H},\ C_m = 42.897\ \text{nF};\ C_p^S = 257.555\text{nF}$

$V_{eq} = 3.554\text{V}$

위의 등가 전기 회로 파라미터는 압전 진동 에너지 수확 장치의 모드 감쇠비 ζ 및 기저의 가진 가속도 A_b가 각각 0.015 및 2m/s^{2}인 경우에 대한 것이다.

먼저, 그림 5.3.6(a)의 등가 전기 회로를 이용하여 개회로 상태의 전압 및 최적 저항이 연결된 경우의 전기 출력량을 구해보자[12]. 그 결과를 그림 5.4.5에 나타내었으며, 압전 유한 요소 해석의 결과와 비교하였다. ANSYS APDL의 해석 결과를 실선으로, 등가 전기 회로를 이용한 결과는 점선으로 나타내었으나 그 결과가 거의 동일하여 그림에서는 차이를 구별하기 어렵다.

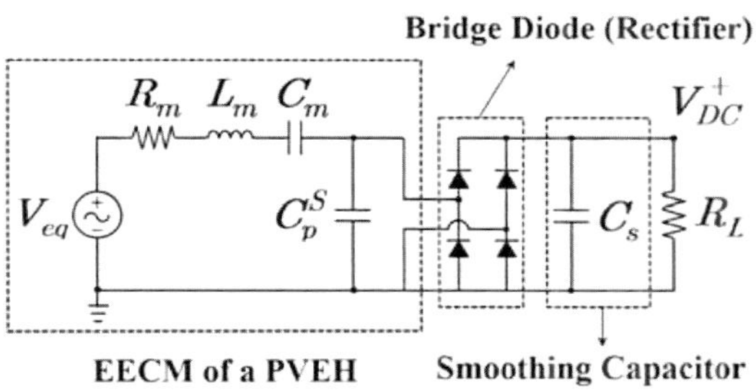

(a)

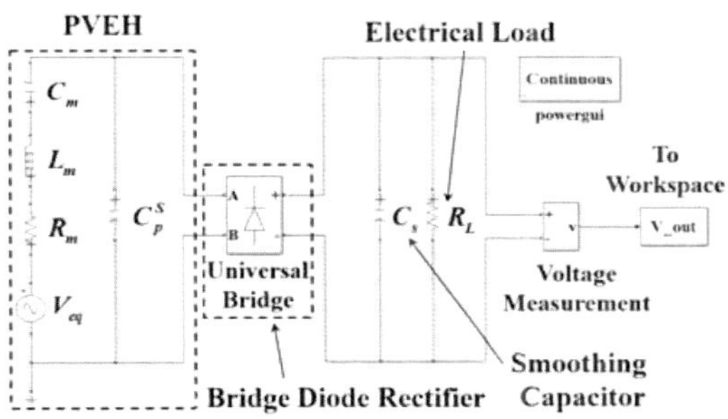

(b)

그림 5.4.6. **(a) 직류 출력을 위한 정류 및 평활 회로가 연결된 압전 진동 에너지 수확 장치의 전기 회로도 및 (b) MATLAB Toolbox SimPowerSystems™를 이용한 회로 해석을 위한 전기 회로도**

앞에서 살펴 본 바와 같이 등가 전기 회로를 이용한 해석법은 교류 출력 해석에 있어서

12) 이 경우 교류 해석이므로 5.4.1에 제시된 전기 회로 식들을 이용하여 간단히 구할 수도 있으나, 필요에 따라 더욱 일반적으로 전기 회로 해석용 소프트웨어를 사용할 수도 있다.

도 장점이 있다. 즉, 유한요소해석을 이용한 방법과 비교하면 정확성은 거의 비슷하나 해석 시간은 상당히 단축된다. 따라서, 등가 전기 회로 기반 해석 기법은 해석 주파수 영역이 넓어서 주파수 별 반복 해석이 필요하거나, 다수의 압전 진동 에너지 수확 장치가 물리적으로 연결되어 있는 경우에 유리하다. 그러나, 등가 전기 회로 해석 기법은 압전 진동 에너지 수확 장치의 직류 전기 출력을 구하기 위해서는 더욱 필수적이다. 따라서, 그림 5.4.4에 나타낸 압전 진동 에너지 수확 장치에 전파 브리지 다이오드 정류 회로(full-wave bridge diode rectifier), 평활용 커패시터(smoothing capacitor) 및 외부 부하 저항을 연결하여 부하에서의 출력 전압의 특성을 살펴보자. 이 해석을 위해 사용된 전기 회로를 그림 5.4.6(a)에 나타내었으며 (b)에는 MATLAB의 SimPowerSystems™ 라는 회로 해석 Toolbox를 이용한 동일 회로도를 나타내었다. 그림 5.4.6(b)에 나타낸 회로 요소들 이외의 다른 회로 요소들을 추가로 고려할 경우에는 동일한 방법으로 Simulink Model 파일(*.mdl)을 미리 만들어 저장하여 호출한다.

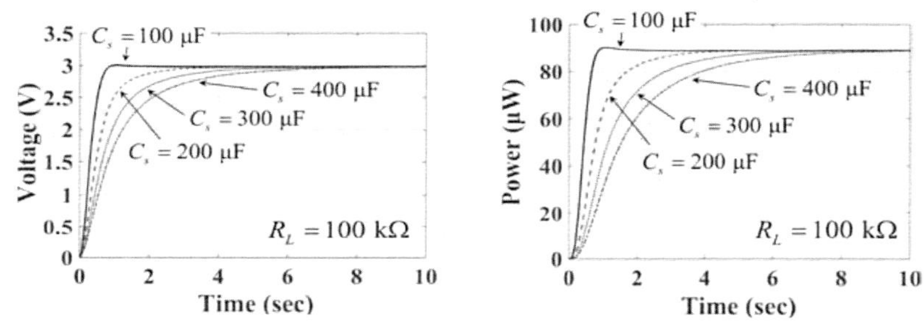

(a)

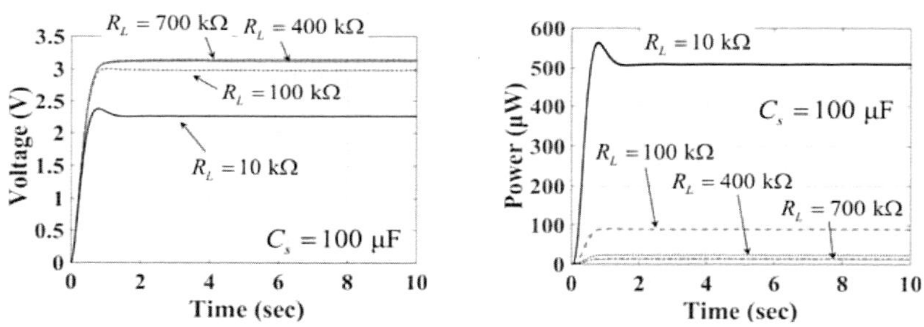

(b)

그림 5.4.7. (a) 직류 전기 출력: (a) 부하 저항 $R_L = 100\text{k}\Omega$ 고정 및 평활 회로 변화, (b) 평활 회로 $C_s = 100\mu\text{F}$ 고정 및 부하 저항 변화

그림 5.4.6의 회로에 대해, 평활용 커패시턴스 및 외부 부하 저항 값의 변화에 따른 직류 출력 전압 및 전력을 그림 5.4.7에 나타내었다. 그림 5.4.7(a)는 외부 부하 저항(R_L)의 값을 100 kΩ으로 고정하고 전파 브리지 다이오드 정류 회로에 연결된 평활 커패시

터의 커패시턴스 C_s값의 변화에 따른 출력 전압 및 발생전력을 나타내었다. 그림에서 평활 커패시턴스가 커질수록 최대 출력 전압에 이르기까지의 충전 시간이 길어지는 것을 확인할 수 있다. 또한, 평활 커패시턴스(C_s)의 값을 $100\mu F$으로 고정하고 외부 부하 저항의 크기를 증가시킬 경우에는 부하 저항 양단의 출력 전압은 증가하나 전력은 감소하는 것을 볼 수 있다(그림 5.4.7(b) 참조). 이러한 결과는 등가 전기 회로 해석 기법을 사용하지 않으면 얻어질 수 없는 결과이다.

압전 진동 에너지 수확 장치가 실제 응용 분야에 사용되어 기본 정류/평활 회로를 포함한 전력 관리 회로가 연결될 경우, 사용 가능한 직류 출력 전압은 각 회로 요소에서의 추가적인 전압 강하로 인해 교류 출력 전압보다 작아지게 된다. 따라서, 실제 압전 진동 에너지 수확 장치를 설계함에 있어서 등가 전기 회로 해석 기법을 이용하여 직류 출력량을 파악하는 것이 필요하다.

5.4.4 등가 전기 회로 해석 기법을 이용한 해석 소프트웨어 개발

압전 해석이 가능한 상용 유한요소해석 소프트웨어를 이용하여 일반 형상의 압전 외팔보 진동 에너지 수확 장치에 대한 폐회로 및 개회로 상태의 고유 진동수를 구하고 앞서 설명한 등가 전기 회로 파라미터 추출법을 이용하면, 교류 및 직류 전기 출력량의 해석이 가능한 소프트웨어 모듈을 손쉽게 개발할 수 있다. 모듈 개발을 위해 여러 상용 유한요소해석 소프트웨어를 고려할 수 있으나, 여기서는 예시로서 COMSOL 및 ANSYS APDL에 대해서만 제시하였다.

COMSOL을 이용한 해석 소프트웨어 모듈의 개발

앞서 설명된 등가 전기 회로 파라미터 추출 및 전기 회로 해석을 통한 교류/직류 전기 출력량 해석을 위해 MATLAB 및 COMSOL을 이용할 수 있다. COMSOL은 MATLAB과 연동이 되고, 또한 GUI (graphical user interface)는 MATLAB을 이용하여 구현한다. 그림 5.4.8에 나타낸 주 모듈(main module) 내에 포함된 6개의 부 모듈(sub-modules)이 수행하는 기능은 다음과 같다.

(1) Type

압전 재료의 부착 위치 및 전극의 상호 연결 형태에 따른 압전 외팔보 진동 에너지 수확 장치의 형태를 선택하도록 한다.

(2) Properties

선택된 압전 진동 에너지 수확 장치의 구성 형태에 따라 기하 치수 및 해석에 필요한 물성치를 입력하는 부분이다(그림 5.4.9). 끝단 질량을 포함하여 임의 형상의 외팔보에 대한 해석이 가능하며, 압전 진동 에너지 수확 장치에 자주 사용되는 일부 압전 재료에 대해서는 미리 물성치가 입력되어 있으며, 추가 및 수정이 가능하다. 물성치 입력 후 저장을 하면 유한요소모델이 생성된다.

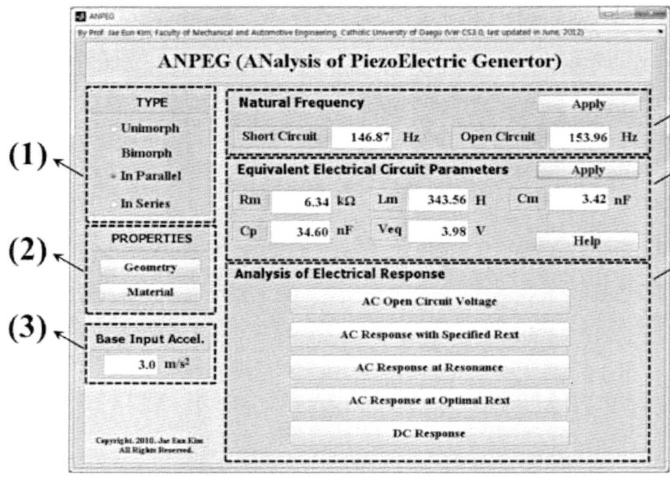

그림 5.4.8. MATLAB 및 COMSOL을 이용하여 개발된 소프트웨어 주 모듈 및 부 모듈((1)~(6))

(3) Base Input Acceleration

압전 진동 에너지 수확 장치의 기저에 대한 가진 가속도 값을 입력한다. 이 값은 (5)번 부 모듈이 수행될 때 필요하다.

(4) Natural Frequency

COMSOL 고유 진동수 해석 기능을 이용하여 압전 진동 에너지 수확 장치의 폐회로 및 개회로 상태의 고유 진동수를 계산한다.

(5) Equivalent Electrical Circuit Parameters

압전 유한 요소 해석을 통해 등가 전기 회로 파라미터 값들을 계산하고 출력한다. 일반적인 외부 진동 환경은 수백 Hz 이내이 주파수 대역이므로 소프트웨어 모듈은 실용적으로 압전 외팔보 진동 에너지 수확 장치의 1차 고유 진동수 근처에서의 값들만 계산하여 출력하도록 되어 있다.

(6) Analysis of Electrical Response

위의 (5)번 부 모듈에서 계산된 등가 전기 회로 파라미터 값들을 이용하여 등가 전기 회로를 구성하고 회로 해석을 통해 다음과 같은 다양한 조건하에서의 전기 출력 값들을 계산한다.

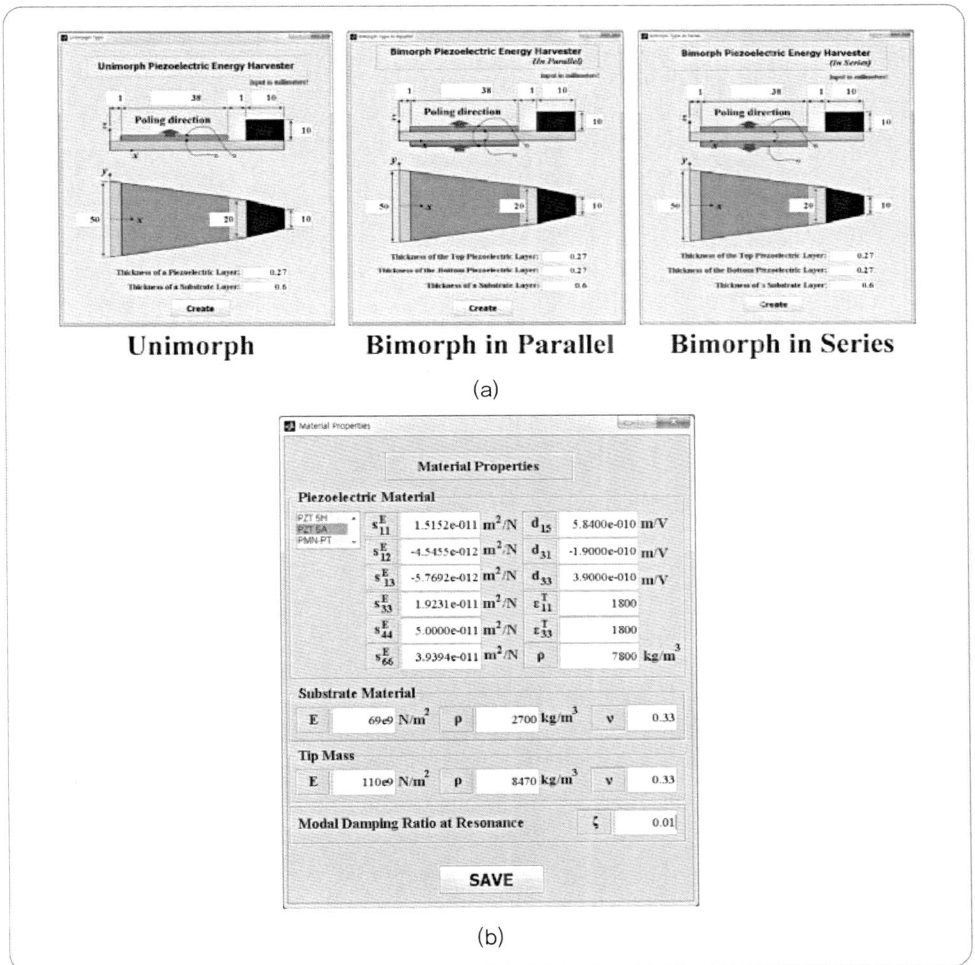

그림 5.4.9. 'Type'에서 선택된 형태에 따라 (a) 기하 치수 입력 및 (b) 물성치 입력을 위한 부 모듈-(2)

- 외부 저항이 무한대(개회로) 상태일 때 압전 진동 에너지 수확 장치의 가진 주파수 대비 출력 전압(그림 5.4.10(a))
- 임의의 외부 저항이 연결되었을 때 가진 주파수 대비 저항 양단에서의 출력 전압 및 전력(그림 5.4.10(b))
- (폐회로 또는 개회로) 상태의 고유 진동수와 같은 주파수를 갖는 기저 가진에 의한 외부 저항 대비 출력 전압 및 전력(그림 5.4.10(c))

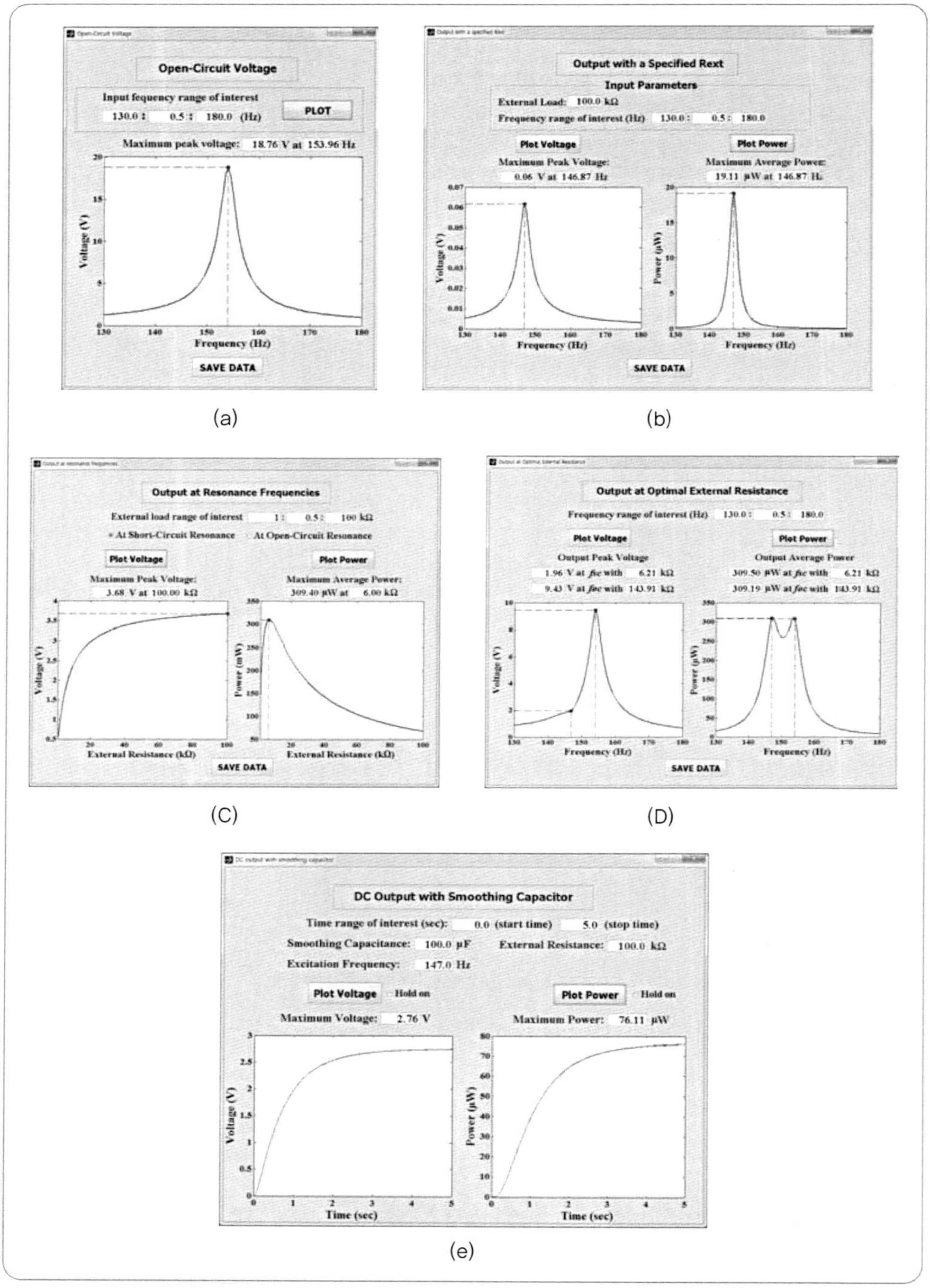

그림 5.4.10. (a) 무부하 출력 전압, (b) 주어진 외부 부하 저항에서의 주파수 대비 출력, (c) 폐회로 또는 개회로 고유 진동수 가진 시의 외부 부하 저항 크기 대비 출력, (d) 최적 정합 부하 저항에서의 주파수 대비 출력 및 (e) 평활 회로 및 부하 저항 크기에 따른 직류 출력을 위한 출력 창(output window)

- 외부 저항이 압전 진동 에너지 수확 장치의 주파수별 내부 임피던스 값과 같을 때의 가진 주파수 대비 출력 전압 및 전력(그림 5.4.10(d))
- 압전 진동 에너지 수확 장치에 정류/평활 회로 및 전력 관리 회로가 연결된 경우 부하에서의 출력 직류 전압 및 전력(그림 5.4.10(e))

위의 계산 결과는 그림 5.4.10에 보인 바와 같이 관련 수치와 더불어 그래프로 출력되며, 이 중 교류 출력 창의 하단에 마련된 저장 버튼을 이용하면 모든 수치 결과가 엑셀 파일(*.xls)의 각 항목(tab)으로 저장되어 추후 보고서를 작성할 때 유용하다. 또한, 직류 출력 창에는 출력 그래프 겹침 기능(hold on/off)이 있어서 외부 회로 요소 값의 변화에 따른 출력 전압 및 전력의 시간에 따른 출력 경향 차이를 직접 확인할 수 있다.

ANSYS APDL을 이용한 해석 소프트웨어 모듈의 개발

등가 전기 회로 기반의 전기 출력량 해석 모듈의 개발을 위해 ANSYS APDL 및 프로그램밍 언어 Tcl/Tk를 이용할 수도 있다. ANSYS에는 압전 유한 요소 해석 뿐만 아니라 기본 전기 회로 해석 기능을 갖고 있으며, ANSYS 환경에서 Tcl/Tk 코드를 호출하거나, Tcl/Tk 환경에서 APDL 명령어를 보낼 수 있는 등 Tcl/Tk와는 매우 효과적으로 연동된다. Tcl/Tk는 GUI를 만드는 데에도 이용된다. ANSYS APDL 및 Tcl/Tk를 이용한 소프트웨어 모듈은 앞서의 MATLAB 및 COMSOL을 이용한 모듈과 기능과 형식에서 상당히 유사하므로 여기서는 추가 설명 없이 그림 5.4.11에서 5.4.14에 나타내었다.

(1) Type selection (그림 5.4.12(a))
(2) Pre-Processing: Material properties input and CAD/FEA model creations (그림 5.4.12(b))
(3) Resonant Frequency
(4) Equivalent electrical circuit parameters
(5) Analysis of electrical response (그림 5.4.13)

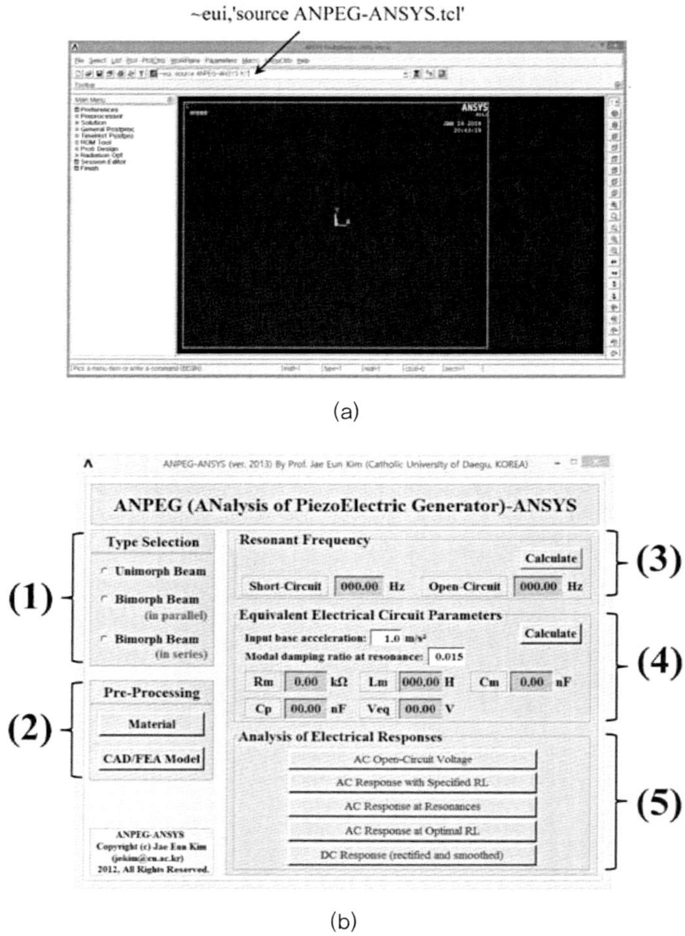

그림 5.4.11. (a) ANSYS APDL 환경에서 호출되는 주 모듈 및 (b) 부 모듈 배치 형태

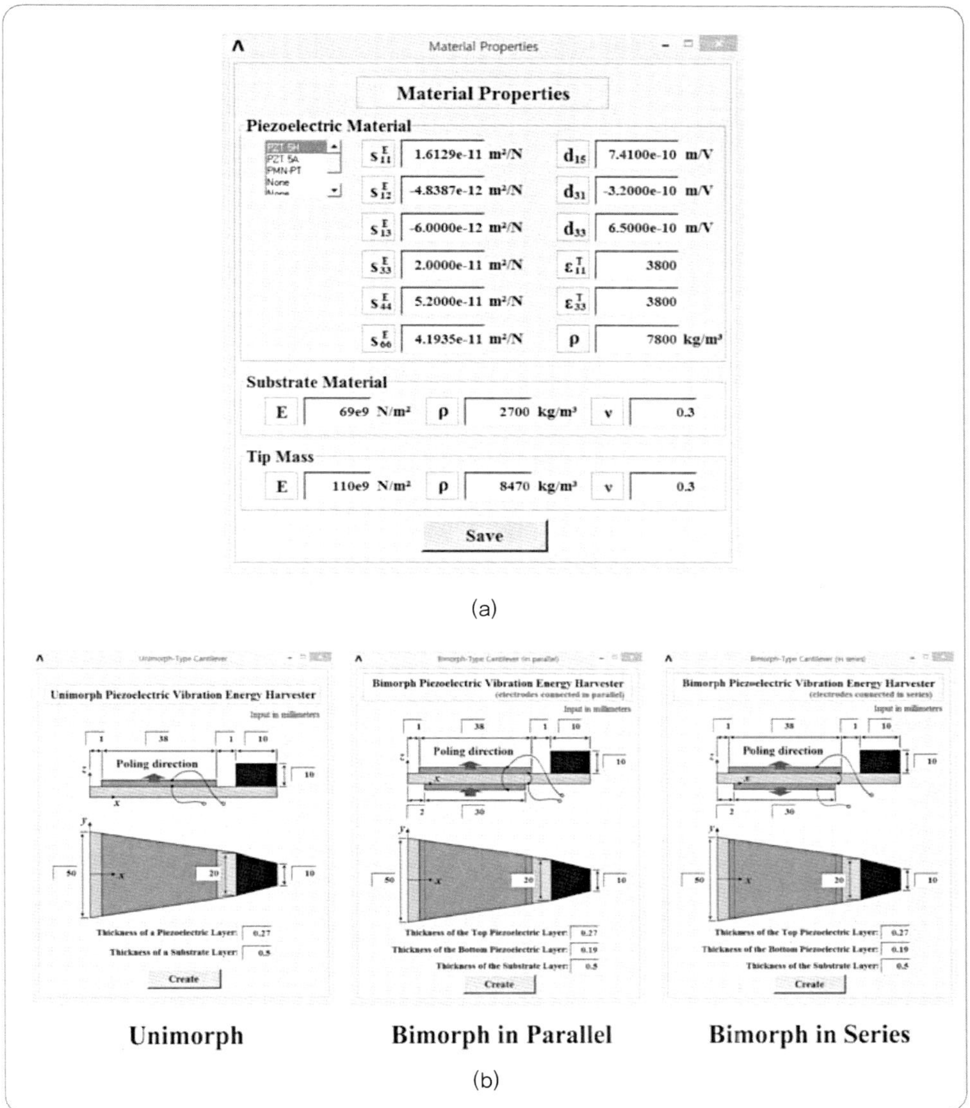

그림 5.4.12. 선택된 압전 진동 에너지 수확 장치의 형태에 따른 (a) 물성치 및 (b) 기하 치수 입력을 위한 부 모듈

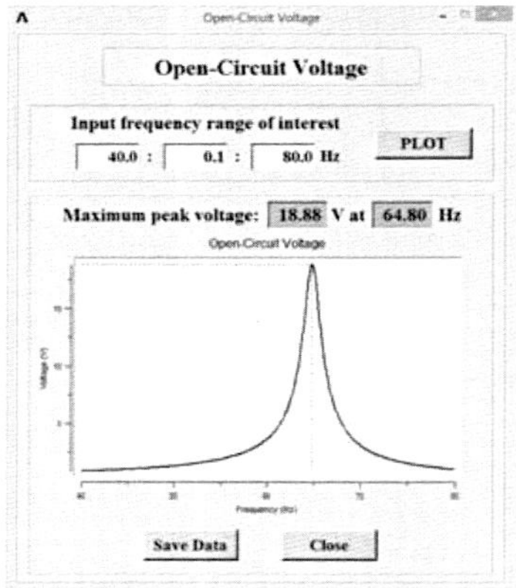
Open-Circuit Voltage
Input frequency range of interest
40.0 : 0.1 : 80.0 Hz
PLOT
Maximum peak voltage: 18.88 V at 64.80 Hz
Save Data
Close

(a)

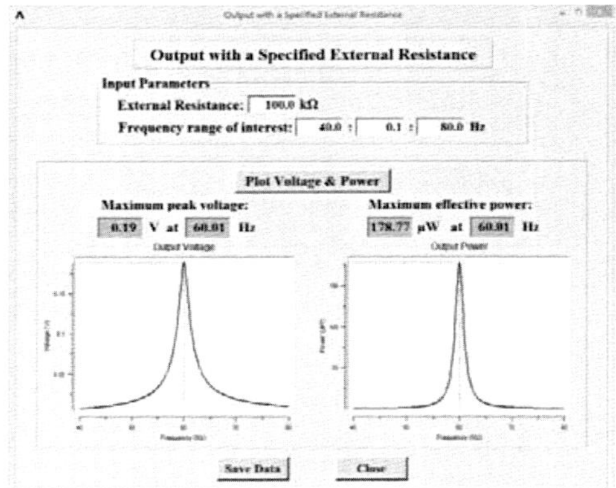
Output with a Specified External Resistance
Input Parameters
External Resistance: 100.0 kΩ
Frequency range of interest: 40.0 : 0.1 : 80.0 Hz
Plot Voltage & Power
Maximum peak voltage:
0.19 V at 60.01 Hz
Maximum effective power:
178.77 μW at 60.01 Hz
Save Data
Close

(b)

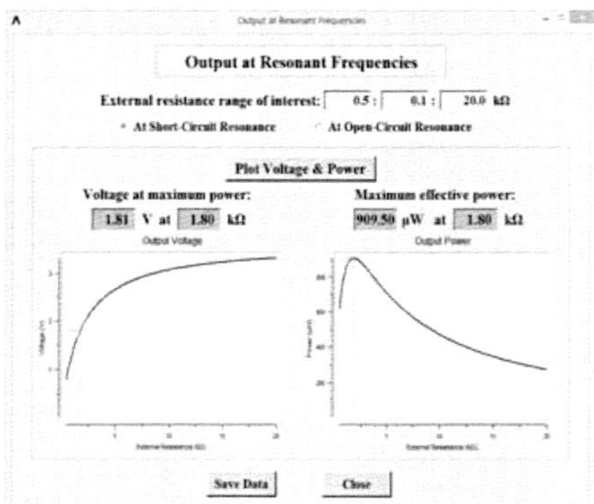
Output at Resonant Frequencies
External resistance range of interest: 0.5 : 0.1 : 20.0 kΩ
At Short-Circuit Resonance
At Open-Circuit Resonance
Plot Voltage & Power
Voltage at maximum power:
1.81 V at 1.80 kΩ
Maximum effective power:
909.50 μW at 1.80 kΩ
Save Data
Close

(c)

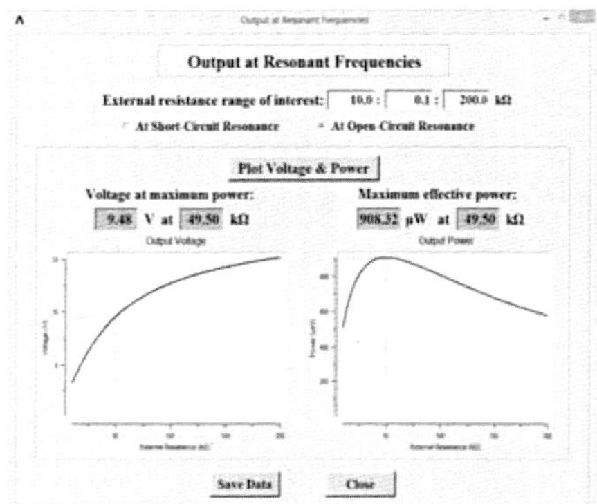
Output at Resonant Frequencies
External resistance range of interest: 10.0 : 0.1 : 200.0 kΩ
At Short-Circuit Resonance
At Open-Circuit Resonance
Plot Voltage & Power
Voltage at maximum power:
9.48 V at 49.50 kΩ
Maximum effective power:
908.32 μW at 49.50 kΩ
Save Data
Close

(d)

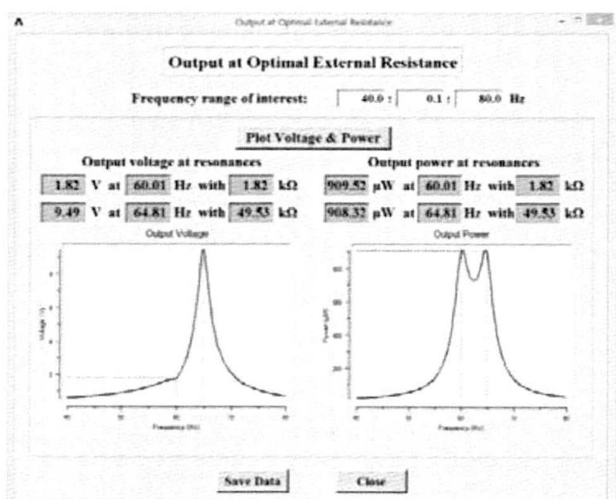
Output at Optimal External Resistance
Frequency range of interest: 40.0 : 0.1 : 80.0 Hz
Plot Voltage & Power
Output voltage at resonances
1.82 V at 60.01 Hz with 1.82 kΩ
9.49 V at 64.81 Hz with 49.53 kΩ
Output power at resonances
909.52 μW at 60.01 Hz with 1.82 kΩ
908.32 μW at 64.81 Hz with 49.53 kΩ
Save Data
Close

(e)

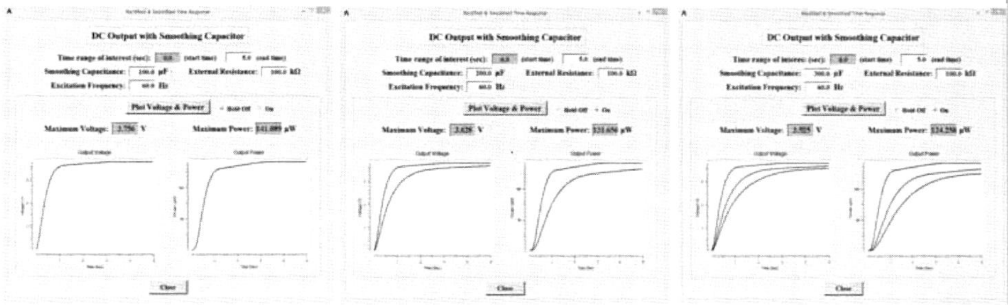

(f)

그림 5.4.13. (a) 무부하 출력 전압, (b) 주어진 외부 부하 저항에서의 주파수 대비 출력, (c) 폐회로 또는 (d) 개회로 고유 진동수 가진 시의 외부 부하 저항 크기 대비 출력, (e) 최적 정합 부하 저항에서의 주파수 대비 출력 및 (f) 평활 회로 및 부하 져항 크기에 따른 직류 출력을 위한 출력 창(output window)

Chapter 06

압전 진동 에너지 수확의 이해 및 설계 이슈

More Understanding of Piezoelectric Vibration Energy Harvesting and Its Design Issues

6.1. 압전 진동 에너지 수확의 전기 유발 감쇠(electrically induced damping) 특성 및 최대 전력 발생 조건과의 관계

사실 압전 진동 에너지 수확에서 전기 에너지로의 변환 수단으로 사용되는 압전의 정효과(direct effect)는 이미 가속도계, 마이크로폰 등 센서의 원리로서 많이 이용되어 온 것은 주지의 사실이다. 그러나, 압전 진동 에너지 수확에 대한 개념의 가장 최근의 응용 분야는 분기 감쇠(shunt damping)로서 진동 에너지를 분기된 저항에 의해 주울 열(Joule heat)로 감소시키는 것이었다. 압전 진동 에너지 수확은 이를 수동적인 에너지 소산이 아닌 발생된 전기 에너지를 적극적으로 이용하려는 전력 공급원으로서의 관점에서 바라본 것이라고 할 수 있다(Liao and Sodano, 2008).

장치의 제작 및 실험을 통해 에너지 수확의 가능성을 확인하는 단계(Roundy and Wright, 2004)에서 시작된 압전 진동 에너지 수확에 대한 초기 연구에서는 에너지 변환 특성을 파악하기 위한 수학적 모델의 개발이 주된 관심사 중의 하나였다. 그런데, 압전 연성 효과가 잘 반영된 최근의 수학적 모델과는 달리 초기의 수학적 모델은 전자기 유도 방식의 에너지 수확 장치에 대해 개발된 지배 방정식을 이용하여, 역학 방정식에 대한 압전 연성의 효과를 단순한 점성 감쇠(viscous damping)로 간주하거나 무시하는 경향이 있었다(Chen et al., 2006). 그럼에도 불구하고 이러한 수학적 모델은 압전 진동 에너지 수확 장치의 전기 출력에 대한 입력 가진 및 전기/역학 계의 상호 관계를 이해하기 위한 간단하면서도 효과적인 수단을 제공하기도 하였다(우리는 이미 2장에서 이를 살펴보았다). 그러나, 진동 에너지 수확에 있어서 압전의 연성 효과는 계의 진동량뿐만 아니라 고유 진동수의 변화에도 상당한 영향을 미치는 등 역학 점성 감쇠와는 다른 다소 복잡한 감쇠 거동을 부가한다. Glynne-Jones 등(2001)은 이러한 압전 연성 효과로 인한 전기 유발 감쇠(electrically induced damping)가 구조 이력 감쇠(structural hysteretic damping)의 특성을 갖는다고 언급한 바 있다. 또한, 압전 진동 에너지 수확에 의한 감쇠 특성을 살펴보기 위해 Sodano 등(2004b)은 압전 진동 에너지 수확 장치의 외부 저항 값의 크기에 따른 분기 감쇠의 특성을 실험을 통해 재차 확인한 바 있으며, Lesieutre 등(2004)은 DC-DC 변환기가 부착된 에너지 수확 장치의 손실 계수가 전기-역학 연성 계수의 함수임을 밝힌 바 있다. 그러나, 압전 연성으로 인해 발생하는 진동 에너지 수확 장치의 전기 유발 감쇠에 대한 이해는 에너지 수확 장치의 에너지 변환 현상에 대한 기본적인 이해에 필수적임에도 불구하고, 기존의 문헌에서는 발생 메커니즘에 대한 이론적 근거의 제시가 부족하였다(Beeby et al., 2006; Cook-Chennault et al., 2008; Roundy et al., 2004).

여기서는 압전 진동 에너지 수확 장치의 압전 연성 효과로 인한 전기 유발 감쇠 관계를 이론적으로 엄밀히 살펴보자. 또한, 이를 바탕으로 전기 유발 감쇠의 발생 메커니즘 및 특성을 살펴본 후, 부하 저항에서의 최대 전력 발생 시 역학 감쇠 및 전기 유발 감쇠의 관계에 대해 살펴보도록 하자.

6.1.1 진동 에너지 수확 장치의 수학적 모델 복습

(1) 점섬 감쇠 기반 수학적 모델[13)]

그림 6.1.1에 개념적으로 나타낸 진동 에너지 수확 장치의 역학 영역(mechanical domain)에서의 운동 방정식은 다음과 같다(여기서는 식의 단순화를 위해 $\mu=1$로 가정하지만, 유도되는 결과는 전혀 달라지지 않는다).

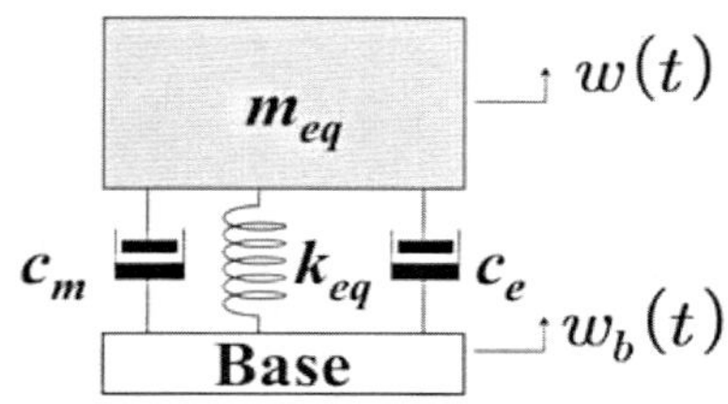

그림 6.1.1 전기 유발 감쇠가 표현된 진동 에너지 수확 장치의 1 자유도 질량-스프링 모델

$$m_{eq}\ddot{w}_r(t)+c_{eq}\dot{w}_r(t)+k_{eq}w_r(t)=-m_{eq}\ddot{w}_b(t) \tag{6.1.1}$$

위 식에서 m_{eq}, c_{eq} 및 k_{eq}는 각각 진동 에너지 수확 장치의 유효 질량, 감쇠 및 강성을 나타낸다. 또한, $w(t)$ 및 $w_b(t)$는 각각 질량 m_{eq} 및 가진 기저(base)의 절대 변위를 나타내고, $w_r(t)$은 질량 m_{eq}의 기저에 대한 상대 변위 $w(t)-w_b(t)$를 나타낸다. 진동 에너지 수확 장치에 있어서 계에 유입되는 에너지는 구조물의 감쇠에 의해 소산될 뿐만 아니라 전기 에너지로도 변환되므로, 총 감쇠 c_{eq}는 역학 감쇠(mechanical damping) c_m과 전기 유발 감쇠(electrically induced damping) c_e로 구성되어 있다고 가정할 수 있다($c_{eq}=c_m+c_e$). 따라서, 기저 변위 $w_b(t)$에 대한 조화 운동 $w_b(t)=W_b e^{j\omega t}$의 가정 하에, 전기 유발 감쇠에 의해 유용한 전기 에너지로 변환되는 부분은 다음과 같이 1 주기당 평균 파워 $\overline{P}_{in}^{elec}$로 나타낼 수 있다(Stephen, 2006).

13) 2.2절에서 다룬 내용을 일부 간략히 기술하였다.

$$
\begin{aligned}
\overline{P}_{in}^{elec} &= \frac{1}{2}\frac{c_e\omega^2 m^2 A_b^2}{\left(k_{eq}-\omega^2 m_{eq}\right)^2+\left(\omega c_{eq}\right)^2} \\
&= \frac{1}{2}\frac{c_e\omega^2 A_b^2}{\left(\omega_n^2-\omega^2\right)^2+\left(2\left(\zeta_m+\zeta_e\right)\omega_n\omega\right)^2} = \frac{m_{eq}\zeta_e r^2 A_b^2}{\omega_n\left\{\left(1-r^2\right)^2+\left(2\left(\zeta_m+\zeta_e\right)r\right)^2\right\}}
\end{aligned}
\tag{6.1.2}
$$

위 식에서 ω_n $(=\sqrt{k_{eq}/m_{eq}})$ 및 A_b $(=\omega^2 W_b)$는 각각 계의 고유 진동수 및 기저의 가진 가속도 크기를 나타내며, ζ_m 및 ζ_e는 각각 역학 감쇠비 및 전기 유발 감쇠비로서 식을 유도하는 과정에서 $c_m = 2\zeta_m\omega_n m_{eq}$ 및 $c_e = 2\zeta_e\omega_n m_{eq}$의 관계가 이용되었다. 따라서, 식 (6.1.2)는 $r=1$ $(\omega=\omega_n)$에서 다음과 같이 간단히 표현된다.

$$
\overline{P}_{in}^{elec} = \frac{m_{eq}\zeta_e A_b^2}{4\omega_n\zeta^2} = \frac{m_{eq}\zeta_e A_b^2}{4\omega_n\left(\zeta_m+\zeta_e\right)^2}
\tag{6.1.3}
$$

위 식에 $d\overline{P}_{in}^{elec}/d\zeta_e = 0$을 적용하면 최대 평균 전력 발생 조건이 $\zeta_m = \zeta_e$이라는 것을 확인할 수 있으며, 이 때 최대 전기 출력 값은 $m_{eq}A_b^2/(16\omega_n\zeta_e)$가 된다. 그러나, 이 결과는 전기 손실을 포함한 전기적 영역(electrical domain)으로의 최대 전력 전달을 의미하는 것이지 전기 부하(electrical load)로의 최대 전력 전달을 의미하는 것은 아니다. 예를 들면, 전자기 유도 방식의 진동 에너지 수확 장치의 경우, ζ_e에는 실제 유용한 전기 출력이 발생하는 외부 부하 저항 뿐만 아니라, 코일의 저항도 포함되어 있기 때문이다. 따라서, 더욱 엄밀하게는 역학 감쇠 c_m의 전기적 상사 표현을 포함한 전기적 영역에서의 저항 정합(resistance matching) 조건에서 최대 전력이 발생한다. 그럼에도 불구하고, 내부 저항을 무시할 수 있는 경우에 $\zeta_m = \zeta_e$의 관계식은 최대 전력 발생 조건의 개념적 이해에 유용하다(Beeby et al., 2007). 이러한 관계는 전기 임피던스 정합을 역학 관점에서 바라본 것이다.

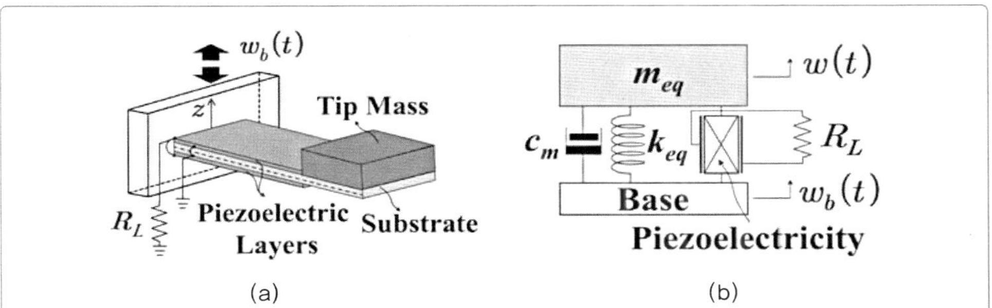

그림 6.1.2 (a) 전형적인 압전 외팔보 진동 에너지 수확 장치 및 (b) 1 자유도 질량-스프링 모델

(2) 압전 기반 에너지 수확 장치의 수학적 모델

앞에서 살펴 본 점성 감쇠 기반 수학적 모델은 전자기 유도 현상을 이용한 진동 에너지 수확 장치에 보다 적합한 방정식이지만, 압전 진동 에너지 수확 장치에 대한 초기의 수학적 모델에서도 압전 연성 효과에 의한 감쇠를 c_e에 의해 표현하여 사용하였던 방법이기도 하다. 그러나, 전자기 유도 방식에서는 전기 영역의 연성이 상대 속도 $\dot{w}_r(t)$에 비례하는 점성 감쇠로 잘 표현되는 반면 압전 연성에 의한 감쇠는 다소 복잡한 성격을 갖는다. 이를 규명하기 위해 압전 진동 에너지 수확 장치의 수학적 모델을 다시 간단히 살펴보기로 하자.

단일 모드에서 동작하는 압전 진동 에너지 수확 장치(그림 6.1.2 참조)에 대한 지배 방정식은 다음과 같이 표현됨을 이미 4장에서 살펴 보았다.

$$m_{eq}\ddot{w}_r(t) + c_m\dot{w}_r(t) + k_{eq}w_r(t) + \alpha v_o(t) = -\mu m_{eq}\ddot{w}_b(t) \tag{6.1.4a}$$

$$\alpha w_r(t) - C_p^S v_o(t) = -q_e(t) \tag{6.1.4b}$$

위 식에서 $q_e(t)$, $v_o(t)$, C_p^S 및 α는 각각 전극의 전하량, 출력 전압, 압전 층의 커패시턴스 및 전기-역학 연성 계수(piezoelectric coupling coefficient)를 나타내고, μ는 기저 가진되는 외팔보 구조에 대한 수정 계수를 의미한다.

기저의 조화 가진에 대한 식 (6.1.4)는 주파수 영역에서는 다음과 같이 표현된다.

$$\left(k_{eq} - \omega^2 m_{eq} + j\omega c_m\right)\widetilde{W}_r + \alpha\widetilde{V}_o = \mu m_{eq}A_b \tag{6.1.5a}$$

$$j\omega\alpha\widetilde{W}_r - j\omega C_p^S\widetilde{V}_o = \widetilde{V}_o/R_L \tag{6.1.5b}$$

위 식에서 $(\widetilde{\cdot})$는 복소 물리량을 나타내며, 식 (6.1.5b)의 유도 과정에서 $dq_e/dt = -v_o(t)/R_L$의 관계가 사용되었다. 또한, j 및 ω는 각각 허수 단위 $\sqrt{-1}$ 및 각 진동수(angular frequency, rad/s)를 나타낸다.

6.1.2 전기 유발 감쇠 특성 및 최대 전력 발생 조건

(1) 압전 진동 에너지 수확에서의 전기 유발 감쇠

식 (6.1.5b)를 $\widetilde{V}_o$에 대해 정리한 후 이를 식 (6.1.5a)에 대입하면 다음과 같은 식을 얻게 된다.

$$
\begin{aligned}
&\left(k_{eq} - \omega^2 m_{eq} + j\omega c_m + \frac{j\omega\alpha^2 R_L}{1 + j\omega C_p^S R_L}\right)\widetilde{W}_r \\
&= \left(\left(k_{eq} + k_{R_L}\right) - \omega^2 m_{eq} + j\omega\left(c_m + c_e\right)\right)\widetilde{W}_r \\
&= \mu m_{eq} A_b
\end{aligned}
\tag{6.1.6}
$$

위 식에서 k_{R_L} 및 c_e는 각각 압전 연성 효과 및 외부 부하 저항으로 인해 발생하는 강성 및 전기 유발 감쇠로서 다음과 같이 표현된다.

$$
k_{R_L} = \frac{(\omega R_L \alpha)^2 C_p^S}{1 + \left(\omega C_p^S R_L\right)^2};\ c_e = \frac{R_L \alpha^2}{1 + \left(\omega C_p^S R_L\right)^2}
\tag{6.1.7}
$$

유도된 결과를 살펴보면, 앞서 언급한 바와 같이 압전 연성 효과가 강성 및 감쇠에도 영향을 미쳐 고유 진동수 및 계의 진동량 모두가 변화될 수 있음을 확인하게 된다. 그림 6.1.3은 임의로 선정된 압전 진동 에너지 수확 장치(C_p^S=49.82 nF, α=0.0037 N/V, ζ_m=0.01)에 대한 식 (6.1.7)의 결과를 주파수 및 외부 부하 저항의 함수로 나타낸 것이다. 가진 주파수 별로 차이는 있지만 일반적으로 k_{R_L}은 외부 부하 저항이 증가함에 따라 그 값이 증가하면서 어떤 값에 수렴하고, c_e는 최대값 이후로 계속 감소하는 것을 확인할 수 있다.

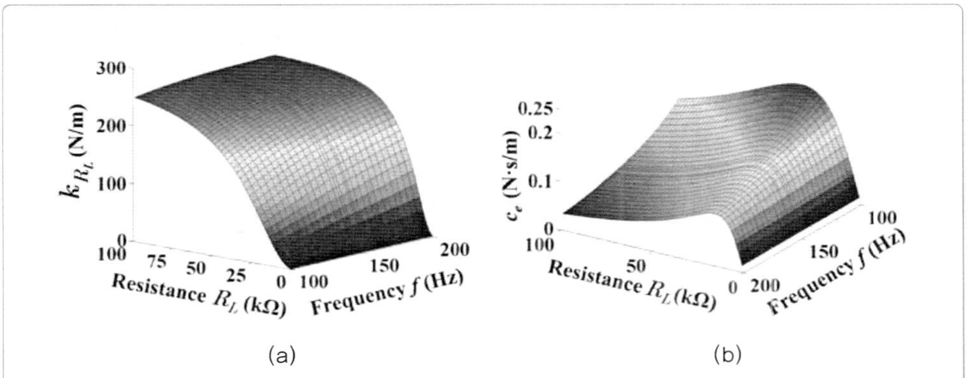

그림 6.1.3 부하 저항 R_L 및 주파수 f $(=\omega/2\pi)$에 따른 (a) k_{R_L} 및 (b) c_e의 분포

참고로 외부 부하 저항이 무한대($R_L \to \infty$)인 개회로(open circuit) 상태의 경우 식 (6.1.7)은 각각 $k_{R_L} = \alpha^2 / C_p^S$ 및 $c_e = 0$이 됨을 알 수 있다. 따라서, 폐회로(short circuit, $R_L = 0$)와 개회로 상태에서의 전기 유발 감쇠 값이 모두 0이므로, 각각의 상태에서 측정된 압전 진동 에너지 수확 장치의 역학 감쇠(c_m) 값은 동일해야 함을 추가로

확인할 수 있다.

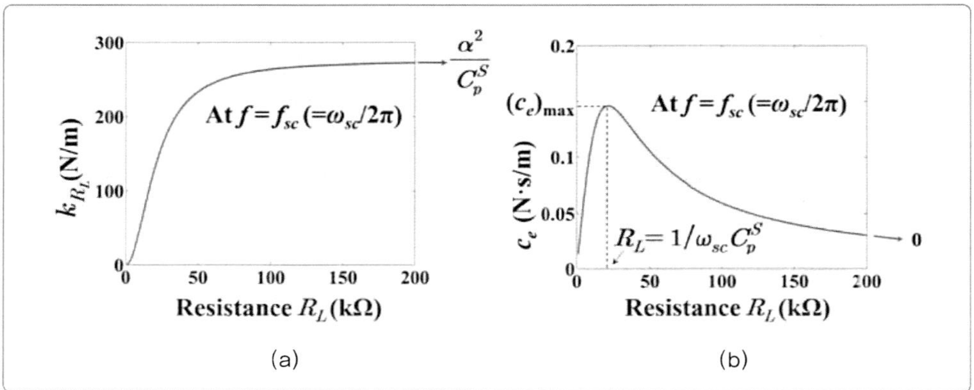

그림 6.1.4 폐회로 고유 진동수($f = f_{sc}$) 가진 시 부하 저항 R_L에 따른 (a) k_{R_L} 및 (b) c_e의 특성

이번에는 외부 가진 주파수가 폐회로 상태의 고유 진동수($f_{sc} = (1/2\pi)\sqrt{k_{eq}/m_{eq}}$) 와 동일한 경우에 대해 식 (6.1.7)을 부하 저항 R_L만의 함수로서 나타내 보았다(그림 6.1.4 참조). 흥미로운 점은 식 (6.1.7)의 두 번째 식을 미분하여 구해보면 알 수 있듯이 c_e가 모든 가진 주파수 ω에 대해 $R_L = 1/\omega C_p^S$에서 최대값을 갖고, 이에 따라 폐회로 고유 진동수 가진 시에는 $R_L = 1/\omega_{sc} C_p^S$에서 최대값을 갖는다는 것이다. 이는 5장에서 살펴 본 압전 진동 에너지 수확 장치의 등가 전기 회로에서 연성 효과를 무시할 수 있는 경우(즉, $\alpha \approx 0$)에 $C_p^S \| R_L$ 병렬 회로에 대한 정합 저항(matched resistance)의 크기로서 압전 진동 에너지 수확 장치의 근사 정합 저항의 크기로서 사용된다고 이미 언급한 바 있다.

그런데, 어떤 특정한 경우에는 식 (6.1.7)에 나타낸 전기 유발 감쇠 c_e가 구조 이력 감쇠(structural hysteretic damping)의 특성을 갖게 된다. 즉, 압전 진동 에너지 수확 장치에 연결된 외부 부하 저항의 값이 장치의 내부 임피던스 크기와 같은 최적 임피던스 정합(optimal impedance matching) 상태이면서 $\omega = \omega_{sc}$인 경우이다. 따라서, 식 (6.1.7)에 표 4.1.1에 나타낸 폐회로 상태의 고유 진동수에서의 최적 저항 식 $R_L^{opt} = (1/\omega_{sc} C_p^S) \times (2\zeta_m / \sqrt{k_e^4 + 4\zeta_m^2})$ 및 $\omega = \omega_{sc}$ 조건을 대입하면, k_{R_L} 및 c_e는 각각 다음과 같이 표현된다.

$$k_{R_L} = k_{eq} \frac{2\zeta_m (2\zeta_m / k_e^2)}{1 + 2(2\zeta_m / k_e^2)^2}; \quad c_e = \frac{k_{eq}}{\omega_{sc}} \frac{2\zeta_m \sqrt{1 + (2\zeta_m / k_e^2)^2}}{1 + 2(2\zeta_m / k_e^2)^2} \tag{6.1.8}$$

위 식을 유도함에 있어서 $\alpha^2/C_p^S = m_{eq}k_e^2\omega_{sc}^2 = k_{eq}k_e^2$의 관계가 사용되었다. 따라서, 식 (6.1.8)에서 $2\zeta_m/k_e^2 \ll 1$ (또는 $\zeta_m^2 \approx 0$)이라는 가정을 이용하면 식 (6.1.6)은 최종적으로 다음과 같이 나타낼 수 있다.

$$j(\omega_{sc}c_m + 2\zeta_m k_{eq})\widetilde{W}_r = \mu m_{eq}A_b \tag{6.1.9}$$

위 식으로부터 전기 유발 감쇠항 $jk_{eq}2\zeta_m$은 손실 계수가 $2\zeta_m$인 구조 이력 감쇠로 표현됨을 확인할 수 있다. 구조물의 공진 상태에서는 역학 점성 감쇠비 ζ_m이 구조 이력 감쇠의 손실 계수 η_m과 $\eta_m = 2\zeta_m$의 관계를 갖기 때문이다. 위 식의 유도 과정에서 사용된 $2\zeta_m/k_e^2$의 물리적 의미는 압전에 의한 전기 에너지로의 변환 대비 역학 감쇠에 의해 소산되는 에너지의 비율을 나타내며, 일반적인 압전 구조물에서는 $2\zeta_m/k_e^2 \ll 1$의 관계가 성립한다(duToit and Wardle, 2007).

또한, 식 (6.1.8)의 좌측 식 및 (6.1.9)로부터 최적 임피던스 정합된 부하 저항을 갖는 공진 상태의 압전 진동 에너지 수확 장치는 $2\zeta_m/k_e^2 \ll 1$일 때 압전 연성으로 인한 강성 증가 효과가 사라짐을 추가로 확인할 수 있다.

(2) 최대 전력 발생 조건과 전기 유발 감쇠

그렇다면, 앞서 유도된 결과들을 이용하여, 압전 진동 에너지 수확 장치의 최대 전력 발생 조건으로서 $\zeta_m = \zeta_e$이 됨을 살펴보도록 하자. 이는 일부 문헌(Beeby et al., 2006; Cook-Chennault et al., 2008; Roundy et al., 2004)에서 참고 문헌 인용 없이 언급되고 있는 내용으로서, 여기서 기술되는 내용은 압전 진동 에너지 수확 장치의 에너지 변환 현상을 이해하는데 많이 도움이 될 것이다.

앞서 살펴 본 식 (6.1.9)가 유도된 조건은 결국 부하 저항에서 최대 전력이 발생하는 경우와 같다. 전기 유발 감쇠를 등가의 점성 감쇠 c_e로 간주한다면, 식 (6.1.9)의 $2\zeta_m k_{eq}$에 대해 다음의 관계가 성립한다.

$$2\zeta_m k_{eq} = \omega_{sc}c_e = 2\zeta_e\omega_{sc}^2 m_{eq} = 2\zeta_e k_{eq} \tag{6.1.10}$$

즉, $\zeta_m = \zeta_e$의 관계를 얻게 된다. 또는, 식 (6.1.8)의 c_e가 $2\zeta_e\omega_{sc}m_{eq}$와 같고, 이 관계를 ζ_e에 대해 정리하면 아래와 같으므로,

$$\zeta_e = \frac{k_{eq}}{2\omega_{sc}^2 m_{eq}} \frac{2\zeta_m\sqrt{1+\left(2\zeta_m/k_e^2\right)^2}}{1+2\left(2\zeta_m/k_e^2\right)^2} = \frac{\zeta_m\sqrt{1+\left(2\zeta_m/k_e^2\right)^2}}{1+2\left(2\zeta_m/k_e^2\right)^2} \tag{6.1.11}$$

$2\zeta_m/k_e^2 \ll 1$의 조건을 이용하면 (6.1.10)에서와 같이 $\zeta_m = \zeta_e$의 관계가 성립함을 알

수 있다.

최대 전력 발생 조건과 감쇠 인자들 사이의 관계는 다음과 같이 유도될 수도 있다. 위에서 살펴 본 과정과는 반대로 이제는 $\zeta_m = \zeta_e$이기 위한 R_L의 조건이 무엇인지 알아보자. $\zeta_m = \zeta_e$이므로, 식 (6.1.7)의 c_e에 대한 식은 $\omega = \omega_{sc}$에서 다음과 같이 나타낼 수 있다.

$$c_e = 2\zeta_m \omega_{sc} m_{eq} = \frac{R_L \alpha^2}{1 + \left(\omega_{sc} C_p^S R_L\right)^2} \tag{6.1.12}$$

따라서, 위 식을 R_L에 대해 정리하면 다음과 같다.

$$R_L = \frac{1}{\omega_{sc} C_p^S} \frac{4\zeta_m}{k_e^2 + \sqrt{k_e^4 - 16\zeta_m^2}} = \frac{1}{\omega_{sc} C_p^S} \frac{4\zeta_m / k_e^2}{1 + \sqrt{1 - 4(2\zeta_m / k_e^2)^2}} \tag{6.1.13}$$

위 식은 $2\zeta_m / k_e^2 \ll 1$인 경우

$$R_L \approx \frac{1}{\omega_{sc} C_p^S} \frac{2\zeta_m}{k_e^2} \tag{6.1.14}$$

가 되는데, 이는 같은 조건($2\zeta_m / k_e^2 \ll 1$)에서 R_L^{opt}의 근사화된 식과 동일하다. 즉, $2\zeta_m / k_e^2 \ll 1$을 만족하는 경우, $\omega = \omega_{sc}$에서 $\zeta_m = \zeta_e$라는 조건은 $R_L = R_L^{opt}$를 의미한다.

잠깐 !

식 (6.1.7)에 나타낸 압전 진동 에너지 수확 장치의 등가 전기 유발 감쇠 c_e는 식 (6.1.6)의 첫 번째 표현 및 감쇠력에 의해 1 주기당 소산되는 에너지 ΔE를 이용하여 구할 수 있다. 다만, 이 경우에는 유도 과정을 간단히 하기 위해 처음부터 공진 상태($\omega = \omega_{sc}$)를 가정한다. 등가의 전기 유발 점성 감쇠력에 의해 1 주기당 발생되는 에너지는 다음과 같이 표현된다.

$$\Delta E = \pi \omega_{sc} c_e \left|\widetilde{W}_r\right|^2 \tag{a}$$

그런데, 역학 감쇠 없이 전기 유발 감쇠만을 고려하면($c_m = 0$), 식 (6.1.6)으로부터 상대 변위의 크기 $\left|\widetilde{W}_r\right|$은 다음과 같이 구할 수 있다.

$$|\widetilde{W}_r|^2 = (\mu m_{eq} A_b)^2 \frac{1+\left(\omega_{sc} C_p^S R_L\right)^2}{\alpha^2\left(\omega_{sc}\alpha R_L\right)^2} \quad \text{(b)}$$

따라서, 식 (a)의 $\triangle E$는 다음과 같이 표현된다.

$$\triangle E = \pi\omega_{sc} c_e (\mu m_{eq} A_b)^2 \frac{1+\left(\omega_{sc} C_p^S R_L\right)^2}{\alpha^2\left(\omega_{sc}\alpha R_L\right)^2} \quad \text{(c)}$$

한편, $c_m = 0$일때 부하 저항 R_L에서의 평균 발생 전력 $P_o(R_L)$ (표 4.1.2)를 이용하면 $\triangle E$는 다음과 같이 나타낼 수 있으므로,

$$\triangle E = \frac{2\pi}{\omega_{sc}} \cdot P_o(R_L)\Big|_{\zeta_m = 0} = \frac{1}{2}\frac{2\pi}{\omega_{sc}}\frac{R_L(\alpha\mu A_b)^2}{\left(C_p^S R_L k_e^2 \omega_{sc}^2\right)^2} \quad \text{(d)}$$

식 (c) 및 (d)가 같음을 이용하면, 식 (6.1.7)에 나타낸 등가 전기 유발 감쇠 c_e에 대한 식을 동일하게 얻을 수 있다. 이 때 $\alpha^2 / C_p^S = m_{eq} k_e^2 \omega_{sc}^2 = k_{eq} k_e^2$의 관계를 이용한다.

$$\pi\omega_{sc} c_e (\mu m_{eq} A_b)^2 \frac{1+\left(\omega_{sc} C_p^S R_L\right)^2}{\alpha^2\left(\omega_{sc}\alpha R_L\right)^2} = \frac{1}{2}\frac{2\pi}{\omega_{sc}}\frac{R_L(\alpha\mu A_b)^2}{\left(C_p^S R_L k_e^2 \omega_{sc}^2\right)^2} \quad \text{(e1)}$$

$$\begin{aligned} c_e &= \frac{1}{2}\frac{2\pi}{\omega_{sc}}\frac{R_L(\alpha\mu A_b)^2}{\left(C_p^S R_L k_e^2 \omega_{sc}^2\right)^2}\frac{\alpha^2\left(\omega_{sc}\alpha R_L\right)^2}{1+\left(\omega_{sc} C_p^S R_L\right)^2}\frac{1}{\pi\omega_{sc}(\mu m_{eq} A_t)^2} \\ &= \frac{R_L \alpha^2}{1+\left(\omega_{sc} C_p^S R_L\right)^2} \end{aligned} \quad \text{(e2)}$$

6.2. 압전 진동 에너지 수확의 에너지 변환 효율(energy conversion efficiency) 및 변환 특성

진동 에너지 수확에 대한 연구의 초기 단계에서는 정전기, 전자기 유도 및 압전 현상 등에 기반한 에너지 수확 장치의 제작 및 실험을 통해 에너지 수확 가능성을 확인하였다(Meninger et al., 2001; El-hami et al., 2001; Roundy and Wright, 2004). 동시에 각각의 물리 현상에 따른 에너지 수확 장치의 수학적 모델링 기법이 정립되어 왔으며(Mitcheson et al., 2004; Stephen, 2006; Erturk and Inman, 2008c), 서로 다른 에너지

변환 수단의 변환 효율에 대한 연구가 이루어졌다(Roundy, 2005; Gilbert and Balouchi, 2008).

압전 진동 에너지 수확 장치의 에너지 변환 효율에 대한 초기 연구로서 Umeda 등(1997)은 낙하 쇠구슬의 충격에 의한 원판형 에너지 수확 장치의 효율을 다루었는데, 이 때 변환 효율은 쇠구슬의 위치 에너지 대비 외부 커패시터에 저장되는 에너지의 비율로 정의하였다. 또한, Goldfarb 등(1999)은 외부 부하 저항이 연결된 적층형 에너지 수확 장치에 대해 조화 가진(harmonic excitation)에 의한 입력 파워(input power) 대비 저항에서의 전력 값을 변환 효율로서 정의하고 실험에 의한 결과를 제시하였다. 그러나, 물리적 의미를 갖는 인자들에 의해 명시적으로 표현된 변환 효율 식은 제시되지 않았었다. 반면 Richards 등(2004)은 근사 정합된 부하 저항을 갖는 압전 진동 에너지 수확 장치에 대해 역학 품질 계수(mechanical quality factor) 및 전기-역학 연성 계수(electro-mechanical coupling coefficient)에 의해 표현된 에너지 변환 효율 식을 제안한 바 있다. 이 밖에도 압전 진동 에너지 수확의 에너지 변환 효율에 대한 연구가 있었으나(Harne, 2012; Shu and Lien, 2006; Sodano et al., 2005), 특정한 경우에 대한 실험이거나 일반적인 변수에 의해 표현되지 않아 그 응용에 제한된 면이 있었다. 여기서는 Richards 등(2004)에 의해 제안된 에너지 변환 효율 식의 특성을 살펴본 후 최적의 임피던스 정합을 갖는 외부 부하 저항이 부착된 경우에 대해 에너지 변환 효율 식을 유도하였다(Kim, 2017b). 이를 통해 기존 식을 사용함에 있어서의 일부 문제점을 확인함과 동시에 수정된 에너지 변환 효율식을 이용하여 압전 진동 에너지 수확 장치의 에너지 변환 효율 특성에 대해 알아보자.

6.2.1 압전 진동 에너지 수확의 에너지 변환 분석

(1) 폐회로 상태에서의 입력 역학 에너지

그림 6.1.2에 나타낸 압전 진동 에너지 수확 장치에 입력되는 단위 시간 당 진동 에너지[14)]는 등가 1 자유도계를 고려하면 쉽게 구할 수 있다. 기저의 조화 가진 $w_b(t) = W_b e^{j\omega t}$에 대해, 계에 유입되는 힘 $f_{in}(t) = \widetilde{F}_{in} e^{j\omega t}$ (압전 진동 에너지 부착 부위에서의 내력)과 기저의 속도 $u_b(t) = \widetilde{U}_b e^{j\omega t}$는 각각 다음과 같이 표현된다.

$$\widetilde{F}_{in} = (-k_{eq} - j\omega c_{eq})\widetilde{W}_r;\ \ \widetilde{U}_b = j\omega\mu W_b \tag{6.2.1}$$

14) 식 (4.3.6)에 의해 표현된 지배 방정식은 단일 모드로 작동하는 모든 형태의 선형 진동 에너지 수확 장치에 적용되므로, 여기서 기술되는 에너지 변환 효율은 비단 외팔보 형태의 진동 에너지 수확 장치에만 적용되는 것은 아니다.

따라서, 1 주기에 대해 시간 평균된 입력 역학 파워(mechanical input power) P_{in}은 다음과 같이 유도된다.

$$P_{in} = \frac{1}{2}\mathrm{Re}\left\{\widetilde{F}_{in} \cdot \widetilde{U}_b^*\right\} = \frac{1}{2}\frac{\mu^2\omega^6 m_{eq}^2 c_{eq}}{\left(k_{eq}-\omega^2 m_{eq}\right)^2+\left(\omega c_{eq}\right)^2}W_b^2 \tag{6.2.2}$$

위 식에서 기호 "*"는 공액 복소수(complex conjugate)를 의미하고 "$\mathrm{Re}\{\widetilde{Z}\}$"는 복소 물리량 $\widetilde{Z}$의 실수부를 뜻한다. 그림 5.3.6의 등가 전기 회로에서도 알 수 있듯이, 폐회로 상태(즉, $R_L = 0$ 이며 따라서, $v_o = 0$)에서는 전기 영역과 역학 영역이 비연성되어 계에 입력되는 에너지는 전기 에너지로의 변환이 없는 순수 역학 에너지가 된다. 따라서, 식 (6.2.2)는 폐회로 상태의 등가 전기 회로에서 소모되는 전력 식 및 등가 전기 회로 파라미터를 이용하여 얻을 수도 있다.

최대 역학 입력 파워는 식 (6.2.2)에 $\omega = \omega_{sc}$를 대입하여 아래와 같이 구할 수 있다.

$$P_{in}^{sc} = \frac{1}{2}\frac{\mu^2\omega_{sc}^4 m_{eq}^2}{c_{eq}}W_b^2 = \frac{1}{4}\frac{\mu^2 m_{eq}^2}{\zeta_m\omega_{sc}}A_b^2 \tag{6.2.3}$$

예제 6.2.1

압전 진동 에너지 수확 장치에 대한 그림 5.3.6의 등가 전기 회로를 이용하여 폐회로 고유 진동수 가진 시 입력 역학 파워 식 (6.2.2)를 유도하여라.

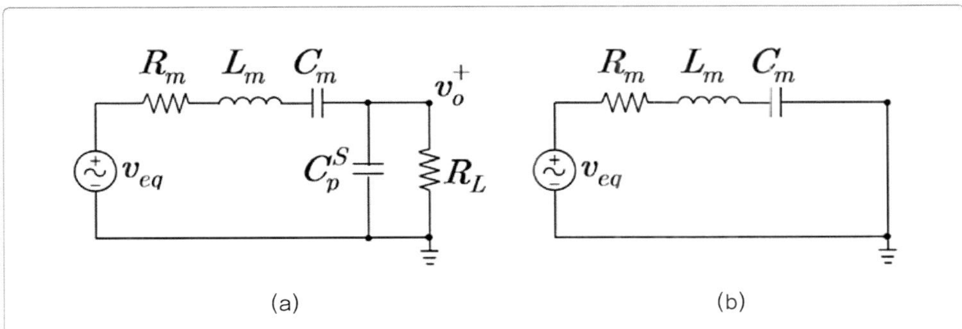

그림 6.2.1 (a) 외부 부하 저항 R_L이 연결된 압전 진동 에너지 수확 장치의 등가 전기 회로 및 (b) 폐회로 상태($R_L = 0$)에서의 등가 전기 회로

풀이

폐회로 상태인 $R_L = 0$의 경우, 그림 5.3.6(그림 6.2.1(a)에 다시 나타내었다)의 등가 전기 회로는 그림 6.2.1(b)와 같다. 이는 압전 연성이 없어지는 경우로서 질량–스프링–감

쇠 계의 순수 역학계를 나타내는 등가 전기 회로인 셈이다. 이 경우 회로의 임피던스는 아래와 같으므로

$$\widetilde{Z}_T = R_m + j\left(\omega L_m - \frac{1}{\omega C_m}\right) \tag{a}$$

등가 전압원 $v_{eq} = V_{eq}e^{j\omega t}$에 의해 회로에서(또는 저항 R_m에서) 소비되는 전력(P_{in})은 다음과 같이 표현된다.

$$P_{in} = \frac{1}{2}|V_{eq}|^2 \mathrm{Re}\left\{\frac{1}{\widetilde{Z}_T^*}\right\} = \frac{1}{2}|V_{eq}|^2 \frac{R_m}{R_m^2 + (\omega L_m - 1/\omega C_m)^2} \tag{b}$$

5장에서 살펴본 바 있는, 순수 역학계에서의 등가 전기 회로 파라미터인 $R_m = c_{eq}$, $L_m = m_{eq}$, $C_m = 1/k_{eq}$ 및 $V_{eq} = \mu m_{eq} A_b$를 위 식 (b)에 대입하여 정리하면 식 (6.2.2)와 동일한 결과를 얻는다.

■ ■ ■

(2) 부하 저항이 연결된 경우의 입력 역학 에너지

압전 진동 에너지 수확 장치에 부하 저항 R_L이 연결된 경우, 계에 입력되는 단위 시간당 최대 역학 에너지($\omega = \omega_{sc}$인 경우)는 당연히 식 (6.2.3)과 같지 않을 것이다. 이 경우 폐회로 상태의 고유 진동수에서 $\widetilde{F}_{in}$은 다음과 같고

$$\widetilde{F}_{in} = (-k_{eq} - j\omega_{sc}c_{eq})\widetilde{W}_r - \alpha \widetilde{V}_o = -\omega_{sc}^2 m_{eq}\widetilde{W}_r - \mu m_{eq} A_b \tag{6.2.4}$$

외팔보 끝단의 상대 변위 $\widetilde{W}_r$은 아래와 같이 표현되므로(식 6.1.5 참조),

$$\widetilde{W}_r = \frac{\mu m_{eq} A_b (1 + j\omega_{sc} C_p^S R_L)}{-\omega_{sc}^2 c_{eq} C_p^S R_L + j\omega_{sc}(c_{eq} + \alpha^2 R_L)} \tag{6.2.5}$$

부하 저항 R_L이 존재하는 경우에 압전 진동 에너지 수확 장치에 입력되는 역학 파워는 식 (6.2.2)를 유도하였던 관계 $P_{in} = (1/2)\mathrm{Re}\{\widetilde{F}_{in} \cdot \widetilde{U}_b^*\}$를 이용하여 구할 수 있다. 그런데, 입력 파워의 최대 값을 구하므로 여기서 부하 저항 R_L은 최적 정합되었다고 가정하여 $\omega = \omega_{sc}$에서의 R_L^{opt} 식(표 4.1.1 참조)을 대입한다. 따라서, 이 경우에 계에 입력되는 역학 파워의 최대값($P_{in}^{R_L^{opt}}$)은 다소 복잡한 과정을 통해 아래와 같이 표현된다.

$$P_{in}^{R_L^{opt}} = \frac{1}{2}\frac{1+2\left(2\zeta_m/k_e^2\right)^2+\sqrt{1+\left(2\zeta_m/k_e^2\right)^2}}{1+\left(2\zeta_m/k_e^2\right)^2+\sqrt{1+\left(2\zeta_m/k_e^2\right)^2}}\cdot\frac{1}{4}\frac{\mu^2 m_{eq}}{\zeta_m\omega_{sc}}A_b^2$$
$$= \frac{1}{2}\frac{1+2\left(2\zeta_m/k_e^2\right)^2+\sqrt{1+\left(2\zeta_m/k_e^2\right)^2}}{1+\left(2\zeta_m/k_e^2\right)^2+\sqrt{1+\left(2\zeta_m/k_e^2\right)^2}}\cdot P_{in}^{sc} = \hat{P}_{in}^{R_L^{opt}}\cdot P_{in}^{sc} \tag{6.2.6}$$

위 식에서 $\hat{P}_{in}^{R_L^{opt}}$는 최적 저항이 연결된 압전 진동 에너지 수확 장치에 대해, P_{in}^{sc}로 정규화된(normalized) 최대 입력 역학 파워를 나타낸다. 또한, 위 식의 최종 형태로 정리하기 위해 다음 관계가 이용되었다.

$$C_p^S = \frac{\alpha^2}{m_{eq}\left(\omega_{oc}^2-\omega_{sc}^2\right)} = \frac{1}{k_e^2}\frac{\alpha^2}{\omega_{sc}^2 m_{eq}} = \frac{1}{k_e^2}\frac{\alpha^2}{k_{eq}} \tag{6.2.7}$$

식 (6.2.6)은 식 (6.2.3)을 포함하고 있는데, 이는 최적 저항이 연결된 압전 진동 에너지 수확 장치에 입력되는 역학 파워의 최대값은 폐회로 상태($R_L=0$)의 경우보다 항상 작다는 것을 의미한다($P_{in}^{R_L^{opt}} < P_{in}^{sc}$). 또한, 식 (6.2.6)으로 부터 $P_{in}^{R_L^{opt}}$의 값은 기껏해야 P_{in}^{sc}의 50%임을 알 수 있다.

참고로, 여기서 식 (6.2.6)은 식 (6.1.5)를 이용하여 유도되었지만, 예제 6.2.1에서와 같이 등가 전기회로를 이용하여 구할 수도 있다, 등가 전기 회로를 이용하면 식 (6.2.6)은 R_L^{opt}가 연결되어 있는 등가 전기 회로에서 소비되는 전체 전력을 의디한다. 이를 확인하기 위해 먼저 $\omega=\omega_{sc}$일 때 병렬 연결되어 있는 C_p^S 및 R_L^{opt}의 임피던스 $\tilde{Z}_{C_p^S \| R_L^{opt}}$ 및 회로 전체의 임피던스 $\tilde{Z}_T$를 다음과 같이 나타내어 보자.

$$\tilde{Z}_{C_p^S \| R_L^{opt}} = \frac{R_L^{opt}}{1+j\omega_{sc}C_p^S R_L^{opt}} = \frac{2\zeta_m/k_e^2}{\sqrt{1+\left(2\zeta_m/k_e^2\right)^2}+j\left(2\zeta_m/k_e^2\right)}\frac{1}{\omega_{sc}C_p^S} \tag{6.2.8a}$$

$$\tilde{Z}_T = R_m + \tilde{Z}_{C_p^S \| R_L^{opt}} = R_m + \frac{2\zeta_m/k_e^2}{\sqrt{1+\left(2\zeta_m/k_e^2\right)^2}+j\left(2\zeta_m/k_e^2\right)}\frac{1}{\omega_{sc}C_p^S} \tag{6.2.8b}$$

따라서, 식 (6.2.7)과 다음의 관계를 이용하면,

$$R_m = \frac{2\zeta_m}{\omega_{sc}C_m};\ C_m = k_e^2 C_p^S;\ V_{eq} = \frac{\mu m_{eq}A_b}{\alpha} \tag{6.2.9}$$

R_L^{opt}가 연결되어 있는 등가 전기 회로에서 소비되는 전체 전력 $P_T^{R_L^{opt}}$는 다음과 같이 유도되며 이는 식 (6.2.6)과 동일하게 된다.

$$P_T^{R_L^{opt}}\left(=P_{in}^{R_L^{opt}}\right)=\frac{1}{2}|V_{eq}|^2\mathrm{Re}\left\{\frac{1}{\tilde{Z}_T^*}\right\}$$
$$=\frac{1}{2}\frac{1+2\left(2\zeta_m/k_e^2\right)^2+\sqrt{1+\left(2\zeta_m/k_e^2\right)^2}}{1+\left(2\zeta_m/k_e^2\right)^2+\sqrt{1+\left(2\zeta_m/k_e^2\right)^2}}\cdot\frac{1}{4}\frac{\mu^2 m_{eq}}{\zeta_m\omega_{sc}}A_b^2 \tag{6.2.10}$$

(3) 압전 진동 에너지 수확 장치의 발생 전력

$\omega=\omega_{sc}$에서 최적 저항이 연결된 압전 진동 에너지 수확 장치의 발생 전력은 이미 4장에서 살펴보았다. 표 4.1.1에 있는 최대 발생 전력량 P_o를 아래에 다시 나타내었으며, 여기서는 $P_{out}^{R_L^{opt}}$로 표현하였다.

$$P_{out}^{R_L^{opt}}=\frac{1}{2}\frac{\alpha^2}{C_p^S}\frac{\mu^2 A_b^2}{4\zeta\omega_{sc}^3\left(k_e^2+\sqrt{k_e^4+4\zeta_m^2}\right)} \tag{6.2.11}$$

식 (6.2.7)로부터 $\alpha^2/C_p^S=k_e^2\omega_{sc}^2 m_{eq}$의 관계식을 이용하면 위 식은 다음과 같이 표현된다.

$$P_{out}^{R_L^{opt}}=\frac{1}{2}\frac{k_e^2}{k_e^2+\sqrt{k_e^4+4\zeta_m^2}}\cdot\frac{1}{4}\frac{\mu^2 m_{eq}}{\zeta_m\omega_{sc}}A_b^2$$
$$=\frac{1}{2}\frac{1}{1+\sqrt{1+\left(2\zeta_m/k_e^2\right)^2}}\cdot P_{in}^{sc}=\hat{P}_{out}^{R_L^{opt}}\cdot P_{in}^{sc} \tag{6.2.12}$$

위 식에서 $\hat{P}_{out}^{R_L^{opt}}$는 P_{in}^{sc}에 대해 정규화된(normalized), 최적 저항에서의 최대 발생 전력을 나타낸다.

참고로, 식 (6.2.12)는 발생 전력을 최대화할 목적으로 압전 진동 에너지 수확 장치를 최적 설계할 경우 사용될 수 있다. 외부 가진 주파수가 정해지면 장치의 고유 진동수 ω_{sc}의 목표값은 정해진다. 그런데, 장치의 발생 전력을 증가시키기 위해서는 $\hat{P}_{out}^{R_L^{opt}}$와 P_{in}^{sc}를 증가시키면 되는데, P_{in}^{sc}를 증가시키기 위해서는 주어진 기저의 가진 가속도에서 역학 감쇠비 ζ_m은 낮추고 등가 질량 m_{eq}를 증가시켜야 한다(외팔보 수확 장치의 등가 질량은 주로 끝단 질량에 의해 좌우되므로 끝단 질량의 증가로 μ의 값은 1에 가까와지게 된다). 또한, P_{in}^{sc}의 전기 에너지로의 변환 효율 $\hat{P}_{out}^{R_L^{opt}}$는 $2\zeta_m/k_e^2$의 값을 낮추면 된다. 결론적으로, ω_{sc}에서의 주어진 가속도 및 질량 제한 조건을 고려하면, 압전 진동 에너지 수화 장치의 성능은 2개의 파라미터 ζ_m 및 k_e^2에 의해 좌우된다.

식 (6.2.6) 및 (6.2.10)에서와 마찬가지로, 식 (6.2.12)는 최적 저항이 연결된 압전 진동 에너지 수확 장치의 등가 전기 회로를 이용하여 유도할 수 있다. 이는 최적 저항에서의 발생 전력 값으로서 아래와 같이 유도된다.

$$
\begin{aligned}
P_L^{opt}\left(=P_{out}^{R_L^{opt}}\right) &= \frac{1}{2}\left|V_{eq}\frac{\widetilde{Z}_{C_p^S \| R_L^{opt}}}{\widetilde{Z}_T}\right|^2\frac{1}{R_L^{opt}} \\
&= \frac{1}{2}\frac{1}{1+\sqrt{1+\left(2\zeta_m/k_e^2\right)^2}} \cdot \frac{1}{4}\frac{\mu^2 m_{eq}}{\zeta_m\omega_{sc}}A_b^2
\end{aligned}
\tag{6.2.13}
$$

6.2.2 에너지 변환 효율 척도

(1) 문헌에서의 에너지 변환 효율

문헌에서 보고되어온 에너지 변환 효율에 관한 다른 많은 식들 중에서, 상대적으로 보다 유용한 형태로 제안되었던 식의 초기 및 수정된 표현에 대해 알아보도록 하자.

단일 모드로 작동하는 선형 진동 에너지 수확 장치의 등가 전기회로(그림 6.2.1(a))에 대해, Richards 등(2004)은 $\omega=\omega_{sc}$에서 에너지 수확 장치 전체에서 소비되는 전력(P_T) 대비 부하 저항 R_L에서 소비되는 전력(P_L)을 에너지 변환 효율 η로 정의하였다.

$$
\eta=\frac{P_L}{P_T}=\frac{\frac{1}{2}\frac{k_{sys}^2}{1-k_{sys}^2}}{\left(\frac{1}{Q_m}+\frac{1}{2}\frac{k_{sys}^2}{1-k_{sys}^2}\right)}
\tag{6.2.14}
$$

위 식에서 Q_m은 진동에서 많이 사용되는 역학 품질 계수(mechanical quality factor)을 의미하며 $1/2\zeta_m$로서 정의된다. 그런데, 식 (6.2.14)는 부하 저항 R_L이 $\omega=\omega_{sc}$에서 근사 임피던스 정합된 $1/\omega_{sc}C_p^S(=R_L^{appr})$일 경우에 유도된 식이다. 따라서, 이 후에는 최적 부하 저항 R_L^{opt}를 고려하여 식 (6.2.14)의 수정된 형태로 유도할 것이다. 이를 위해 지금까지 사용되어 왔던 기호를 이용하여 식 (6.2.14)를 다시 표현하면 다음과 같다.

$$
\eta^{appr}=\frac{P_L^{appr}}{P_T^{appr}}=\frac{Q_m k_e^2}{2+Q_m k_e^2}=\frac{1}{1+2\left(2\zeta_m/k_e^2\right)}
\tag{6.2.15}
$$

위 식에서는 근사 정합된 부하 저항이 연결된 경우를 강조하기 위해 특별히 상첨자 "$appr$"을 사용하였다. 식 (6.2.15)로부터 압전 진동 에너지 수확 장치의 에너지 변환 효율은 $2\zeta_m$과 k_e^2의 비율로 표현됨을 알 수 있다.

참고로 식 (6.2.14) (또는 식 (6.2.15))의 분모 및 분자에 나타낸 P_T^{appr} 및 P_L^{appr}에 대한 각각의 표현을 유도하여 보자. 식 (6.2.10) 및 (6.2.13)을 유도했었던 방법을 동일하게 적용하여, $\omega = \omega_{sc}$일 때 병렬 연결되어 있는 C_p^S 및 R_L^{appr}의 임피던스 $\widetilde{Z}_{C_p^S \| R_L^{appr}}$ 및 회로 전체의 임피던스 $\widetilde{Z}_T$는 다음과 같이 표현할 수 있다.

$$\widetilde{Z}_{C_p^S \| R_L^{appr}} = \frac{R_L^{appr}}{1 + j\omega_{sc} C_p^S R_L^{appr}} = \frac{1}{1+j} \cdot \frac{1}{\omega_{sc} C_p^S} \tag{6.2.16a}$$

$$\widetilde{Z}_T = R_m + \widetilde{Z}_{C_p^S \| R_L^{appr}} = R_m + \frac{1}{1+j} \cdot \frac{1}{\omega_{sc} C_p^S} \tag{6.2.16b}$$

따라서, 근사 정합된 부하 저항 R_L^{appr}에서의 발생 전력 P_L^{appr} 및 회로 전체에서의 소비 전력 P_T^{appr}는 각각 다음과 같이 표현된다.

$$\begin{aligned} P_L^{appr}\left(= P_{out}^{R_L^{appr}}\right) &= \frac{1}{2}\left| V_{eq} \frac{\widetilde{Z}_{C_p^S \| R_L^{appr}}}{\widetilde{Z}_T} \right|^2 \frac{1}{R_L^{appr}} \\ &= \frac{1}{2} \frac{4\left(2\zeta_m / k_e^2\right)}{1 + \left\{1 + 2\left(2\zeta_m / k_e^2\right)\right\}^2} \cdot \frac{1}{4} \frac{\mu^2 m_{eq}}{\zeta_m \omega_{sc}} A_b^2 \end{aligned} \tag{6.2.17a}$$

$$\begin{aligned} P_T^{R_L^{appr}}\left(= P_{in}^{R_L^{appr}}\right) &= \frac{1}{2}| V_{eq}|^2 \mathrm{Re}\left\{ \frac{1}{\widetilde{Z}_T^*} \right\} \\ &= \frac{1}{2} \frac{8\left(2\zeta_m / k_e^2\right)^2 + 4\left(2\zeta_m / k_e^2\right)}{1 + \left\{1 + 2\left(2\zeta_m / k_e^2\right)\right\}^2} \cdot \frac{1}{4} \frac{\mu^2 m_{eq}}{\zeta_m \omega_{sc}} A_b^2 \end{aligned} \tag{6.2.17b}$$

(2) 수정된 에너지 변환 효율

식 (6.2.14) 또는 (6.2.15)는 진동 에너지 수확 장치의 에너지 변환 효율이 $2\zeta_m / k_e^2$의 함수임을 나타내는 매우 유용한 식이다. 그러나, 4.4.2에서도 살펴 본 바와 같이 근사 정합된 부하 저항을 사용하면 실제의 발생 전력량을 과소 평가하게 되고 그 특성을 잘 반영하지 못한다. 그림 6.2.2에 역학 감쇠비에 따른 전력량 특성 차이를 비교해 놓았다. 근사 정합된 부하 저항에서의 발생 전력량은 최적 저항에서 보다 항상 적으며, 역학 감쇠비가 커질수록(그러나, 일반적인 감쇠비의 값보다 큰 경우이다) 그 차이는 작아지나 근사 정합된 부하 정항에서의 최대 전력 발생 주파수는 언제나 폐회로 및 개회로 상태의 고유 진동수 사이에 존재하게 된다. 가진 주파수에 맞춰지는 압전 진동 에너지 수확 장치의 폐회로 상태의 고유 진동수(f_{sc})에서의 발생 전력량 크기를 비교해 보라.

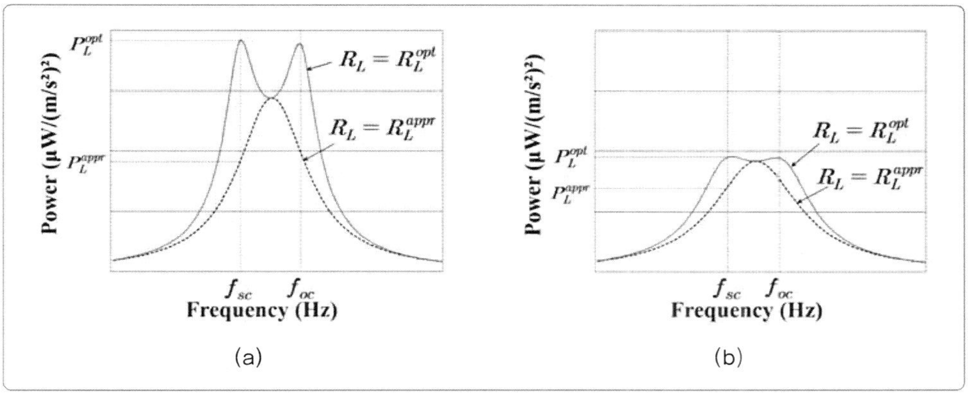

그림 6.2.2 역학 감쇠비에 따른 압전 진동 에너지 수확 장치의 발생 전력 특성 변화: 실선 및 점선은 각각 최적 저항 및 근사 임피던스 정합의 경우를 나타내며, 좌측의 역학 감쇠비가 우측의 경우보다 작다.

이를 고려해 보면 기존의 에너지 변환 효율 식 (6.2.14) (또는 식 (6.2.15))에서 식 (6.2.17)은 최적 저항이 연결된 경우로 수정되어야 한다는 사실을 알 수 있다.

이미 위에서 유도한 바 있는 식 (6.2.6) 및 (6.2.12) (또는 식 (6.2.10) 및 (6.2.13))을 에너지 변환 효율 정의에 대입하면 다음과 같은 수정된 에너지 변환 효율 식을 유도할 수 있다.

$$\eta_1^{opt} = \frac{P_{out}^{R_L^{opt}}}{P_{in}^{R_L^{opt}}} = \frac{P_L^{opt}}{P_T^{opt}} = \frac{\sqrt{1+\left(2\zeta_m/k_e^2\right)^2}}{1+2\left(2\zeta_m/k_e^2\right)^2+\sqrt{1+\left(2\zeta_m/k_e^2\right)^2}} \tag{6.2.18}$$

비록, 식 (6.2.18)이 식 (6.2.15)에 비해 다소 복잡하지만, 여전히 에너지 변환 효율은 오직 $2\zeta_m/k_e^2$의 함수임을 나타내고 있다. 그러나, 식 (6.2.15)에 의한 에너지 변환 효율의 상한 값은 100% 임에 비해, 식 (6.2.18)의 상한 값은 50%임을 알 수 있다. 이는 수정된 에너지 변환 효율 식에 의하면, 최적 저항에서의 최대 발생 전력은 입력되는 단위 시간당 역학 에너지의 50%를 넘을 수 없음을 의미한다. 이는 또한 6.1에서 살펴본 $\zeta_m = \zeta_e$의 최대 전력 발생 조건을 의미하기도 한다.

특정 진동 환경에 적합한 압전 진동 에너지 수확 장치를 설계하기 위해서는 주변의 진동 특성을 확인하고 수확 가능한 에너지 양을 예측하는 것이 필요하다. 특정 지점에서 측정된 가진 가속도 및 가진 주파수에 대해 해당 지점에서 최대 수확 가능한 진동 에너지는 식 (6.2.3)에 의해 결정된다. 그렇다면, 식 (6.2.12)에 의하면 최소의 $2\zeta_m/k_e^2$ 값을 갖도록 압전 진동 에너지 수확 장치를 설계하는 것이 가능한 최대의 전기 출력량을 얻을 수 있는 방법이다. 이런 관점을 고려하면, 에너지 변환 효율을, 해당 지점에서 수확 가능한 진동 에너지 대비 압전 진동 에너지 수확 장치를 이용한 최대 전기 출력량으로 정의할 수도 있다. 이 경우 식 (6.2.12) 또는 식 (6.2.13)을 이용하여 다음과 같이 에너지 변환 효율식 η_2^{opt}을 나타낼 수 있다.

$$\eta_2^{opt} = \frac{P_{out}^{R_L^{opt}}}{P_{in}^{sc}} = \frac{P_L^{opt}}{P_{in}^{sc}} = \frac{1}{2}\frac{1}{1+\sqrt{1+\left(2\zeta_m/k_e^2\right)^2}} \tag{6.2.19}$$

위 식에 의하면, η_2^{opt}의 상한 값은 25%가 됨을 확인할 수 있다. 식 (6.2.3), (6.2.6) 및 (6.2.18)을 고려하면, P_{in}^{sc}는 $P_{in}^{R_L^{opt}}$를 통해 $P_{out}^{R_L^{opt}}$가 되는 과정에서 단계별로 상한 값이 50%씩 감소되기 때문이다.

(3) 전기-역학 에너지 변환 특성

그림 6.2.3의 예제를 이용하여 압전 진동 에너지 수확 장치의 에너지 변환 특성 및 앞서 유도한 에너지 변환 효율을 확인하여 보자. 에너지 변환 특성은 해석적으로는 식 (6.2.3), (6.2.6) 및 (6.2.12)를 이용하고 이를 유한요소해석 소프트웨어 ANSYS를 이용한 결과와 비교해 보았다. 압전 재료는 전기 역학 연성 계수(EMCC)가 작은 것에서부터 큰 순으로 PZT 5A (Piezo Systems, Inc.), PZT 5H (Piezo Systems, Inc.), PMN-PZT ([001]-poled) 및 PMN-PZT ([011]-poled, d_{32} mode)[15)]를 고려하였다(PZT 5H의 물성치는

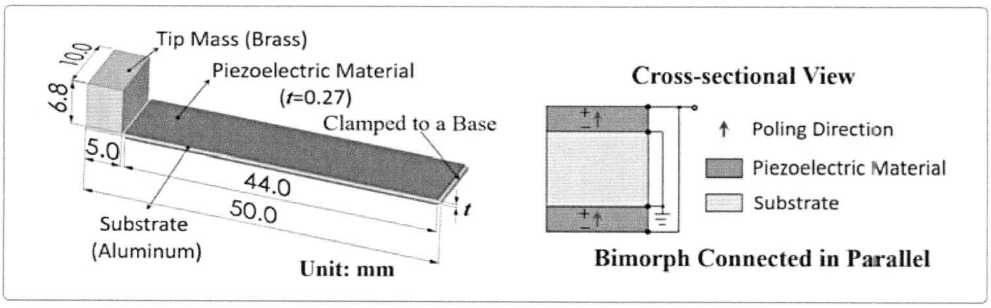

그림 6.2.3 외팔보 압전 진동 에너지 수확 장치의 기하 치수 및 전극 간 연결 상태

15) PMN-PZT 단결정의 결정 축 방향 분극에 따른 전력 발생 특성에 대해서는 6.3 및 부록 A.5에서 다시 다룰 것이다.

| 표 6.2.1 | 압전 재료의 물성치

(s^E: $\times 10^{-12}\ m^2/N$, d: $\times 10^{-12} m/V$, $\epsilon_0 = 8.854 \times 10^{-12} F/m$, ρ: kg/m^3)

PZT 5A (PSI-5A4E) (http://www.piezo.com/catalog7C.pdf)			
mass density (ρ_p)	7800	s_{11}^E (=s_{22}^E)	15.15
d_{15} (=d_{24})	584	s_{12}^E	-4.545
d_{31} (=d_{32})	-190	s_{13}^E (=s_{23}^E)	-5.769
d_{33}	390	s_{33}^E	19.23
$\epsilon_{11}^T (= \epsilon_{22}^T)/\epsilon_0$	1800	s_{44}^E (=s_{55}^E)	50.0
$\epsilon_{33}^T/\epsilon_0$	1800	s_{66}^E	39.39
PMN-PZT ([001]) (LCSC145-90) (http://www.ceracomp.com)			
mass density (ρ_p)	7350	s_{11}^E (=s_{22}^E)	55.0
d_{15} (=d_{24})	178	s_{12}^E	-26.1
d_{31} (=d_{32})	-715	s_{13}^E (=s_{23}^E)	-26.9
d_{33}	1580	s_{33}^E	60.6
$\epsilon_{11}^T (= \epsilon_{22}^T)/\epsilon_0$	1690	s_{44}^E (=s_{55}^E)	17.2
$\epsilon_{33}^T/\epsilon_0$	5690	s_{66}^E	35.0
PMN-PZT ([011]) (LCSC145-90) (http://www.ceracomp.com)			
mass density (ρ_p)	7400	s_{11}^E	12.91
d_{15}	851.8	s_{12}^E	-22.3
d_{24}	119.7	s_{13}^E	6.02
d_{31}	437.4	s_{22}^E	80.30
d_{32}	-1350.0	s_{23}^E	-44.38
d_{33}	731.3	s_{33}^E	35.58
$\epsilon_{11}^T/\epsilon_0$	2555	s_{44}^E	10.70
$\epsilon_{22}^T/\epsilon_0$	808	s_{55}^E	49.76
$\epsilon_{33}^T/\epsilon_0$	2892	s_{66}^E	9.35

표 4.4.1과 같으며 나머지 압전 재료의 물성치는 표 6.2.1에 나타내었다). 끝단 질량 및 기판은 각각 황동(Brass: 질량 밀도: 8470 kg/m^3, 탄성계수: 110 GPa) 및 알루미늄 공정 하게 비교 평가하기 위해 취할 수 있는 편리한 방법 중의 하나이다(Patel et al., 2011). 표 6.2.2에는 이처럼 두께 조절을 통해 고유 진동수가 조정된 4개 압전 진동 에너지 수확

장치의 고유 진동수 및 '편의' 역학 연성 계수를 나타내었다.

| 표 6.2.2 | 서로 다른 압전 재료를 사용한 진동 에너지 수확 장치의 f_{sc}, f_{sc} 및 k_e^2

	PZT 5A	PZT 5H	PMN-PZT ([001])	PMN-PZT ([011]-d_{32})
f_{sc}(Hz)	100.05	100.19	100.02	100.03
f_{oc}(Hz)	104.68	106.32	108.22	147.84
k_e^2	0.094	0.126	0.171	1.184

이젠 그림 6.2.3에 나타낸 압전 진동 에너지 수확 장치에 대해 식 (6.2.6) 및 (6.2.12)의 $P_{in}^{R_L^{opt}}$ 및 $P_{out}^{R_L^{opt}}$을 구하고, 이를 ANSYS 해석 결과와 비교해보자. 그런데, 식 (6.2.3)에 의해 P_{in}^{sc}를 구함에 있어서 수정 계수 μ 및 등가 질량 m_{eq}의 계산에 관련된 오차를 없애기 위해, $P_{in}^{R_L^{opt}}$ 및 $P_{out}^{R_L^{opt}}$ 대신 P_{in}^{sc}에 대한 각각의 정규화 값인 $\hat{P}_{in}^{R_L^{opt}}$ 및 $\hat{P}_{out}^{P_L^{opt}}$를 구하여 비교해 보자. ANSYS 등 유한요소해석 소프트웨어를 이용하여 구할 경우에는 폐회로 상태의 고유 진동수(f_{sc})에서의 기저 가진 가속도 1 m/s^{2}에 대해 다음의 결과 값을 이용한다.

$$P_{in}^{R_L^{opt}}\Big|_{FEM} = \frac{1}{2}\mathrm{Re}\left\{\sum_{i=1}^{N}\widetilde{F}_i \cdot \widetilde{U}_i^*\right\};\ P_{out}^{R_L^{opt}}\Big|_{FEM} = \frac{1}{2}\frac{|\widetilde{V}_o|^2}{R_L^{opt}} \tag{6.2.20}$$

위 식에서 $\widetilde{F}_i$와 $\widetilde{U}_i^*$는 최적 저항이 연결된 압전 진동 에너지 수확 장치가 기저 가진되는 경우에 외팔보 부착 부위 절점(node) i에서의 조화 반력(harmonic reaction force), 그리고 속도의 공액 복소수(complex conjugate)를 각각 나타내며, $\widetilde{V}_o$는 최적 저항에서의 복소 출력 전압을 나타낸다. 또한, R_L^{opt}는 기저가 고정된 상태에서, 폐회로 상태의 고유 진동수에서 단위 전압을 가했을 경우에 전극에서 발생된 복소수 전하($\tilde{q} = q_r + jq_i$)를 이용하여 다음의 식에 의해 구한다.

$$R_L^{opt} = \frac{1}{2\pi f_{sc}\sqrt{q_r^2 + q_i^2}} \tag{6.2.21}$$

그리고, 식 (6.2.3)의 P_{in}^{sc}는 식 (6.2.20)의 첫 번째 식을 이용하되 외부 부하 저항을 0 또는 매우 작은 값으로 놓고(또는, 모든 전극의 전위를 0으로 놓고) 구한다. 유한요소해석 소프트웨어로 구한 P_{in}^{sc}, $P_{in}^{R_L^{opt}}$와 $P_{out}^{R_L^{opt}}$를 이용하여 $P_{in}^{R_L^{opt}}\Big|_{FEM}/P_{in}^{sc}$ 및

$P_{out}^{R_L^{opt}}\Big|_{FEM}/P_{in}^{sc}$를 계산하였으며, 그림 6.2.4에 그 결과를 여러 감쇠비 값에 대해 식 (6.2.6) 및 (6.2.12)의 $\hat{P}_{in}^{R_L^{opt}}$, $\hat{P}_{out}^{R_L^{opt}}$와 비교하였다. 정도의 차이는 있으나 동일한 압전 재료를 사용한 압전 진동 에너지 수확 장치에서는 일반적으로 감쇠비 값이 증가할수록 $\hat{P}_{in}^{R_L^{opt}}$의 값은 증가하고, $\hat{P}_{out}^{R_L^{opt}}$의 값이 감소하는 것을 알 수 있다. 또한, 전기-역학 연성 계수가 큰 압전 재료를 사용할수록 감쇠비가 증가함에 따라 $\hat{P}_{in}^{R_L^{opt}}$ 및 $\hat{P}_{out}^{R_L^{opt}}$이 각각 증가하고 감소하는 정도가 줄어든다. 즉, 전기-역학 연성 계수가 매우 크다면 감쇠비의 영향을 덜 받는다는 것이며, 이는 또한 에너지 변환 효율이 크다는 것을 의미한다.

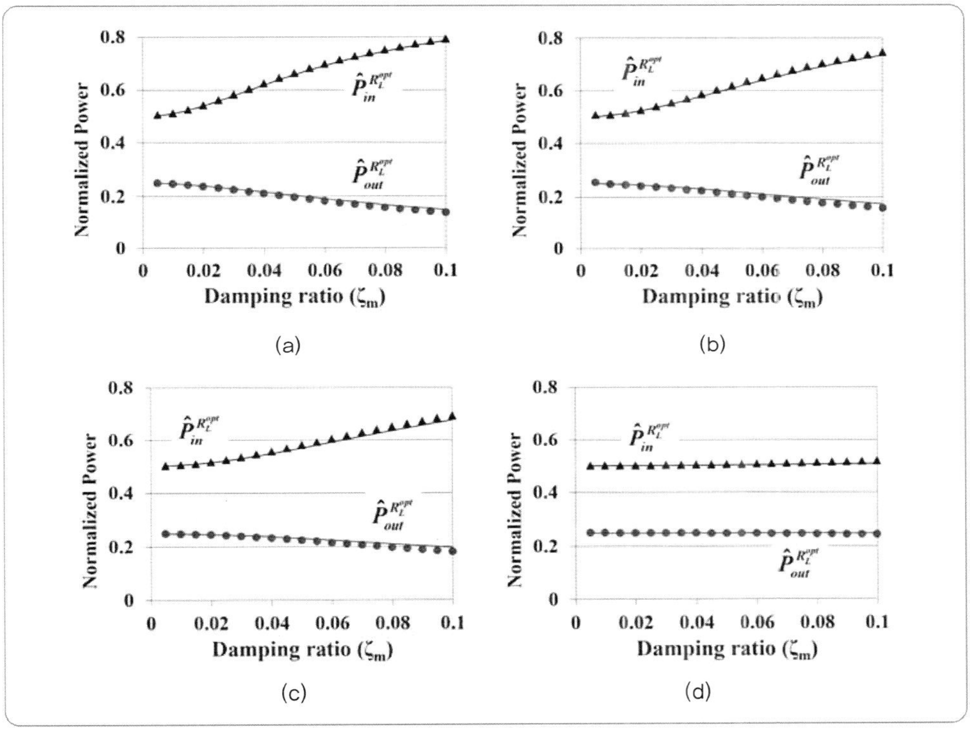

그림 6.2.4 P_{in}^{sc}에 대해 정규화된 단위 시간당 입력 역학 에너지 및 발생 전력: (a) PZT 5A, (b) PZT 5H, (c) PMN-PZT ([001]) 및 (d) PMN-PZT ([011]-d_{32}) (실선은 식 (6.2.6), (6.2.12)에 의한 것이며, 삼각형 및 원형 표시는 ANSYS를 이용한 결과)

정규화 물리량으로 사용한 P_{in}^{sc}에 대해서는 그림 6.2.5에 ANSYS 해석 결과를 나타내었다. 감쇠비가 클수록 P_{in}^{sc}의 값이 감소한다는 것을 알 수 있다. 또한, 전기-역학 연성 계수가 클수록 그 값이 크지만, 서로 다른 압전 재료에 대해 그 차이는 크지 않음을 알 수 있다.

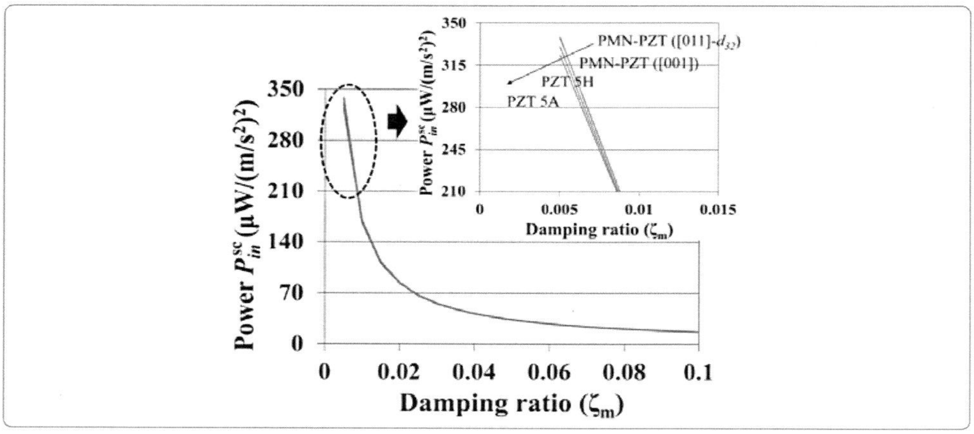

그림 6.2.5 서로 다른 압전 재료를 사용한 경우에 대해, 감쇠비에 따른 P_{in}^{sc} 값의 변화 비교

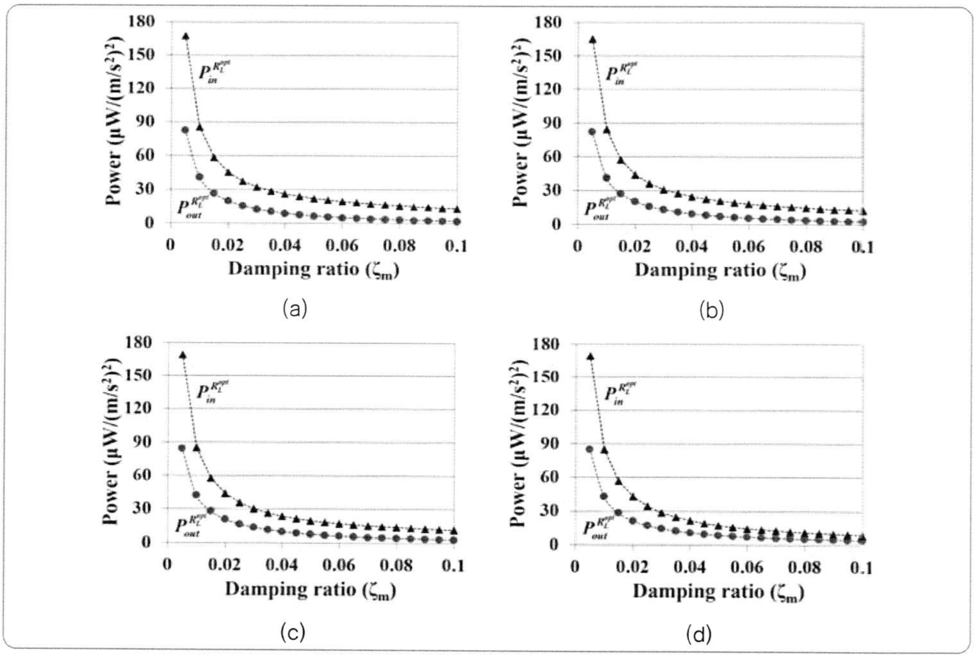

그림 6.2.6 최적 저항이 연결된 압전 진동 에너지 수확 장치에 입력되는 단위 시간 당 역학 에너지 및 발생 전력 비교:: (a) PZT 5A, (b) PZT 5H, (c) PMN-PZT ([001]) 및 (d) PMN-PZT ([011]-d_{32})

그림 6.2.6에는 식 (6.2.20)을 이용하여 ANSYS로 계산된 $P_{in}^{R_L^{opt}}$ 및 $P_{out}^{R_L^{opt}}$을 나타내었다. 어느 경우에나 감쇠비가 커질수록 그 값은 감소함을 알 수 있다.

(4) 압전 진동 에너지 수확의 에너지 변환 효율의 특징

앞서 상용 유한요소해석 결과를 이용하여 식 (6.2.6), (6.2.12)의 $\hat{P}_{in}^{R_L^{opt}}$ 및 $\hat{P}_{out}^{R_L^{opt}}$에 대한 타당성이 검증되었으므로, 이들을 이용한 에너지 변환 효율식도 타당하다는 결론을 얻게 된다. 그림 6.2.7에 서로 다른 압전 재료가 부착된 압전 진동 에너지 수확 장치의 에너지 변환 효율(η_1^{opt}) 식 (6.2.18)의 결과를 나타내었다. 그림으로부터 전기-역학 연성계수 값에 관계없이 감쇠비가 매우 작을 경우에는 에너지 변환 효율 η_1^{opt}는 50%가 됨을 확인할 수 있다. 이는 폐회로 고유 진동수에서 R_m과 R_L^{opt}에서 소모되는 전력이 동일함을 의미하며, 6.1에서 살펴본 바와 같이 $\zeta_m = \zeta_e$ (단, $2\zeta_m / k_e^2 \ll 1$)의 관계와도 같다는 사실에 주목하자. 또한, 전기-역학 연성 계수의 크기와 관계없이 감쇠비가 클수록 에너지 변환 효율이 감소하지만, 전기-역학 연성 계수가 매우 클 경우에는 감쇠비는 에너지 변환 효율에 큰 영향을 미치지 못한다는 사실을 확인할 수 있다. 그러나, 그림 6.2.6(d)에서 확인할 수 있듯이 전기-역학 연성 계수가 매우 클 경우에도 $P_{in}^{R_L^{opt}}$와 $P_{out}^{R_L^{opt}}$는 감쇠비가 클수록 그 크기가 감소한다.

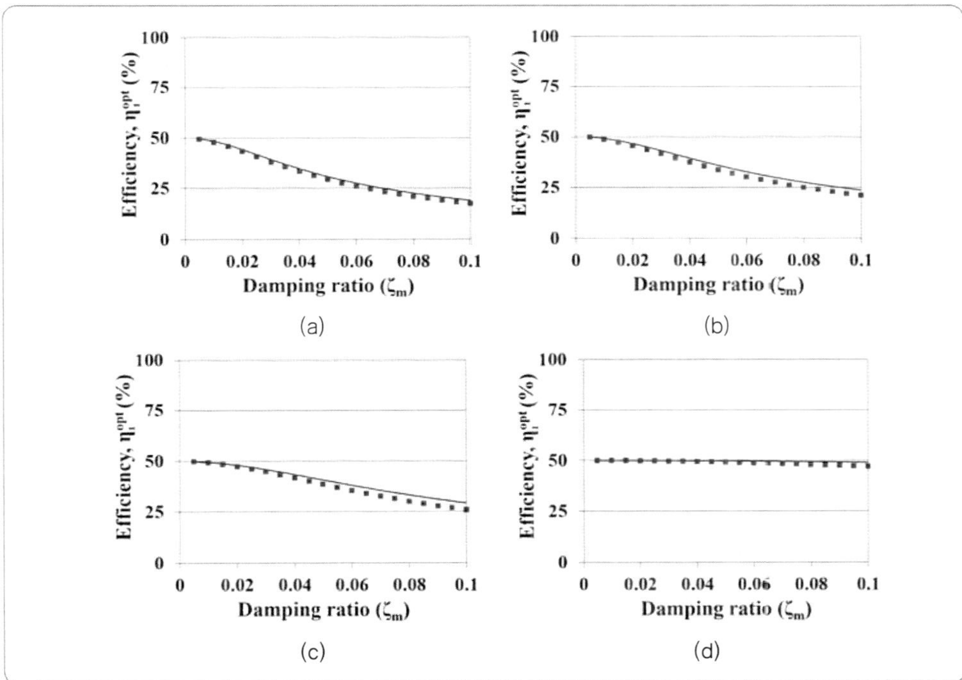

그림 6.2.7 에너지 변환 효율(η_1^{opt})의 비교: (a) PZT 5A, (b) PZT 5H, (c) PMN-PZT ([001]) 및 (d) PMN-PZT ([011]-d_{32}) (실선은 식 (6.2.18)에 의한 것이며, 사각형 표시는 ANSYS를 이용한 결과)

식 (6.2.15), (6.2.18) 및 (6.2.19)에 표현된 3개의 에너지 변환 효율을 상호 비교하기 위해 감쇠비에 따른 경향을 그림 6.2.8에 나타내었다(그림 6.2.8(d)는 3개 에너지 변환 효율 결과를 모두 포함한 것이다). 그림에서 알 수 있듯이 η^{appr} (Richards et al., 2004)의 최대 상한값이 100%인 반면, η_1^{opt} (Kim, 2017) 및 η_2^{opt} (Kim, 2017)의 최대 상한 값은 각각 50%, 25%이다. 당연한 얘기이지만, 에너지 변환 효율 η_1^{opt}의 상한 값이 η_2^{opt}보다 큰 이유는 식 (6.2.18)의 분모에 있는 $P_{in}^{R_L^{opt}}$가 식 (6.2.19)의 분모에 있는 P_{in}^{sc} 보다 항상 작기 때문이다(그림 6.2.4 및 6.2.5 참조). 그리고, 에너지 변환 효율 η^{appr}의 상한 값이 η_1^{opt}보다 큰 이유를 알아보기 위해, ANSYS로 폐회로 고유 진동수에서의 $P_{in}^{R_L^{opt}}$ 및 $P_{out}^{R_L^{opt}}$을 계산하여 각각의 결과를 그림 6.2.9에 나타내었다.

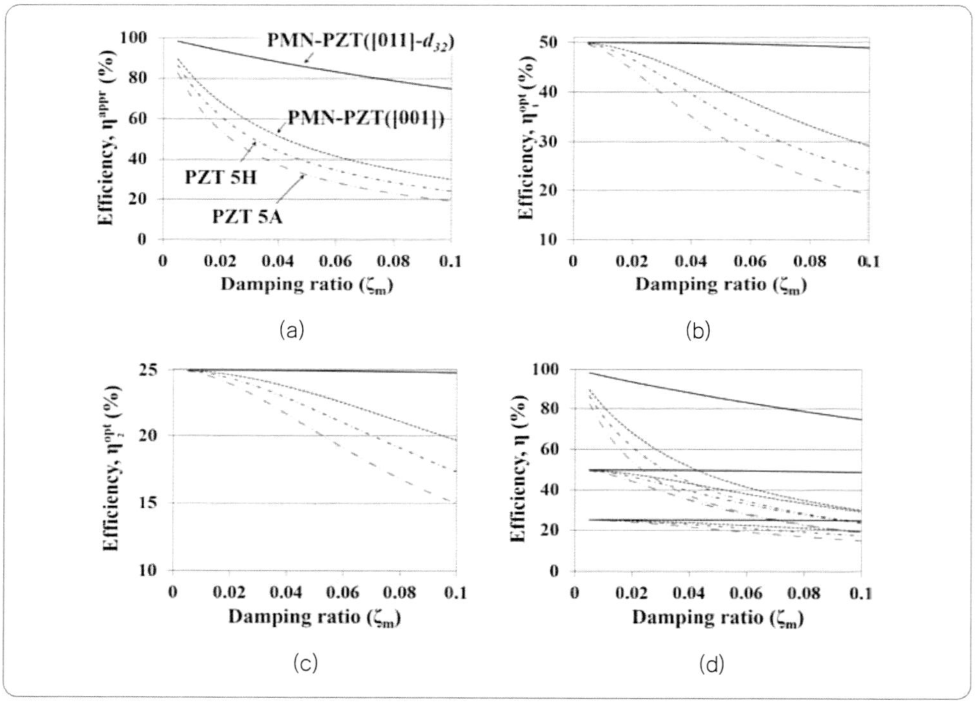

그림 6.2.8 서로 다른 척도에 의한 에너지 변환 효율의 비교: (a) η^{appr}, (b) η_1^{opt}, (c) η_2^{opt} 및 (d) η^{appr}-η_1^{opt}-η_2^{opt}

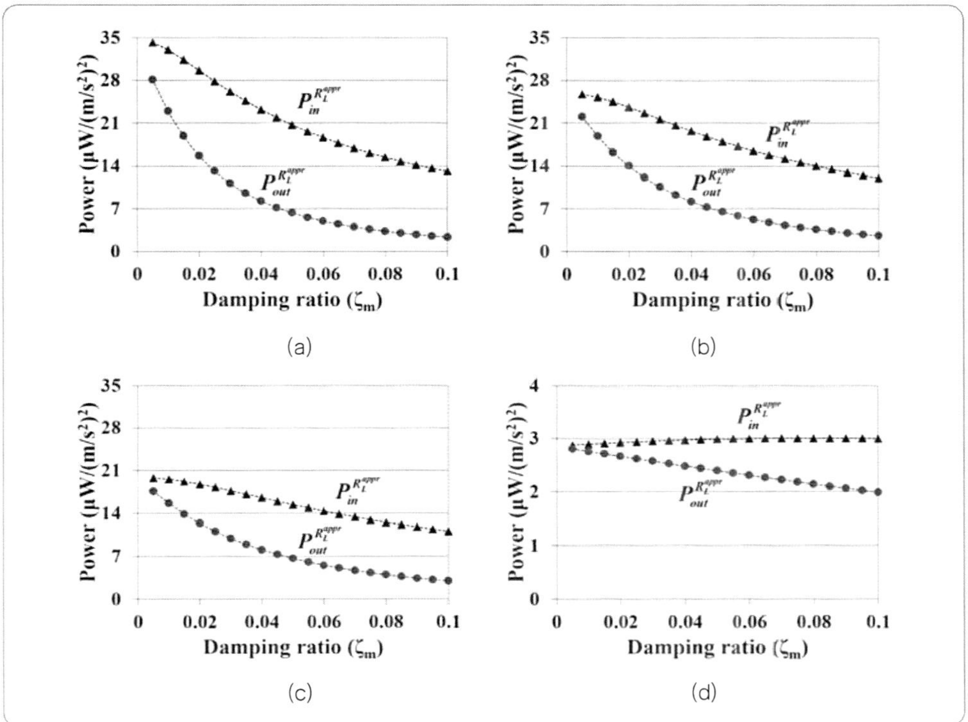

그림 6.2.9 근사 임피던스 정합 부하 저항이 연결된 압전 진동 에너지 수확 장치에 입력되는 단위 시간 당 역학 에너지 및 발생 전력 비교: (a) PZT 5A, (b) PZT 5H, (c) PMN-PZT ([001]) 및 (d) PMN-PZT ([011]-d_{32})

이 경우 외부 저항 R_L은 근사 임피던스 정합된 $R_L^{appr} = 1/\omega_{sc}C_p^S$를 이용하였으며, 서로 다른 압전 재료가 부착된 압전 진동 에너지 수확 외팔보의 C_p^S 값은 5장의 방법을 이용하여 각각 43.3, 85.6, 93.8 및 15.9 nF로 계산되었다. 그림 6.2.6과 비교하여 볼 때, $P_{in}^{R_L^{appr}}$와 $P_{out}^{R_L^{appr}}$의 값이 모두 $P_{in}^{R_L^{opt}}$와 $P_{out}^{R_L^{opt}}$보다 각각 작다는 것을 확인할 수 있다. 특히, PMN-PZT ([011]-d_{32})의 경우와 같이 전기-역학 연성 계수가 매우 커서 폐회로 상태의 고유 진동수와 개회로 상태의 고유 진동수 차이가 크면, 에너지 변환 효율 η^{appr}은 유용한 정보를 제공하지 못한다. 즉, 결과적으로는 η^{appr}의 값이 클지라도 부하 저항이 연결된 상태에서의 입력 에너지가 작게 계산되고 그에 따라 발생 전력도 낮게 평가된다. 참고로 서로 다른 압전 재료를 사용한 4개의 진동 에너지 수확 장치에 대해 임피던스 정합 방법(근사 또는 최적)에 따른 발생 전력의 차이를 그림 6.2.10에 나타내었다. 그림에서 확인할 수 있지만 전기-역학 연성 계수가 클수록 발생 전력의 특징 및 차이가 확연하기 때문에 이 경우에 η^{appr}의 사용은 더욱 적절하지 못하다는 것을 알 수 있다.

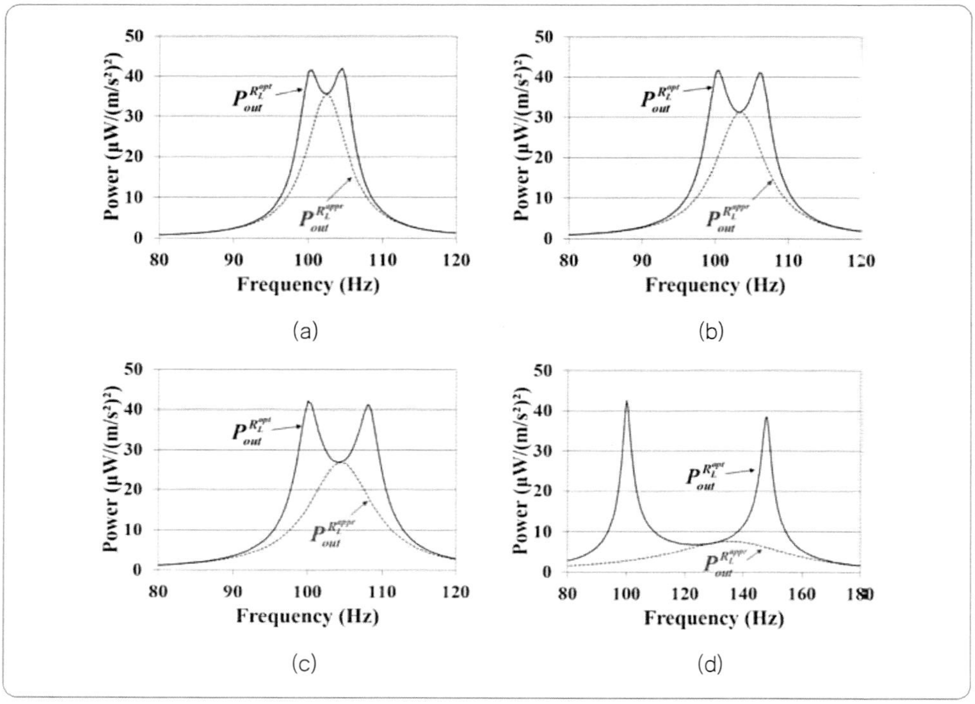

그림 6.2.10 임피던스 정합 방법에 따른 압전 진동 에너지 수확 장치의 발생 전력 비교: (a) PZT 5A, (b) PZT 5H, (c) PMN-PZT ([001]) 및 (d) PMN-PZT ([011]-d_{32})

6.3. 압전 세라믹(PZT 5A, PZT 5H) 및 압전 단결정 (PMN-PZT)을 이용한 진동 에너지 수확 특성 비교

압전 진동 에너지 수확 장치의 전기 출력량 향상을 위한 연구는 에너지 밀도 및 변환 효율 향상을 위한 압전 재료의 개발 측면에서도 수행되어 왔다. 최근에는 $Pb(Zr,Ti)O_3$ (PZT) 계열의 압전 세라믹보다 단위 부피당 출력 밀도가 높다고 보고되어 있는 압전 단결정을 진동 에너지 수확에 대해 연구한 사례가 있다. 여기서는 앞에서 살펴본 다양한 압전 재료 성능 특성치(3장의 전기-역학 연성 계수 $k_{sys}^2\,(k_e^2)$, 에너지 밀도 $d_{31} \cdot g_{31}$ 및 6장의 에너지 변환 효율 η 등)를 이용하여 동일한 외팔보 진동 에너지 수확 장치의 압전 재료에 따른 성능 차이를 비교하여 보자. 압전 단결정은 6.2에서 이미 살펴 본 PMN-PZT로서 고상 단결정 성장법(SSCG: solid-state single crystal growth)에 의해 형성된 압전 단결정의 결정 축(crystallographic axis) 방향별 분극에 따른 진동 에너지 수확 특성을 고려하였다.

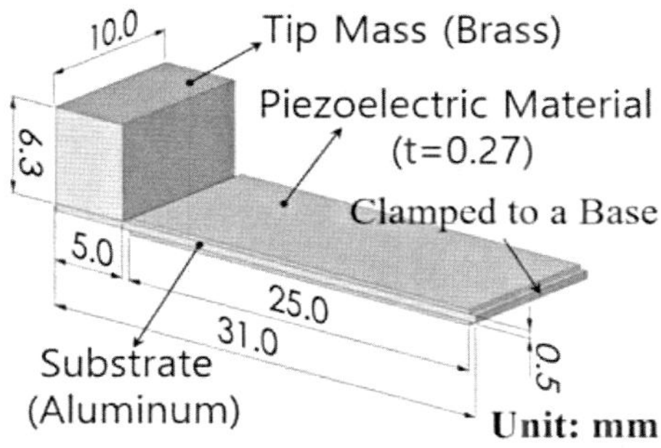

그림 6.3.1 외팔보 압전 진동 에너지 수확 장치

6.3.1 PMN-PZT 기반의 진동 에너지 수확 특성

(1) 진동 에너지 수확 장치의 구성

전기-역학 특성을 분석할 진동 에너지 수확 장치의 구성을 그림 6.3.1에 나타내었다. 압전 재료는 종류에 상관없이 모두 동일하게 두께 방향으로 분극되어 있으며, 알루미늄 상·하면에 부착되어 있다. 그리고, 동일 발생 전력에서 더 높은 출력 전류를 얻을 수 있도록 상·하면 압전 재료는 동일한 분극 기호를 갖고 상호 병렬로 연결되어 있다(그림 6.2.3 참조). 압전 재료로 사용된 압전 단결정 PMN-PZT(LCSC145-90)는 [001] 및 [011]의 결정 축 방향에 따라 물성치 특성이 서로 다르다(결정축 방향에 대해서는 부록 A.5 참조).

특히, 표 6.2.1에 나타낸 바와 같이 [011] 방향의 결정 축을 갖는 경우에는 PZT 계열의 압전 세라믹과는 달리 분극 방향 수직 평면에서 비등방성 특성을 갖는다($s_{11} \neq s_{22}$, $d_{31} \neq d_{32}$). 따라서, 이 경우 압전 재료의 부착 방향에 따라 진동 에너지 수확 장치의 전기-역학 특성도 달라질 것임을 예측할 수 있다. 그림 6.3.2에 결정 축 방향 별 압전 단결정 PMZ-PZT의 부착 상태를 나타내었으며, [011] 결정의 서로 다른 2가지 경우를 구분하기 위해 [011]-d_{32} 및 [011]-d_{31}과 같은 표기법을 사용하였다. [001] 및 [011] 결정 축 방향은 분극 방향과 동일하다. 비교를 위해 사용된 압전 세라믹 PZT 5A 및 5H의 물성표는 표 4.4.1과 6.2.1에 나타낸 바와 같다.

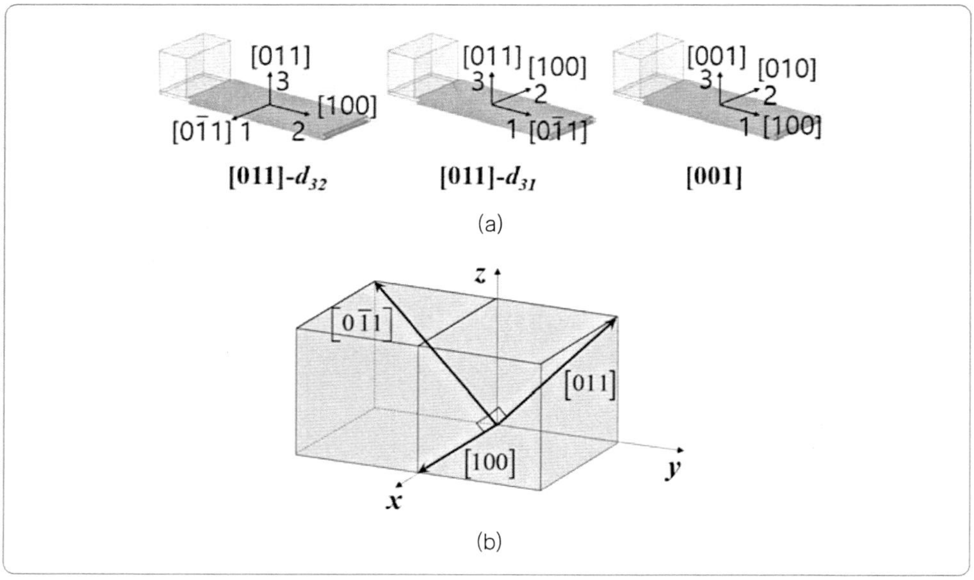

그림 6.3.2 (a) 서로 다른 결정 축을 갖는 PMN-PZT 압전 단결정이 부착된 압전 외팔보 및 (b) 결정 축 방향 정의

(2) 에너지 밀도 및 변환 효율 특성

● 압전 재료의 에너지 밀도 특성

3장에서 살펴본 바와 같이 Islam과 Priya의 연구(2006a, 2006b)에 의하면 응력을 받고 있는 압전 재료의 단위 부피당 에너지(개회로 상태에서 저장된 전기 에너지) 길도 w_{ele}^{oc} (식 (3.3.19))는 다음과 같이 나타낼 수 있다.

$$w_{ele}^{oc}\Big|_{[011]-d_{31}/[001]/\mathrm{PZT}} = \frac{1}{2}(d_{31} \cdot g_{31})T_1^2 \tag{6.3.1a}$$

$$w_{ele}^{oc}\Big|_{[011]-d_{32}} = \frac{1}{2}(d_{32} \cdot g_{32})T_2^2 \tag{6.3.1b}$$

위 식에서 T_i는 압전 재료내의 응력을 뜻한다. 따라서, 재료내의 발생 응력 T_i 값이 같다면, 변환 계수로 정의되는 d와 g의 곱이 큰 압전 재료가 높은 에너지 밀드를 갖게 되며, 그 값은 $\left(\epsilon_{33}^T\right)^{2n-1}$으로 표현될 수 있다. 대부분의 상용 압전 세라딕은 $n=$ 1.1~1.3의 값을 갖는 것으로 알려져 있다. 여기서 고려하고 있는 5가지 압전 재료에 대한 변환 계수 및 n의 값을 표 6.3.1에 나타내었다. 표에 나타낸 바와 같이 변환계수의 값은 $[011]-d_{32}$이 가장 크고, PZT 5A가 가장 작은 것을 알 수 있다. 그러나, 식 (6.3.1)에 나타낸 바와 같이 에너지 밀도는 재료 내의 발생 응력 크기와도 관계가 있는데, 압전 재료마다 강성 및 밀도가 서로 다르므로 동일한 진동 환경하에서 발생 응력이 다를 수 있다. 따라서, 각각의 압전 재료가 실제 진동 에너지 수확 장치에서 사용되었을 때의 발생 전력을 분석하는 것이 필요하다.

표 6.3.1 5가지 압전 재료에 대한 변환 계수 $d \cdot g$ 및 n의 값

		$d \cdot g$ $(\times 10^{-12}\,\mathrm{m^2/N})$	n
PMN -PZT	$[011]-d_{32}$	71.18	1.168
	$[011]-d_{31}$	7.472	1.233
	$[001]$	10.15	1.253
PZT 5H		3.043	1.270
PZT 5A		2.265	1.247

- 압전 재료의 에너지 변환 효율 특성

에너지 변환 효율은 특정 압전 재료가 진동 에너지 수확 장치로 구성되고 폐회로 상태의 고유 진동수로 가진 되었을 때의 특성을 알아볼 때 유용하다. 여기서는 식 (6.2.18)에 나타낸 η_1^{opt}을 이용하여 진동 에너지 수확 장치의 에너지 변환 효율을 구해 보았다. 감쇠비의 값은 임의로 0.005 및 0.015의 2가지 경우를 고려하였으며, 그 결과를 표 6.3.2에 나타내었다.

표 6.3.2 5가지 압전 재료를 사용한 진동 에너지 수확 장치의 고유 진동수, 전기-역학 연성 계수, 에너지 변환 효율 비교

		f_{sc} (Hz)	f_{oc} (Hz)	k_{sys}^2	η_1^{opt}	
					$\zeta=0.005$	$\zeta=0.015$
PMN -PZT	$[011]-d_{32}$	150.2	222.8	0.545	0.49997	0.4998
	$[011]-d_{31}$	262.6	285.0	0.151	0.4988	0.4897
	$[001]$	154.0	169.7	0.176	0.4992	0.4928
PZT 5H		217.1	230.3	0.111	0.4976	0.4798
PZT 5A		220.8	230.8	0.084	0.4957	0.4649

참고로 압전 단결정은 일반적으로 감쇠비가 PZT 세라믹 계열보다 작다. 그런데, 세라믹 계열에서도 PZT 5A (hard PZT)가 PZT 5H (soft PZT)보다 감쇠비가 작으므로, 실제의 에너지 변환 효율은 동일한 감쇠비 조건에서 비교한 경우와 다를 수 있음에 유의하기 바란다. 그림 6.3.3에 5가지의 압전 재료에 대한 변환 계수 및 에너지 변환 효율을

비교해 나타내었다. 이를 통해 $[011]-d_{32}$, $[001]$, $[011]-d_{31}$, PZT 5H, PZT 5A의 순서대로 에너지 변환 계수 및 변환 효율의 값이 크다는 것을 알 수 있다.

(3) 개회로 출력 전압 및 부하 발생 전력 특성

● 개회로 출력 전압 및 발생 전력 특성 비교

진동 에너지 수확에 보다 유리한 압전 재료를 선택하고자 할 때, 앞서 살펴본 변환 계수(또는 에너지 밀도) 및 에너지 변환 효율 특성을 고려하는 것은 당연하다. 그러나, 가진 주파수에서의 실제 가용한 전압 및 전력의 크기를 알 수 없을 뿐만 아니라, 전력 발생 주파수 대역을 가늠하는 것이 불가능하다. 따라서, 외부 부하 저항이 무한대의 저항을 갖는 경우의 출력 전압 특성 및 임피던스 정합된 외부 부하 저항이 연결된 경우의 가진 주파수 별 발생 전력을 알아보는 것이 실용적이다. 4.4에서 기술하였던 내용을 토대로 그 결과를 그림 6.3.4 및 6.3.5에 나타내었는데, 진동 에너지 수확 장치의 감쇠비 값을 미리 알 수 없기 때문에 표 6.3.2에서 이용된 2개의 감쇠비를 임의로 선정하여 이에 대한 결과값을 구한 것이다. 압전 단결정 중 $[011]-d_{32}$의 경우, 개회로 출력 전압 값이 다른 압전 재료를 사용한 경우보다 월등히 크고, 앞서 살펴 본 바와 같이 에너지 밀도 및 변환 효율 값 역시 크기 때문에 최적 저항에서의 출력 값이 넓은 주파수 대역에 걸쳐 존재함을 알 수 있다. 다만, 발생 전력에 대한 반 동력점(half power point)을 고려하면, 폐회로 및 개회로 상태의 고유 진동수 사이의 주파수 대역에서 발생 전력량의 크기가 미미하여 모두 유효하지는 않다.

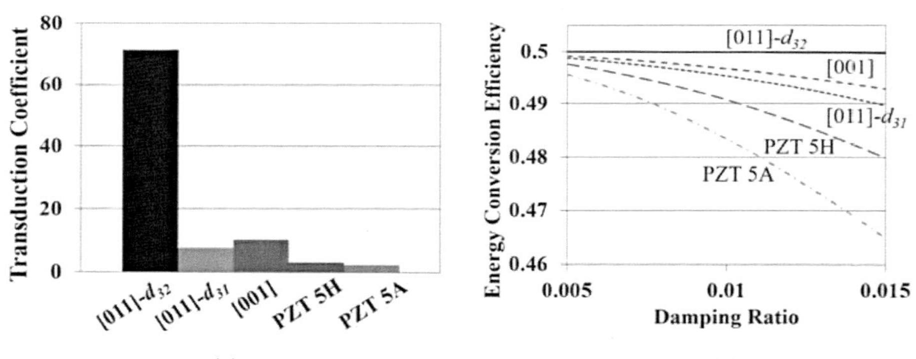

그림 6.3.3 (a) 변환 계수($d \cdot g$) 및 (b) 에너지 변환 효율(η_1^{opt})의 비교

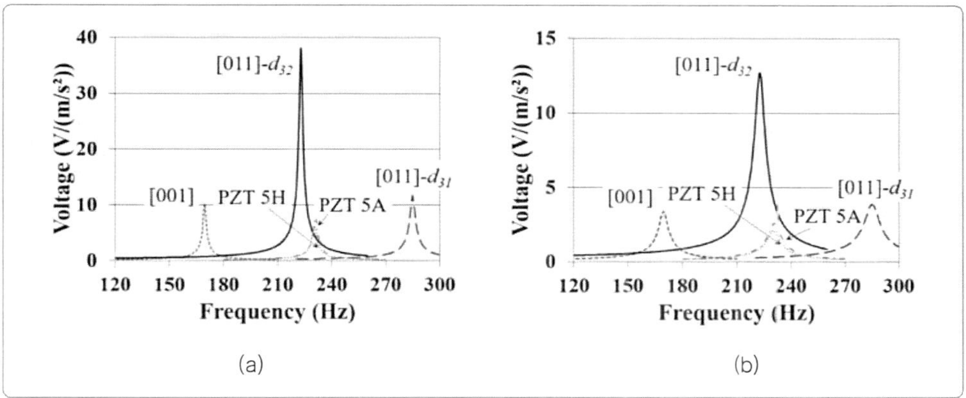

그림 6.3.4 감쇠비에 따른 개회로 전압의 비교 (a) $\zeta = 0.005$ 및 (b) $\zeta = 0.015$

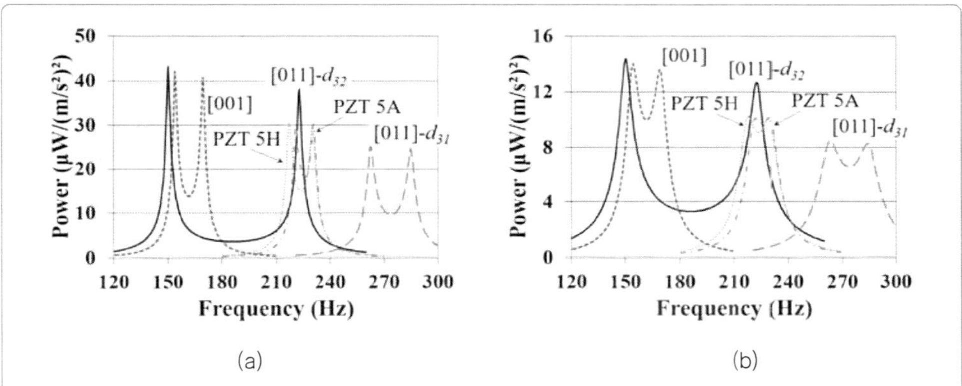

그림 6.3.5 임피던스 정합된 부하 저항에서의 평균 발생 전력의 비교 (a) $\zeta = 0.005$ 및 (b) $\zeta = 0.015$

고유 진동수 정규화를 통한 전기 출력 특성

서로 다른 압전 재료를 사용하여 그림 6.3.1과 같이 모두 동일한 치수를 갖는 구조로 진동 에너지 수확 장치를 구성할 경우, 압전 재료의 물성치가 서로 다르므로 폐회로 및 개회로 상태의 고유 진동수 역시 서로 다르게 된다. 특히, 표 6.2.1에 나타낸 바와 같이 $[011]-d_{32}$의 경우에는 보의 길이 방향 강성이 상대적으로 낮아서($s_{22}^E \approx 6s_{11}^E$) 폐회로 고유 진동수가 매우 낮게 계산되는 것을 표 6.3.2에서 확인할 수 있다. 그럼에도 불구하고, d_{32}의 값이 상대적으로 높아 개회로 상태의 고유 진동수는 매우 높다.

공진형 진동 에너지 수확 장치는 장치의 고유 진동수가 외부 가진 주파수와 일치하는 경우에 발생 전력이 최대가 된다. 따라서, 공진형 진동 에너지 수확 장치의 성능 비교를 위해서는 동일한 고유 진동수를 갖는 경우에 대해여 비교하는 것이 타당하다. 이는 외부 가진 주파수에 따라 에너지 수확 장치에 유입되는 진동 에너지가 다르기 때문이다. 따라서, 6.2.2에서 사용하였던 방법을 참고하여, 그림 6.3.1에 나타낸 치수 중 등가 질량의 증감에 미치는 영향이 제일 적은 기판의 두께를 변경(Patel et al., 2011)하여 폐회로 상태의 고유 진동수를 모두 150 Hz 근처로 맞추었다.

기판의 두께만 변경하는 경우 동일한 압전 재료를 사용한다면 변환 계수 값은 변동이 없으나 폐회로 및 개회로 상태의 고유 진동수가 변하므로 전기-역학 연성 계수 및 에너지 변환 효율이 달라질 것이다. 이를 표 6.3.3에 나타내었으며, 각각의 압전 재료 기반 진동 에너지 수확 장치의 감쇠비에 대한 에너지 변환 효율을 그림 6.3.6에 나타내었다. 에너지 변환 효율의 경향이 앞서의 경우와 비슷하다는 것을 확인할 수 있다. 다만, 기판의 두께 변경을 통해 폐회로 상태의 고유 진동수가 모두 동일한 값으로 조정된 경우, PZT 5H의 에너지 변환 효율이 $[011]-d_{31}$보다 약간 높게 계산되었다. 그러나, 언급한 바와 같이 실제 감쇠비는 단결정의 경우가 낮으므로 이를 고려하면 $[011]-d_{31}$이 조금

| 표 6.3.3 | 기판의 두께를 조절하여 폐회로 고유 진동수를 모두 150Hz 근처로 조절한 후의 고유 진동수, 전기-역학 연성 계수, 에너지 변환 효율 비교

		f_{sc} (Hz)	f_{oc} (Hz)	k_{sys}^2	η_1^{opt}	
					$\zeta=0.005$	$\zeta=0.015$
PMN-PZT	$[011]-d_{32}$	150.2	222.8	0.545	0.49997	0.4998
	$[011]-d_{31}$	150.4	157.4	0.087	0.4959	0.4666
	[001]	150.2	165.5	0.177	0.4992	0.4929
PZT 5H		150.2	157.3	0.088	0.4960	0.4676
PZT 5A		150.4	155.8	0.068	0.4931	0.4471

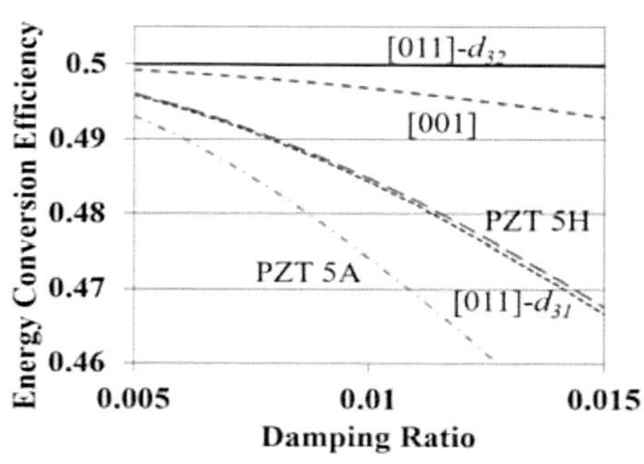

그림 6.3.6 폐회로 고유 진동수가 150 Hz 근처로 조절된 후의 에너지 변환 효율(η_1^{opt})의 비교

더 높거나 거의 비슷하다는 것을 예측할 수 있다. 에너지 변환 효율의 관점에서 여전히 압전 단결정 $[011]-d_{32}$의 사용이 매우 유리함을 알 수 있다. 또한, 그림 6.3.7에 나타

낸 최적 부하 저항에서의 발생 전력 값을 살펴보면, 폐회로 상태의 고유 진동수에서의 발생 전력 값은 모든 경우에 대해 비슷한 값을 가짐을 알 수 있다. 다만, 에너지 변환 효율 값 η_1^{opt}이 클수록 출력 대역폭이 상당히 넓어지는 것을 확인할 수 있다. 그러나, 2개의 최대 발생 전력 주파수(폐회로 및 개회로 상태의 고유 진동수) 사이의 간격이 넓어짐에 따라 중간 주파수 영역에서의 발생 전력량은 적어지기 때문에, 주변의 진동 가진 환경에 따라 적절하게 압전 재료를 선택하는 것이 필요하다. 각각의 경우에 대한 발생 전력 대역폭을 표 6.3.4에 나타내었다. 모든 경우에 대해 외부 가진 주파수가 150 Hz일 때를 가정하여 폐회로 상태의 고유 진동수를 맞추었으므로, 반등력 주파수 f_1 및 f_2는 150 Hz에서의 발생 전력의 1/2이 되는 주파수로 정의하였다.

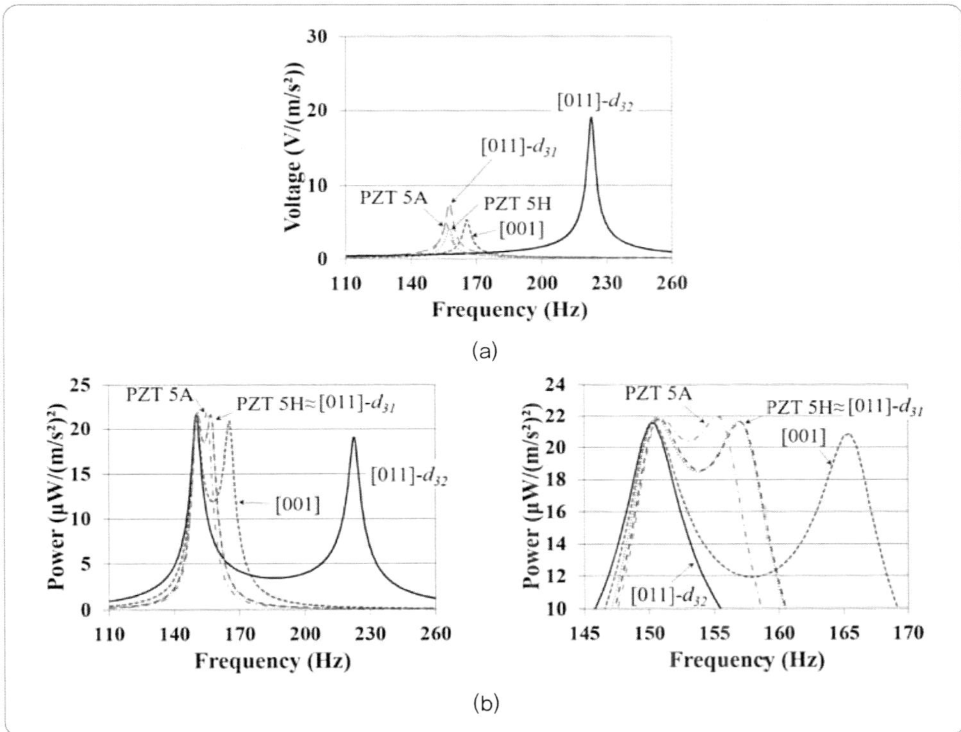

그림 6.3.7 $\zeta = 0.01$인 경우 (a) 개회로 출력 전압 및 (b) 임피던스 정합된 부하 저항에서의 평균 발생 전력(우측 그림은 145~170 Hz 주파수 대역을 확대)

단, 표의 결과는 감쇠비가 0.01일 때를 가정하여 해석한 결과를 나타내므로 다른 감쇠비에 대해서는 당연히 다른 대역폭의 결과를 갖게 된다. 결과에서 확인할 수 있듯이 비록 [011]-d_{32} 단결정이 변환 계수 및 에너지 변환 효율에 있어서는 우수하나 외부 가진 주파수가 단일 성분으로 구성되어 있으면 오히려 [001]의 경우가 유리하다. 그러나, 외부 가진 주파수가 2개 이상의 주 성분으로 구성되어 있는 경우에는 [011]-d_{32} 단결정이 유리할 수 있음을 알 수 있다.

| 표 6.3.4 | 폐회로 고유 진동수에서의 발생 전력 값 P_o 및 반동력점(half-power point) f_1 및 f_2를 사용한 주파수 대역폭($\triangle f$) ($\zeta_m = 0.01$)

		P_o (μW/(m/s^2)^2)	f_1 (Hz)	f_2 (Hz)	$\triangle f$ (Hz)
PMN-PZT	$[011]-d_{32}$	21.6	146.3	155.0	8.7
			218.2	226.7	8.5
	$[011]-d_{31}$	21.6	147.6	160.3	12.7
	[001]	21.5	146.9	168.9	22.0
PZT 5H		21.7	147.4	160.2	12.8
PZT 5A		21.5	147.8	158.5	10.7

6.4. 압전 진동 에너지 수확의 설계 이슈(issue)

2000년 전후로 본격적으로 연구되어온 압전 현상 기반의 진동 에너지 수확 기술은 초기에는 장치의 제작 및 실험을 통해 에너지 수확 가능성을 확인하였다. 그 동안 압전 진동 에너지 수확에 대한 수학적 모델링이 정립되고 에너지 변환 성능에 대한 척도 및 다양한 구조를 통한 성능 향상에 대한 연구가 이어져 오고 있다. 또한, 최근에는 실제 응용 분야에 대한 연구도 관심을 받고 있다(Zuo L and Tang X, 2013). 그런데, 진동 에너지 수확 분야가 하나의 독립된 연구 분야로서 20여년 가까이 자리 잡아 왔지만, 압전 현상을 포함한 진동 에너지 수확 기술에는 여전히 해결해야 할 과제가 남아 있다. 그러한 것들을 크게 구분해 보면 여전히 충분하지 못한 1) 전기 출력량, 2) 전기 출력 주파수 대역폭, 3) 진동 가진원의 방향성 및 4) 소형화에 따른 문제점 등이 있다. 물론 5) 응용 분야의 지속적인 개발도 포함할 수 있다. 소형화는 소비 전력과도 밀접한 관계가 있지만, 스마트 플랜트/빌딩 등의 IoT 응용 분야에서의 센서 네트워크, 의료 삽입 기기(medical implants) 등의 특정 응용 분야에서는 필수적이며, 이러한 소형화에 필연적으로 수반되는 진동 가진 주파수 대역 대비 높은 장치의 고유 진동수 및 유효 질량 감소로 인한 출력 감소 문제에 대한 연구가 중요하다.

압전 진동 에너지 수확 장치의 전기 출력량 향상을 위한 기존 연구는 크게 에너지 밀도 및 변환 효율 향상을 위한 압전 재료의 개발(Islam and Priya, 2006a, 2006b; Moon et al., 2009; Patil et al., 2014; Sun et al., 2009; Yang et al., 2009), 진동 에너지 변환 수단의 조합 적용(Patil et al., 2014; Challa et al., 2009; Dai et al., 2009, 2011; Cho et al., 2009), 진동 에너지 수확 장치의 새로운 구조 개발 및 구조 최적화(Kim and Kim, 2009, 2013; Kim, 2013; Ma et al., 2009; Rupp et al., 2009; Wang and Xu, 2007), 출력 손실 최소화를 위한 전력 관리 회로 기술(Badel et al., 2006; Wickenheiser and Garcia, 2010) 등으로 나눌 수 있다.

전기 출력량 향상과 더불어 유효한 전기 출력이 발생되는 주파수 대역 역시 중요하다. 공진형 압전 진동 에너지 수확 장치의 가장 큰 특징은 외부 가진력의 주파수가 장치의 고유 진동수와 일치하는 경우에만 최대 전력을 발생시키고 이를 벗어난 가진 주파수에서는 생성 전력량이 급격히 감소한다는 점이다. 그러나, 시간이 지남에 따라 운용 중인 압전 진동 에너지 수확 장치의 고유 진동수는 내부 체결력의 변화 및 외부 환경에 의한 부식 등으로 변할 수 있다. 또한, 외부 가진 주파수도 항상 어떤 일정한 값을 갖는 경우는 드물다. 따라서, 전력 발생의 주파수 의존성을 해결하기 위한 방법으로서 그 동안 많은 연구가 이뤄져 왔는데(Tang et al., 2010), 대표적인 것으로 진동 에너지 수확 장치의 고유 진동수를 외부 가진 주파수에 맞추는 방법(frequency tuning mechanism) (Challa et al., 2008; Cho S-W, 2009; Eichhorn et al., 2009; Roundy et al., 2005), 진동 에너지 수확 장치를 다 자유도(multiple degrees of freedom) (Aldraihem and Baz, 2011; Kim et al., 2011; Ma et al., 2010; Ou et al., 2011; Seo et al., 2012) 또는 배열(array configuration)로 구성하여 일정한 공진 대역폭을 갖도록 하는 방법 (Feng and Hung, 2008; Ferrari et al., 2008; Kim, 2010; Liu et al., 2008), 가진력 주파수 상향 변환(frequency up-conversion) (Jung and Yun, 2010; Wickenheiser and Garcia, 2010) 및 비선형 진동(nonlinear vibration) (Erturk et al., 2009; Ramlan et al., 2009) 등이 있다.

진동 가진원의 방향성(Yang et al., 2013), 소형화에 따른 문제점(Cook-Chennault et al., 2008; Sun et al., 2014) 및 응용 분야 관련 연구(Zuo and Tang, 2013)는 위의 두 가지 해결 과제보다는 다소 그 중요성이 덜하지만 지속적인 관심이 필요한 분야이다. 여기서는 전기 출력량 향상 및 전력 발생 주파수 대역 증가에 대한 부분에 집중해서 알아보기로 한다.

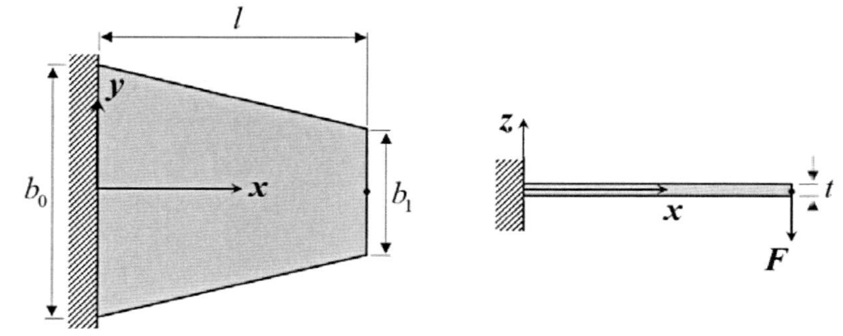

그림 6.4.1 끝단 집중 하중을 받는 사다리꼴 형상의 외팔보

6.4.1 전기 출력량 향상을 위한 방법

앞서 진동 에너지 출력량 향상을 위한 방법을 5가지로 구분해 보았다. 그 중에서 여기서는 새로운 구조 개발 및 구조 최적화, 진동 에너지 변환 수단의 조합 적용에 관해서만 살펴보기로 하자.

(1) 압전 외팔보의 변형률 분포 및 전기 출력

외팔보 압전 진동 에너지 수확 장치는 삼각형(또는 사다리꼴) 형상에 가까울수록 압전 물질 내에 변형률(strain)이 균일하게 분포하여 피로 및 파괴를 고려한 신뢰성 관점에서 유리하다. 압전 진동 에너지 수확 장치의 제작 및 성능 측정에 관한 초기의 연구(Glynne-Jones et al., 2001; White et al., 2001)에서도 이를 고려하였으며, 나중의 출력량 향상에 대한 연구에서도 에너지 수확 장치의 형상에 따른 성능 비교(Dietl and Garcia, 2010; Goldschmidtboeing and Woias, 2008; Mateu and Moll, 2007) 및 이론적 연구(Salmani et al., 2015)가 진행된 바 있다.

우선 고체역학의 기본 이론을 이용하여 보의 형상에 따른 변형률 분포 양상을 살펴보도록 하자. 그림 6.4.1에 나타낸 바와 같이 보의 폭이 $b(x)=(b_1-b_0)x/l+b_0$와 같이 선형으로 변한다고 가정하다. 끝단 집중 하중 F에 대해 보의 축 방향에 따른 굽힘 모멘트 $M_b(x)$의 분포는 $F\times(l-x)$가 되므로 다음의 식이 성립한다.

$$E\frac{d^2w}{dx^2}=\frac{F\times(l-x)}{I(x)}=\frac{F\times(l-x)}{b(x)\times t^3/12} \tag{6.4.1}$$

따라서, 중립축으로부터 가장 멀리 떨어진 보 윗면(또는 아랫면)에 발생하는 굽힘 변형률의 크기는 아래와 같다.

$$\epsilon_{\max} = \frac{t}{2}\frac{d^2w}{dx^2} = \frac{6F}{Et^2}\frac{l-x}{(b_1-b_0)x/l+b_0} \tag{6.4.2}$$

위 식에서 보의 축 방향으로 변형률이 일정하게 분포되기 위해서는 $(b_1-b_0)x/l+b_0$가 $c\times(l-x)$ (c: 임의의 상수)의 형태가 되어야 한다는 것을 알 수 있다. 즉, $(b_1-b_0)/l=-c$ 및 $b_0=c\times l$이어야 하므로, $b_1=0$ (삼각형 형상)이어야 함을 알 수 있다. 추가로 식 (6.4.2)를 무차원화된 변수로 표현하면 아래와 같이 표현된다.

$$\begin{aligned}\epsilon_{\max}/(6F/Et^2) &= \frac{l-x}{(b_1-b_0)x/l+b_0} = \frac{1-x/l}{(b_1-b_0)/l\times x/l+b_0/l} \\ &= \frac{1-\hat{x}}{(b_1-b_0)/l\times\hat{x}+b_0/l} = \frac{1-\hat{x}}{b_1/l\times\hat{x}+b_0/l\times(1-\hat{x})}\end{aligned} \tag{6.4.3}$$

이젠 일정한 크기의 분포력 f (N/m)가 작용할 경우에 대해 알아보자. 중립축으로부터 가장 멀리 떨어진 보 윗면(또는 아랫면)에 발생하는 굽힘 변형률의 크기는 아래와 같이 표현되므로

$$\epsilon_{\max} = \frac{6f}{Et^2}\frac{0.5\times(l-x)^2}{(b_1-b_0)x/l+b_0} \tag{6.4.4}$$

이를 무차원화된 변수로 표현하면 아래와 같다.

$$\epsilon_{\max}/(6f\times l/Et^2) = \frac{0.5\times(1-\hat{x})^2}{b_1/l\times\hat{x}+b_0/l\times(1-\hat{x})} \tag{6.4.5}$$

위 식에서 $f\times l=F$로서 집중 하중과 동일한 크기의 합력이 분포력으로서 작용할 경우를 고려하였다. 식 (6.4.4)에서 확인할 수 있듯이 분모가 1차식임에 비해 분자는 2차식으로 되어 있다. 따라서, 보의 외곽 형상이 선형으로 변한다는 가정하에서는 $b_1=0$일 경우라도 변형률이 일정한 크기의 상수가 될 수 없음을 알 수 있다. 따라서, 이 경우에는 균일 분포의 변형률을 얻기 위한 외곽선의 선형 함수 가정은 타당하지 않다고 볼 수 있다. 실제 외곽선을 B-spline 곡선으로 매개 변수화하여 기저가 진동하는 압전 외팔보에 대한 전산 구조 형상 최적화를 수행하면, 최적화 결과로서 곡선 형상을 갖게 되는 것이 그 이유라고 할 수 있다(기저가 진동하는 경우 근사적으로 균일 분포력이 작용한다고 볼 수 있다).

외팔보가 기저의 가진으로 인해 진동할 경우의 동적 변형은 집중 하중을 받는 경우보다는 오히려 분포 하중을 받는 경우의 정적 처짐에 가깝다. 그러나, 외팔보의 끝에 집중 질량이 부착되어 있고, 그 크기가 커질수록 동적 변형은 집중 하중의 처짐에 가까워진다. 따라서, 유한한 크기의 집중 질량의 경우 동적 변형은 집중 하중 및 분포 하중에

의한 각각의 처짐 특성을 모두 가지고 있다고 볼 수 있다. 그림 6.4.2는 동일한 크기의 하중 하에서의 $\hat{b}_0$ 및 $\hat{b}_1$에 따른 굽힘 변형률 분포를 나타낸다. 위의 그림에서 알 수 있듯이 동일 하중 크기($f \times l = F$)에서는 집중 하중에 의한 변형률 분포가 더 크다는 것을 알 수 있다. 물론, 끝단 질량이 부착될 경우 고유 진동수 변화가 일어나므로 끝단 질량이 없는 경우와는 직접 비교하는 것이 적절하지 않지만, 끝단 질량이 부착될 경우 구조물에 더 큰 변형률이 발생되어 진동 에너지 수확에 더 유리하다는 것을 유추할 수 있다.

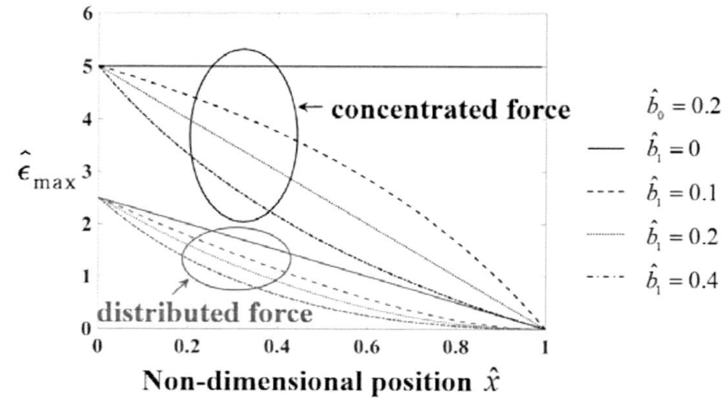

그림 6.4.2 집중 및 분포 하중 여부에 따른 외팔보에서의 최대 변형률 분포

끝단 질량이 있는 경우, 직사각형 또는 삼각형 형상의 외팔보 압전 진동 에너지 수확 장치의 구성/치수 및 각각의 전기 출력을 그림 6.4.3에 비교하여 나타내었다. 각각의 진동 에너지 수확 장치는 폐회로 상태의 고유 진동수가 100 Hz에 최대한 가깝게 위치하도록 설계되었다. 끝단 질량 및 설치 면적은 두 경우 모두 약 27.6 g 및 24×55 mm^{2}으로서 서로 거의 동일하다. 그러나, 최대 발생 전력은 직사각형 형상의 경우 약 188.2 μW/(m/s^2)^2, 삼각형 형상의 경우 약 176.1 μW/(m/s^2)^{2}로 계산되었다. 현재의 비교 모델에서는 삼각형 형상의 경우 변형률이 압전 재료 전체에 최대한 균일하게 분포함으로써 발생 전력 및 내구성 관점에서 장점이 있으나, 동일 설치 면적을 갖게 함으로써 실제 압전 재료의 양이 직사각형 형상에 비해 약 62%로 감소하였다. 따라서, 발생 전력 크기 역시 직사각형 형상의 진동 에너지 수확 장치에 비해 오히려 다소 작다. 따라서,

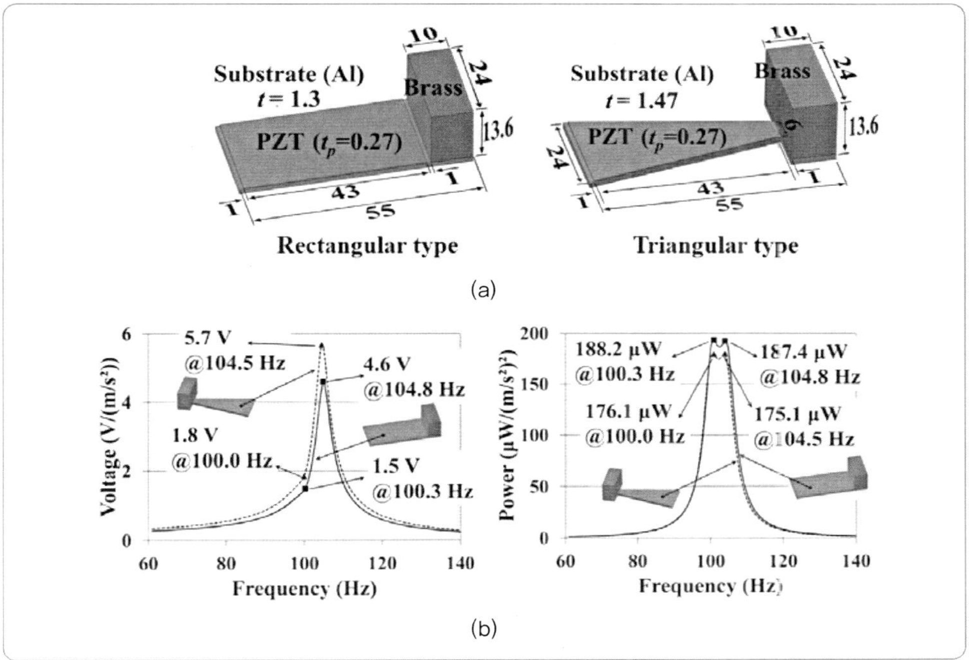

그림 6.4.3 (a) 동일 설치 면적을 갖는 직사각형 및 삼각형 형상의 외팔보 압전 진동 에너지 수확 장치 및 (b) 최적 저항에서의 발생 전력 비교

발생 전력 크기만 고려한다면 동일 설치 면적에서는 무조건 삼각형 형상이 좋은 것이 아님을 알 수 있다. $x-y$ 평면상에서의 형상 외에도 그림 6.4.4에 나타낸 바와 같이 $x-z$ 평면 상의 형상에 대한 영향도 고려할 수 있다. 그림에서와 같이 보의 폭은 b로 일정하지만, 두께가 축 방향을 따라서 변화한다고 가정한다. 다만 이 경우에는 압전 외팔보의 크기 문제 및 압전 재료의 부착 문제 등으로 인해 압전 진동 에너지 수확 장치의 설계 시 실용적으로 고민해야 할 점도 있다. 끝단 집중 하중이 작용하는 경우에 대해 변형률 분포를 살펴보도록 하자.

보의 두께 t가 x의 함수로서 $t(x)=(t_1-t_0)x/l+t_0$로 표현된다고 가정하다. 그렇다면, 다음의 관계식을 얻게 된다.

$$E\frac{d^2w}{dx^2}=\frac{F\times(l-x)}{(b/12)(t_1-t_0)x/l+t_0^3} \tag{6.4.6}$$

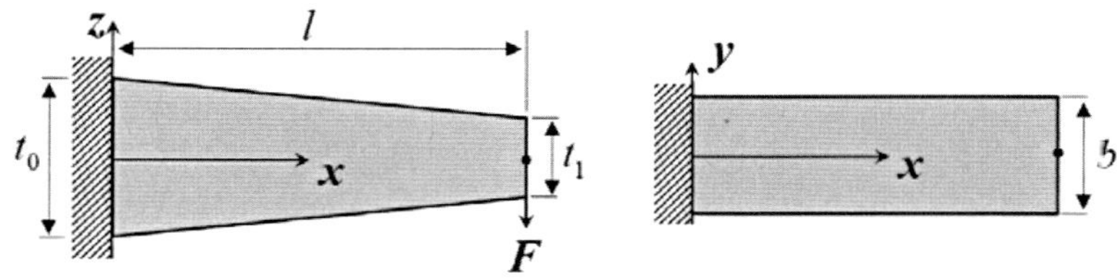

그림 6.4.4 $x-z$ 평면 상에서 단면의 변화를 갖는 외팔보

따라서, 중립축으로부터 가장 멀리 떨어진 보 윗면(또는 아랫면)에 발생하는 굽힘 변형률의 크기는 아래와 같이 표현되므로,

$$\begin{aligned}\epsilon_{\max} &= \frac{t(x)}{2}\frac{d^2w}{dx^2} = \frac{(t_1-t_0)x/l+t_0}{2}\frac{F\times(l-x)}{(Eb/12)((t_1-t_0)x/l+t_0)^3} \\ &= \frac{6F\times(l-x)}{Eb((t_1-t_0)x/l+t_0)^2}\end{aligned} \tag{6.4.7}$$

이를 무차원화된 변수로 표현하면 아래와 같다.

$$\hat{\epsilon}_{\max} = \epsilon_{\max}/(6F/Elb) = \frac{1-\hat{x}}{(t_1/l\times\hat{x}+t_0/l\times(1-\hat{x}))^2} \tag{6.4.8}$$

따라서, l 및 b가 일정한 경우에 위의 식에 의한 정규화된 변형률 분포 $\hat{\epsilon}_{\max}$는 그림 6.4.5에 나타낸 바와 같다. 그림에서 알 수 있듯이 t_1/t_0의 값이 작을수록 전체 변형률이 크면서 보다 균일하게 분포됨을 알 수 있다. 이 경우에 있어서도 사실 변형률 분포는 두께가 곡선 형태를 가질 때 더욱 균일하게 된다. 이러한 문제는 위상 최적화(topology optimization) 등에서 자주 다뤄지는 벤치마크 문제로서 여기서 잠깐 언급하기로 한다. 동일한 하중, 즉 끝단에 힘 F가 작용한다고 가정하자. 유도를 간단하게 하기 위해 보는 1가지 재료로만 구성되었다고 가정하고, 보의 윗면(또는 아랫면)에 발생하는 응력(또는 변형률)이 모두 σ_c로 일정하다고 한다면(이를 전 응력(fully stressed) 상태라고 한다) 다음의 관계가 성립한다.

$$\sigma_c = \frac{F\times(l-x)}{b(t(x))^3/12}\frac{t(x)}{2} = \frac{6F\times(l-x)}{b(t(x))^2} \tag{6.4.9}$$

위 식으로부터 $t(x)=\sqrt{6F\times(l-x)/(b\sigma_c)}$이고, $t(0)=\sqrt{6Fl/(b\sigma_c)}$의 값을 t_b라고 하면, 다음과 같은 보의 외곽 형상에 대한 식을 얻을 수 있다.

$$t(x) = t_b\sqrt{1 - \frac{x}{l}} \tag{6.4.10}$$

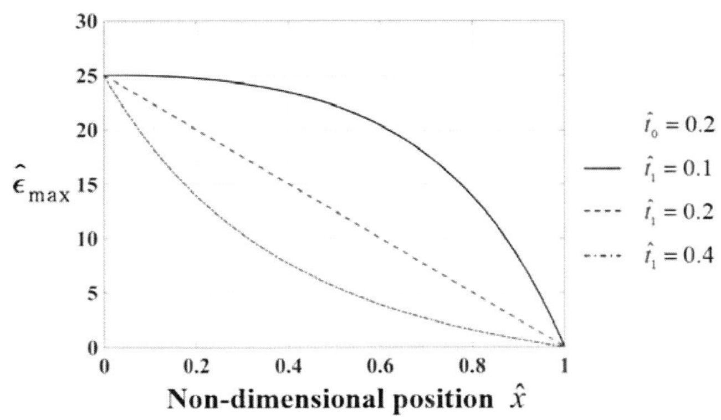

그림 6.4.5 끝단 집중 하중의 경우 두께 분포에 따른 변형률 분포

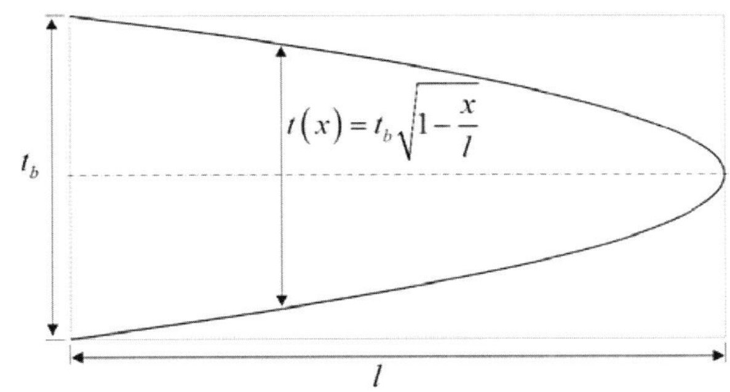

그림 6.4.6 끝단 집중 하중의 경우 전 응력 상태의 두께 분포

위의 $t(x)$를 이용하여 보의 외곽 형상을 나타내면 그림 6.4.6과 같다. 즉, 이러한 두께 분포를 갖는 압전 외팔보라면 변형률 또는 응력이 보 전체에 고르게 분포되어 보 전체에 부착된 압전 재료에 전기장을 보다 효과적으로 인가하게 된다.

(2) 외팔보 이외의 다양한 구조의 이용

일반적으로 주변의 진동 환경이 수백 Hz 내외의 주파수 대역임을 고려하면 외팔보 구조가 낮은 고유 진동수와 높은 변형률로 인해 전기 출력 면에서 유리한 것은 사실이다. 외부 가진력의 에너지가 특정 주파수 대역에 집중되어 있을 때 일반적으로 공진형의 외팔보 압전 진동 에너지 수확 장치가 사용되어 왔다. 그러나, Wang과 Xu (2007), Zheng과 Xu (2008), Zheng et al. (2008) 등은 그림 6.4.7(a)에 나타낸 바와 같은 이중 외팔보를 이용하여 증가된 변형률에 의해 전기 출력량 향상을 꾀하였다. 사실 이러한 구조는 1개의 외팔보를 여러 개 사용하여 전기 출력량을 증가시킬 수 있는 가장 간단한 구조가 될 것이다. 다만, 굽힘 강성이 급격히 증가하고 이에 따라 고유 진동수를 일정하게 하기 위해서는 끝단 질량이 커져야 하기 때문에 에너지 수확 장치 전체의 질량 또는 크기가 커지게 되는 단점이 있다. 또한, 이중 외팔보의 특징적인 변형 형상으로 인해 외팔보 전체에 압전 재료가 부착된 경우에는 변형률 절점(strain node) 생성에 의한 전극의 발생 전하가 상쇄되어 발생 전압의 크기가 감소된다. 즉, 그림 6.4.7(b)에 나타낸 바와 같이 일반적인 이중 외팔보의 변형 형상은 2개의 변형 모드로 분리해서 생각할 수 있는데 'S' 모양 굽힘 변형이 바로 전하 상쇄를 가져오게 된다. 따라서, 해당 연구에서는 이중 외팔보 수직 간격을 넓히는 동시에(중립축과 압전 재료 사이의 거리가 멀수록 발생 전압이 커진다) 순수 굽힘 변형을 보다 크게 하기 위해 l_m의 크기를 증가시키는 것이 유리하다는 결론을 제시하고 있다. 다만, 이 경우에도 압전 진동 에너지 수확 장치의 크기가 커지는 단점이 여전히 존재한다.

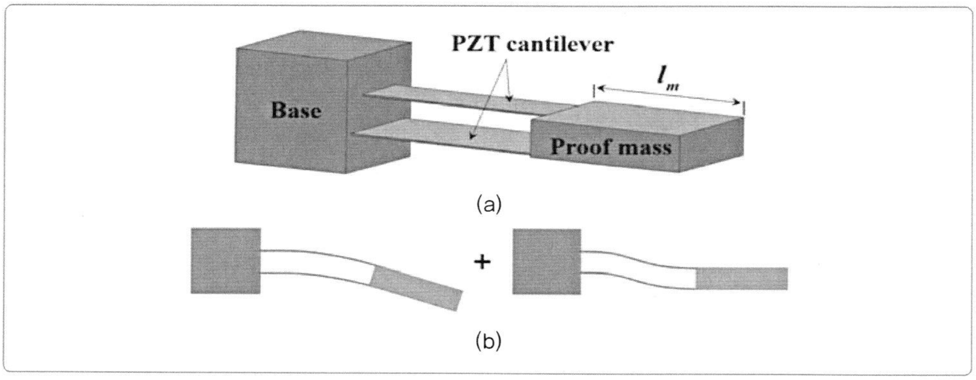

그림 6.4.7 (a) 이중 외팔보 압전 진동 에너지 수확 장치(Wang and Xu, 2007; Zheng and Xu, 2008; Zheng et al., 2008) 및 (b) 변형 형상의 분리(순수 굽힘 변형(좌측)+'S' 모양 굽힘 변형(우측))

이 외에도 외팔보의 직사각형 면이 대각선을 따라 분할되어 2개의 삼각형(사다리꼴) 형태로 나뉘어진 구조(그림 6.4.9(a)), 원형의 판이 고정(clamped)된 구조(이 경우에도 변형률 절점에 의해 2개의 서로 다른 부호를 갖는 변형률 구역이 존재한다)(그림 6.4.9(b)), 압전 재료가 부착된 기판이 링 구조에 의해 지지된 드럼 구조(그림 6.4.9(c)), 압전 액추에이터에서 자주 사용되는 구조의 심벌즈 구조(그림 6.4.9(d)), 진동하는 구조물의 표면에 동일 부호의 변형률 구역별로 압전 재료를 직접 부착하는 스킨 구조물(그림 6.4.9(e)) 및 축 방향 예하중를 갖는 양단 지지보 구조(그림 6.4.9(f)) 등이 제안되어 왔다. 여기에 제시되지는 않았지만 참고문헌의 리뷰 논문을 통해 더욱 많은 여러 다양한 구조에 대해 알아볼 수 있을 것이다.

잠깐 !

진동 모드에서의 절점(node)이란 변위가 발생하지 않는 특정 지점을 의미한다. 그런데, 압전 진동 에너지 수확에서는 '변형률 절점(starin node)'라는 용어를 만나게 된다(duToit et al., 2005; Erturk et al., 2009). 이는 보나 평판에서 굽힘에 의한 변형률(또는 곡률) 부호가 서로 다른 지점의 경계를 의미한다. 압전 재료에 발생하는 변형률의 부호가 바뀌면 발생 전기장의 부호가 바뀐다. 즉, 하나의 연결된 압전 재료에서 서로 다른 변형률 부호가 있다면 발생 전압의 상쇄 효과가 나타나기에 압전 진동 에너지 수확 장치의 전기 출력량 증가를 위해서는 반드시 피해야 한다.
그림 6.4.8(a)에 변형률 절점에 의한 전압 상쇄 개념을 나타내었다. 외팔보의 변형 시 첫 번째 모드에서는 변형률 또는 곡률이 모두 동일한 부호이므로 압전 재료에서 발생하는 전기장의 부호는 모두 같다. 그런데, 2차 모드 이상에서는 그림에서와 같이 변형률의 부호가 바뀌므로 압전 재료가 축 방향으로 모두 부착된 경우 1개의 압전 재료 내에서 발생하는 전기장 즉 전압의 부호가 서로 다른 부분이 있게 된다. 이를 우측에 개념적으로 등가의 전압원 연결로 나타내었다. 이를 방지하기 위해 그림 6.4.8(b)에 나타낸 바와 같이 변형률의 부호가 바뀌는 부분에서는 분극 방향도 다르게 하든지 아니면 변형률 부호가 동일한 부분끼리 압전 재료를 분할하여 사용한다.

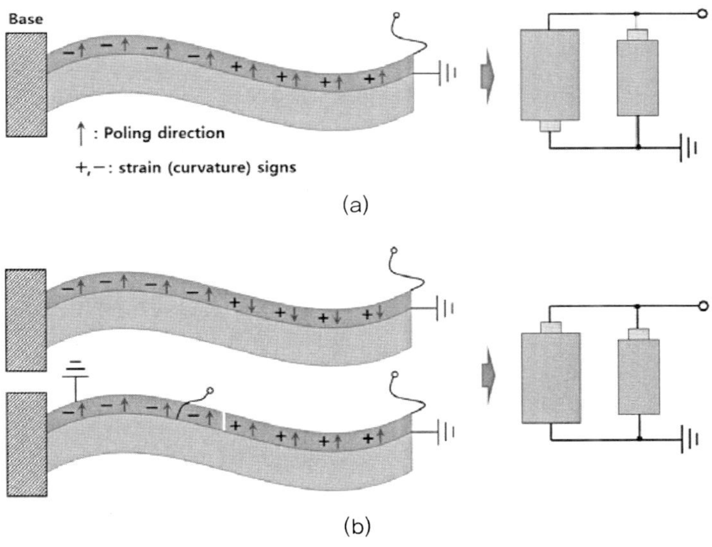

그림 6.4.8 (a) 변형률 절점에 의한 전압 상쇄, (b) 분극 방향 처리 및 압전 재료 분할(segmentation)을 통한 전압 상쇄 회피

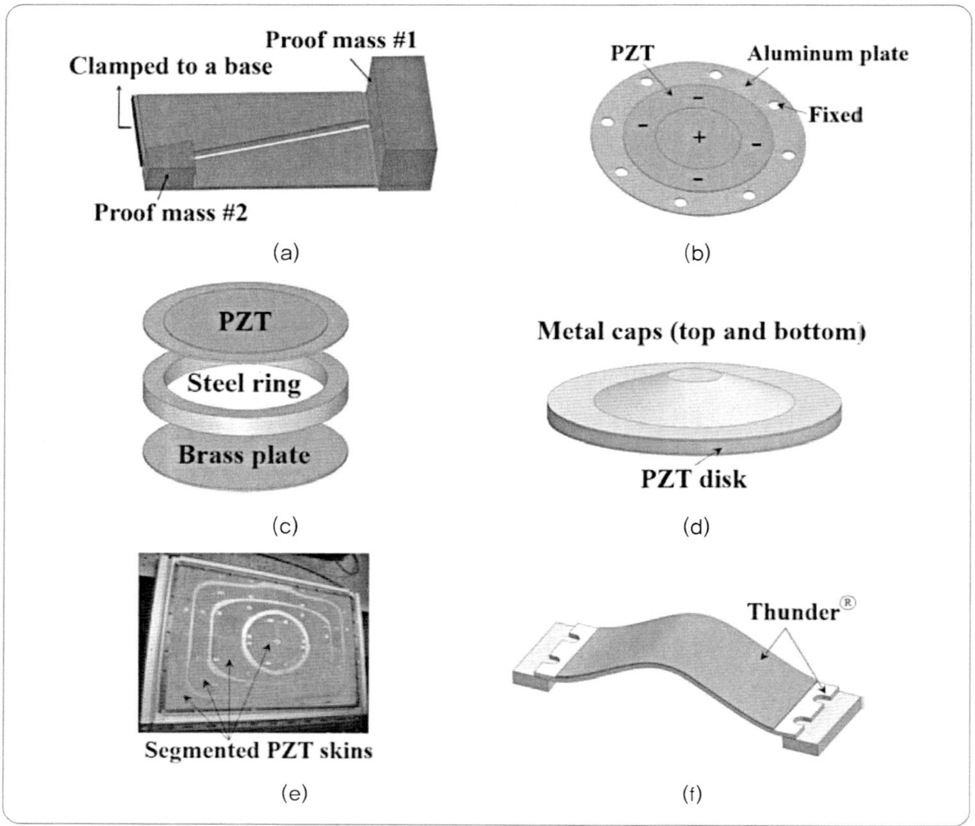

그림 6.4.9 (a) 직사각형 면이 대각선을 따라 분할된 외팔보(diagonally segmented cantilever) 구조(Kim, 2013), (b) 원형 판(circular plate) 구조(Kim et al., 2005a, 2005b), (c) 드럼(drum) 구조(Wang et al., 2007), (d) 심벌즈(cymbals) 구조(Kim et al., 2004), (e) 스킨(skin) 구조(Lee and Youn, 2011; Kim et al., 2015) 및 (f) 예하중 상태(prestressed unimorph)의 양단 고정보(Mossi et al., 2005)

(3) 진동 에너지 변환 수단의 조합 적용

1장에서 진동 에너지 변환 수단을 간단히 살펴보았으며, 2장에서는 이를 좀 더 자세히 알아보았다. 진동 에너지를 전기 에너지로 변환하기 위해서는 정전기 방식, 전자기 유도 방식 및 압전 또는 자기 변형 재료 등의 지능 재료를 이용하는 방식 등이 있다. 따라서, 동일한 진동 환경에서 반드시 1개의 변환 원리만을 사용하는 것은 비효율적일 것이다. 전기 출력량을 증가시키기 위한 방법으로서 그림 6.4.10(a)는 압전 및 전자기 유도 현상을 동시에 이용하는 구조이다(Challa et al., 2009; Cho et al., 2009; Tadesse et al., 2009). 이러한 구조의 진동 에너지 수확 장치는 일반적으로 외팔보 상하면 또는 일부분에 압전 재료를 부착하고 끝단에는 영구자석이 부착되어 있어 기저의 가진 시 고정 코일과 영구 자석 사이의 상대 운동에 의해 유도 전압이 발생한다. 일반적으로 낮은

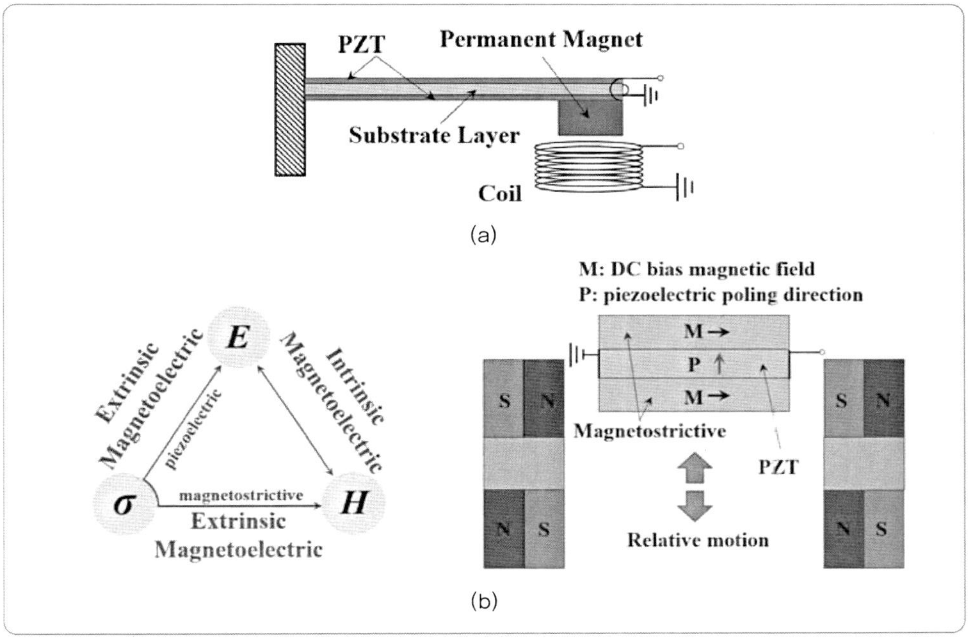

그림 6.4.10 (a) 압전 현상과 영구자석-코일 간 상대 운동에 의한 전자기 유도 방식과의 조합, (b) 압전(piezoelectric) 및 자기 변형(magnetostrictive) 현상이 연성된 자가-전기(magnetoelectric) 효과(좌측 그림 참조) 기반의 진동 에너지 수확

주파수 대역에서는 전자기 유도 방식이, 상대적으로 높은 주파수 대역에서는 압전 재료를 사용하는 것이 보다 유리하다고 알려져 있다. 따라서, 동일 주파수 대역에서 2개의 에너지 변환 원리에 의해 전기 출력을 증가시킬 수도 있지만, 개별적으로 유효한 주파수 대역을 이용함으로써 전기 출력 주파수 대역을 넓힐 수도 있다. 다만 전자기 유도 방식 및 압전 재료를 이용한 경우는 각각 임피던스 정합 부하의 크기에 상당한 차이가 있기 때문에(압전 재료의 경우가 훨씬 크다) 두 방식 간의 출력을 결합하여 사용하기 위해서는 개별적으로 별도의 변환 회로가 필요하다. 또한, 영구 자석은 일반적으로 작은 크기로 줄이기가 어렵기 때문에 에너지 수확 장치의 크기가 커질 수 있는 점도 고려되어야 한다.

한편, 압전 현상과 자기 변형 현상을 조합하여 진동 에너지 수확에 적용한 연구 사례가 있다(Dai et al., 2009, 2011; Patil et al., 2014; Yang et al., 2011). 이렇게 조합 적용된 진동 에너지 변환 수단을 지칭하기 위해 특별히 자기-전기(magnetoelectric) 효과라는 별도의 용어를 사용하는데, 자기-전기 효과는 그림 6.4.10(b)의 좌측에 나타낸 바와 같이 강유전성, 강탄성, 강자성 중 2개 이상의 강성(ferroics)을 동시에 지니고 있는 다강성(multiferroic) 물질이 갖는 현상을 일컫는다. 자기-전기 효과는 비휘발성 메모리 및 SQUID 센서, 상온 심자기도(MCG: magnetocariography) 등 다양한 연구 분야에서 주요 관심사로 부각되고 있다(Eerenstein et al., 2006; Nan et al., 2008). 다강성 물질은 자연 상태에서 단상(single phase)으로 존재하기 어렵고, 상온에서 약한 자기-전기 특성을 보이는 화합물의 특성상 그 대안으로서 복합재 형식으로 이용되고 있는데, 이 경우 특히 3가지 다른 상의 물질이 구조적으로 어떤 연결성을 갖게 하느냐에 따라 복합재의 자기-전기 효과가 크게 달라진다.

따라서, 자기-전기 효과 기반의 진동 에너지 수확은 역학 변형을 매개로 자기장과 전기장이 연성된 현상을 이용하는 것으로서 기본적으로는 자기 변형 재료와 압전 재료가 적층된 복합재를 이용한 트랜스듀서로 구현할 수 있다(그림 6.4.10(b) 우측). 즉, 외부 진동 에너지에 의한 자기장의 변화로 인해 유도되는 자기 변형 재료의 변형이 압전 재료에 추가적으로 응력을 발생시키므로 전기 출력량이 더욱 많아지게 된다. 이러한 트랜스듀서에서 자기 변형 재료는 50 MPa 이상의 응력을 인가할 수 있다고 알려져 있다(Huang et al., 2003). 이는 인간이 직접적으로 인가할 수 있는 응력(약 10^4 Fa)이나 기계적인 운동으로 인가할 수 있는 응력($1 \sim 2 \times 10^5$ Pa)보다도 상당히 큰 응력이기 때문에, 자기-전기 효과를 이용한 진동 에너지 수확 장치는 일반적인 압전 진동 에너지 수확 장치보다 큰 출력을 얻을 수 있을 것으로 기대할 수 있다(Dai et al., 2009).

(4) 전산 구조최적설계 기법의 적용

압전 진동 에너지 수확 장치의 전산 구조 최적화를 위해 주로 형상(shape) 또는 위상(topology) 최적화 설계 기법을 적용할 수 있다. 자주 사용되는 외팔보 구조에 대해서는 앞서 설명한 대로 최적 형상이 근사적으로 삼각형(또는 사다리꼴)이라는 자명한 결과를 얻게 된다. 그림 6.4.11(a)와 같이 외곽을 Bezier 또는 B-spline 곡선을 사용하여 매개 변수화 하고, 이를 끝단 질량의 크기에 대한 치수와 함께 설계 변수로 하여 형상 최적화를 수행한다. 질량(또는 부피)를 제한 조건으로 하고 외부 가진 주파수와 동일한(폐회로 상태의) 고유 진동수에서 최대 발생 전력(또는 간접적으로 전기 에너지 또는 전기-역학 연성 계수)을 목적함수로 한다. 한편, 위상최적화 관련한 초기 연구에서는 정적인 외력하에 압전 재료에 저장되는 역학 에너지와 전기 에너지의 비율로 정의된 에너지 변환 효율을 최대화하였으나(Zheng et al., 2008), 그 후 Rupp 등(2009)은 기저의 조화 가진을 받는 압전 진동 에너지 수확 장치의 발생 전력량을 목적함수로 하여 압전 재료의 분포와 외부 회로의 등가 부하 저항을 동시에 최적화하였다.

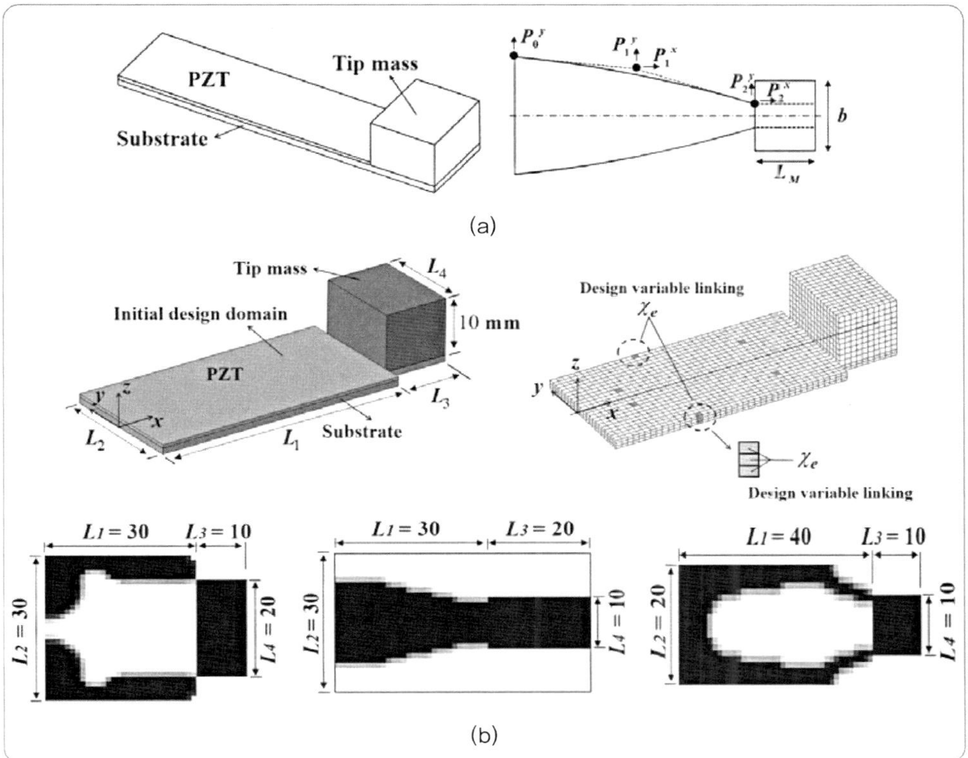

그림 6.4.11 외팔보 압전 진동 에너지 수확 장치에 대한 (a) 형상 최적화 및 (b) 위상 최적화

형상 또는 위상 최적설계 등의 전산 구조 최적 설계 기법에 대한 것은 아니지만 Patel 등(2011)은 유한 요소법을 이용하여 외팔보 압전 진동 에너지 수확 장치에 대해 다양한 설계 변수 파라미터 연구를 수행한 바 있다.

6.4.2 전력 발생 주파수 대역폭 증가를 위한 방법

진동 에너지를 전기 에너지로 변환하기 위해 정전기, 전자기 유도, 자기 변형 및 압전 현상 등 어떤 원리를 사용하든 대부분은 외부 가진 주파수와 진동 에너지 수확 장치의 고유 진동수가 일치할 때 최대 전력이 발생하는 선형 공진(linear resonance)에 기반한 것이다. 따라서, 가진 주파수 또는 고유 진동수 어느 하나가 조금만 변하여도 진동 에너지 수확 장치의 출력 성능은 급격히 저하된다(그림 6.4.12 참조). 그런데, 다양한 실제 현실의 경우에서 외력에 포함된 가진 주파수 성분은 매우 다양하거나 광대역에서 무작위적인(random) 에너지 분포를 가지고 있기에 진동 에너지 수확 장치의 발생 전력 주파수 대역폭을 어떻게 넓히는가 하는 것이 진동 에너지 수확 장치의 중요한 설계 이슈가 되어왔다. 여기서는 발생 전력 주파수 의존성을 극복하기 위한 문헌상의 연구 결과를 크게 4가지로 나누어 살펴보도록 하자.

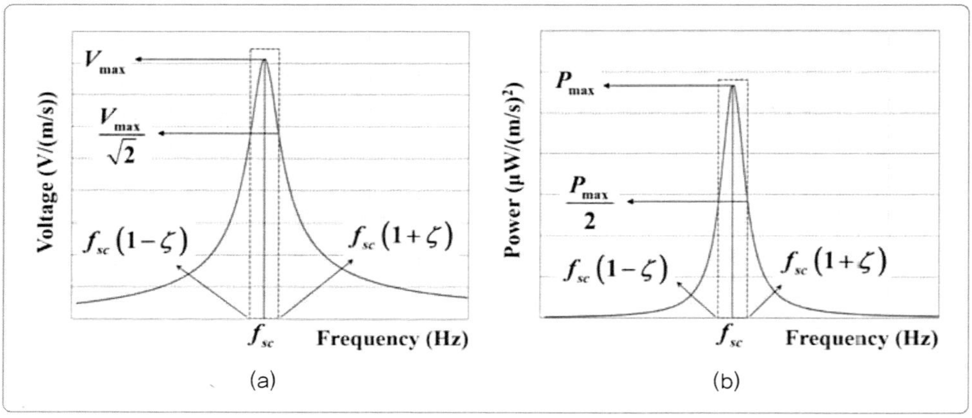

그림 6.4.12 외부 저항이 일정한 값(폐회로 상태의 고유 진동수 f_{sc}에서의 정합 부하 저항의 값)을 가질 때 외팔보 압전 진동 에너지 수확 장치의 (a) 출력 전압 및 (b) 발생 전력(대역폭: $2\zeta f_{sc}$)

(1) 공진 주파수 조절 기법(resonance frequency tuning techniques)

대부분의 진동 에너지 수확 장치들은 최대 발생 전력량을 위해, 고유 진동수를 가진 주파수에 일치하도록 선형 공진기로서 설계된다. 즉, 외부 가진 주파수를 미리 알고 있는 경우에 진동 에너지 수확 장치의 구조 및 크기 등은 고유 진동수가 외부 가진 주파수에 일치하도록 설계된다. 그러나, 가진 주파수를 미리 알 수 없거나, 작동 상황에 따라 다양하다면, 고유 진동수가 이미 결정된 진동 에너지 수확 장치는 최대 전력을 발생시키지 못할 것이다. 그러므로, 진동 에너지 수확 장치의 고유 진동수를 조절할 수 있다면 발생 전력의 주파수 의존성을 극복할 수가 있게 된다. 이러한 고유 진동수 조절은 '수동적(passive)'으로 혹은 '능동적(active)'으로 수행될 수 있다(Roundy and Zhang, 2005). 능동 고유 진동수 조절은 연속적인 전원 입력을 필요로 하는 반면, 수동 고유 진동수 조절은 진동수 조절이 필요한 경우에만 전원(또는 역학적 외력)이 입력되고, 조절이 끝나면 외부 가진 주파수가 변할 때까지 전원(또는 역학적 외력)이 제거된다. 다양한 고유 진동수 조절 방법은 다시 역학(mechanical), 자기(magnetic) 및 압전(piezoelectric) 방식으로 분류할 수 있다.

● 역학 방식(mechanical methods)

구조물의 고유 진동수는 질량 또는 강성의 변화를 통해 조절할 수 있는데, 역학 방식의 고유 진동수 조절에서는 보다 실용적으로 질량 보다는 강성을 변화시킨다. 그림 6.4.13(a)에 나타낸 단순 지지(simply supported) bimorph 진동 에너지 수확 장치(Leland and Wright, 2006)는 축 방향의 압축 하중에 의해 강성을 변화시킬 수 있다.

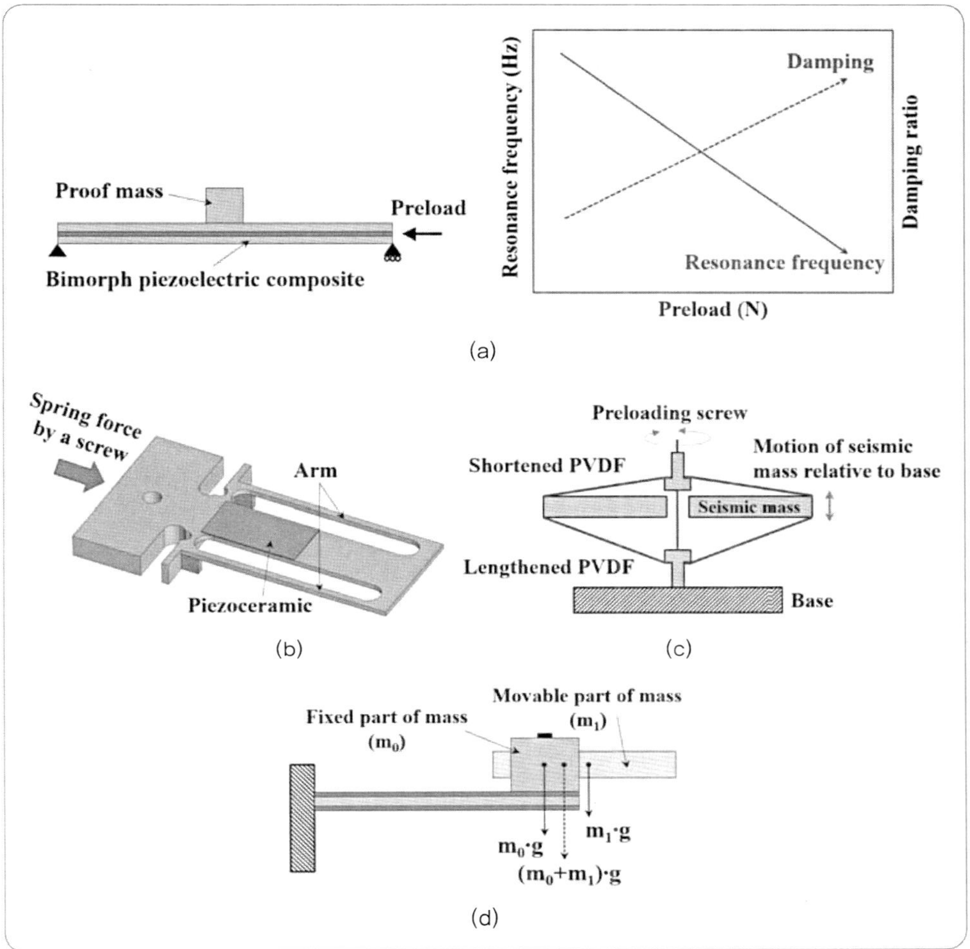

그림 6.4.13 공진 주파수 조절 기법(역학 방식): (a) 축방향 압축 예압에 의한 고유 진동수 조절, (b) 스프링 힘에 의해 축방향 압축 예압이 가해지는 구조, (c) 스크루 조절로 상하 2개 원형 PVDF의 반경 방향 예압 조절, (d) 끝단 질량의 무게 중심 이동을 통한 고유 진동수 조절

실험을 통해 축 방향 예압이 증가할수록 감쇠가 증가하면서 고유 진동수는 24%까지 줄일 수 있음을 보였다. 이 장치는 고유 진동수의 조절을 위해 외부에서 사람의 손으로 예압을 조절해야 하는 수동 모드로 작동하는데, 다만, 축방향 압축력에 의한 고유 진동수 감소 방향으로의 조절만을 고려하였다. Eichhorn 등(2008)도 그림 6.4.13(b)에 나타낸 구조에 가해지는 예압을 이용하여 고유 진동수를 변화시키는 유사한 연구를 수행한 바 있다. 스크루(screw) 이동에 의한 스프링 힘에 의해 arm에는 인장력이 작용하고 압전 재료가 부착된 외팔보의 축방향으로는 압축력이 작용하게 된다. 역시 축 방향 예압이 증가할수록 감쇠가 증가하면서 고유 진동수가 감소함을 보였으나, 고유 진동수는 수동으로 조절되는 구조이다. 한편 Morris 등(2008)은 6.4.13(c)에 제시된 구조를 제안하

였는데, 2개의 원형 PVDF 사이에 원형 질량체가 부착되어 있다. 이는 양쪽 압전 재료 사이에 예 인장력(pre-tension)을 가하는 연결부의 길이를 조절하여 고유 진동수가 조절되는 구조이다.

축 방향 또는 평면 상의 예압을 이용하는 것과 달리 외팔보 끝단 질량의 무게 중심을 조절하여 고유 진동수를 조절하는 방법이 제안된바 있다(Wu et al., 2008). 이 구조에서는 이동 가능한 끝단 질량을 구현하였는데 그림 6.4.13(d)에 나타낸 바와 같이 끝단 질량은 고정 부분과 움직이는 부분으로 구성되어 있다. 전체 끝단 질량의 무게 중심은 이동 나사를 통해 조절할 수 있는데, 질량의 고정 부분은 상대적으로 작은 밀도의 재질로 만들어지고, 이동 가능한 부분은 큰 밀도의 재질로 만들어져서 무게 중심의 이동으로 인한 고유 진동수 조절이 효과적으로 가능해지게 된다.

● **자기 방식(magnetic methods)**

추가로 설치된 영구 자석 사이의 자기력을 이용하여 진동 에너지 수확 장치의 유효 강성(effective stiffness)을 조절할 수 있으며, 이는 곧 고유 진동수를 조절할 수 있음을 의미한다. 대부분 역학 방식에서의 예압 등이 자기력에 의해 제공되는 경우가 된다. Challa 등(2008)은 그림 6.4.14(a)와 같이 고유 진동수 조절이 가능한 진동 에너지 수확 장치를 제안한 바 있는데, 2개의 영구 자석은 외팔보의 자유단 끝에 부착되어 있고, 다른 2개의 영구 자석은 진동 에너지 수확 장치의 기저 부위와 동일한 프레임(frame)에 부착되어 있으며, 서로 마주 보는 2쌍의 영구 자석은 각각 인력(attractive force)과 척력(repulsive force)이 작용하도록 배치되어 있다. 압전 외팔보의 유효 강성 k_{eff}는 구조에 의한 k_{eq}, 외부 부하 저항(R_L)에 의한 k_{R_L} (식 (6.1.6) 및 (6.1.7)) 및 자석 간의 거리 d_a 또는 d_r에 의한 자기 강성(magnetic stiffness) $k_m(d_r, d_a)$의 합 $k_{eff} = (k_{eq} + k_{R_L}) + k_m(d_r, d_a)$로 표현되며, 따라서, 거리 d_a 또는 d_r을 조정하여 진동 에너지 수확 장치의 고유 진동수를 조절하게 된다. 거리 조절은 스프링 나사 방식을 이용하였는데, 조절 과정동안 일정 시간이 소요되므로 천천히 변화하는 가진 주파수에서 사용 가능하며, 고유 진동수 조절을 위한 능동 제어기는 구현되지 않았다. 그림 6.4.14(b)에 나타낸 구조(Reissman et al., 2009)는 진동 에너지 수확 장치의 고유 진동수 조절을 위해 영구 자석간의 자기 인력(attractive magnetic force)을 사용한다. 외팔보 끝단의 영구 자석에 대해 슬라이더 방식으로 움직이는 영구 자석으로 인해 고유 진동수는 양 방향으로 조절될 수 있으며, 그림 6.4.14(a)가 많이 단순화된 구조이다. Zhu 등(2008)에 의해 제안된 그림 6.4.14(c)의 구조는 그림 6.4.14(b)와 비슷한데, 여기서는 영구 자석 사이의 거리를 외팔보 축 방향으로 이동하면서 고유 진동수를 조절하였으며, 조절 과정에 능동 제어를 이용하였다. 이들은 폐루프 주파수 조절 시스템의 선형 액추에이터 및 제어기의 전원이 진동 에너지 수확 장치로부터 충분히 공급받을 수 있을 것이라고 주장하였으나 실험에서는 별도의 전원 공급 장치를 사용하였으며, 진동의 진폭과 위상에 변화가 있을 경우 시스템이 실수로 트리거(trigger)되어 오작동 할 수 있는 문제점이 있었다. 이에 비해 그림 6.4.14(d)의 구조(Hoffmann et al., 2016)에서는 조절 영구 자석(tuning magnet)을 원형으로 하여 인력 및 척력 모두를 사용 가능하게 하였다. 스텝 모터를 사용하여 영구 자석의 회전량 조절 시에만 전원을 필요로 하기 때문에 고유 진동수 조절을 위한 필요 전원을 제외하고도 진동 에너지 수확 장치로부터 순수 발생 전력을 얻을 수 있음을 보였다. 다만, 스텝 모터의 사용으로 인해 고유 진동수 조절을 하는 경우가 아니면 추가 전원이 필요하지 않지만, 진동수 조절량이 연속적이지 않게 되는 단점도 있다.

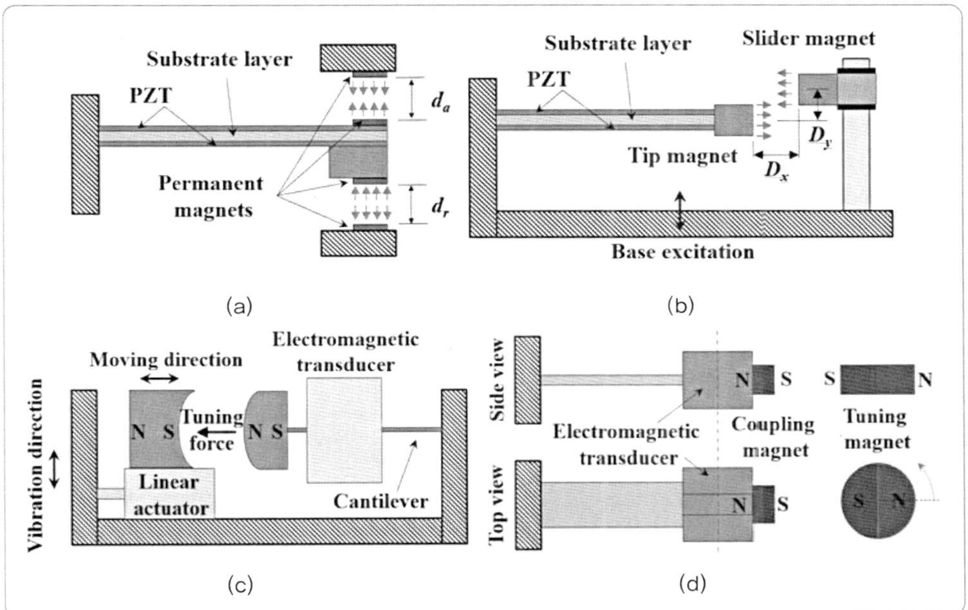

그림 6.4.14 공진 주파수 조절 기법(자기 방식): (a) 자석 사이의 척력 및 인력을 사용한 구조, (b) 자석 사이의 인력을 사용한 구조, (c) 자석 사이의 인력 및 능동 제어를 통한 공진 주파수 조절 구조, (d) 원통형 자석을 사용하여 능동 제어를 통한 양 방향 고유 진동수 조절이 가능한 구조

● 압전 방식(piezoelectric methods)

진동 에너지를 전기 에너지로 변환하기 위한 수단으로서 정전기, 전자기 유도 및 압전 현상 등 그 어떤 것이라도 사용될 수 있지만, 진동 에너지 수확 장치의 고유 진동수 조절 수단으로서 압전 물질을 사용한다. 압전 물질의 강성이 전기 부하에 따라 달라지는 것을 이용하는 것이다.

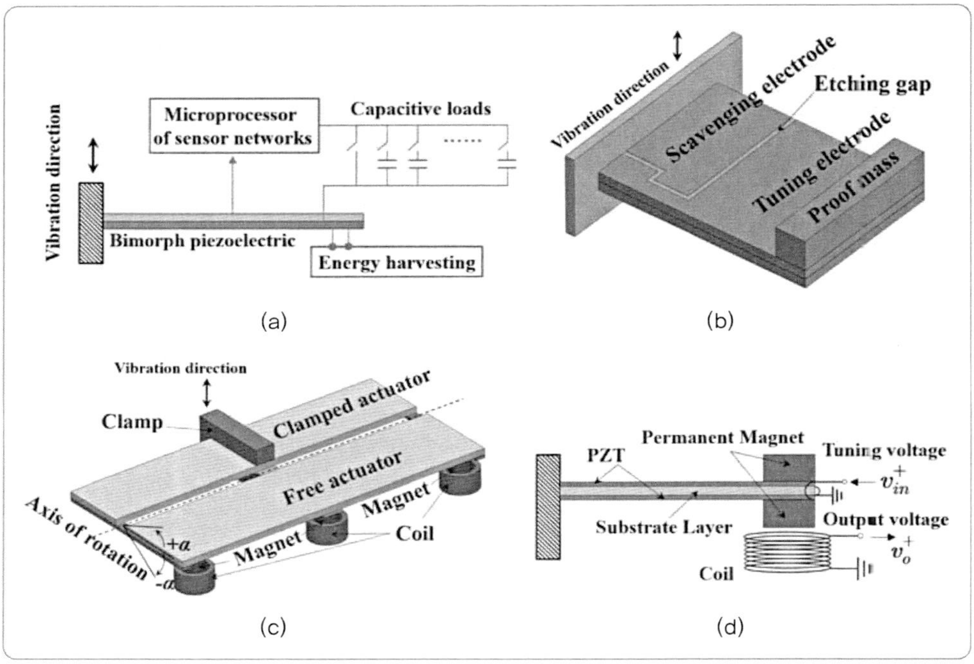

그림 6.4.15 공진 주파수 조절 기법(압전 방식): (a) 용량성 부하에 의해 강성이 조절되는 압전 진동 에너지 수확 장치, (b) 고유 진동수 조절용 압전 재료의 강성 변화를 이용한 압전 진동 에너지 수확 장치, (c), (d) 압전 재료의 강성 변화를 이용한 전자기 유도 기반 진동 에너지 수확 장치

Wu 등(2006)은 그림 6.4.15(a)에 나타낸 바와 같은 고유 진동수 조절이 가능한 압전 진동 에너지 수확 장치를 제안한 바 있는데, 위쪽의 압전 층은 다양한 용량성 부하(capacitive loads)를 연결함으로써 고유 진동수 조절을 위해 사용되고, 아래의 압전 층은 진동 에너지 수확을 위해 사용된다. 고유 진동수 조절 폭은 역학 또는 자기 방식에 비해 매우 좁다. 마이크로 제어기가 외부 가진 주파수를 샘플링하기 위해 사용되었으며, 실시간으로 고유 진동수와의 일치를 위해 용량성 부하를 조절한다. Roundy 와 Zhang (2005)은 능동 조절 메커니즘의 가능성을 연구하였는데 그림 6.4.15(b)의 구조에 대한 해석적 연구를 통해 능동 조절 액추에이터가 발생 전력량의 순 증가를 이끌어 내지 않는다는 것을 설명하였다. 제안된 구조에서 외팔보에 부착된 압전 물질의 전극을 에칭 과정을 통해 에너지 수확용 부분과 고유 진동수 조절을 위한 부분으로 구분하였다. 이에 대한 실험을 통해, 고유 진동수 조절의 결과로서 발생하는 전력의 증가량이 지속적인 액추에이터(고유 진동수 조절용 전극 부위)의 구동에 필요한 전력보다 상당히 작은 것을 발견하였다. 결론으로서 수동 조절 메커니즘이 더 많은 관심을 받을 단한 가치가 있음을 기술하고 있다.

한편, 압전 물질의 강성 조절 기능을 전자기 유도 기반의 진동 에너지 수확 장치에도 적용할 수 있다. Peters 등(2009)은 그림 6.4.15(c)에 나타낸 다소 독특한 구조를 제안하였다. 2개의 압전 물질이 부착된 액추에이터를 통하여 고유 진동수를 조절할 수 있는 새로운 공진기를 제안하였다. 구속이 없는 액추에이터(free actuator)가 회전축을 중심으로 운동하면서 이로 인해 코일에 유도 전압이 발생하게 된다. 액추에이터에 전압을 인가하게 되면 액추에이터의 양 끝단이 진동 방향으로 변형하게 되고 이러한 변형은 추가적인 힌지 모멘트의 원인이 되므로 구조물의 회전축 중심 굽힘 강성이 증가하게 된다. 공진기의 위상 특성을 활용하는 이산 제어 회로가 공진 조절을 능동적으로 제어하기 위해 구현되었으나, 발생 전력보다 훨씬 큰 전력이 외부에서 공급되었다. 한편, Wischke 등(2010)은 그림 6.4.15(d)에 나타낸 구조를 이용하여 반 수동(semi-passive) 방식으로 고유 진동수가 조절되는 전자기 유도 기반의 진동 에너지 수확 장치를 제안하였다. 그러나, 고유 진동수 조절을 위해 인가한 직류 전압의 크기가 유지되지 않으면 고유 진동수는 초기의 조절된 값에서 점점 변하게 된다. 이러한 현상은 고유 진동수 조절 폭을 크게 하기 위해 인가된 전압의 크기가 커질수록 심해지기 때문에, 압전 물질에 전하가 주기적으로 재충전되어야만 한다.

잠깐 !

▎주파수 조절 기법의 요약

앞서 간단하게 살펴 본 공진 주파수 조절 기법들을 조절 기능(주파수 변경/평균 주파수), 조절 부하(tuning load), 조절을 위한 요구 에너지, 그리고 능동 제어가 구현되었는지의 여부 등을 고려하여 비교 정리하여 보자.

1) 역학 방식

역학 방식이 다른 2개의 고유 진동수 조절 방식보다 조절 폭이 가장 넓다. 그러나, 역학 방식을 이용하는 구조들은 일반적으로 예압 또는 초기 변형, 그리고, 끝단 질량의 무게 중심과 같은 변수들에 대한 수동 조작이 필요하다. 이러한 조절 과정에서 주로 나사(screw) 등과 같은 기계 부품이 사용되고, 이로 인해 자동 조절 수행이 다소 어렵게 된다.

2) 자기 방식

고유 진동수 조절을 위해 자석을 사용하는 방법은 3가지 방식 중에서는 중간 정도의 조절 효과를 갖고 있다. 대부분 수동 조절을 주로 하고 있지만, 역학 방식을 사용하는 것보다 능동 제어 기반의 고유 진동수 조절 메커니즘을 적용하기 용이하다. 즉, 진동 에너지 수확 장치의 작동 중에도 고유 진동수 조절 과정이 자동으로 조절될 수 있다. 예를 들면 압전 액추에이터를 이용하여 두 자석 간의 거리를 조절하는 방식

(Zhu et al., 2008) 또는 스텝 모터를 사용하여 원통형 자석의 회전을 이용하여 두 자석 간의 거리를 조절하는 방식(Hoffmann et al., 2016)이 있다.

그런데, 이러한 방식은 시스템에 비선형 특성이 있음을 인식해야 한다. 진동 에너지 수확에 있어서 비선형성은 발생 전력 주파수 대역폭을 확장하기 위한 방법으로 활용될 수 있는데, 이 경우 발생 전력의 일부가 시스템을 주파수 응답 곡선에서 상대적으로 높은 진폭을 나타내는 지점으로 섭동시키는데 소모된다.

3) 압전 방식

언급하였듯이, 압전 방식은 3가지 방식중에서 제일 좁은 고유 진동수 조절폭을 제공한다. 그럼에도 불구하고, 별도의 고유 진동수 조절용 압전 재료에 전압을 인가하여 강성을 변화시키거나, 용량성 부하 등의 전기 부하를 이용하는 것 등에 의한 전기적 방법을 이용하기 때문에 진동 에너지 수확 장치의 운용 중에도 고유 진동수를 조절하기가 상대적으로 용이하다.

Peters 등(2009)과 Roundy 와 Zhang (2005)이 제안한 구조에서는 능동적 고유 진동수 조절에 필요한 전력이 에너지 수확 결과 발생한 전력보다 더 컸다. 반면에, Wu 등(2006)이 제안한 방법에서는 고유 진동수 조절에 필요한 전력이 상당히 작아서 순수 발생 전력량이 증가하였다. 이러한 이유는 시스템의 강성을 변화하기 위해 단지 전기 부하(용량성 부하)를 전환하는 데에만 전력이 필요하기 때문이다. 참고로 여기에는 압전 분기 감쇠(piezoelectric shunt damping)의 개념이 포함되어 있다. 다만, 압전 분기 감쇠 개념을 사용한 고유 진동수 조절법은 매우 좁은 주파수 대역에서 적용 가능하여 압전 방식에서도 상대적으로 제일 작은 조절 효과를 갖는다.

* 능동 조절 및 수동 조절(active and passive tuning): 능동 조절은 보통 압전 또는 자기 방식에서 구현된다. 일반적으로 수동 조절보다 더 많은 전원의 입력을 필요로 하기 때문에, 고유 진동수 조절에 필요한 전력이 에너지 수확으로 인해 발생한 전력 보다 크게 될 수 있다. 이러한 점이 실제 적용 가능성을 제한한다. 반면, 수동 조절은 정기적으로 주파수의 변화를 감지하고 이를 조절하기 때문에 보다 적은 입력 전원이 필요하며 가진 주파수가 서서히 변할 때 적합하다.

(2) 다중 모드/다 자유도 진동 에너지 수확(multi-modal/multiple degrees of freedom vibration energy harvesting)

외팔보 구조는 압전 진동 에너지 수확 장치로 가장 많이 사용되어 온 형태로서, 사용되는 가진 주파수 대역은 외팔보의 첫 번째 고유 모드가 위치하는 곳이다. 가진 주파수가 진동 에너지 수확 장치의 특정 고유 진동수에 일치할 때 해당 고유 모드가 가진된다. 그런데, 1개 이외의 진동 모드를 활용할 수 있다면, 가용 전력이 여러 주파수 범위에서 수확될 수 있고, 이는 더 넓은 주파수 대역폭에서의 효과적인 진동 에너지 수확을 위해 충분히 고려할 만한 사항이다. 다만, 고차 모드에서는 변형률 절점의 생성으로 인한 전압 상쇄 효과를 고려해야 할 것이다. 또한, 1개의 에너지 수확 장치의 다중 모드를 이용하는 것 외에도 발생 전력 주파수 대역폭을 증가시키기 위해서 여러 개의 압전 진동 에너지 수확 장치를 배열 형태로 활용하는 것도 고려해 볼만 한다, 이러한 모든 경우를 여기서는 다중 모드/다 자유도 진동 에너지 수확이라는 용어로 통칭하였다.

다중 모드 기반 진동 에너지 수확 장치(multi-modal vibration energy harvester)

6.4.1의 전기 출력량 향상을 위한 방법 중 (3) 진동 에너지 변환 수단의 조합 적용에서 살펴 본 대부분의 방법은 또한 다중 모드를 이용한 것으로도 블 수 있다. 그림 6.4.16(a)에 나타낸 구조(Tadesse et al., 2009)는 끝단 질량인 자석과 코일과의 상대 운동을 이용하여 저 주파수 (첫 번째 고유 모드) 대역에서는 전자기 유도 방식을 이용하고, 외팔보 상하면에 부착된 6개의 압전 단결정(PZN-PT)을 이용하여 고 주파수 대역(두 번째 고유 모드)의 진동 에너지를 수확한다(압전 단결정은 두 번째 고유 모드에서 발생 응력이 최대인 지점에 부착하였다). 그렇지만, 해당 구조는 첫 번째와 두 번째의 고유 진동수 차이가 200 Hz가 넘기 때문에 상당히 넓은 가진 주파수 대역이어야만 효과가

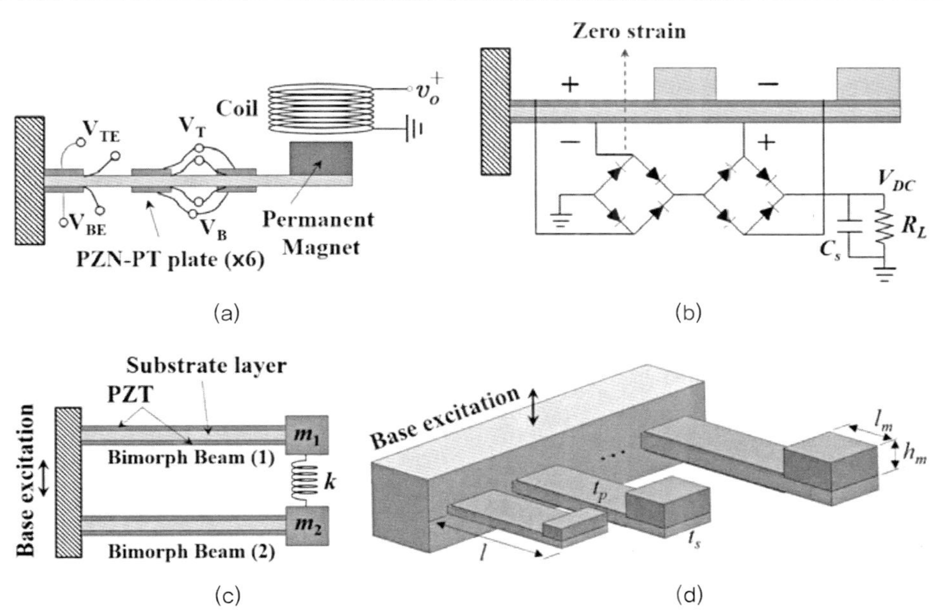

그림 6.4.16 다중 모드 다 자유도 진동 에너지 수확 장치: (a), (b) 1개의 외팔보 구조에서 다중 모드를 이용한 진동 에너지 수확 구조, (c) 끝단 질량 간 탄성 연결된 다자유도 구조 및 (d) 다수의 압전 외팔보가 기저에 연결된 다 자유도 구조

있다. 진동수 차이를 줄이기 위한 영구 자석의 크기를 적절히 줄여야 하는 것과 상호 다른 방식의 정합 부하(matching load)의 차이가 큰 것이 단점이다. 그림 6.4.16(b)의 구조(Ou et al., 2012)는 두 번째 모드에서의 발생 전력량을 증가시키기 위해 끝단 질량이 있는 외팔보에 질량을 추가하였다. 또한, 두 번째 모드에서의 변형률 절점 발생으로 인한 전압 상쇄를 줄이기 위해 서로 다른 변형률 부호를 갖는 압전 층의 각각에 정류 회로를 적용하여 직류 출력 전압을 더하여 사용하였다. 이러한 개념은 2자유도 동흡진기(DVA: dynamic vibration absorber)의 원리를 분포 모델에 적용한 것으로 볼 수 있다(Kim et al., 2011; Ma et al., 2010). 2개의 질량 사이의 비율을 조절하여 첫 번째 및 두 번째 고유 진동수 차이를 조절할 수 있으나, 그 차이가 적을수록 중간 질량의 크기가 매우 커지는 단점이 있다.

● **다자유도 진동 에너지 수확 장치: 외팔보 구조의 배열 형태(Array configuration)**

관련 설계 변수를 적절히 조절하면 단일 보의 다중 모드에 의한 가용 주파수 대역의 확장보다, 고유 진동수가 서로 다른 다수의 외팔보를 배열하는 것이 더 효과적이다. 전자의 경우 다소 떨어져 있는 몇 개의 주파수 근처에서 발생 전력 피크가 존재하는 것에 비해 후자의 경우 연속적인 대역을 형성하는 것이 가능하기 때문이다. Yang and Yang (2009)은 그림 6.4.16(c)의 경우처럼 끝단 질량이 상호 탄성 결합된 2개의 bimorph 압전 외팔보 구조를 제안한 바 있다. 이 구조의 고유 진동수는 서로 매우 근접해 있으며 이는 끝단 질량과 연결 탄성 부재의 스프링 계수를 변화시켜 조절 가능하다. 다만, 서로 다른 끝단 질량으로 인한 고유 진동수 분리는 대역폭을 넓히지만 발생 전력의 최대값은 감소한다.

그림 6.4.16(d)와 같이 진동하는 동일 기저(common base)에 설치된(quasi-uncoupled[16]) 서로 다른 고유 진동수를 갖는 다수의 압전 외팔보는 개별 진동 특성을 독립적으로 유지하기 때문에, 그림 6.4.16(c)의 경우와는 달리 개별 압전 외팔보 당 발생 전력값의 감소 없이 대역폭을 확장할 수 있다. 각각의 압전 외팔보가 하나의 부 구조(substructure)이기 때문에, 각 압전 외팔보의 첫 번째 모드는 전체 구조의 진동 모드 중의 하나가 된다. Shahruz (2006)은 개별 압전 외팔보의 길이 및 끝단 질량을 조절하여 다양한 고유 진동수를 갖는 압전 진동 에너지 수확 장치를 제안하였다. 각각의 압전 외팔보는 고유의 공진 주파수를 가지고 있고, 이들의 결합은 이른바 역학적 대역 통과 필터(mechanical band-pass filter)의 특성을 갖게 되어 외부 가진 주파수에 따른 고유 진동수의 조절이 필요 없게 된다.

16) 참고문헌(Tang et al., 2010)에서는 'quasi-uncoupled'라는 용어를 사용하였다. 외팔보가 동일 기저에 부착되어 있기 때문에 기저의 유한한 탄성 계수로 인해 외팔보 상호 간 어느 정도 탄성 연성될 수 있다. 그러나, 외팔보 상호간 진동이 비연성되는 것이 바람직하다.

Xue 등(2008)은 서로 다른 두께의 압전 층을 갖는 다수의 압전 bimorph를 사용하여 주파수 대역폭을 확장하였다. 특히, 압전 bimorph 간의 연결에 대해 직렬 또는 병렬을 혼합함으로써 주파수 대역이 이동할 수 있음을 보였다. 이에 비해 Ferrari 등(2008)은 끝단 질량만을 조절하여 서로 다른 고유 진동수를 갖는 3개의 압전 bimorph로 구성된 에너지 수확 장치를 제안하였다.

한편, 배열 구조 개념은 MEMS 구조로 제안된 바 있다(Liu et al., 2008). Liu 등은 3개의 압전 외팔보를 직접 직렬 연결하면 개별 발생 전력의 위상 차이로 인해 전체 출력량이 감소됨을 확인하였다. 따라서, 이런 경우 각각의 압전 외팔보에 대해 정류기를 연결 후 개별 직류 출력을 합하여 사용한다. 외팔보 배열 구조는 압전 뿐만 아니라 전자기 유도 기반의 진동 에너지 수확 장치에도 적용된 바 있다(Sari et al., 2008). 여기서는 서로 다른 길이를 갖는 외팔보 각각에 코일을 설치하고 기저에 설치된 영구 자석 간의 상대 운동을 통해 전력을 생성하였다. 그런데, 장치의 크기는 Liu 등에 의해 제안된 것과 비슷하였지만, 가속도 수준이 더 높은 상태에서도 발생 전력 값은 더 작았다. 이는 MEMS 규모의 진동 에너지 수확 장치에서는 압전 방식을 사용하는 것이 더 유리할 수 있음을 보여준다.

잠깐 !

▌다중 모드/다 자유도 진동 에너지 수확의 요약

다중 모드 진동 에너지 수확은 단일 보의 저차 및 고차 고유 진동 모드를 이용하고, 다 자유도 진동 에너지 수확에서는 외팔보 배열을 이용하여 개별 외팔보의 첫 번째 고유 모드가 전체 통합된 장치의 고유 진동 모드 중 하나가 된다. 고유 진동수 조절 기법에 비해, 외부 가진 주파수의 변동에 대응하기 위해 고유 진동수 조절을 위한 별도의 기법이 필요 없으므로 구현이 쉽다. 다만, 다음의 사항들을 고려해야 한다.

1) 발생 전력의 주파수 대역폭(bandwidth)

다중 모드 진동 에너지 수확에서는 고유 진동수의 불연속성으로 인해 발생 전력의 주파수 대역폭이 불연속이게 된다. 반면에 외팔보 배열 구성을 이용하면 적절한 설계 변수의 선택으로 연속적인 주파수 대역폭을 달성할 수 있으며, 이는 외팔보 배열 구성이 상대적으로 더욱 효과적임을 의미한다.

2) 파워 밀도(power density)

진동 에너지 수확 장치의 단위 부피당 발생하는 발생 전력을 파워 밀도라고 하자. 다중 모드/다 자유도 진동 에너지 수확 장치의 크기나 질량을 증가시켜 발생 전력 주파수 대역폭도 확장할 수 있지만, 대신 파워 밀도는 감소하기 마련이다. 외팔보 배열 구성에서는 외부 가진 주파수 성분에 따라 배열의 하나 또는 일부만 가진이 되면, 나머지 압전 외팔보들은 비 공진(off resonance) 상태에 있게 되어 파워 밀도 측면에서 손해를 보게 된다. 따라서, 가진 주파수의 주성분 주파수 대역을 알고 있다면, 다 자유도 진동 에너지 수확 장치가 파워 밀도의 손실을 최소화하면서 목표 주파수 대역폭을 가질 수 있도록 압전 외팔보의 개수 및 기하학적 치수 들을 적절하게 선택하여야 한다.

3) 전력 관리 회로의 구성

다중 모드 진동 에너지 수확 장치에서 전압 상쇄를 피하기 위해 분할한 개별 압전층으로부터의 출력 전압은 서로 위상 차이가 있어서 직접 연결하지 않고 각각에 대한 정류기가 별도로 필요하다. 마찬가지로, 다 자유도 구성에 있어서 단위 압전 외팔보로부터의 출력 전압 역시 서로 위상 차이가 있으므로 출력 상쇄를 피하기 위해 압전 외팔보 1개 당 하나의 정류기를 필요로 한다.

(3) 가진 주파수 상향 전환(frequency-up conversion)

2장에서 살펴본 바와 같이, 우리 주변에서 발생하는 진동의 대부분은 저 주파수 대역에 있다. 반면, 작은 크기의 진동 에너지 수확 장치는 고유 진동수가 높기 마련이다. 이러한 경우에 가진원은 저 주파수 대역에 있지만, 어떤 수단을 통해 실제 진동 에너지 수확 장치에 가해지는 가진력이 장치를 효과적으로 가진할 수 있는 고 주파수 성분을 포함하도록 할 수 있다. 진동 에너지 수확에서는 이를 가진 주파수 상향 전환 기법이라고 부르고 있다.

문헌 상에서 가진 주파수 상향 전환 개념을 적용한 첫 사례는 압전 풍차이다(Priya, 2005). 그림 6.4.17(a)에 보인 바와 같이 풍차의 회전 속도가 n(rpm)이고, p개의 바이모프 압전 블레이드(blade)가 있다면, 각각의 블레이드는 $(n/60)\times p$(Hz)의 정수배로 가진된다. 이 압전 풍차에는 주파수 상향 개념이 포함되어 있는데 기본 작동 원리는 그림 6.4.17(b)에 나타낸 바와 같다(Rastegar et al., 2006). 즉, 기저의 가진 주파수보다 외팔보의 고유 진동수가 높은 경우로서, 질량 m이 진동하면서 여기에 부착된 이(tooth)에 의해 외팔보 끝단에 영향을 주게 되고, 이에 의해 가진된 외팔보는 고유 진동수에서 자유 진동을 하게 된다. 따라서, 질량 m의 저주파 진동(1단계)이 압전 외팔보의 고주파 진동으로 변환(2단계)되는 것이다.

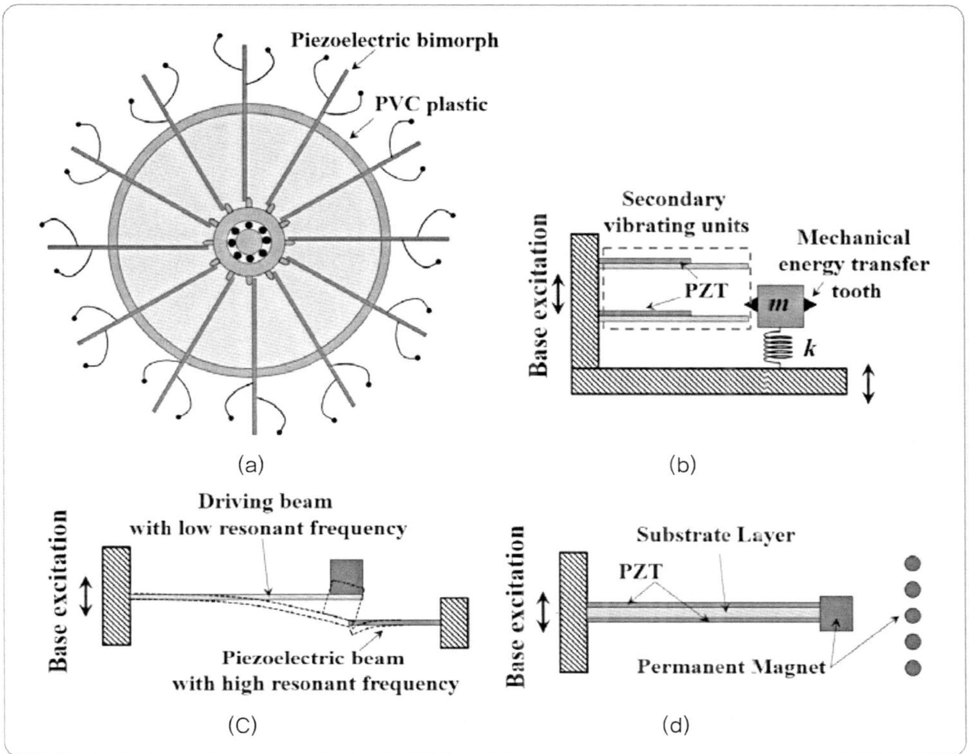

그림 6.4.17 가진 주파수 상향 전환을 이용한 진동 에너지 수확 장치의 예: (a) 압전 풍차(piezoelectric windmill), (b) 2단계(two-stage) 주파수 상향 전환 진동 에너지 수확 장치, (c) 2개의 외팔보 및 (d) 외부 영구 자석 배열을 이용한 주파수 상향 전환 압전 진동 에너지 수확 장치

한편, 그림 6.4.17(c)의 장치(Gu and Livermore, 2011)는 동일한 가진 기저에 부착되어 있는 2개의 외팔보로 구성된다. 하나는 저 주파수 대역에서 공진하는 끝단 질량이 있는 길이가 긴 외팔보이고, 다른 하나는 고 주파수 대역의 고유 진동수를 갖는, 상대적으로 길이가 짧은 압전 외팔보이다. 저 주파수 대역의 외부 가진에 의해 공진하는 긴 외팔보가 짧은 압전 외팔보에 충격(impulse)을 가하게 되면, 우선 2개의 보가 연성된 진동이 발생하고 그 다음 고 주파수 대역에서의 짧은 보의 공진이 발생하여 전력을 얻게 된다. 그런데, 구조물간의 접촉을 이용한 구조에 있어서의 중요한 점은 충격에 의한 역학 손실을 최대한 줄이는 것이다.

주파수 상향 전환을 위해 그림 6.4.17(d)에 나타낸 것처럼 주변 구조물로서 영구 자석을 사용할 수도 있다(Wickenheiser and Garcia, 2010). 압전 외팔보에는 끝단에 영구 자석이 부착되어 있고, 기저가 가진됨에 따라 진동하는 압전 외팔보의 끝단은 주변의 강자성(ferromagnetic) 구조물 배열과의 인력(attraction)에 의해 상호 작용하게 된다. 즉, 강자성 구조물 배열에 의해 압전 외팔보의 끝단에는 충격력이 가해지게 되어 가진 주파수 대역에 상관없이 주로 첫 번째 모드에서 진동하게 된다.

가진 주파수 상향 전환 기법은 주변 진동의 가진 주파수가 일반적으로 100 Hz 이하인 반면, 구조물의 고유 진동수가 1 kH 수준인 소형 진동 에너지 수확 장치의 설계에서 더욱 중요하리라는 것을 짐작할 수 있다. 따라서, 진동 에너지 수확 장치의 "소형화"와 연계된다. 여기에는 낮은 가진 주파수와 높은 고유 진동수와의 차이가 커서 공진 주파수 조절 기법이나 다중 모드/다 자유도 진동 에너지 수확 기술이 적용되기 어렵다.

(4) 비선형 진동 구조(nonlinear vibration)

진동 현상에서 비선형 영역에 해당하는 진동 이론을 바탕으로 진동 에너지 수확의 효율을 높이기 위한 연구가 상당히 많이 진행되어 왔다. 비선형 강성에 의한 비선형 특성을 모델링하고 응답을 예측하여 좀 더 효율적인 진동 에너지 수확 장치를 구성하는 것과 비선형 현상을 포함한 광대역(broadband) 주파수 특성을 바탕으로 진동 에너지 수확 효과를 증대하는 실제 사례를 중심으로 살펴보도록 하겠다. 사실 비선형 진동에 대한 보다 자세한 내용의 전개는 복잡하고 그 범위가 방대하므로 여기서 모두 다루는 것은 불가능하다.

진동 에너지 수확 기술에서 영구 자석의 사용은 빈번하게 이뤄져 왔다. 앞서 살펴 본 바와 같이 발생 전력량을 증대시키기 위해 전자기 유도 기반 및 압전 현상을 복합적으로 사용하기도 한다. 또한, 공진 주파수 조절을 위해 사용하기도 한다. 후자의 경우에는 시스템의 공진을 조절하기 위해 비선형 강성을 발생시켜 진동 에너지 수확 장치가 좀 더 다양한 주파수 대역의 가진에서 보다 강건하게 작동되도록 하는 역할을 한다. 그러나, 오히려 공진 조절보다 시스템 자체의 비선형성으로 인한 보다 넓은 주파수 대역의 작동 영역을 통해 에너지 수확 성능을 향상시킨다. 진동 에너지 수확 장치의 비선형성은 2가지 관점에서 볼 수 있는데, 그것은 비선형 강성(Cottone et al., 2009; Daqaq et al., 2014; Erturk and Inman, 2011; Erturk et al., 2009a; Gammaitoni et al., 2009; Lin et al., 2010; Mann and Sims, 2009; Marinkovic and Koser, 2009; Ramlan et al., 2009; Stanton et al., 2009, 2010; Tang et al., 2010)과 비선형 압전 연성(Stanton et al., 2010b; Triplett A and Quin, 2009)이다. 그런데, 압전 재료를 만드는 과정에서 기인한 압전 재료의 비선형성보다는 압전 진동 에너지 수확 장치의 비선형 강성이 상대적으로 실현하기 쉽고 조절도 쉽다. 따라서, 여기서는 비선형 강성을 이용한 광대역 진동 에너지 수확에 대해 간단히 살펴보도록 한다. 7장에서 비선형 강성을 이용한 압전 진동 에너지 수확의 기초에 대해 다시 살펴보도록 하겠다.

일반적인 비선형 진동자(oscillator)의 운동 방정식은 식 (6.1.4a)를 참고하여 다음과 같이 나타낼 수 있다.

$$m_{eq}\ddot{z}(t) + c\dot{z}(t) + \frac{dU(z)}{dz} = -\mu m_{eq}\ddot{z}_b(t) = f(t) \tag{6.4.1a}$$

위 식에서 z는 진동자의 기저에 대한 상대 위치(여기서는 표기의 편의상 $w_r(t)$를 $z(t)$로 표현하였다), $f(t)$는 기저의 운동에 의한 가진력을 나타내고, $U(z)$는 포텐셜 함수(potential function)를 의미한다. 만약, 전자기 유도 기반의 진동 에너지 수확 장치를 고려한다면, c는 우리가 살펴본 바와 같이 전자기 연성에 의한 점성 감쇠도 포함한다. 그러나, 압전 진동 에너지 수확 장치의 경우에는 지금까지 살펴 본 바와 같이 압전 연성에 의한 감쇠가 단순히 점성 감쇠로 나타낼 수 없기에 위 식은 다음과 같이 수정되어야 한다.

$$m_{eq}\ddot{z}(t) + c_m\dot{z}(t) + \frac{dU(z)}{dz} + \alpha v_o(t) = f(t) \tag{6.4.2}$$

위의 식 (6.4.1) 또는 (6.4.2)에서 $dU(z)/dz$는 비선형 복원력($f_s(t)$)을 의미하고, $U(z)$는 포텐셜 함수로서 보통 다음과 같이 4차의 식으로 표현된다(Cottone et al., 2009; Gammaitoni et al., 2009).

$$U(z) = \frac{1}{2}k_l z^2 + \frac{1}{4}k_n z^4 \tag{6.4.3}$$

위 식으로부터 $f_s(t) = k_l z + k_n z^3$임을 알 수 있으며, 이러한 거동을 나타내면 Duffing 진동자(Duffing oscillator)라고 한다.

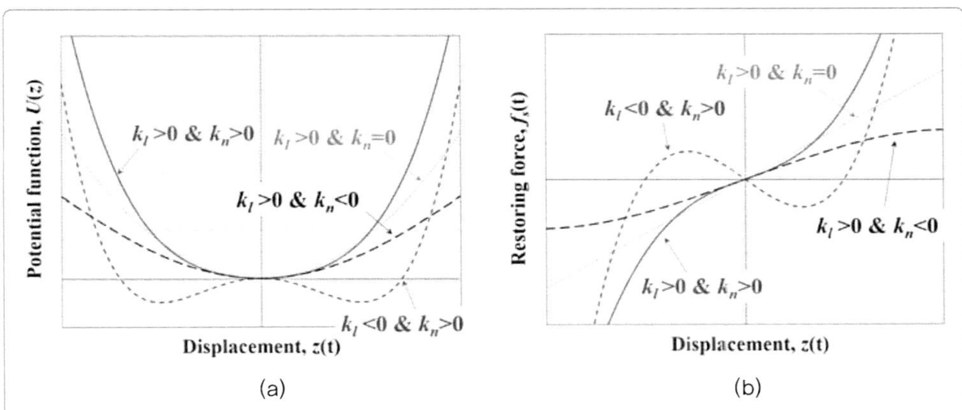

그림 6.4.18 k_l 및 k_n에 따른 (a) 포텐셜 함수 및 (b) 강성의 경향

그림 6.4.18에 각각 $U(z)$ 및 $f_s(t)$의 일반적인 경향을 나타내었다. k_l의 부호가 양수이면, 그림 6.4.18(a)에 나타낸 바와 같이 포텐셜 함수(single-well potential)는 평형 상

태 $z = 0$에서 최소값이 되며, 안정한(stable) 상태이다. 이 경우 k_n이 양의 부호이면 경화 강성(hardening stiffness), 그리고 음의 부호이면 연화 강성(softening stiffness)라고 한다. $k_l > 0$이면 단 안정(monostable) 계라고 한다. 반면, $k_l < 0$이면 쌍 안정(bistable) 계라하고, $z = \pm\sqrt{-k_l/k_n}$에서 생기는 2개의 최소점이 $z = 0$에서의 벽(barrier)에 의해 분리된다(double-well potential). 진동 에너지 수확의 대역폭 확장 관점에서 단 안정 및 쌍 안정계 2가지의 경우 각각의 장점에 대해 간단히 살펴보도록 하자.

● 단 안정 비선형(monostable non-linear) 진동 에너지 수확

식 (6.4.2)에 의한 단 안정 진동 에너지 수확 장치의 전형적인 출력을 그림 6.4.19에 나타내었다. 가진 주파수를 증가함에 따라 진폭은 1→2→3→4→5로 변화되며(3→4에서 도약(jump) 현상이 발생한다), 반면 가진 주파수를 감소함에 따라서는 진폭이 5→4→6→7→2→1로 변화된다(6→7에서 도약(jump) 현상이 발생한다). 이에 따라 전기 출력 주파수 대역폭이 확장됨을 예측할 수 있다.

문헌상에서는 Ramlan 등(2010)이 비선형 단 안정 진동 에너지 수확의 경화 메커니즘에 대해 연구한 바 있다. 수치 해석을 통한 해석적 연구를 기반으로, 경화 강성을 갖는 진동 에너지 수확 장치의 최대 발생 전력량은 비선형 정도에 관계없이 선형 진동 에너지 수확 장치에 의해 수확된 양과 동일함을 발견하였다.

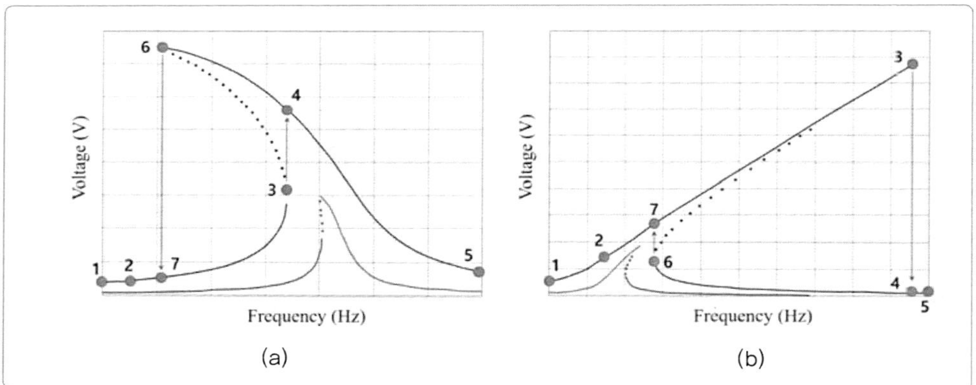

그림 6.4.19 (a) 단 안정 연화(softening) 및 (b) 경화(hardening) 강성을 갖는 비선형 진동 에너지 수확 장치의 전형적인 출력 분포

그러나, 비선형 정도에 따라 발생 전력의 최대값이 서로 다른 주파수에서 발생할 수 있기 때문에, 결과적으로 앞서 언급한 바와 같이 대역폭이 확장됨을 제시하였다.

Mann과 Sims (2009)는 그림 6.4.20(a)에 나타낸 바와 같은 전자기 유도 기반의 진동 에너지 수확 장치를 제안한 바 있다. 이 구조에서는 중앙의 자석이 양 끝단의 자석과의 척력에 의해 평형 상태를 유지하며, 자석 간에는 비선형 복원력이 작용하게 된다. 가진력이 작은 경우에는 출력이 선형계의 것과 유사한 경향을 보이나 가진력이 큰 경우에는 그림 6.4.19(b)와 같이 경화 강성의 비선형 응답을 보였다. 경화 강성의 경우에는 그림에서 보는 바와 같이 주파수 응답 영역이 고 주파수로 확장된다는 것을 알 수 있다. Stanton 등 (2009)는 그림 6.4.20(b)에 나타낸 바와 같은 단 안정 비선형 압전 진동 에너지 수확 장치를 제안하였다. 그림에서와 같이 압전 외팔보의 끝단에는 자석이 부착되어 있으며, 상호 작용하는 양쪽의 자석은 끝단 질량 자석과는 서로 반대 방향으로 착자되어 있어 척력이 작용하게 된다. 거리 d를 조절하여 끝단 질량 주변의 비선형 자기 상호 작용을 변화시킴으로써 연화 또는 경화 강성이 모두 구현되었으며 이를 통해 주파수 응답 대역폭을 양 방향으로 확장시킬 수 있었다. 양쪽의 자석을 제거한 선형 진동 에너지 수확 장치의 성능과 비교하여 발생 전력 및 주파수 대역폭에 있어서 모두 장점이 있음을 보였다. 다만, 외부 가진 주파수가 선형적으로 천천히 감소(연화 강성의 경우) 또는 증가(경화 강성의 경우)된다면 높은 에너지 분기를 따라가겠지만, 실제의 적용에서 낮은 에너지 분기가 나타날 경우 외부에서 섭동(perturbation)을 위한 추가 에너지가 공급되어야 한다.

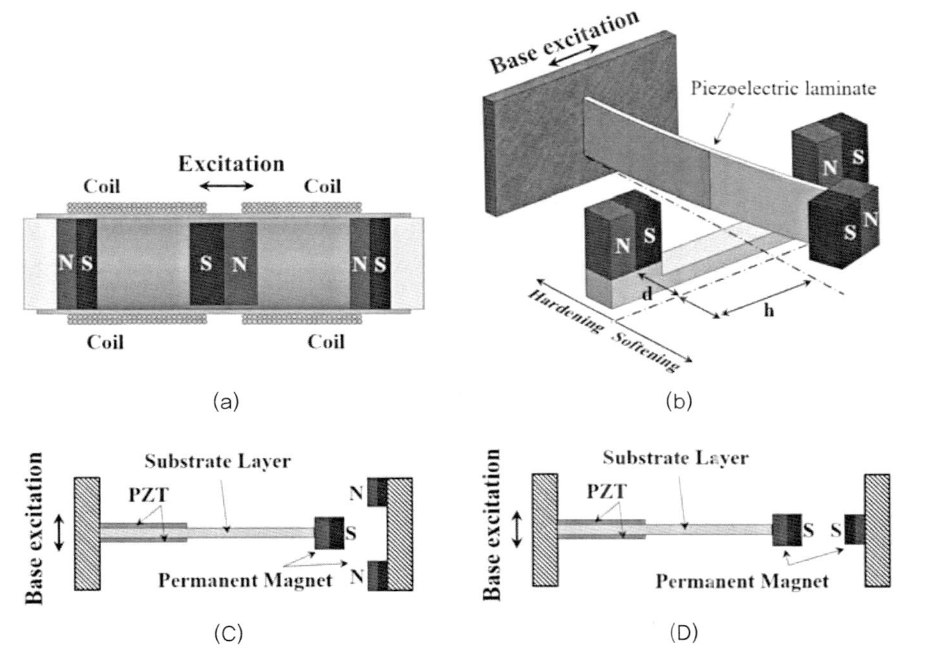

그림 6.4.20 비선형 강성 기반의 진동 에너지 수확 장치: (a) 자기 부상 현상을 이용한 전자기 유도 기반 진동 에너지 수확 장치, (b) 연화/경화 비선형 강성을 갖는 압전 진동 에너지 수확 장치(이상 단 안정), (c),(d) 2개의 포텐셜 우물을 갖는 쌍 안정 비선형 진동 에너지 수확 장치

앞서의 연구에서는 단 안정 비선형 진동 에너지 수확 장치의 성능이 조건부로 입증되었다. 단 안정 비선형 진동 에너지 수확 장치가 가진이나 외부 섭동 등의 어떤 수단을 이용하여 높은 에너지 분기 근처의 거동을 잡아내고 유지하지 못한다면 발생 전력량의 향상을 기대하기 어렵다. Daqaq (2010)는 백색 가우스 가진(white Gaussian excitations) 환경에서 경화 강성의 비선형 진동 에너지 수확 장치가 선형의 장치보다 발생 전력량을 향상시키지 못함을 보였다. 심지어 유색의 가우스 가진(colored Gaussain excitations)에서는 발생 전력량이 오히려 감소하였다.

쌍 안정 비선형(bistable non-linear) 진동 에너지 수확

식 (6.4.3)에서 $k_l < 0$ 및 $k_n > 0$인 경우 불안정한 평형점 $z = 0$과 2개의 안정한 평형점 $z = \pm\sqrt{-k_l/k_n}$이 존재한다. 이는 주로 스냅-스루(snap-through) 비선형 구조물의 특성이 된다. 주기적 가진(periodic forcing) 또는 확률적 가진(stocahstic forcing)의 경우에 대해, 넓은 영역의 주변 가진 주파수 대역에서 진동 에너지 수확 장치의 성능 향상을 위한 쌍 안정 비선형 특성을 활용하는 방법을 살펴본다.

• 주기적 가진(periodic forcing)

Ramlan 등(2010)은 스냅-스루 구조의 비선형 구조물에 대한 모델로서 경사진 2개의 선형 스프링의 접합점에 연결된 질량의 운동을 이용하였으며, 수치 해석을 통해 가진 주파수가 고유 진동수보다 작을 때, 선형 진동 에너지 수확보다 향상된 전기 출력이 생성됨을 보였다.

Erturk 등(2009a)은 그림 6.4.20(c)에 나타낸 것과 비슷한 비선형 진동 에너지 수확 장치에 대한 성능을 분석하였다. 이 장치는 압전 외팔보의 끝단 근처에 대칭적으로 위치한 영구 자석과 끝단의 영구 자석(또는 강자성체의 외팔보)과의 상호 비선형 인력을 이용한다. 동일한 주파수에서 2개의 안정적인 평형 상태 중 하나에 초기 변위를 주었을 때 가진 가속도의 크기에 따라 출력 전압이 무질서한 끌개 운동(chaotic strange attractor motion) 또는 큰 진폭을 갖는 주기적 운동의 모습(한계 순환 끌개)으로 나타남을 확인하였다. 낮은 가속도 가진에서도 단순히 외란(disturbance) 등을 가하여 큰 진폭을 갖는 주기적 운동이 발생하였다. 이를 통해 큰 진폭의 응답이 비 공진 주파수(off-resonance frequency)에서도 발생할 수 있음을 보였다. 다만, 2개의 영구 자석을 제거한 선형 압전 진동 에너지 수확 장치에 비해 전력 발생 주파수의 광대역 성능을 나타내었지만, 낮은 수준의 가진에서도 큰 진폭을 얻기 위한 외란 및 이에 상응하는 외부 추가 에너지가 필요하다.

• 확률적 가진(stocahstic forcing)

쌍 안정계의 경우 확률적인 가진은 2개의 안정한 평형점($z = \pm\sqrt{-k_l/k_n}$) 사이의 전이를 발생시켜 큰 진폭의 진동을 발생시킬 수 있다. Ferrari 등(2009)은 그림 6.4.20(d)

에 나타낸 바와 같은 쌍 안정 비선형 진동 에너지 수확 장치에 대한 연구를 수행한 바 있다. 압전 외팔보 끝단의 영구 자석과 기저에 설치된 영구 자석은 상호 비선형 척력이 작용하도록 반대 방향으로 착자되어 있다. 기본적으로 자석 사이의 거리가 적절히 작을 경우에는 확률적 가진이 각각의 평형점 주위에서 작은 진폭을 갖는 진동(intrawell motion)을 유발하거나 또는 평형점 사이를 이동하는 큰 진폭의 진동(interwell motion)을 유발하였다. 그러나, 자석 사이의 거리가 매우 작을 경우에는 포텐셜 함수에서 평형점 사이의 벽이 커져서 어느 하나의 평형점 근처에서만 진동이 가능하다. 결과적으로 백색 잡음 가진에서 두 평형점 사이의 전이가 발생하도록 자석 사이의 거리가 조절된다면 발생 전력량 증가 및 주파수 대역폭의 확장 효과를 얻을 수 있다.

쌍 안정 비선형 진동 에너지 수확 장치의 성능을 높이는 방법 중 하나는 평형점 사이의 전이 확률을 높이는 것이라고 할 수 있다. McInnes 등(2008)은 이를 위해 확률적 공진(stochastic resonance) 현상을 이용할 것을 제안한 바 있다. 확률적 공진은 가진력에 의해 쌍 안정계 평형점 사이의 포텐셜 벽(potential barrier)이 변화(진동)하고 가진력이 평형점 사이의 전이 평균 시간(inverse Kramer' rate, Wellens et al., 2004)에 맞춰지면 발생한다. 그러나, 이를 위해서는 외부 에너지 입력이 추가로 필요하다.

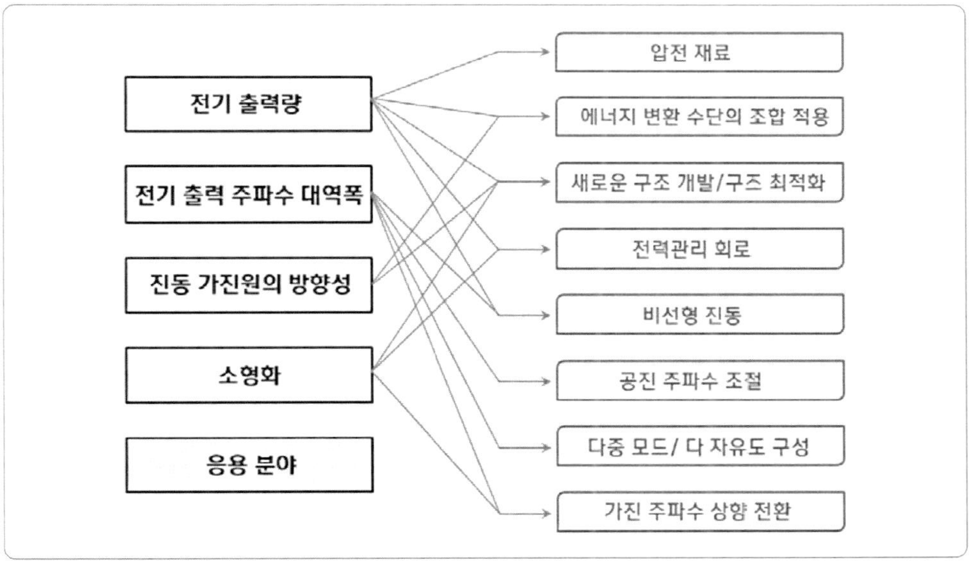

그림 6.4.21 (압전) 진동 에너지 수확의 설계 이슈 및 극복 방향

그림 6.4.21에는 6.4에서 설명한 압전 진동 에너지 수확 장치의 설계 이슈를 정리하였다. 요약하면 선형 공진 압전 진동 에너지 수확 장치의 본질적인 문제점은 여전히 충분하지 않은 발생 전력량 및 발생 전력 주파수 대역폭이 매우 좁다는 것이다. 주변 진동원이 다양한 주파수를 가지고 있거나 임의적으로 변하는 실제 상황에서는 그 활용이

매우 제한적일 수밖에 없다. 그림을 참고하여 과거로부터 연구/개발되어온 방향, 그리고 앞으로 압전 진동 에너지 수확 장치를 연구/개발함에 있어서 고려해야 할 점에 대한 작은 지침으로 삼기를 희망한다. 발생 전력량의 증가 및 광대역 기술의 점진적인 발전으로 진동 에너지 수확의 개념은 우리의 일상생활뿐만 아니라 산업 현장의 여러 응용 분야에서도 실제적으로 전개되고 있는 중이다.

Chapter 07

비선형 압전 진동 에너지 수확의 기초

Fundamentals of Nonlinear Piezoelectric Vibration Energy Harvesting

이전 장들의 거의 대부분은 선형 진동 이론에 기반한 압전 진동 에너지 수확의 원리에 대해 설명하고 있다. 물론, 6장 마지막에 발생 전력 주파수 대역폭을 개선하기 위한 방법의 하나로서 비선형 강성을 이용한 진동 에너지 수확 장치에 대해 간단히 살펴보기는 하였다. 여기에서는 비록 기초적인 내용이 되겠지만, 비선형 영역에 해당하는 진동 이론을 이용한 진동 에너지 수확의 원리에 대해 좀 더 자세히 다루었다. 그러나, 비선형 진동은 이론의 전개가 상당히 복잡하고 범위가 방대하므로 별도의 전공 교재를 통해 기초를 다지는 것이 좋을 듯하다. 따라서, 여기서는 여러 다양한 비선형 진동 이론 및 현상 중에서도 Duffing 운동 방정식으로 표현되는 비선형 강성계의 진동 에너지 수확 장치에 대해 좀 더 집중하여 알아보도록 한다. 사실 그 동안 연구되어온 비선형 진동 에너지 수확에 관한 내용의 대부분은 여기에 포함된다.

비선형 진동의 응답은 비선형으로 모델링되는 강성이 포함된 미분 방정식의 해로 나타나게 되는데, 해석의 난이도는 증가하지만 6장의 마지막에서 잠깐 살펴본 바와 같이 이러한 비선형 강성이 진동 에너지 수확에 있어서 많은 이점을 갖게 한다. 진동 에너지 수확에 관한 연구에서 쉽게 발견할 수 있는 비선형 강성은 동적 좌굴(buckling)과 맥을 같이 하는 스냅-스루(snap-through) 메커니즘과, 진동 응답의 진폭이 커질수록 공진 주파수도 함께 증가(감소)하는 경화(hardening) (연화(softening)) 강성 메커니즘이다. 스냅-스루 메커니즘은 2개의 안정한 평형 상태를 오가는 비선형 진동 특성으로서, 입력 가진 속도가 높아짐에 따라 질량의 응답 변위가 급격하게 증가한다. 이런 구조에 대한 수치해석 결과로부터 가진 주파수가 계의 고유 진동수보다 작을 때 진동 에너지 수확량이 증가되는 것으로 알려져 있다. 경화 또는 연화 강성은 공진 주파수를 이동시키기 때문에 진동 에너지를 수확할 수 있는 주파수 대역폭이 증가하게 된다.

일반적으로 선형 진동 범위에서 작동하는 진동 에너지 수확 장치들은 고유 진동수가 가진 주파수와 일치할 경우에는 매우 효과적이지만, 보다 넓은 가진 주파수 대역에서 고르게 높은 효율을 얻기 위해서는 비선형 진동을 이용한 다양한 공진 특성을 활용하는 것이 필요하다. 우리 주변의 진동은 고정된 주파수를 갖고 있는 경우도 있지만, 보다 일반적으로는 다양한 주파수 성분을 갖거나 또는 넓은 주파수 대역에서 무작위적인 에너지 분포를 가지고 있다. 그러므로, 진동 에너지 수확 장치들의 발생 전력 대역폭을 증가시키기 위한 기술 개발은 매우 중요한 문제로 부각되고 있다.

7.1. 비선형 진동 모델링

2.1에서 했던 것과 유사하게 우선 압전 연성이 고려되지 않은 비선형 미분 방정식을 고려하고, 여기에 포함된 감쇠 요소에서의 에너지 소산을 중심으로 비선형 강성계에서의 진동 에너지 흐름을 살펴보도록 하자. 여기에서 기술하는 내용은 참고 문헌(Ramlan et al., 2009)에서 많은 부분을 참고했음을 미리 밝힌다.

7.1.1 비선형 강성의 모델링

선형 스프링(강성)을 포함하는 1 자유도계가 기저 가진 되는 경우의 운동 방정식은 다음과 같다.

$$m\ddot{z}_r(t) + c\dot{z}_r(t) + kz_r(t) = -m\ddot{z}_b(t) \tag{7.1.1}$$

위 식에서 $z_b(t)$는 기저의 변위를 나타내며, 따라서 $z_r(t)$ ($= z(t) - z_b(t)$: $z(t)$는 질량 m의 변위)는 질량 m의 기저의 변위에 대한 상대 변위를 의미한다. 이 때 에너지 변환 수단에 관계없이 수확 가능한 최대 에너지 양은 감쇠 c에 의해 소산되는 에너지로 볼 수 있는데, 이는 역학 에너지에서 전기 에너지로의 변환이 역학 감쇠와 같은 효과를 갖기 때문이다[17].

식 (7.1.1)에서 기저의 변위를 조화 운동으로 가정하고 ($z_b(t) = Z_b\cos\omega t$), 양변에 상대 속도 $\dot{z}_r(t)$를 곱하면 다음과 같다.

$$m\ddot{z}_r(t)\dot{z}_r(t) + c\dot{z}_r(t)\dot{z}_r(t) + kz_r(t)\dot{z}_r(t) = \omega^2 mZ_b\dot{z}_r(t)\cos\omega t \tag{7.1.2}$$

위 식에서 각각의 항을 1 주기 $T(=2\pi/\omega)$에 대해 적분하면, 질량과 강성이 포함된 항은 다음과 같이 모두 0이 된다. 그 이유는 보존계에서 1 주기에 대한 운동 에너지와 위치 에너지의 순수 변화량이 0이기 때문이며, 이는 비선형계에서도 여전히 성립한다.

$$\int_0^T m\ddot{z}_r\dot{z}_r dt = \int_0^T \frac{d}{dt}\left(\frac{1}{2}m\dot{z}_r^2\right)dt = \frac{1}{2}m\dot{z}_r^2\bigg|_0^T = 0 \tag{7.1.3a}$$

---

17) 다만, 2장 및 6장의 선형 압전 진동 에너지 수확에서도 이미 언급하였듯이, 압전 연성 효과는 속도에 비례하는 감쇠 항으로 표현되지 않고 전압에 비례하는 항이 추가되어야 한다. 이에 대해서는 7.2에서 다룰 것이다.

$$\int_0^T kz_r\dot{z}_r dt = \int_0^T \frac{d}{dt}\left(\frac{1}{2}kz_r^2\right)dt = \frac{1}{2}kz_r^2\Big|_0^T = 0 \tag{7.1.3b}$$

따라서, 1 주기 당 감쇠에 의해 소산되는 에너지(즉, 수확되는 에너지) $\overline{P}_h$와 1 주기 당 계에 입력되는 에너지 $\overline{P}_{in}$이 서로 같음을 알 수 있다.

$$\underbrace{\frac{1}{T}\int_0^T c\dot{z}_r^2 dt}_{=\overline{P}_h} = \underbrace{\frac{1}{T}\int_0^T \omega^2 m Z_b \dot{z}_r \cos\omega t\, dt}_{=\overline{P}_{in}} \tag{7.1.4}$$

참고로, 주어진 감쇠 값에 대해 선형 강성계에서는 $\dot{z}_r$과 z_b가 동위상(in-phase)일 때 최대 입력 파워가 발생하게 되는데, 이는 계의 고유 진동수와 가진 주파수가 같을 때가 된다. 이를 확인하기 위해 식 (7.1.4)의 $\overline{P}_{in}$에 대한 식에 $z_r = Z_r\cos(\omega t - \phi)$를 대입하여 계산해 보면 다음의 관계를 얻는다.

$$\begin{aligned}\overline{P}_{in} &= \frac{\omega}{2\pi}\int_0^{2\pi/\omega} \omega^2 m Z_b(-\omega Z_r \sin(\omega t - \phi))\cos\omega t\, dt \\ &= \frac{\omega^3 m Z_b Z_r \sin\phi}{2}\end{aligned} \tag{7.1.5}$$

위 식의 최대값은 $\phi = \pi/2$, 즉 $z_b(=Z_b\cos\omega t)$와 $\dot{z}_r(=-\omega Z_r\sin(\omega t - \phi))$이 동위상인 경우라는 것을 확인할 수 있으며, $\omega = \omega_n = \sqrt{k/m}$ 일 때 $\phi = \pi/2$라는 사실은 우리가 이미 잘 알고 있다. 이 경우 $\overline{P}_{in}^{\max} = \omega_n^3 m Z_b Z_r/2$가 된다.

이제 곧 설명할 비선형계에서의 최대 입력 파워와 구분하기 위해 식 (7.1.5)의 $\overline{P}_{in}^{\max}$을 다음과 같이 $\overline{P}_{in,\,lin}^{\max}$로 표기하도록 하자.

$$\overline{P}_{in,\,lin}^{\max} = \frac{\omega_n^3 m Z_b Z_r}{2} \tag{7.1.6}$$

위 식으로부터 수확 가능한 진동 에너지의 최대값은 질량의 크기, 기저 가진의 진폭, 상대 변위의 진폭 및 가진 주파수의 3제곱으로 표현됨을 알 수 있다.
이젠 다음과 같이 비선형 강성을 갖는 계의 운동 방정식을 고려해 보자.

$$m\ddot{z}_r(t) + c\dot{z}_r(t) + f(z_r) = -m\ddot{z}_b(t) \tag{7.1.7}$$

위 식에서 $f(z_r)$은 비선형 스프링 힘을 나타낸다. 일반적으로 비선형 스프링을 포함하는 계에서는 $z_b(t)$가 조화 함수일지라도 $\dot{z}_r(t)$는 주기 함수일 뿐 조화 함수가 되지 못한다. 따라서, 이 경우에 $\overline{P}_{in}$은 식 (7.1.5)에서와 같이 적분 결과를 해석적으로 구할 수 없다. 다만, 다음과 같이 비선형 스프링 계에서 수확되는 진동 에너지 $\overline{P}_{in,\,nonlin}$의 최대 상한 값을 구할 수 있을 뿐이다.

$$\overline{P}_{in,\,nonlin} \le \frac{\omega}{2\pi}\int_0^{2\pi/\omega} \omega^2 m Z_b |\dot{z}_r||\cos\omega t|\,dt \tag{7.1.8}$$

그리고, $|\cos\omega t| \le 1$이므로, 식 (7.1.8)은 다음과 같이 더욱 간단하게 표현된다.

$$\overline{P}_{in,\,nonlin} \le \frac{\omega^3 m Z_b}{2\pi}\int_0^{2\pi/\omega} |\dot{z}_r|\,dt \tag{7.1.9}$$

또한, $\dot{z}_r(t)$는 주기함수이므로 위 식의 적분은 다음과 같이 쓸 수 있다.

$$\int_0^{2\pi/\omega} |\dot{z}_r|\,dt = 4\int_0^{\pi/2\omega} \dot{z}_r\,dt = 4\int_0^{Z_r} dz_r = 4Z_r \tag{7.1.10}$$

따라서, 식 (7.1.10)의 결과를 식 (7.1.9)에 대입하면, 비선형 스프링 계에서 수확되는 진동 에너지 $\overline{P}_{in,\,nonlin}$의 최대 상한 값은 다음과 같이 표현된다.

$$\overline{P}_{in,\,nonlin} \le \frac{\omega^3 m Z_b}{2\pi} \cdot 4Z_r = \frac{2\omega^3 m Z_b Z_r}{\pi} \tag{7.1.11}$$

마지막으로, 식 (7.1.6)과 (7.1.11)을 이용하여 $\omega = \omega_n$에서 선형 강성계 대비 비선형 강성계에서의 진동 에너지 수확 비율 P_r을 구해 보자.

$$P_r = \frac{\overline{P}_{in,\,nonlin}}{\overline{P}_{in,\,lin}} = \frac{2\omega_n^3 m Z_b Z_r/\pi}{\omega_n^3 m Z_b Z_r/2} = \frac{4}{\pi} \tag{7.1.12}$$

위 식으로부터 외부 가진 주파수와 고유 진동수가 일치하는 경우(즉 공진 주파수가 조절된 경우)에는 비선형 진동 에너지 수확 장치가 선형 진동 에너지 수확 장치보다 $4/\pi$배 정도 많은 파워 출력이 가능하다는 것을 알 수 있다. 그러나, 이는 $\omega = \omega_n$에서만의 비교량이고, 공진 주파수 조절이 안된 경우 비선형계는 선형계보다 이에 덜 민감하므로 P_r이 $4/\pi$보다 더 클 수 있다. 또한, 출력 주파수 대역폭도 비선형계가 더욱 넓다.
지금까지 비선형 강성계의 에너지 변환 특성을 비선형 스프링 힘 $f(z_r)$이 포함된 식 (7.1.7)을 통해 간단히 살펴 보았다. 이제 경사진(oblique) 2개의 선형 스프링으로 구성된 비선형 강성계를 통해, 스냅-스루(snap-through) 구조로 잘 알려진 비선형 쌍 안정 강성계(nonlinear bi-stable stiffness system)와 경화 강성계(hardening stiffness system)

의 에너지 변환 특성을 보다 자세히 살펴보도록 하자.

[예제 7.1.1]

식 (7.1.1)의 선형계에 대한 응답 Z_r은 다음과 같이 구할 수 있다.

$$Z_r = \frac{m\omega^2 Z_b}{\sqrt{(k-\omega^2 m)^2 + (\omega c)^2}} \tag{a}$$

따라서, $\omega = \omega_n = \sqrt{k/m}$ (고유진동수)에서 $Z_r = \omega_n m Z_b / c$가 된다는 것은 잘 알고 있다. 이 결과를 고유 진동수에서의 $\overline{P}_{in} = \overline{P}_h$ 관계식을 이용하여 유도하여라.

풀이

식 (7.1.4)의 $\overline{P}_h$에 대한 식에 $\dot{z}_r(= -\omega Z_r \sin(\omega t - \phi))$를 대입하면 다음과 같이 표현된다.

$$\begin{aligned}\overline{P}_h &= \frac{\omega}{2\pi}\int_0^{2\pi/\omega} c\dot{z}_r^2 dt = \frac{\omega}{2\pi}\int_0^{2\pi/\omega} c(-\omega Z_r \sin(\omega t - \phi))^2 dt \\ &= \frac{c\omega^2 Z_r^2}{2}\end{aligned} \tag{b}$$

따라서, $\omega = \omega_n = \sqrt{k/m}$ 인 경우

$$\overline{P}_{in} = \frac{\omega_n^3 m Z_b Z_r}{2} = \frac{c\omega_n^2 Z_r^2}{2} = \overline{P}_h \tag{c}$$

가 성립하므로, $Z_r = \omega_n m Z_b / c$의 관계식을 얻게 된다.

■ ■ ■

7.1.2 스냅-스루 쌍 안정 강성계(snap-through bi-stable stiffness system)

그림 7.1.1(a)에 스냅-스루 현상을 나타낼 수 있는 간단한 구조물을 나타내었다. 질량이 2개의 경사진 선형 스프링의 끝단에 연결되어 있다. 비록 각각의 스프링은 각자의 축 방향에 대해서는 선형 강성 특성을 갖지만 z축 방향으로는 비선형 스프링 복원력이 작용하게 된다. 이러한 비선형 메커니즘의 목표는 시간에 대한 변위 곡선의 기울기를 가파르게 하여 사각파로 근사화할 수 있게 한다. 먼저 2개의 경사진 스프링에 의한 비선형 복원력의 특성을 살펴보고 이를 이용한 비선형 진동계의 에너지 수확에 대해 알아보도록 하자.

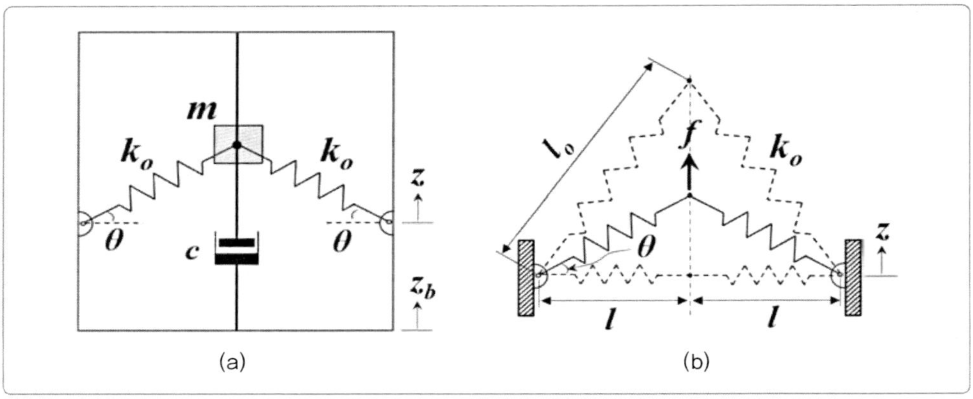

그림 7.1.1 (a) 2개의 경사진 선형 스프링으로 구성된 비선형 강성계의 개략도 및 (b) 힘-변위 특성 파악을 위한 정적 모델

(1) 비선형 스프링 복원력에 대한 정적 해석

그림 7.1.1(b)는 초기 길이(free length)가 l_o인 2개의 경사진 스프링이 서로 연결되어 있다. 수직 방향으로 z만큼 이동하였을 때, 스프링의 길이는 각각 $\sqrt{z^2+l^2}$이 되므로, z축 방향의 외력 f는 다음과 같이 표현된다.

$$f = 2k_o\left(\sqrt{z^2+l^2} - l_o\right)\sin\theta = 2k_o\left(1 - \frac{l_o}{\sqrt{z^2+l^2}}\right)z \tag{7.1.13}$$

위 식에서 $\sin\theta = z/\sqrt{z^2+l^2}$의 관계가 이용되었다. 따라서, z축 방향의 스프링의 강성 k는 다음과 같이 표현된다.

$$k = \frac{df}{dz} = 2k_o\left(1 - \frac{l_o l^2}{\sqrt[3]{z^2+l^2}}\right) \tag{7.1.14}$$

다음에는 탄성력에 의한 위치 에너지(elastic potential energy) E_p를 구해보도록 하자. 스프링에 저장되는 에너지는 '$(1/2)\times$스프링 계수(강성)$\times$늘어난 길이'이므로, 그림 7.1.1(b)에서 임의의 위치 z에서의 E_p는 다음과 같다.

$$E_p = 2\times\frac{1}{2}k_o\left(\sqrt{z^2+l^2} - l_o\right)^2 \tag{7 1.15}$$

따라서, 위 식으로부터 계의 평형 상태에서는 $dE_p/dz = 0$에 의해 다음의 관계가 존재함을 알 수 있다.

$$\frac{dE_p}{dz} = 2k_o\left(\sqrt{z^2+l^2} - l_o\right)\frac{z}{\sqrt{z^2+l^2}} = 0 \tag{7.1.16}$$

위 식은 또한 $f = dE_p/dz$의 관계로부터 외력 $f = 0$이 되는 힘 평형 조건이기도 하다. 식 (7.1.16)의 해는 다음의 3개가 된다.

$$z_u = 0;\ z_{s,1} = -\sqrt{l_o^2 - l^2},\ z_{s,2} = \sqrt{l_o^2 - l^2} \tag{7.1.17}$$

식 (7.1.17)에서 $l_o > l$인 경우, z_u는 불안정한(unstable) 해임에 반해 $z_{s,1}$ 및 $z_{s,2}$는 안정한 해가 된다. 즉, "6.4.2의 (4) 비선형 진동 구조"에서 잠깐 언급하였듯이, 운동의 진폭이 작으면 초기 조건에 따라 진동은 안정한 평형 상태인 $z_{s,1}$ 또는 $z_{s,2}$ 근처에서 발생하게 된다.

그림 7.1.2에는 몇 개의 특정 l, l_o 및 k_o 값에 따른 힘-변위, 강성-변위 관계 및 탄성력에 의한 위치 에너지를 나타내었다. 그림에서 몇 가지 중요한 사항을 추가 확인해 보도록 하자. 먼저 그림 7.1.2(a)에서 $l_o > l$인 경우에 $df/dz = 0$ 인 지점을 구해보자. 이는

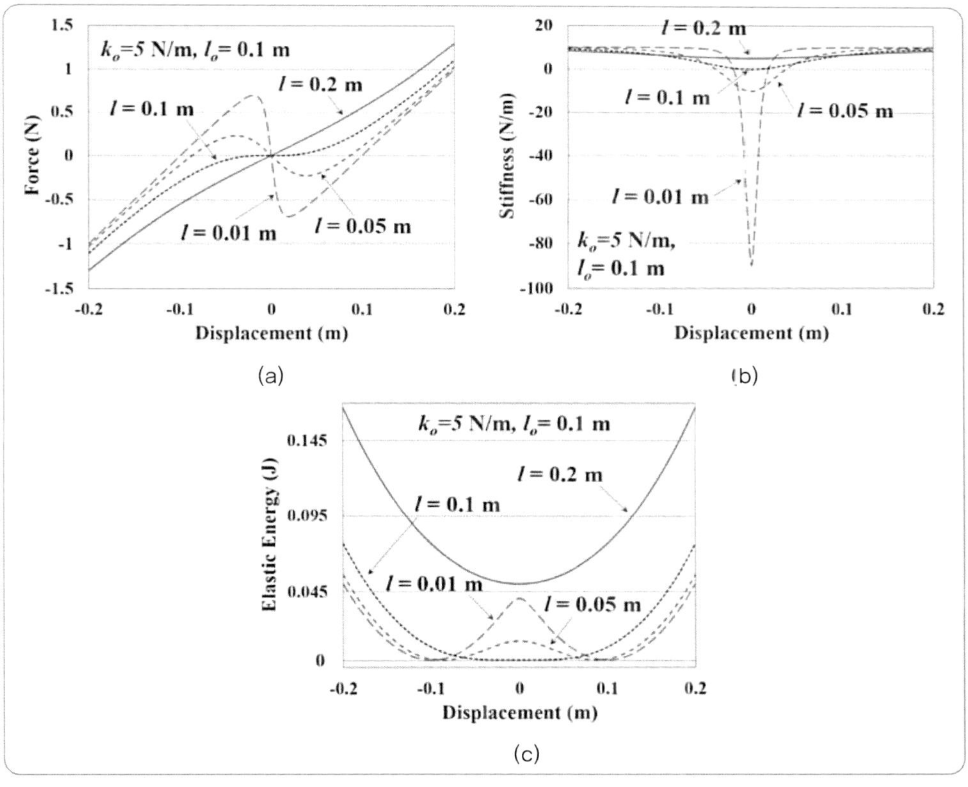

그림 7.1.2 $k_o = 5\,\mathrm{N/m}$, $l_o = 0.1\,\mathrm{m}$ 인 경우 l의 값에 따른 (a) 힘-변위 관계, (b) 강성-변위 관계 및 (c) 탄성력에 의한 위치 에너지

또한 $k=0$인 지점으로서 영 강성(zero-stiffness) 지점이기도 하다. 식 (7.1.14)를 이용하면, 다음과 같은 관계식을 얻게 되는데

$$\frac{l_o l^2}{\sqrt[3]{z^2+l^2}} = 1 \rightarrow z_c = \pm\, l^{2/3} l_o^{1/3} \sqrt{1-\left(\frac{l}{l_o}\right)^{2/3}} \tag{7.1.18}$$

위 식의 결과를 식 (7.1.13)에 대입하면 다음과 같다.

$$f_c = \mp\, 2k_o l_o \left(1-\left(\frac{l}{l_o}\right)^{2/3}\right)^{3/2} \tag{7.1.19}$$

식 (7.1.19)에 나타낸 힘은 임계 정적 힘(critical static force, buckling load)으로서 스냅-스루가 발생하기 전 계가 버틸 수 있는 최대 힘을 나타내며, 따라서 l/l_o의 값이 작을수록 ($l_o > l$) 스프링이 다른 평형 상태로 옮겨가는데 필요한 힘이 커지는 것을 의미한다. 그림 7.1.3에 $l_o > l$인 경우의 힘-변위 및 탄성력에 의한 위치 에너지를 나타내고, $z_u(=0)$, $z_{s,1}$, $z_{s,2}$, $z_{c,1}$ 및 $z_{c,2}$의 관계를 표시하였다($z_{s,1} < z_{c,1} < z_u < z_{c,2} < z_{s,2}$).

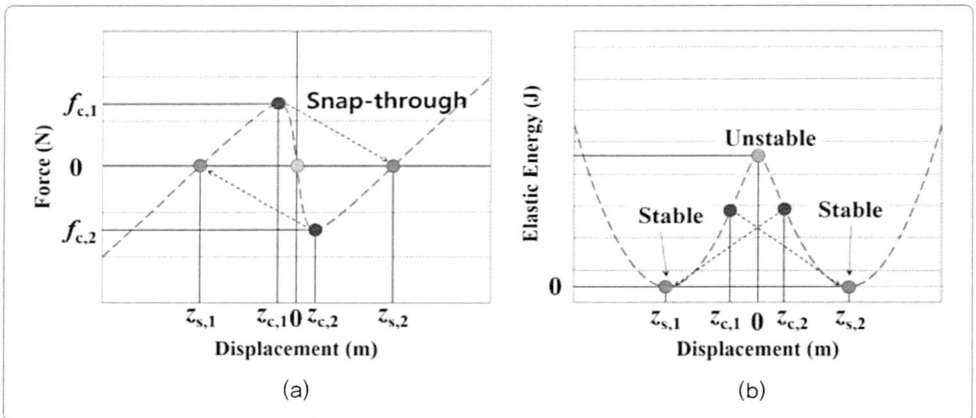

그림 7.1.3 $k_o = 5\,\mathrm{N/m}$, $l_o = 0.1\,\mathrm{m}$ **및** $l = 0.01\,\mathrm{m}$ **인 경우 (a) 힘-변위 관계 및 (b) 탄성력에 의한 위치 에너지**

참고로 계의 응답이 매우 작은 경우에 대해 $z=0$ 근처에서의 식 (7.1.13)에 나타낸 힘-변위 관계를 알아보자. 이를 위해 테일러 급수 전개를 이용하여 z^3항까지 표현하면 아래와 같음을 확인할 수 있다.[18)]

---

18) 테일러 급수 표현이므로 $z=0$ 근처에서만 성립하는 식임을 상기하자. 단지 여기에서는 해당 시스템이 단 안정계 또는 쌍 안정계가 될 수 있음을 보다 간단히 설명하기 위해 사용되었다.

$$f \approx 2k_o\left(1-\frac{l_o}{l}\right)z+\frac{k_o l_o}{l^3}z^3 \tag{7.1.20}$$

위 식을 식 (6.4.3)과 비교하면, $k_l = 2k_o(1-l_o/l)$ 및 $k_n = k_o l_o/l^3$이 됨을 알 수 있다. 따라서, $l_o < l$이면 $k_l > 0$ 이므로 단 안정계(또는 1개의 포텐셜 우물(single well potential)을 가졌다고 한다), $l_o > l$이면 $k_l < 0$ 이므로 쌍 안정계(2개의 포텐셜 우물(double-well potential)을 가졌다고 한다)가 된다. 여기서 $k_n = k_o l_o/l^3$는 항상 양의 값을 가지므로 $l_o < l$이면 해당 계는 경화 강성(hardening spring)계가 된다. 따라서, 그림 7.1.1의 시스템은 l_o과 l의 대소 관계에 따라 스냅-스루의 쌍 안정계 또는 단 안정계의 경화 강성계를 나타낼 수 있음을 알 수 있다.

한편, 식 (7.1.14)에 식 (7.1.17)을 대입하면 다음과 같이 평형 상태 z_u, $z_{s,1}$, $z_{s,2}$에서의 강성 k_u, $k_{s,1}$, $k_{s,2}$를 구할 수 있다.

$$k_u = 2k_o\left(1-\frac{l_o}{l}\right);\ k_{s,1} = 2k_o\left(1-\left(\frac{l}{l_o}\right)^2\right) = k_{s,2} \tag{7.1.21}$$

따라서, $\cos\theta_o = l/l_o$이므로 l_o가 l보다 커질수록(즉, θ_o가 커질수록), $z_{c,1}$와 $z_{c,2}$ 사이의 강성의 기울기의 절대값이 증가한다(음의 강성이 증가한다)는 것을 알 수 있다.

이젠 나중에 언급할 동적 거동에 대한 무차원 식의 유도를 위해 식 (7.1.13)에 대한 무차원(non-dimensional) 식을 유도하여 보자. 무차원 외력 $\hat{f}$, 무차원 변위 $\hat{z}$ 및 무차원 파라미터 γ를 각각 $f/2k_o l_o$, z/l_o 및 l/l_o라고 정의하면, 무차원화된 외력-변위 관계는 다음과 같이 표현된다(그림 7.1.4(a) 참조).

$$\hat{f} \equiv \frac{f}{2k_o l_o} = \left(\frac{1}{l_o}-\frac{1}{\sqrt{z^2+l^2}}\right)z = \left(1-\frac{1}{\sqrt{\hat{z}^2+\gamma^2}}\right)\hat{z} \tag{7.1.22}$$

또한, 무차원 강성 $\hat{k}$는 식 (7.1.14)로부터 다음과 같이 표현된다(그림 7.1.4(b) 참조).

$$\hat{k} \equiv \frac{k}{2k_o} = 1-\frac{l_o l^2}{(z^2+l^2)\sqrt{z^2+l^2}} = 1-\frac{\gamma^2}{(\hat{z}^2+\gamma^2)^{3/2}} \tag{7.1.23}$$

위 식은 식 (7.1.22)에 대해 $\hat{k} = d\hat{f}/d\hat{z}$를 적용하여 얻을 수도 있다. 그림 7.1.4(a) 및 (b)를 참조하면, $\gamma(=l/l_o)$의 값이 0과 1사이에 있는 경우 음의 강성(negative stiffness) 영역 $\hat{z}_{c,1} \le \hat{z} \le \hat{z}_{c,2}$이 존재함을 확인할 수 있다. 여기서 $\hat{z}_{c,1}$ 및 $\hat{z}_{c,2}$는 식 (7.1.22)에

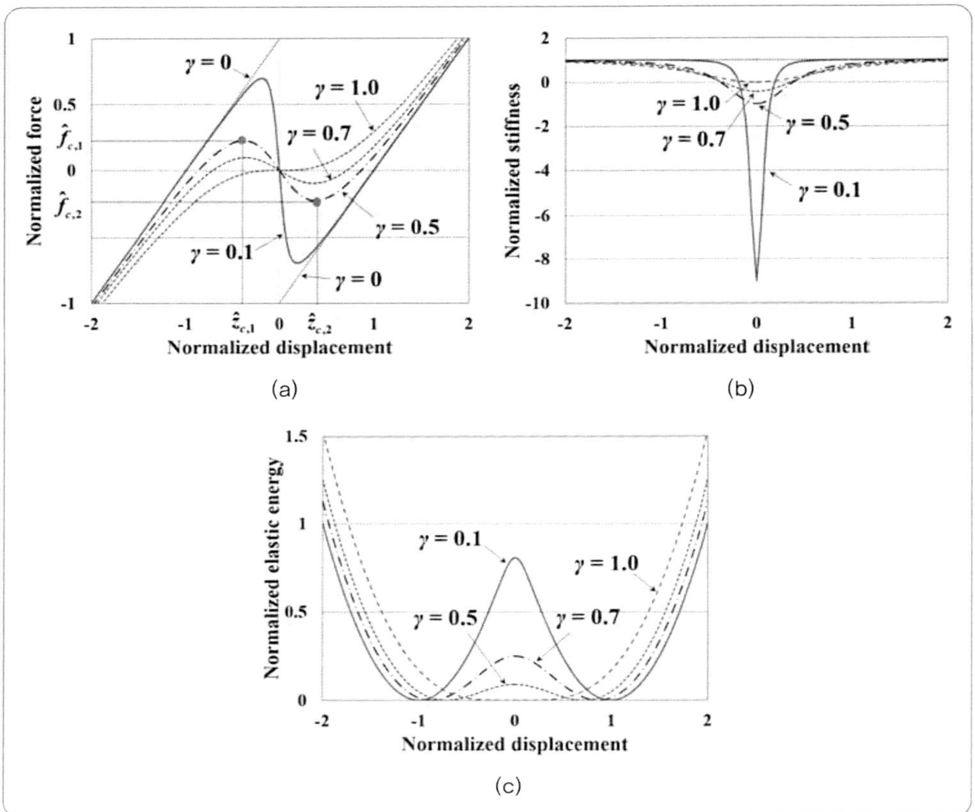

그림 7.1.4 무차원화된 (a) 힘-변위 관계, (b) 강성-변위 관계 및 (c) 탄성력에 의한 위치 에너지

대해 $d\hat{f}/d\hat{z}=0$을 적용하면 아래와 같이 구할 수 있다.

$$\frac{d\hat{f}}{d\hat{z}}=1-\frac{\gamma^2}{\left(\hat{z}^2+\gamma^2\right)^{3/2}}=0\rightarrow \hat{z}_c=\pm\gamma^{2/3}\sqrt{1-\gamma^{2/3}} \tag{7.1.24}$$

따라서, $\hat{z}_{c,1}$ 및 $\hat{z}_{c,2}$에 해당하는 무차원화된 임계 정적 힘 $\hat{f}_{c,1}$ 및 $\hat{f}_{c,2}$는 식 (7.1.24)를 (7.1.22)에 대입하여 다음과 같이 구한다.

$$\begin{aligned}\hat{f}_{c,1}&=\left(1-\frac{1}{\sqrt{\hat{z}_{c,1}^2+\gamma^2}}\right)\hat{z}_{c,1}=\left(1-\gamma^{2/3}\right)^{3/2}\\ \hat{f}_{c,2}&=\left(1-\frac{1}{\sqrt{\hat{z}_{c,2}^2+\gamma^2}}\right)\hat{z}_{c,2}=-\left(1-\gamma^{2/3}\right)^{3/2}\end{aligned} \tag{7.1.25}$$

한편, 식 (7.1.15)에 대해 무차원화된 탄성력에 의한 위치 에너지(non- dimensional elastic potential energy) $\hat{E}_p$는 다음과 같이 표현된다.

$$\hat{E}_p \equiv \frac{E_p}{k_o l_o^2} = \left(\sqrt{\left(\frac{z}{l_o}\right)^2 + \left(\frac{l}{l_o}\right)^2} - 1 \right)^2 = \left(\sqrt{\hat{z}^2 + \gamma^2} - 1 \right)^2 \tag{7.1.26}$$

따라서, $d\hat{E}_p/d\hat{z} = 0$에 의해 평형 상태에 해당하는 다음의 3개의 해를 얻게 되는데 이는 곧 식 (7.1.17)의 무차원된 식이 된다. 각각은 또한 $\hat{f} = 0$의 해이기도 하다.

$$\hat{z}_u = 0;\ \hat{z}_{s,1} = -\sqrt{1-\gamma^2},\ \hat{z}_{s,2} = \sqrt{1-\gamma^2} \tag{7.1.27}$$

위 식의 평형 상태에서의 강성은 식 (7.1.23)을 이용하면 각각 다음과 같음을 확인할 수 있다.

$$\hat{k}_u = 1 - \frac{1}{\gamma};\ \hat{k}_{s,1} = 1 - \gamma^2 = \hat{k}_{s,2} \tag{7.1.28}$$

| 표 7.1.1 | 그림 7.1.1(b)에 나타낸 비선형 계의 정적 특성

	물리적 변수로 표현된 식	무차원화된 식
힘-변위 관계	$f = 2k_o\left(1 - \frac{l_o}{\sqrt{z^2+l^2}}\right)z$	$\hat{f} = \left(1 - \frac{1}{\sqrt{\hat{z}^2+\gamma^2}}\right)\hat{z}$
수직 방향 스프링 강성	$k = 2k_o\left(1 - \frac{l_o l^2}{\sqrt[3]{z^2+l^2}}\right)$	$\hat{k} = 1 - \frac{\gamma^2}{\sqrt[3]{\hat{z}^2+\gamma^2}}$
탄성력에 의한 위치에너지	$E_p = k_o\left(\sqrt{z^2+l^2} - l_o\right)^2$	$\hat{E}_p = \left(\sqrt{\hat{z}^2+\gamma^2} - 1\right)^2$
평형 상태의 해	$z = 0, -\sqrt{l_o^2 - l^2}, \sqrt{l_o^2 - l^2}$	$\hat{z} = 0, -\sqrt{1-\gamma^2}, \sqrt{1-\gamma^2}$
평형 상태의 강성	$k = 2k_o\left(1 - \frac{l_o}{l}\right), 2k_o\left(1 - \left(\frac{l}{l_o}\right)^2\right)$	$\hat{k} = 1 - \frac{1}{\gamma}, 1-\gamma^2$
임계 지점	$z_c = \pm l^{2/3} l_o^{1/3} \sqrt{1 - \left(\frac{l}{l_o}\right)^{2/3}}$	$\hat{z}_c = \pm\gamma^{2/3}\sqrt{1-\gamma^{2/3}}$
임계 정적 힘	$f_c = \mp 2k_o l_o \left(1 - \left(\frac{l}{l_o}\right)^{2/3}\right)^{3/2}$	$\hat{f}_c = \mp (1-\gamma^{2/3})^{3/2}$

표 7.1.1에 지금까지 살펴 본 그림 7.1.1(b)의 비선형 스프링계에 대한 정적 해석 결과를 정리하였다. 이젠 그림 7.1.1(a)와 같이 질량을 고려한 동적 비선형계에 대해 분석해 보도록 하자.

(2) 감쇠에 의한 스냅-스루계의 에너지 소산 분석

그림 7.1.1(a)에 대한 운동 방정식은 식 (7.1.7) 및 (7.1.13)을 이용하면 아래과 같이 표현된다.

$$\begin{aligned} & m\ddot{z}_r(t) + c\dot{z}_r(t) + f(z_r) \\ & = m\ddot{z}_r(t) + c\dot{z}_r(t) + 2k_o\left(1 - \frac{l_o}{\sqrt{z_r^2 + l^2}}\right)z_r = -m\ddot{z}_b(t) \end{aligned} \tag{7.1.29}$$

위 식에서는 $z_r = 0$인 지점을 운동의 원점 또는 정적 처짐 위치로 간주하였으나, 사실 이러한 정적 평형 상태는 질량에 작용하는 수직 방향의 중력과 평형을 이루는 힘이 존재하지 않아 성립될 수 없다. 즉, 그림 7.1.5를 참고하여, 아래의 평형 상태 관계를 이용한 정적 처짐의 위치 z_{st} ($z_b = 0$인 경우)를 운동의 원점으로 해야 할 것이다.

$$2k_o\left(\frac{l_o}{\sqrt{z_{st}^2 + l^2}} - 1\right)z_{st} = mg \tag{7.1.30}$$

다만, 여기서는 $z_{st} \approx 0$ 인 경우에 대한 식 (7.1.29)를 사용할 것이다. 이는 또한 그림 7.1.1의 시스템에서 중력의 작용 방향이 지면에 수직한 방향이고 질량이 마찰이 없는 봉에 장착되어 움직일 때를 가정한 경우라고 생각하면 된다.

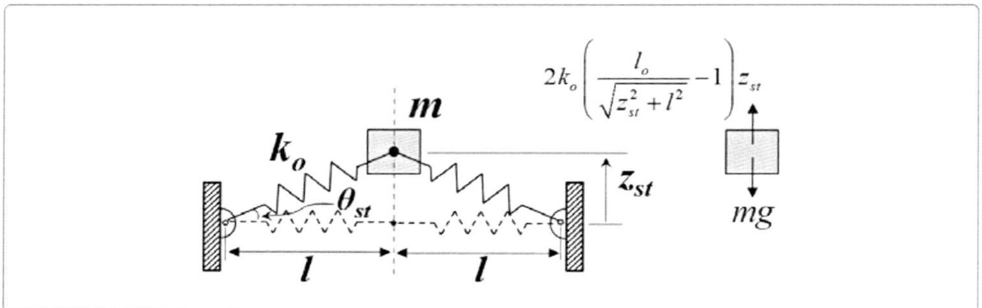

그림 7.1.5 정적 처짐 상태에서의 힘 평형 관계

식 (7.1.29)에 나타낸 스냅-스루 시스템의 감쇠에 의한 에너지 소산의 주파수 특성을 분석하기 위해 이를 무차원화하여 선형 방정식의 결과와 비교하여 보자. 먼저 아래와 같은 무차원화 변수 및 파리미터들을 이용하면,

$$\hat{z}_r = \frac{z_r}{l_o},\ \omega_n^2 = \frac{2k_o}{m},\ \tau = \omega_n t,\ \Omega = \frac{\omega}{\omega_n},\ \zeta = \frac{c}{2m\omega_n},\ \hat{Z}_b = \frac{Z_b}{l_o} \tag{7.1.31a}$$

$$(\cdot)' = \frac{d}{d\tau},\ (\cdot)'' = \frac{d^2}{d\tau^2} \tag{7.1.31b}$$

기저의 조화 가진 $z_b = Z_b\cos\omega t$에 대해 식 (7.1.29)는 아래와 같은 무차원 식으로 표현된다.

$$\hat{z}_r''(t) + 2\zeta\hat{z}_r' + \left(1 - \frac{1}{\sqrt{\hat{z}_r^2 + \gamma^2}}\right)\hat{z}_r = \Omega^2\hat{Z}_b cos\,\Omega\tau \tag{7.1.32}$$

위 식에서 무차원 파리미터 $\gamma(0 < \gamma < 1)$ 는 식 (7.1.22)에서와 같이 l/l_o로 정의된다. 주목할 점은 $\omega_n^2 = 2k_o/m$으로 정의되었다는 것인데 이는 스냅-스루 쌍 안정 강성계의 무차원화시 주로 사용되는 방법으로서 2개의 안정한 평형 상태 근처에서의 작은 진폭의 진동에 해당하는 고유 진동수이다(쌍 안정계에 대한 보다 일반적인 형태의 무차원화는 부록 A.6을 참조하기 바란다). 즉, 식 (7.1.21)에서 안정한 평형 상태에서의 강성은 $l/l_o \ll 1$일 경우$k_s = 2k_o\left(1-(l/l_o)^2\right) \approx 2k_o$가 됨을 확인할 수 있다.

이젠 식(7.1.32) 및 이에 대응되는 선형 시스템 $\hat{z}_r''(t) + 2\zeta\hat{z}_r' + \hat{z}_r = \Omega^2\hat{Z}_b cos\,\Omega\tau$를 이용하여 감쇠에 의해 소산되는 에너지의 주파수 특성을 비교하여 보자. 식 (7.1.4)에 나타낸 감쇠에 의해 단위 시간 당 소산되는 에너지 $\overline{P}_h$는 다음과 같이 무차원화된다.

$$\begin{aligned}
\frac{\omega}{2\pi}\int_0^{2\pi/\omega} c\dot{z}_r^2 dt &= \frac{\Omega\omega_n}{2\pi}\int_0^{2\pi/\Omega} c\dot{z}_r^2\frac{d\tau}{\omega_n} \\
&= \frac{\Omega\omega_n^3 m\zeta l_o^2}{\pi}\int_0^{2\pi/\Omega}\left(\hat{z}_r'\right)^2 d\tau \\
\rightarrow \hat{P}_h \equiv \frac{\overline{P}_h}{\omega_n^3 m l_o^2} &= \frac{\Omega\zeta}{\pi}\int_0^{2\pi/\Omega}\left(\hat{z}_r'\right)^2 d\tau
\end{aligned} \tag{7.1.33}$$

따라서, 식 (7.1.32)를 특정 ζ, $\hat{Z}_b$ 및 γ에 대해 4차 Runge-Kutta 방법(MATLAB ode45 이용)을 이용하여 푼 후 그 결과를 식 (7.1.33)에 대입하면, 스냅-스루 쌍 안정 강성계의 에너지 소산량을 구할 수 있다. 참고로 선형 시스템은 동일한 방법으로 수치해석법을 이용하여 풀 수도 있으나, 다음과 같이 식 (2.1.12)의 무차원화된 식을 이용하여 해석적으로 구할 수도 있다(여기서는 식 (7.1.4)를 고려하여 $\overline{P}_d$를 $\overline{P}_h$로 표기하였다).

$$\overline{P}_{h,lin} = \frac{1}{2}c\widetilde{V}_r\widetilde{V}_r^* = \zeta\omega_n^3 m\omega^2\widetilde{Z}_r\widetilde{Z}_r^* = l_o^2 m\omega_n^3\Omega^2\zeta\tilde{\hat{Z}}_r\tilde{\hat{Z}}_r^*$$

$$\rightarrow \hat{P}_{h,lin} \equiv \frac{\overline{P}_{h,lin}}{l_o^2 m\omega_n^3} = \Omega^2\zeta\tilde{\hat{Z}}_r\tilde{\hat{Z}}_r^* \tag{7.1.34}$$

위 식에서 $\tilde{Z}_r$은 다음과 같다.

$$\tilde{\tilde{Z}}_r = \frac{\Omega^2 \hat{Z}_b}{1-\Omega^2+j2\zeta} \tag{7.1.35}$$

그림 7.1.6은 $\gamma = 0.1$ 및 0.5에 대해 선형 강성계와 스냅-스루 쌍 안정 강성계에서 얻을 수 있는 상대 변위 $\tilde{\tilde{Z}}_r$의 크기 $\hat{Z}_r$ 및 감쇠에서 소산되는 에너지 $\hat{P}_h$를 비교하여 나타내었다. 그림 7.1.6(b)에서 스냅-스루 쌍 안정 강성계의 감쇠에서 소산되는 에너지는 $\gamma = 0.1$일 때 $\Omega \approx 0.2$에서 갑자기 증가하는 것을 확인할 수 있다. 식 (7.1.25)에 의하면 γ의 값이 작을수록 질량 m이 하나의 안정한 평형 상태에서 다른 하나의 안정한 평

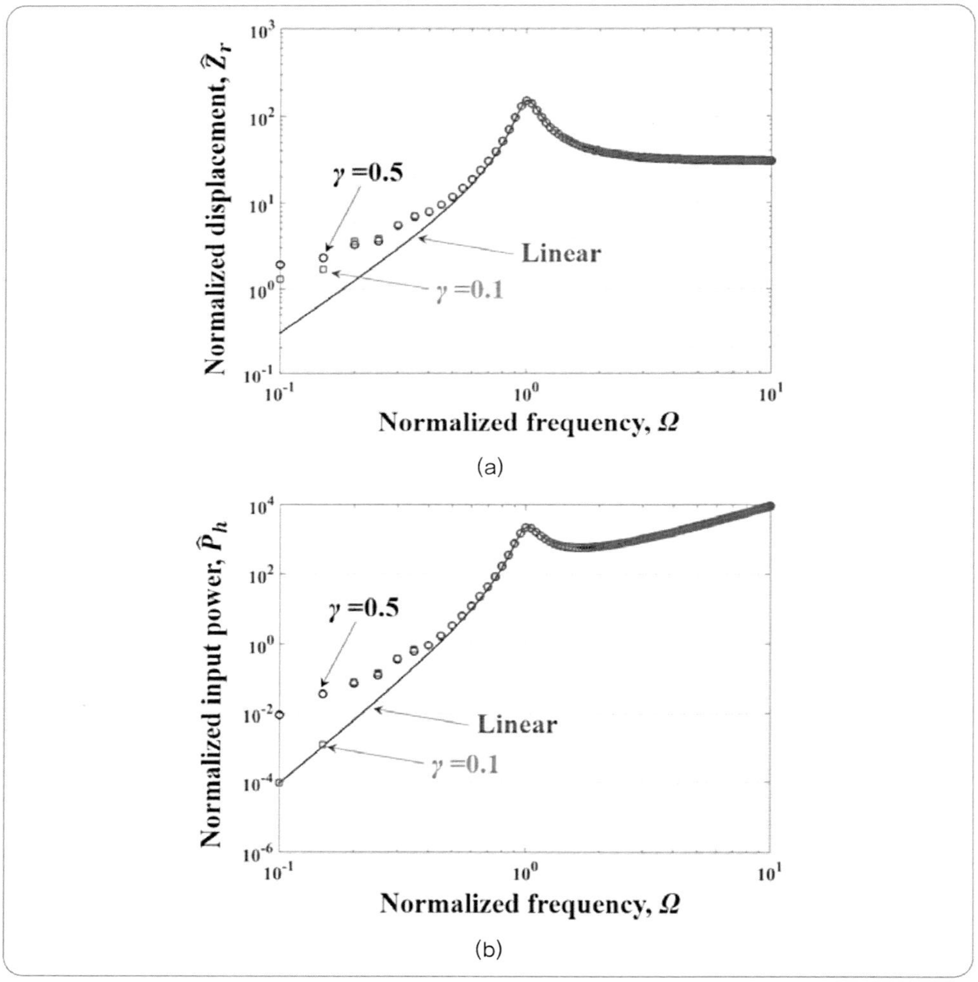

그림 7.1.6 **선형 시스템 및 스냅-스루 시스템의 (a) 상대 변위 및 (b) 감쇠에서 소산되는 에너지 비교 ($\zeta = 0.1$, $\hat{Z}_b = 30$)**

형 상태로 옮기는데 더 큰 힘이 필요하다는 것을 알 수 있다. 그에 따라, $\gamma = 0.1$ 및 $\Omega = 0.15$일 때, 질량은 단지 하나의 안정한 평형 상태 근처에서 작은 진폭의 진동을 하고(그림 7.1.6(a) 참조) 그에 따라 감쇠에서 소산되는 에너지(또는 수확되는 진동 에너지)의 양은 작아지게 된다. 그런데 Ω의 값이 0.2까지 증가하면 질량이 2개의 안정한 평형 상태 사이를 진동할 만큼 충분히 가진되며, 이로 인해 수확되는 에너지의 양도 급격하게 증가하게 된다. 이러한 현상은 $\gamma = 0.5$일 경우에는 관찰되지 않는데, 이 경우에는 Ω의 값이 낮은 값을 가질 때 조차도(그림에서는 $\Omega = 0.1, 0.15$) 질량이 2개의 안정한 평형 상태 사이를 진동할 만큼 가진이 충분히 크기 때문이다.

그림 7.1.6(b)을 통해, 스냅-스루 쌍 안정 강성계는 낮은 주파수($\Omega < 1$)에서 선형 강성계보다 에너지 수확 성능이 우수하고, $\Omega \approx 0.6$부터는 선형 강성계의 성능과 매우 비슷해짐을 확인할 수 있다. 따라서, $\Omega < 1$인 선형 공진 이하의 저주파수 대역에서는 스냅-스루 구조의 진동 에너지 수확 장치의 사용이 보다 유리할 것임을 예측할 수 있다.

(3) 스냅-스루 쌍 안정 강성계에 대한 현실적인 제약

식 (7.1.12)에 의하면, 주어진 입력이 정현파이고, 비선형 시스템의 응답 변위가 사각파라고 가정했을 때, 비선형 강성계를 이용하여 수확할 수 있는 최대 에너지는 주파수 조절된 선형 강성계보다 최대 $4/\pi$보다 크다고 하였다. 그러나, 그림 7.1.6에 의하면, 스냅-스루 쌍 안정 강성계를 이용한 경우에는 고유 진동수 보다 낮은 주파수 대역에서 선형 강성계보다 훨씬 큰 에너지를 수확할 수 있다. 이는 선형 강성계의 경우 오직 가진 주파수와 고유 진동수가 일치하는 경우에만 출력이 크고 가진 주파수가 고유 진동수와 멀어질수록 수확 에너지가 급격히 작아지기 때문이다. 그런데, 가진 주파수가 커질수록 2개의 강성계 성능은 비슷해진다. 그 이유를 간단히 살펴보자. 스냅-스루 쌍 안정 강성계의 이상적인 변위 응답은 사각파이다. 현실적으로 정확한 사각파의 생성은 불가능하지만, 상승 시간(rise time, 이상적으로는 사각파의 최소값에서 최대값에 이르는 시간) τ_{rise}가 진동 주기 T의 1/4보다 매우 작을수록 사각파의 근사도가 높다(물론, 근사 정도는 질량 및 감쇠의 존재에도 영향을 받는다). 그러나, 가진 주파수가 커질수록 변위의 주기가 매우 작아지므로 사각파의 발생이 점점 더 어려워지며 결국은 변위가 정현파의 형태로 나타나게 된다(그림 7.1.7 참조). 따라서, 고 주파수 대역에서는 스냅-스루 쌍 안정 강성계의 에너지 수확 성능은 선형 강성계와 비슷해진다.

이상의 내용을 요약하면 스냅-스루 쌍 안정 강성계의 장점은 고유 진동수 이하에서 선형 강성계의 에너지 수확 성능보다 우수하므로, 가진 주파수 대비 높은 고유 진동수를 갖는 진동 에너지 수확 장치에 적용할 수 있다는 것이다. 이는 6.4.2에서 언급한 바와 같이 진동 에너지 수확 장치의 소형화를 고려할 경우 참고할 만한 사항이다.

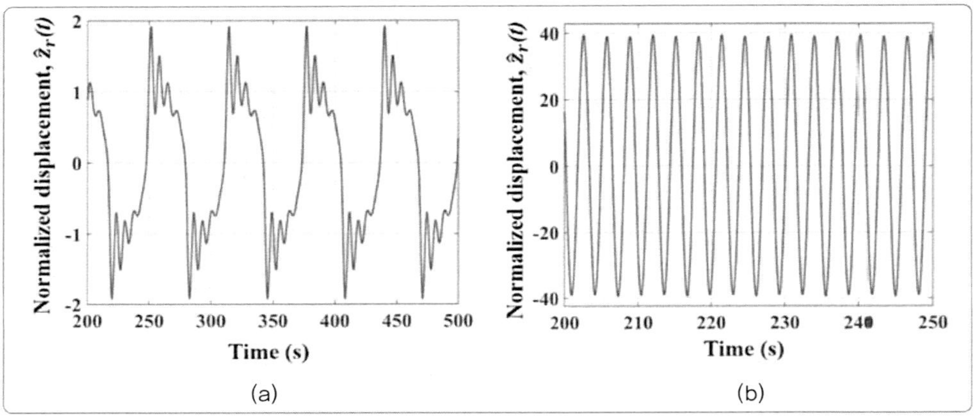

그림 7.1.7 스냅-스루 시스템에서 상대 변위의 시간 응답($\zeta = 0.1$, $\hat{Z}_b = 30$, $\gamma = 0.5$): (a) $\Omega = 0.1$, (b) $\Omega = 2$

7.1.3 경화 강성계(hardening stiffness system)

6.4.2에서 잠깐 살펴보았듯이 경화 강성계는 공진 주파수를 보다 높은 주파수토 이동시켜 진동 에너지를 수확할 수 있는 주파수 대역폭을 확장시킨다. 경화 강성계는 그림 7.1.1에서 $\gamma > 1$에 대한 경우가 되므로, 식 (7.1.20)에서 언급한 바와 같이 비선형 복원력이 다음과 같이 근사화될 수 있다.

$$f \approx 2k_o\left(1 - \frac{l_o}{l}\right)z_r + \frac{k_o l_o}{l^3}z_r^3 = k_l z_r + k_n z_r^3 \ (k_l > 0, k_n > 0) \tag{7.1.36}$$

따라서, 경화 강성계에 대한 운동 방정식은 기저의 조화 가진 $z_b = Z_b \cos\omega t$에 대해 다음과 같이 표현되고,

$$m\ddot{z}_r(t) + c\dot{z}_r(t) + k_l\left(1 + \frac{k_n}{k_l}z_r^2\right)z_r = -m\ddot{z}_b(t) = \omega^2 m Z_b \cos\omega t \tag{7.1.37}$$

아래의 무차원 변수를 이용하면,

$$\omega_n = \sqrt{\frac{k_l}{m}},\ \Omega = \frac{\omega}{\omega_n},\ \Omega = \frac{\omega}{\omega_n},\ Z_o = \left.\frac{mg}{k_l}\right|_{k_n = 0,\, \omega = 0},\ \hat{z}_r = \frac{z_r}{Z_o},\ \tau = \omega_n t \tag{7.1.38a}$$

$$(\ \cdot\ )' = \frac{d}{d\tau},\ (\ \cdot\ )'' = \frac{d^2}{d\tau^2} \tag{7.1.38b}$$

식 (7.1.37)은 다음과 같이 무차원된 식으로 나타낼 수 있다.

$$\hat{z}_r''(t) + 2\zeta\hat{z}_r' + \left(1 + \frac{k_n Z_o^2}{k_l}\hat{z}_r^2\right)\hat{z}_r = \frac{\Omega^2 Z_b}{Z_o} cos\,\Omega\tau$$
$$\rightarrow \hat{z}_r''(t) + 2\zeta\hat{z}_r' + \hat{z}_r + \alpha\hat{z}_r^3 = \hat{Z}_b\cos\Omega\tau \tag{7.1.39}$$

위 식에서 α는 비선형성 정도를 나타내는 파라미터로서 $k_n Z_o^2/k_l$로 정의되었다. 식 (7.1.39)에 조화 균형법(harmonic balance method)[19]을 적용하기 위해 다음과 같이 정상 상태 해를 가정한다.

$$\hat{z}_r = \hat{Z}_r\cos(\Omega\tau - \phi) \tag{7.1.40}$$

위 식에서 $\hat{Z}_r$ 및 ϕ는 각각 응답의 크기 및 위상 지연을 나타낸다. 가정된 해를 식 (7.1.39)에 대입하고 $\hat{z}_r^3$으로 인한 3차 조화 성분을 무시하면 다음과 같은 관계식을 구하게 된다.

$$\left(1 - \Omega^2 + \frac{3}{4}\alpha\hat{Z}_r^2\right)^2 + (2\zeta\Omega)^2 = \left(\frac{\hat{Z}_b}{\hat{Z}_r}\right)^2 \tag{7.1.41}$$

위 식은 Ω^2에 대한 2차 방정식이므로 근의 공식을 적용하면 다음과 같은 해를 얻게 된다.

$$\Omega^2 = 1 + \frac{3}{4}\alpha\hat{Z}_r^2 - 2\zeta^2 \pm \sqrt{\left(1 + \frac{3}{4}\alpha\hat{Z}_r^2 - 2\zeta^2\right)^2 - 1 - \left(\frac{3}{4}\alpha\hat{Z}_r^2\right)^2 - \frac{3}{2}\alpha\hat{Z}_r^2 + \left(\frac{\hat{Z}_b}{\hat{Z}_r}\right)^2} \tag{7.1.42}$$

식을 더욱 간단하게 하기 위해, 감쇠가 작은 경우($\zeta \ll 1$)를 가정하면, 위 식으로부터 다음과 같이 2개의 무차원 주파수 Ω와 상대 변위 $\hat{Z}_r$의 관계를 얻게 된다.

$$\Omega_a = \sqrt{1 + \frac{3}{4}\alpha\hat{Z}_r^2 - \frac{\sqrt{\hat{Z}_b^2 - 3\alpha\zeta^2\hat{Z}_r^4 - 4\zeta^2\hat{Z}_r^2}}{\hat{Z}_r}} \tag{7.1.43a}$$

$$\Omega_b = \sqrt{1 + \frac{3}{4}\alpha\hat{Z}_r^2 + \frac{\sqrt{\hat{Z}_b^2 - 3\alpha\zeta^2\hat{Z}_r^4 - 4\zeta^2\hat{Z}_r^2}}{\hat{Z}_r}} \tag{7.1.43b}$$

19) 비선형 진동의 정상 상태 주기해를 구하는 한 방법으로서 고차 조화 성분을 모두 포함하여 해를 가정하지만, 여기서는 식 (7.1.40)과 같이 기본 조화 성분만을 이용하였다.

그림 7.1.8에 위 식을 이용하여 특정 α, ζ 및 $\hat{Z}_b$ 값에 대한 상대 변위 $\hat{Z}_r$의 주파수 응답을 나타내었다. 주파수 응답 곡선은 그림에 나타낸 바와 같이 그림 (7.1.43a)가 나타내는 공진 응답(resonant response, 주어진 주파수에서 보다 큰 정상 상태 응답) Ω_a 및 그림 (7.1.43b)가 나타내는 비 공진 응답(non-resonant response, 주어진 주파수에서 보다 작은 크기의 정상 상태 응답) Ω_b의 2개 부분으로 구분된다. 특히 비 공진 응답은 점선으로 표현된 불안정한 해가 포함되어 있으며, 이는 수치 해석이나 실험을 통해 구할 수 없다.

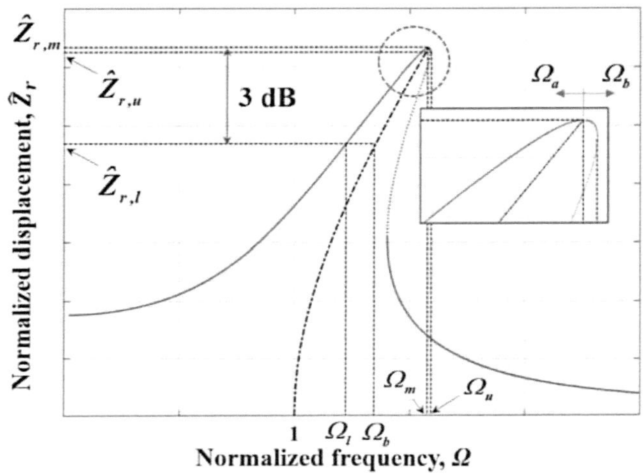

그림 7.1.8 경화 강성계의 전형적인 변위 주파수 응답

상대 변위의 주파수 응답 곡선에서 최대값은 Ω_m 에서 $\hat{Z}_{r,m}$ 으로 표시되어 있다. 또한, Ω_u과 $\hat{Z}_{r,u}$는 각각 점프-다운 주파수(jump-down frequency) 및 해당 주파수에서의 진폭을 나타내며, $\hat{Z}_{r,m}$ 으로부터 $1/\sqrt{2}$ 배가 되는 반 동력점(half power point)은 $(\Omega, \hat{Z}_r) = (\Omega_l, \hat{Z}_{r,l})$로 표시되어 있다.

그림에서 $\Omega = 1$에서 시작하는 일점 쇄선은 감쇠가 없는 경우의 자유 진동 응답으로서 $\hat{Z}_b = \zeta = 0$에 해당한다. 이를 척추 곡선(backbone curve)이라고 하며, 식 (7.1.41)에 $\hat{Z}_b = \zeta = 0$를 대입하면 아래와 같은 관계식으로 표현된다.

$$\Omega^2 = 1 + \frac{3}{4}\alpha \hat{Z}_r^2 \qquad (7.1.44)$$

위 식은 $\alpha = 0$ 즉, 선형 강성계에 대해서는 $\Omega = 1$인 공진 조건을 나타내게 된다. 반동력점(half power point)에 해당하는 척추 곡선 상에서의 주파수 값은 Ω_b로 표시되어 있다.

척추 곡선을 이용하면 Ω_m과 $\hat{Z}_{r,m}$에 대한 근사값을 구할 수 있다. 즉, 식 (7.1.43a) 및 (7.1.44)를 이용하면,

$$\Omega_a^2 = \Omega^2 \rightarrow 1 + \frac{3}{4}\alpha \hat{Z}_r^2 - \frac{\sqrt{\hat{Z}_b^2 - 3\alpha\zeta^2 \hat{Z}_r^4 - 4\zeta^2 \hat{Z}_r^2}}{\hat{Z}_r} = 1 + \frac{3}{4}\alpha \hat{Z}_r^2 \tag{7.1.45a}$$

가 성립하므로, 다음 식의 해가 근사적으로 $\hat{Z}_{r,m}$이 된다.

$$\hat{Z}_b^2 - 3\alpha\zeta^2 \hat{Z}_r^4 - 4\zeta^2 \hat{Z}_r^2 = 0 \tag{7.1.45b}$$

따라서, 위 식으로부터 $\hat{Z}_{r,m}$을 구하고 이를 식 (7.1.44)에 대입하면 아래와 같이 (Ω_m, $\hat{Z}_{r,m}$)를 얻는다.

$$\Omega_m = \sqrt{\frac{1}{2}(\mu+1)}\,,\ \hat{Z}_{r,m} = \sqrt{\frac{2}{3\alpha}(\mu-1)} \tag{7.1.46}$$

위 식에서 μ는 다음과 같이 정의된다.

$$\mu = \sqrt{1 + \frac{3\alpha}{4\zeta^2}\hat{Z}_b^2} \tag{7.1.47}$$

이젠 위에서 구한 Ω_m을 이용하여 경화 강성계의 주파수 대역폭(frequency bandwidth)을 구해보자. 그림 7.1.8에서 주파수 대역폭은 다음과 같이 정의된다.

$$\Delta\Omega_h = \Omega_u - \Omega_l = (\Omega_u - \Omega_m) + (\Omega_m - \Omega_l) \tag{7.1.48}$$

그리고, 만약 감쇠가 작아서($\zeta \ll 1$) $\zeta \ll \alpha$가 성립하면, Ω_u는 근사적으로 Ω_m과 비슷한 값을 갖게 되므로 식 (7.1.48)은 다음과 같이 간단하게 표현된다.

$$\Delta\Omega_h \approx \Omega_m - \Omega_l \tag{7.1.49}$$

위 식을 좀 더 구체적으로 표현하기 위해 Ω_l에 대한 식을 구해보자. $\hat{Z}_{r,l}$은 반동력점의 변위이므로 식 (7.1.46)으로부터 $\hat{Z}_{r,m}/\sqrt{2} = \hat{Z}_{r,l}$의 관계를 이용한다.

$$\hat{Z}_{r,l} = \sqrt{\frac{1}{3\alpha}(\mu-1)} \tag{7.1.50}$$

따라서, 위 식을 식 (7.1.43a)에 대입하면 다음과 같이 Ω_l에 대한 식을 얻게 되며,

$$\Omega_l = \sqrt{1+\frac{1}{4}(\mu-1)-\sqrt{4\zeta^2(\mu+1)-\zeta^2(\mu+3)}} = \sqrt{\frac{3}{4}+\frac{1}{4}\mu-\zeta\sqrt{3\mu+1}} \tag{7.1.51}$$

이를 식 (7.1.46)의 Ω_m과 함께 식 (7.1.49)에 대입하면 경화 강성계의 주파수 대역폭 $\Delta\Omega_h$에 대한 근사적 표현식을 얻는다.

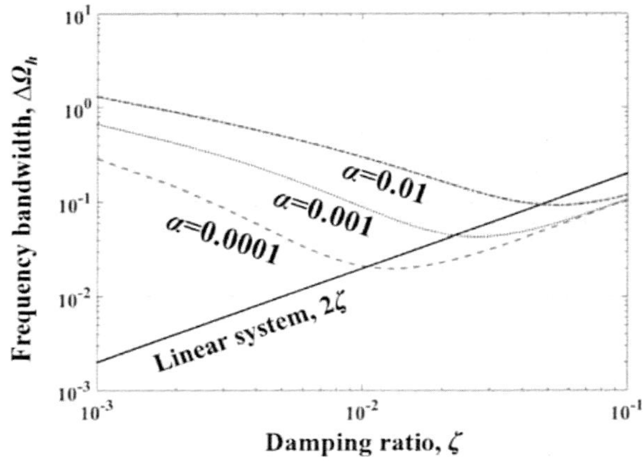

그림 7.1.9 선형(2ζ) 및 경화 강성계(식 (7.1.52))의 주파수 대역폭 변화 비교($\hat{Z}_b = 0.5$)

$$\Delta\Omega_h \approx \sqrt{\frac{1}{2}(\mu+1)} - \sqrt{\frac{3}{4}+\frac{1}{4}\mu-\zeta\sqrt{3\mu+1}} \tag{7.1.52}$$

위 식으로부터 경화 강성계의 주파수 대역폭은 ζ와 μ의 함수임을 알 수 있는데, 식 (7.1.47)로부터 μ가 α, $\hat{Z}_b$ 및 ζ 에 의해 정의되었으므로, 결국 ζ, α, $\hat{Z}_b$의 값에 따라 정해짐을 알 수 있다. 그림 7.1.9에 몇 가지 α 값에 따른 경화 강성계의 주파수 대역폭 변화 정도를 선형 강성계와 비교하였다. 그림에서 확인할 수 있듯이 선형 강성계의 주파수 대역폭은 감쇠비 ζ에 선형 비례하는 반면, 비선형 경화 강성계의 주파수 대역폭은 주어진 $\zeta(\ll 1)$값에 대해서는 비선형성 α가 커짐에 따라 증가한다.

경화 강성계의 현실적인 제약

선형 강성계는 초기 조건(변위, 속도)에 관계없이 오직 하나만의 안정한 정상 상태 해가 존재함에 반해 비선형 강성계의 경우에는 초기 조건에 따라 서로 다른 안정한 정상 상태 해가 존재할 수 있다. 그림 7.1.10에 서로 다른 2개의 비선형성 α값에 따른 무차원

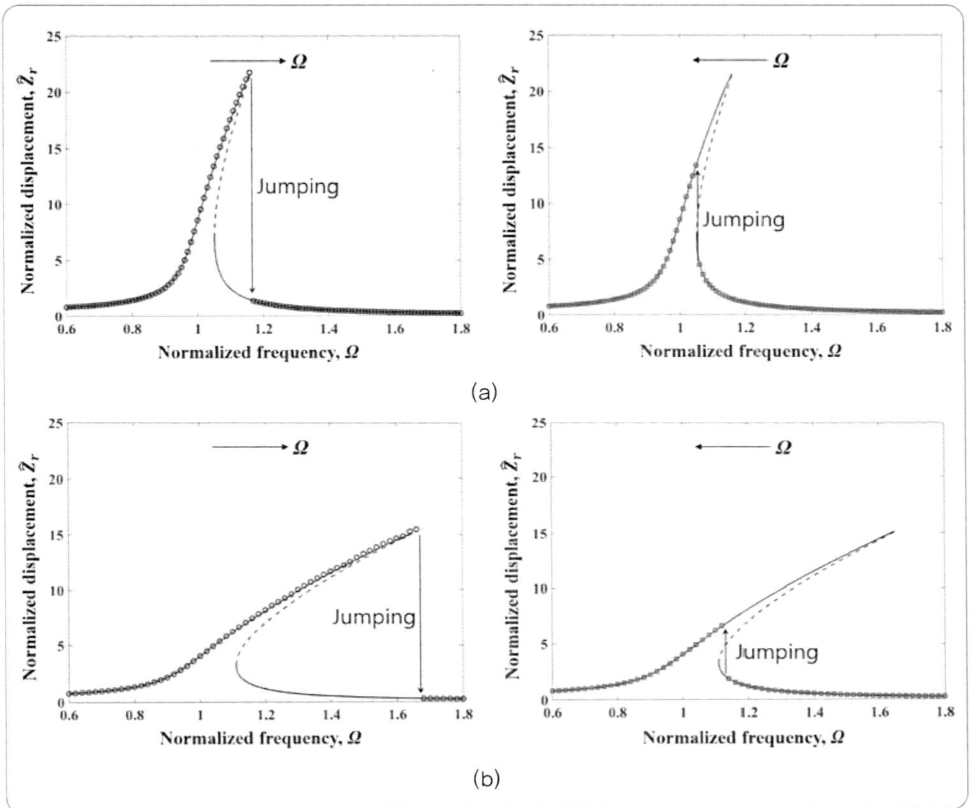

그림 7.1.10 **무차원 상대 변위 $\hat{Z}_r$의 주파수 응답**($\zeta = 0.01$, $\hat{Z}_b = 0.5$): (a) $\alpha = 0.001$, (b) $\alpha = 0.01$

상대 변위 $\hat{Z}_r$의 주파수 응답 곡선을 나타내었다. 식 (7.1.43)을 통해 얻은 근사해와 4차 Runge-Kutta 적분법을 통한 수치해석 결과를 비교하였는데, 각각 표식과 실선으로 표현되어 있다. 수치 해석 결과는 주파수 스윕(sweep) 방향에 따른 각각의 결과를 나타내었는데, 앞서 그림 6.4.19에서 기술한 바와 같이 이를 통해 주파수 스윕 방향 별로 일종의 이력 현상(hysteresis)이 있음을 알 수 있다.

여러 개의 안정한 해가 존재하는 주파수 범위 내에서는 초기 조건에 따라 서로 다른 안정한 정상 상태의 해로 수렴할 수 있다. 즉, 어떤 특정 초기 조건이 적용되면 정상 상태의 해는 2개의 가능한 값 중 더 가까운 값에 수렴한다. 따라서, 경화 강성계를 사용하

여 보다 높은 에너지를 갖는 운동을 발생시키기 위해서는 주파수 별로 정상 상태 응답에 대한 초기 조건의 영향도를 파악하는 것이 필요하다. 이를 위해 보통 끌개 영역(basin of attraction)을 주파수 별로 그린 후 공진 곡선(식 (7.1.43a)) 또는 비공진 곡선(식 (7.1.43b))상의 응답에 해당하는 초기 조건을 파악하여야 한다(주파수 별로 이를 파악하는 것은 현실적으로 쉽지 않는 과정이며 따라서 경화 강성계 진동 에너지 수확 장치의 극복 과제이기도 하다.)

보다 높은 에너지 분기에 해당하는 초기 조건을 이용하여, 경화 강성계의 감쇠에 의해 수확되는 에너지는 식 (7.1.33)을 이용하여 구한다. 다만, 여기서는 무차원화를 위해 다음과 같이 l_o 대신 식 (7.1.38a)의 Z_o를 이용한다.

$$\hat{P}_h \equiv \frac{\overline{P}_h}{\omega_n^3 m Z_o^2} = \frac{\Omega\zeta}{\pi}\int_0^{2\pi/\Omega}\left(\hat{z}_r{}'\right)^2 d\tau \tag{7.1.53}$$

위 식을 이용하여 선형 강성계와 비선형 경화 강성계의 감쇠에서 소산(수확)되는 단위 시간 당 에너지를 $\zeta = 0.01$, $\hat{Z}_b = 0.5$, 그리고 2개의 α값에 대해 수치적으로 구한 후 그 결과를 그림 7.1.11에 나타내었다. 그런데, 그림을 통해 주목할 만한 사실은 최대 수확

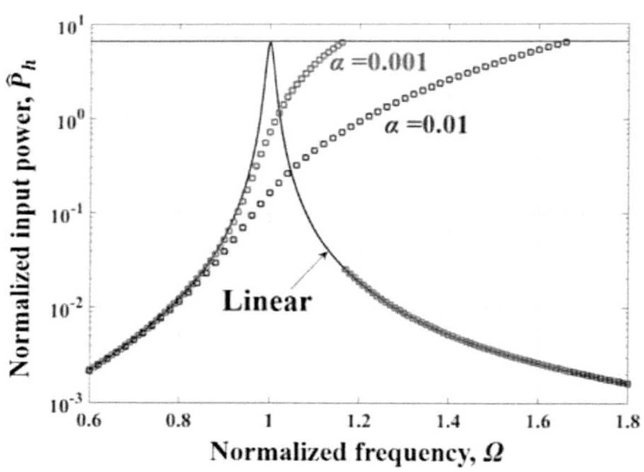

그림 7.1.11 경화 강성계의 감쇠에 의해 수확되는 무차원 파워 $\hat{P}_h(\zeta = 0.01,\ \hat{Z}_b = 0.5)$

에너지가 발생하는 주파수는 서로 다르지만 그 크기는 비선형성 α의 값에 관계없이 거의 동일하다는 것이다. 이에 비해 변위 응답 $\hat{Z}_r$은 비선형성 α가 커질수록 최대값이 감소한다(그림 7.1.10), 사실 최대 수확 에너지에 대한 비선형성 α의 영향을 파악하기 위해서는 변위 응답이 아닌 속도에 대한 주파수 응답을 확인하는 것이 바람직하다. 이는

파워가 속도의 함수이기 때문이다. 감쇠에서 소산되는 파워의 최대 크기가 비선형성에 관계가 없음을 다른 관점에서 확인해 보자. 속도의 크기는 다음과 같이 표현되고,

$$|\hat{z}_r'| = \Omega \hat{Z}_r \tag{7.1.54}$$

위 식의 최대값은 $\Omega = \Omega_m$ 에서 발생하므로 식 (7.1.46)의 관계식을 대입한다.

$$\begin{aligned} |\hat{z}_r'|_{\max} &= \Omega_m \hat{Z}_{r,m} = \sqrt{\frac{1}{2}(\mu+1)}\sqrt{\frac{2}{3\alpha}(\mu-1)} \\ &= \sqrt{\frac{1}{3\alpha}(\mu^2-1)} = \sqrt{\frac{1}{3\alpha}\left(1+\frac{3\alpha}{4\zeta^2}\hat{Z}_b^2-1\right)} = \frac{\hat{Z}_b}{2\zeta} \end{aligned} \tag{7.1.56}$$

따라서, 최대 속도가 비선형성 α에 무관하므로, 단위 시간 당 최대 수확 에너지도 이에 무관하다고 볼 수 있다.

지금까지 쌍 안정 강성계 및 단 안정계의 경화 강성계의 감쇠에 의해 소산되는 에너지를 통해 비선형 강성계의 진동 에너지 수확 특성을 살펴 보았다. 그런데, 여기서 다룬 운동 방정식은 코일, 외부 저항 등 전기 회로의 연성이 점성 감쇠 효과로 간주될 수 있는 전자기 유도 기반 진동 에너지 수확 장치에 대해서만 적용 가능하며, 압전 진동 에너지 수확 장치에는 근사적으로만 적용가능하다. 따라서, 비선형 압전 진동 에너지 수확에 대해서는 7.2에서 조금만 더 알아보도록 하자.

7.2. 비선형 쌍 안정 강성계 압전 진동 에너지 수확 장치의 모델링

비선형 단 안정 강성계(연화 강성계, 경화 강성계)와 쌍 안정 강성계 중에서 진동 에너지 수확을 위해 보다 실용적으로 연구되어 온 분야는 쌍 안정 강성계이다. 여기서는 압전 연성을 고려한 쌍 안정 강성계 압전 진동 에너지 수확 장치의 수학적 모델링에 대해 살펴보고 이를 통해 전기 출력 특성을 알아보도록 하자(Erturk and Inman, 2011).

우리는 이미 7.1.2에서 스냅-스루 구조에 대한 진동 특성 및 감쇠에서의 에너지 소산에 대한 주파수 특성을 살펴 본 바가 있으나, 앞서 기술하였듯이 운동 방정식에 압전 연성을 고려하지 않았다. 따라서, 부록 A.6에서 쌍 안정 강성계에 대한 무차원화 방정식을 유도한 방법을 참고하되, 여기서는 압전 연성 항을 포함하여 해당 연성 방성식을 무차원화해 보도록 하자. 우선 식 (6.1.4)의 운동 방정식을 1 자유도계 질량-스프링-강성계에 적용하므로 기호들을 아래와 같이 바꿔 쓰고 기저의 가진은 조화 가진으로 가정한다.

$$m\ddot{z}_r(t)+c_m\dot{z}_r(t)-k_l z_r(t)+k_n z_r^3(t)+\alpha v_o(t)=\omega^2 m Z_b\cos\omega t \tag{7.1.57a}$$

$$\alpha\dot{z}_r(t)-C_p^S\dot{v}_o(t)=\frac{v_o}{R_L} \tag{7.1.57b}$$

위 식에 대한 무차원 변수는 부록 A.6과 동일하며, 이를 이용하여 식 (7.1.57a)를 먼저 무차원화해 보면 다음과 같이 표현된다(여기서의 α는 비선형성이 아닌 압전 연성 계수를 나타낸다).

$$\hat{z}_r''(t)+2\zeta\hat{z}_r'-\frac{1}{2}\hat{z}_r\left(1-\hat{z}_r^2\right)+\frac{\alpha}{\omega_n^2 z_s m}v_o=\Omega^2\hat{Z}_b cos\,\Omega\tau=\hat{A}_b\cos\Omega\tau \tag{7.1.58}$$

그런데, 위 식에서 $\left(\alpha/\omega_n^2 z_s m\right)v_o$ 자체가 무차원화된 전압이 되지만 압전 연성에 대한 상수 α의 영향도를 무차원 식에 포함하기 위해 무차원화된 전압 변수 $\hat{v}_o$를 $\left(\alpha/\chi\omega_n^2 z_s m\right)v_o$로 정의하여 식 (7.1.58)를 다음과 같이 표현한다.

$$\hat{z}_r''(t)+2\zeta\hat{z}_r'-\frac{1}{2}\hat{z}_r\left(1-\hat{z}_r^2\right)+\chi v_o=\hat{A}_b\cos\Omega\tau \tag{7.1.59a}$$

위 식에서 χ는 무차원 압전 연성 항이 된다. 그리고, 식 (7.1.57b)는 다음과 같이 표현된다.

$$\frac{\alpha^2 R_L}{\omega_n m}\hat{z}_r'-\frac{\chi}{\lambda}\hat{v}_o'=\chi\hat{v}_o\rightarrow\kappa\hat{z}_r'-\hat{v}_o'=\lambda\hat{v}_o \tag{7.1.59b}$$

위 식에서 무차원 파라미터들은 다음과 같이 정의되었다.

$$\lambda=\frac{1}{\omega_n C_p^S R_L},\ \kappa=\frac{k_e^2}{\chi}\ \left(k_e^2=\frac{\alpha^2}{k_l C_p^S}\right),\ \frac{k_e^2}{\lambda}=\frac{\alpha^2 R_L}{\omega_n m} \tag{7.1.60}$$

7.1.2의 경사진 스프링에 의해 구현된 쌍 안정 강성계에서 살펴 본 결과와 유사하게 식 (7.1.59)에서는 평형 상태가 3개 존재한다. 이 중 $\left(\hat{z}_r,\hat{z}_r'\right)=(\pm 1,0)$은 안정하나, $\left(\hat{z}_r,\hat{z}_r'\right)=(0,0)$은 불안정한 상태가 된다. 식 (7.1.59)로 나타낸 쌍 안정 강성계의 응답을 Runge-Kutta 수치 해석법을 통해 위상 공간(phase space)[20] 등에서 나타내기 위해

20) 운동 상태를 나타내는 공간을 위상 공간이라고 한다. 1 자유도 질량-스프링계에서는 변위 및 속도가 상태 변수가 되므로 가로축을 변위, 세로축을 속도로 하여 시간의 흐름에 따라 운동 상태를 표현하면 위상 평면이 된다.

상태 변수를 $z_1 = \hat{z}_r$, $z_2 = \hat{z}_r'$, $z_3 = \hat{v}_o$로 정의하면 식 (7.1.59)는 다음과 같이 상태 공간 방정식의 형태로 표현된다.

$$\begin{Bmatrix} z_1' \\ z_2' \\ z_3' \end{Bmatrix} = \begin{Bmatrix} z_2 \\ -2\zeta z_2 + \frac{1}{2} z_1 (1 - z_1^2) - \chi z_3 + \hat{A}_b cos \Omega \tau \\ \kappa z_2 - \lambda z_3 \end{Bmatrix} \tag{7.1.61}$$

위 식을 이용하여 먼저 초기 조건 또는 가진력 크기에 따른 응답의 특성을 살펴보도록 하자. 식에 나타낸 무차원 파라미터의 값은 $\Omega = 0.8$, $\zeta = 0.01$, $\chi = 0.05$, $\kappa = 0.5$, $\lambda = 0.05$(개회로 상태에 해당)로 설정하였다. 첫 번째로 $\hat{A}_b = 0.08$의 다소 작은 가진을 가했을 때 응답을 살펴보았다. 초기값은 $\hat{z}_r(0) = 1$, $\hat{z}_r'(0) = \hat{v}_o = 0$일 때의 시간에 따른 출력 전압 결과를 그림 7.2.1(a)에 나타내었다. 이 경우의 진동은 카오스 운동(chaotic motion)[21]에 의한 기이한 끌개(strange attractor) 특성을 갖고 있으며, 이를 그림 7.2.1(b) 및 (c)에 나타낸 위상 평면 및 푸앵카레 맵(Poincare map)[22]을 통해 확인할 수 있다. 그리고, 동일한 값의 모든 무차원 파라미터, 초기 조건 및 주파수에서 무차원 가속도 수준 $\hat{A}_b$의 크기만을 0.11 및 0.12로 증가시켜 보았으며, 그 결과를 그림 7.2.1(a) 및 (b)에 나타내었다. 그림 7.2.1(a)의 경우보다 증가된 출력 전압을 얻을 수 있으며, 과도 카오스 운동 이후 큰 진폭의 주기적인 진동이 발생함을 알 수 있다. 이 경우에는 더 이상 카오스 운동으로 인한 기이한 끌개가 아닌 한계 순환 끌개(limit cycle attractor)의 특성을 갖게 된다. 주목할 만한 점은 그림 7.2.2(c)에 나타낸 출력 전압 결과로서 이는 그림 7.2.1(a)의 경우와 비교하여 외력 조건은 동일하나 초기 조건만 다른 경우이다 ($\hat{z}_r(0) = 1$, $\hat{z}_r'(0) = 1.3$, $\hat{v}_o = 0$; $\Omega = 0.8$, $\hat{A}_b = 0.08$). 이 경우에는 큰 진폭의 주기적인진동이 발생하게 된다는 것을 확인할 수 있는데, 이는 곧 동일한 가진력에 대해 초기 조건에 따라서 기이한 끌개 및 한계순환 끌개가 공존한다는 사실을 보여준다. 따라서, 동일한 외부 가진력에 대해서도 초기 조건에 따라 보다 작은 출력 전압 특성을 갖는 기이한 끌개 운동 또는 보다 큰 출력 전압 특성을 갖는 주기적 한계 순환 끌개 운동이 선택적으로 모두 가능하다는 것을 알 수 있다. 진동 에너지 수확 관점에서 후자가

21) 카오스 운동은 초기 조건에 매우 민감하다는 특징이 있다('나비 효과'라는 용어로 대변된다). 이 운동은 기이한 끌개(strange attractor) 지형 상에서 운동하게 되는데, 서로 비슷한 지점의 초기점에 대해서 시간에 따른 궤적의 진화는 서로 상이하게 다를 수 있다.

22) 가진력의 1 주기당 위상 평면 상의 1개의 점을 취하여 그렸다. 기이한 끌개일 경우 그 형상은 프랙탈(fractal) 곡선을 나타내며 한계 순환(limit cycle) 끌개일 경우에는 1개의 점이 된다.

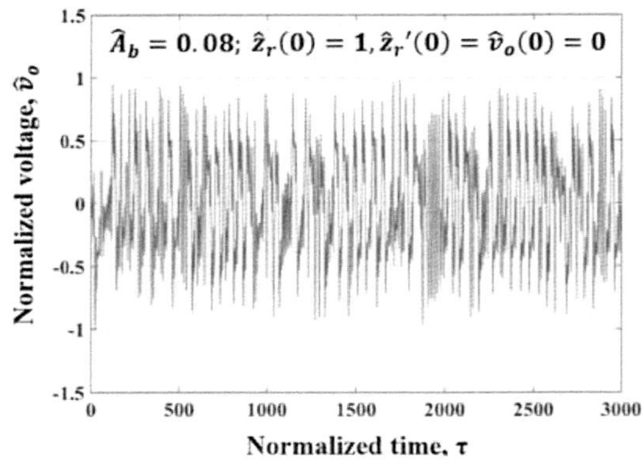

(a)

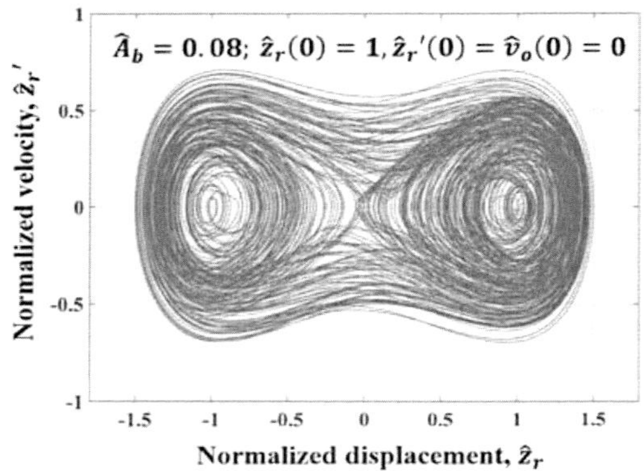

(b)

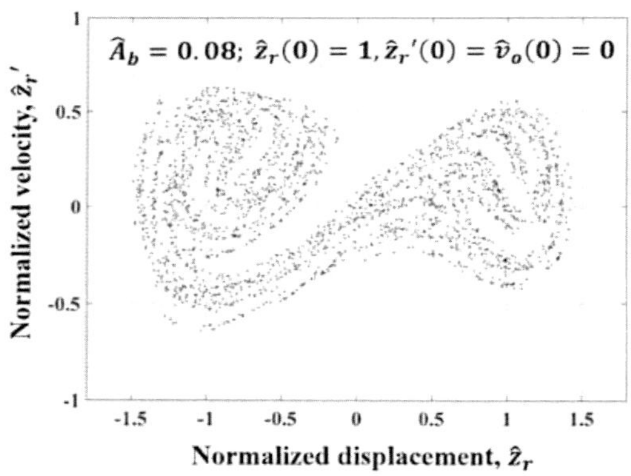

(c)

그림 7.2.1 초기 조건($\hat{z}_r(0)=1$, $\hat{z}_r'(0)=\hat{v}_o=0$) 및 가진 조건($\hat{A}_b=0.08$, $\Omega=0.8$)에 대한 쌍안정 강성계의 (a) 개회로 출력 전압, (b) 위상 평면 및 (c) 푸앵카레(Poincaré) 맵

유리함은 당연한 사실이다. 그렇다면 이젠, 그림 7.2.2(c)에 나타내었던 조건 $\hat{z}_r(0)=1$, $\hat{z}_r'(0)=1.3$, $\hat{v}_o=0$; $\Omega=0.8$, $\hat{A}_b=0.08$과 동일한 상태에서 선형 강성계

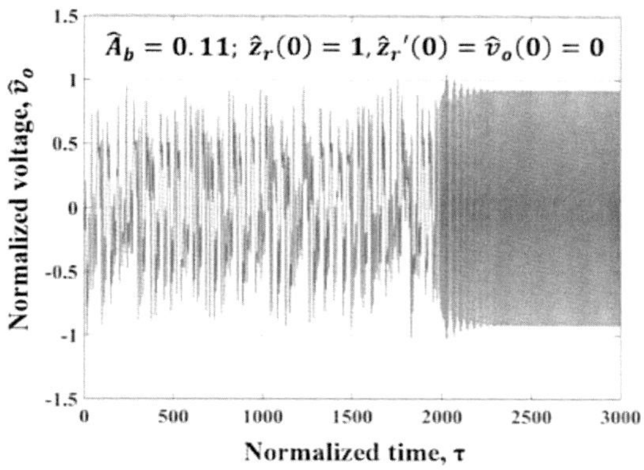

(a)

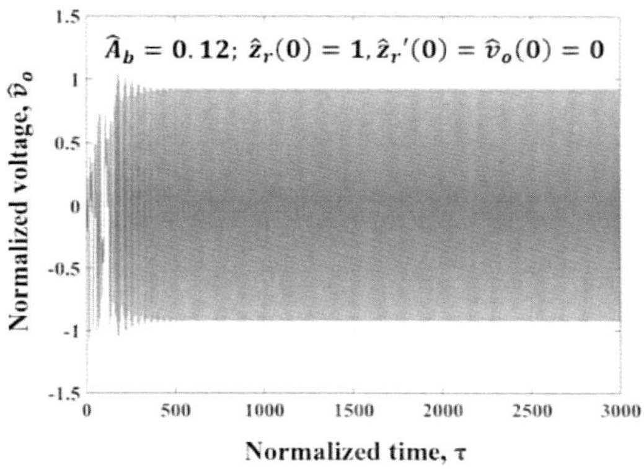

(b)

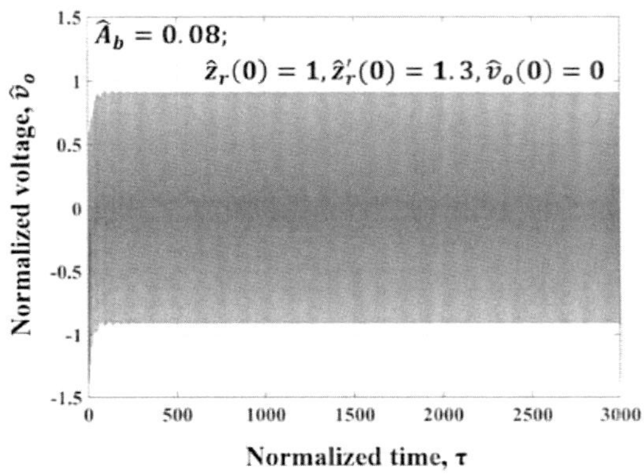

(c)

그림 7.2.2 **시간에 따른 개회로 출력 전압: (a)** $\hat{z}_r(0)=1$, $\hat{z}_r{}'(0)=\hat{v}_o=0$; $\Omega=0.8$, $\hat{A}_b=0.11$, **(b)** $\hat{z}_r(0)=1$, $\hat{z}_r{}'(0)=\hat{v}_o=0$; $\Omega=0.8$, $\hat{A}_b=0.12$, **(c)** $\hat{z}_r(0)=1$, $\hat{z}_r{}'(0)=1.3$, $\hat{v}_o=0$; $\Omega=0.8$, $\hat{A}_b=0.08$

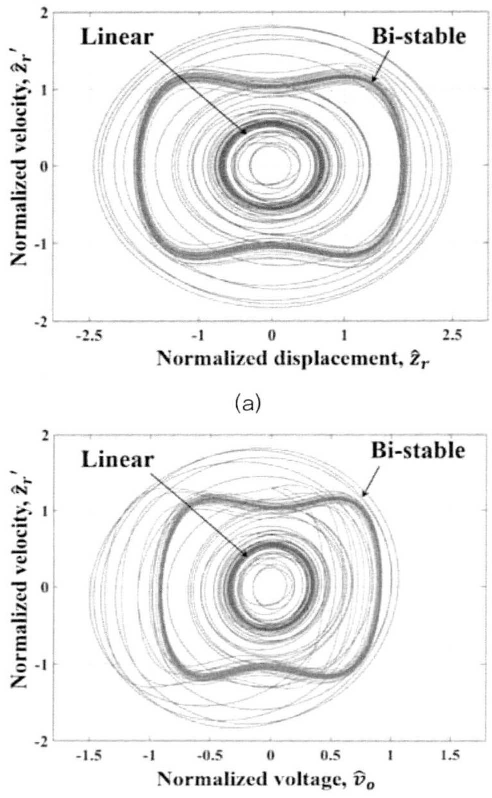

그림 7.2.3 **선형 강성계 및 쌍 안정 강성계 기반의 압전 진동 에너지 수확 장치의 성능 비교: (a) 변위-속도 및 (b) 속도-개회로 출력 전압**($\hat{z}_r(0)=1$, $\hat{z}_r'(0)=1.3$, $\hat{v}_o=0$; $\Omega=0.8$, $\hat{A}_b=0.08$)

기반 압전 진동 에너지 수확 장치의 출력 전압 특성과 비교해 보자(그림 7.2.3). 쌍 안정 강성계가 큰 진폭의 한계 순환 끌개의 특성을 나타내는 경우 선형 강성계의 경우보다 변위-속도 크기 및 개회로 출력 전압-속도 관계에서 우수한 성능을 나타냄을 알 수 있다(압전 진동 에너지 수확 장치의 전기 연성 방정식에서 알 수 있듯이 개회로 상태에서는 속도와 출력 전압 간의 위상이 90°이다. 따라서, 전압-속도 사이의 위상 평면을 살펴보는 것이 합리적이다.). 이를 좀 더 자세히 살펴보기 위해 몇 개의 주파수($\Omega=0.5\sim1.0$)에서 시간의 경과에 따른 속도-전압 간의 관계를 그림 7.2.4에 나타내었다.

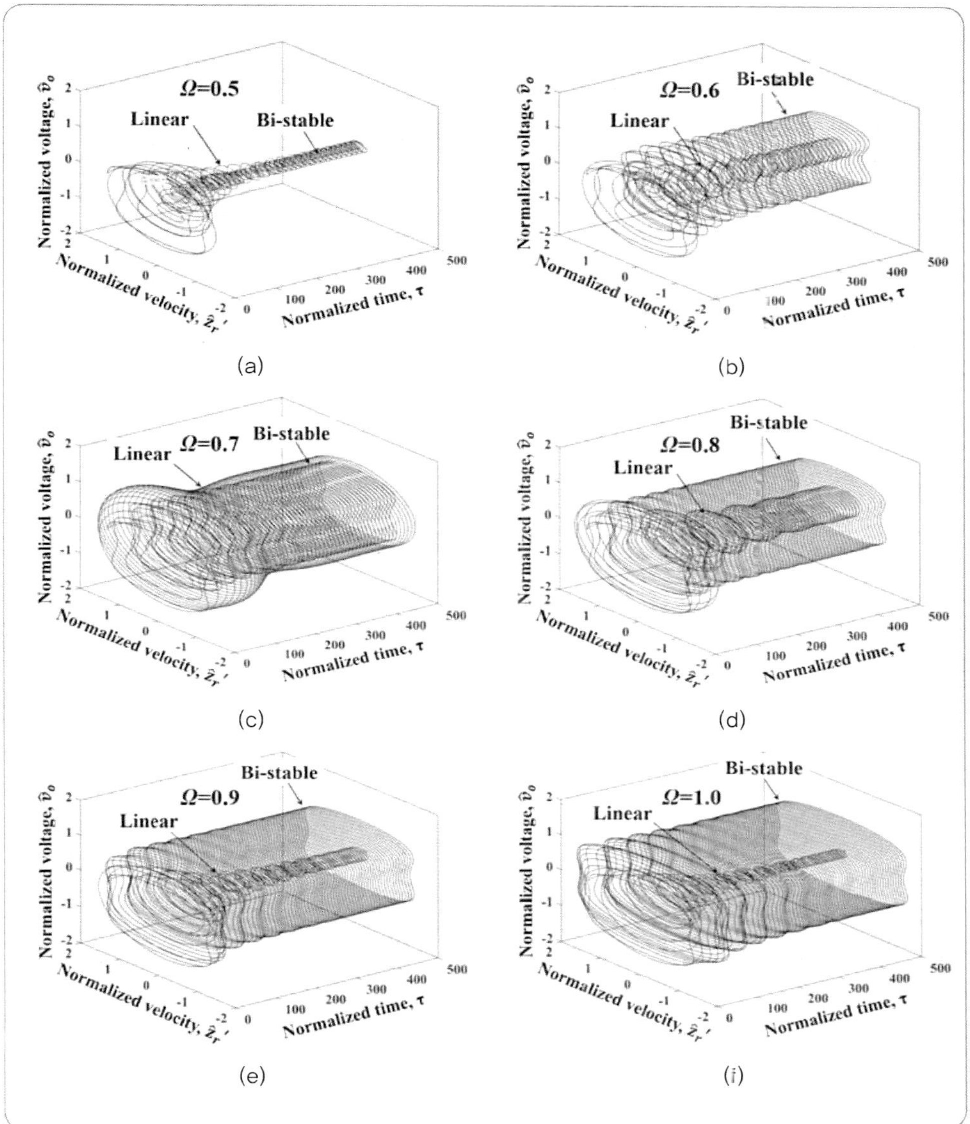

그림 7.2.4 **선형 강성계 및 쌍 안정 강성계 기반의 압전 진동 에너지 수확 장치의 속도-개회로 출력 전압 성능 비교: (a)** $\Omega=0.5$, **(b)** $\Omega=0.6$, **(c)** $\Omega=0.7$, **(d)** $\Omega=0.8$, **(e)** $\Omega=0.9$, **(f)** $\Omega=1.0$ ($\hat{z}_r(0)=1$, $\hat{z}_r'(0)=1.3$, $\hat{v}_o=0$; $\hat{A}_b=0.08$)

그림 7.2.4(a)의 $\Omega=0.5$인 경우, 쌍 안정계의 개회로 출력 전압은 선형 강성계보다 크지 않은데, 이는 가진력이 충분하지 않아 1개의 안정한 평형 상태($\hat{z}_r(0)=1$) 근처에서만 작은 진폭으로 진동하기 때문이다. 그러나, 그림 7.2.4(b) 및 (d~f)의 경우($\Omega=0.6$, $\Omega=0.8\sim1.0$)에서는 쌍 안정 강성계의 개회로 출력 전압은 선형 강성계보다 매우 크다는 것을 확인 할 수 있다. 이는 2개의 안정한 평형 상태 사이를 큰 진폭으로 진동하기

때문이다. 반면, 7.2.4(c)의 경우($\Omega=0.7$)[23]는 선형 강성계의 고유 진동수이기 때문에, 선형 강성계의 출력 전압이 쌍 안정 강성계의 출력량 보다 오히려 약간 크다. 그럼에도 불구하고 그 차이는 다른 주파수에서의 쌍 안정 강성계와 선형 강성계 사이의 출력 성능 차이보다는 훨씬 작으므로, 대부분의 경우 쌍 안정 강성계의 성능이 우수하다고 볼 수 있다(초기 조건의 선택 또는 가진력의 크기가 충분히 고려된다는 가정하에서). 앞서 언급한 바와 같이, 그림 7.2.1(a)와 7.2.2(c)에서는 무차원 파라미터, 가진 주파수 및

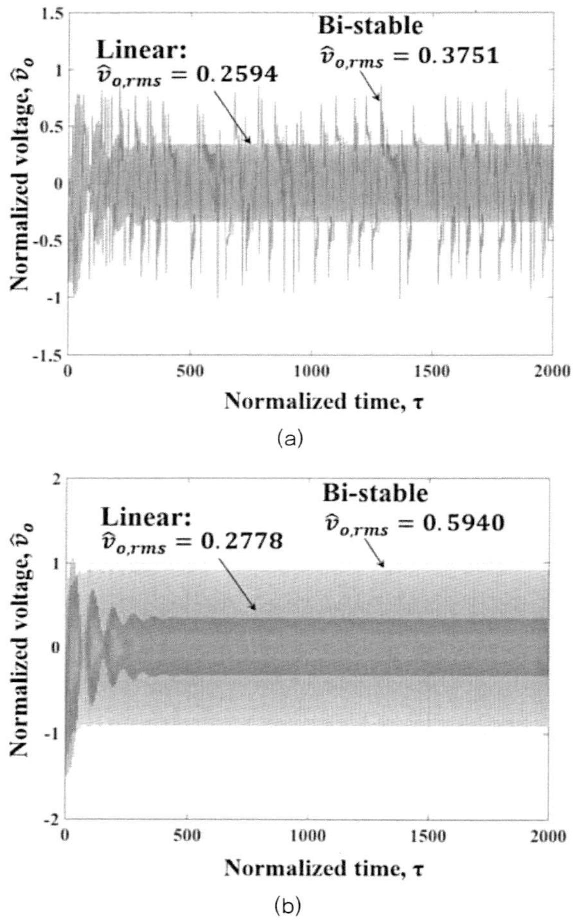

그림 7.2.5 선형 강성계와 (a) 쌍 안정 강성계의 카오스 끌개($\hat{z}_r(0)=1$, $\hat{z}_r{}'(0)=\hat{v}_o=0$; $\Omega=0.8$, $\hat{A}_b=0.08$) 및 (b) 큰 진폭을 갖는 한계 순환 끌개($\hat{z}_r(0)=1$, $\hat{z}_r{}'(0)=1.3$, $\hat{v}_o=0$; $\Omega=0.8$, $\hat{A}_b=0.08$)간의 개회로 출력 전압 비교

23) $\Omega=0.7$인 경우, $\omega=0.7\omega_n=0.7\sqrt{2k_l/m}\simeq\sqrt{k_l/m}$로서 선형 강성계의 고유 진동수가 되는 경우이다.

가진력의 크기가 모두 동일한 상태에서 초기 조건에 따라 계의 운동이 카오스 끌개 또는 한계 순환 끌개 특성을 갖는다고 하였다. 한계 순환 끌개 특성은 그림 7.2.3과 7.2.4(d)의 결과에서도 확인할 수 있다. 따라서, 마지막으로 이 두가지 경우의 개회로 출력 전압 특성에 대해서 알아보도록 하자. 그림 7.2.5(a)에는 카오스 끌개 특성을 갖는 경우로서 출력 전압의 유효값(rms: root mean square)이 0.3751로서 선형 강성계의 출력 전압의 크기 0.2594보다 약 44.6% 크다. 그런데, 초기 조건 중 속도에 대한 항이 추가되어 큰 진폭을 갖는 한계 순환 끌개 운동이 되면 출력 전압의 유효값이 0.5940이 되어 선형 강성계의 0.2778보다 약 113.8%보다 크다. 즉, 속도에 대한 초기 조건만 달라졌는데도 개회로 출력 전압 차이는 2배 이상 차이가 나게 된다. 따라서, 쌍 안정계 강성계를 이용한 압전 진동 에너지 수확 장치에서는 큰 진폭을 갖는 한계 순환 끌개의 운동 특성이 요구된다. 또한, 그 출력량 차이 뿐만 아니라 에너지 수확 장치 출력단에서의 충전 등을 위한 비선형 전력 관리 회로를 설계하는 경우에도 카오스 전압 출력 특성보다는 주기적인 출력 전압 특성이 더욱 유리할 것이다.

부록

Appendices

A.1. 전기-역학 연성 계(electro-mechanical coupled system)에 대한 Hamilton 정리

Hamilton 정리를 포함한 변분법(variational method)은 진동 에너지 수확 장치의 수학적 모델을 유도하기 위해 그 동안의 관련 문헌들에서 자주 사용되어 온 유용한 도구이지만, 대학교 학부 과정에서는 일반적으로 잘 다뤄지지 않기에 처음 접하는 독자에게는 다소 어렵게 느껴지는 내용이다. 그럼에도 불구하고 본 부록에서는 "진동 에너지 수확의 기초 원리 이해"라는 기본 목적에서 벗어나지 않으면서, 전기-역학 연성 계의 수학적 모델을 유도하는데 필요한 최소한의 필수적인 내용만을 담는 데에 만족할 수 밖에 없었다. Hamilton 정리를 포함한 변분법에 익숙하지 않은 독자는 참고 문헌(Crandall et al., 1968; Preumont, 2006)을 참조하기 바란다.

A.1.1 역학계(mechanical system)에서의 Hamilton 정리

N개의 질점(particle) m_i $(i=1,2,\ldots,N)$로 구성된 계에서 질점 각각에 작용하는 순수 외력을 $\mathbf{F}_i$ $(=F_{x,i}\hat{\mathbf{i}}+F_{y,i}\hat{\mathbf{j}}+F_{z,i}\hat{\mathbf{k}})$라고 하고, 질점의 변위를 $\mathbf{R}_i$ $(=x_i\hat{\mathbf{i}}+y_i\hat{\mathbf{j}}+z_i\hat{\mathbf{k}})$라고 하면, D'Alembert 법칙에 의해 유효 힘들에 의한 계의 평형 방정식은 아래와 같이 표현된다.

$$\sum_{i=1}^{N}\left(F_{x,i}-m_i\ddot{x}_i\right)=0\ ;\ \sum_{i=1}^{N}\left(F_{y,i}-m_i\ddot{y}_i\right)=0\ ;\ \sum_{i=1}^{N}\left(F_{z,i}-m_i\ddot{z}_i\right)=0 \tag{A.1.1}$$

따라서, 유효 힘들에 의한 가상일의 원리(principle of virtual work)는 다음과 같이 표현된다.

$$\sum_{i=1}^{N}\left[\left(F_{x,i}-m_i\ddot{x}_i\right)\delta x_i+\left(F_{y,i}-m_i\ddot{y}_i\right)\delta y_i+\left(F_{z,i}-m_i\ddot{z}_i\right)\delta z_i\right]=0 \tag{A.1.2}$$

위 식에서 $\ddot{x}_i\delta x_i$의 형태로 표현된 항들은 다음과 같이 바꿀 수 있으므로,

$$\ddot{x}_i\delta x_i=\frac{d}{dt}\left(\dot{x}_i\delta x_i\right)-\dot{x}\delta\dot{x}_i=\frac{d}{dt}\left(\dot{x}_i\delta x_i\right)-\delta\left(\frac{1}{2}\dot{x}_i^2\right) \tag{A.1.3}$$

질량 m_i가 포함된 항들은 결국 다음과 같이 나타낼 수 있다.

$$\sum_{i=1}^{N} m_i\left[\ddot{x}_i\delta x_i+\ddot{y}_i\delta y_i+\ddot{z}_i\delta z_i\right]$$
$$=\sum_{i=1}^{N} m_i\left[\frac{d}{dt}\left(\dot{x}_i\delta x_i\right)+\frac{d}{dt}\left(\dot{y}_i\delta y_i\right)+\frac{d}{dt}\left(\dot{z}_i\delta z_i\right)\right]-\delta T^* \tag{A.1.4}$$

위 식에서 T^*는 계의 운동 수반 에너지(kinetic coenergy)로서 다음과 같다.

$$T^*=\sum_{i=1}^{N}\left(\frac{1}{2}m_i\dot{x}_i^2+\frac{1}{2}m_i\dot{y}_i^2+\frac{1}{2}m_i\dot{z}_i^2\right) \tag{A.1.5}$$

따라서, 위의 식들을 이용하면 식 (A.1.2)는 다음과 같이 표현된다.

$$\sum_{i=1}^{N}\left(F_{x,i}\delta x_i+F_{y,i}\delta y_i+F_{z,i}\delta z_i\right)-\sum_{i=1}^{N} m_i\left[\ddot{x}_i\delta x_i+\ddot{y}_i\delta y_i+\ddot{z}_i\delta z_i\right]$$
$$=\sum_{i=1}^{N}\left(F_{x,i}\delta x_i+F_{y,i}\delta y_i+F_{z,i}\delta z_i\right) \tag{A.1.6}$$
$$-\sum_{i=1}^{N} m_i\left[\frac{d}{dt}\left(\dot{x}_i\delta x_i\right)+\frac{d}{dt}\left(\dot{y}_i\delta y_i\right)+\frac{d}{dt}\left(\dot{z}_i\delta z_i\right)\right]+\delta T^*=0$$

외력에 의한 가상일로서 $\delta W=\sum_{i=1}^{N}\left(F_{x,i}\delta x_i+F_{y,i}\delta y_i+F_{z,i}\delta z_i\right)$을 정의하면 위 식은 다음과 같이 더욱 간단히 표현될 수 있다.

$$\delta W+\delta T^*=\sum_{i=1}^{N} m_i\left[\frac{d}{dt}\left(\dot{x}_i\delta x_i\right)+\frac{d}{dt}\left(\dot{y}_i\delta y_i\right)+\frac{d}{dt}\left(\dot{z}_i\delta z_i\right)\right] \tag{A.1.7}$$

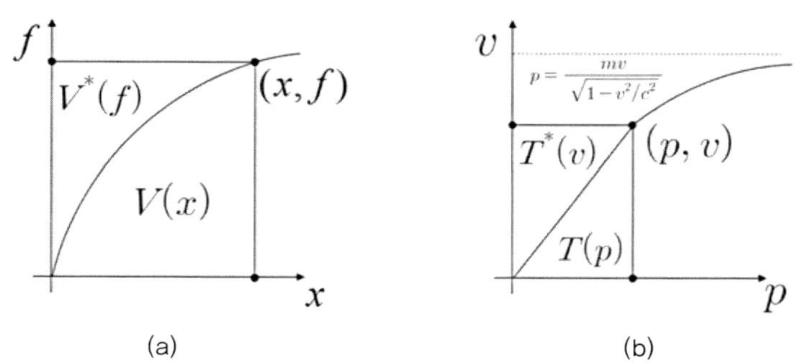

그림 A.1.1 (a) 힘-변위 관계에서의 위치(수반) 에너지 및 (b) 속도-운동량 관계에서의 운동(수반) 에너지

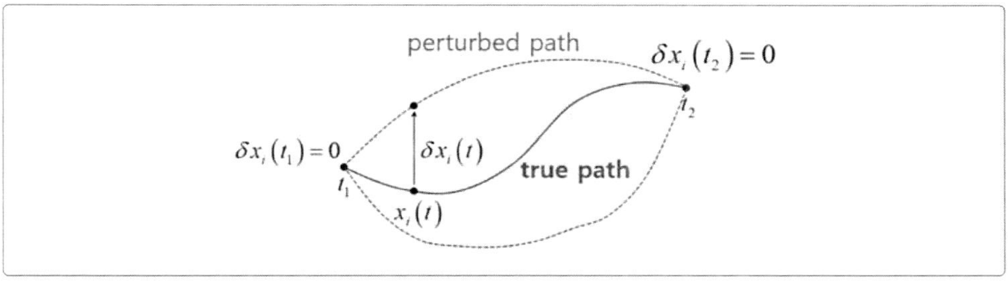

그림 A.1.2 $[t_1, t_2]$ 구간에서 평형 방정식을 만족하는 변위의 경로 대비 변분 $\delta x_i(t)$를 갖는 다른 허용 가능한(admissible) 경로

식 (A.1.7)에서 W는 보존력에 의한 위치 에너지 V 및 비 보존력에 의한 일 $W_{me,nc}$로 구분하여 $\delta W = -\delta V + \delta W_{me,nc}$로 표현한다. 그림 A.1.1에 역학계에 대한 $V(V^*)$ 및 $T(T^*)$를 나타내었다.

이젠 식 (A.1.7)의 양변을 특정 시간 $[t_1, t_2]$ 구간에서 적분하면, 다음의 식을 얻는다.

$$\int_{t_1}^{t_2}(\delta W + \delta T^*)dt = \sum_{i=1}^{N} m_i \left[\dot{x}_i \delta x_i + \dot{y}_i \delta y_i + \dot{z}_i \delta z_i \right]_{t_1}^{t_2} = 0 \tag{A.1.8}$$

위 식에서 $t = t_1$ 및 $t = t_2$에서 계의 상태는 정해져 있기 때문에 이 때 변분량은 다음과 같이 소거된다고 가정한다.

$$\delta x_i(t_1) = \delta y_i(t_1) = \delta z_i(t_1) = 0;\ \delta x_i(t_2) = \delta y_i(t_2) = \delta z_i(t_2) = 0 \tag{A.1.9}$$

따라서, Hamilton 정리란 그림 A.1.2에 나타낸 바와 같이, 시간 $[t_1, t_2]$ 구간에서의 여러 변위 경로 중 다음의 식으로 표현되는 변분 지시자(V.I.: variational indicator)를 0으로 하는 경로가 동적 평형식을 만족시킨다는 것이다.

$$\text{V.I.} = \int_{t_1}^{t_2} \left[\delta(T^* - V) + \delta W_{me,nc} \right] dt = \int_{t_1}^{t_2} \left[\delta L + \delta W_{me,nc} \right] dt = 0 \tag{A.1.10}$$

위 식에서 $L = T^* - V$로서 L을 라그란지안(Lagrangian)이라고 한다. 또한, $\delta W_{me,nc}$는 비 보존력에 의한 가상 일로서 $\sum_{i=1}^{N} \mathbf{F}_i^{nc} \cdot \delta \mathbf{R}_i$로 표현되지만 $\mathbf{R}_i$가 어떤 일반 좌표(generalized coordinates) ξ_j $(j = 1, 2, \ldots, n)$의 함수로서 $\mathbf{R}_i = \mathbf{R}_i(\xi_1, \xi_2, \ldots, \xi_n, t)$로 표현될 때, 다음의 관계가 성립한다.

$$\delta \mathbf{R}_i = \sum_{j=1}^{n} \frac{\partial \mathbf{R}_i}{\partial \xi_j} \delta \xi_j \tag{A.1.11}$$

따라서, $\delta W_{me,nc}$는 다음과 같이 나타낼 수 있다.

$$\begin{aligned}\delta W_{me,nc} &= \sum_{i=1}^{N}\mathbf{F}_i^{nc}\cdot\delta\mathbf{R}_i = \sum_{i=1}^{N}\sum_{j=1}^{n}\mathbf{F}_i^{nc}\cdot\frac{\partial\mathbf{R}_i}{\partial\xi_j}\delta\xi_j \\ &= \sum_{j=1}^{n}\left(\sum_{i=1}^{N}\mathbf{F}_i^{nc}\cdot\frac{\partial\mathbf{R}_i}{\partial\xi_j}\right)\delta\xi_j = \sum_{j=1}^{n}\Xi_j\delta\xi_j\end{aligned} \tag{A.1.12}$$

위 식에서 Ξ_j는 일반 좌표계에서 ξ_j 성분에 해당하는 일반 힘(generalized force)이라고 하며, 이를 이용하여 일반 좌표 기반의 변분 지시자는 다음과 같이 표현한다.

$$\text{V.I.} = \int_{t_1}^{t_2}\left[\delta\left(T^* - V\right) + \sum_{j=1}^{n}\Xi_j\delta\xi_j\right]dt \tag{A.1.13}$$

라그란지 방정식(Lagrange's equation)

$\mathbf{R}_i$가 어떤 일반 좌표 ξ_j의 함수이므로, 운동 수반 에너지 및 위치 에너지도 각각 $\dot{\xi}_j$ 및 ξ_j의 함수이고, 따라서 $L = T^* - V$도 다음과 같이 일반 좌표의 함수로 표현된다.

$$L = L\left(\dot{\xi}_1, \dot{\xi}_2, \ldots, \dot{\xi}_n, \xi_1, \xi_2, \ldots, \xi_n, t\right) \tag{A.1.14}$$

따라서, 라그란지 함수의 변분은 다음과 같으므로,

$$\delta L = \sum_{j=1}^{n}\left(\frac{\partial L}{\partial\dot{\xi}_j}\delta\dot{\xi}_j + \frac{\partial L}{\partial\xi_j}\delta\xi_j\right) \tag{A.1.15}$$

식 (A.1.13)은 다음과 같이 표현될 수 있다.

$$\begin{aligned}\text{V.I.} &= \int_{t_1}^{t_2}\sum_{j=1}^{n}\left(\frac{\partial L}{\partial\dot{\xi}_j}\delta\dot{\xi}_j + \frac{\partial L}{\partial\xi_j}\delta\xi_j + \Xi_j\delta\xi_j\right)dt \\ &= \int_{t_1}^{t_2}\sum_{j=1}^{n}\left(\frac{\partial L}{\partial\dot{\xi}_j}\frac{d}{dt}\delta\xi_j + \frac{\partial L}{\partial\xi_j}\delta\xi_j + \Xi_j\delta\xi_j\right)dt \\ &= \sum_{j=1}^{n}\left(\frac{\partial L}{\partial\dot{\xi}_j}\delta\xi_j\right)\Bigg|_{t_1}^{t_2} - \int_{t_1}^{t_2}\sum_{j=1}^{n}\left(\frac{d}{dt}\left(\frac{\partial L}{\partial\dot{\xi}_j}\right) - \frac{\partial L}{\partial\xi_j} + \Xi_j\right)\delta\xi_j dt\end{aligned} \tag{A.1.16}$$

위 식에서 $\delta\xi_j(t_1) = \delta\xi_j(t_2) = 0$이므로, 임의의 $\delta\xi_j$에 대해 식 (A.1.16)이 성립하기 위한 필요 조건은 다음과 같은 라그란지 방정식으로 표현된다.

$$\frac{d}{dt}\left(\frac{\partial L}{\partial\dot{\xi}_j}\right) - \frac{\partial L}{\partial\xi_j} = \Xi_j \quad (j = 1, 2, \ldots, n) \tag{A.1.17}$$

A.1.2 준 정적 전자기장(quasi-static electromagnetic field)에서의 Hamilton 정리

준 정적 전자기장이란 전기장 및 자기장 간의 상호 작용을 무시할 수 있을 만큼 전자기장의 시간 변화율이 충분히 작은 경우를 의미한다. 즉, 요소의 크기가 전자기파의 파장보다 매우 작은 경우로서 전기 회로 요소를 사용할 수 있는 일반적인 경우가 된다. 준 정적 전자기장에서의 Hamilton 정리는 앞서 기술된 역학계에서의 Hamilton 정리와 함께 전기-역학 연성계(electromechanically coupled system)의 지배 방정식을 유도하는데 편리하게 사용된다.

커패시터(capacitor) 및 인덕터(inductor) 회로 구성 요소의 구성 방정식

커패시터는 유전체를 사이에 둔 2개의 도체로 구성된다. 커패시터를 통과하는 전류 i (A: ampere)와 도체의 전하량 q (C: Coulomb) 사이에는 $i = dq/dt$의 관계가 성립하며, 이 때 도체 사이에 전압(전위차) ϕ (V)가 형성된다. 커패시터의 전하량이 q가 될 때까지 가해진 일은 커패시터에 저장되는 전기 에너지 $W_e(q)$로서 그림 A.1.3의 $\phi(q)$ 곡선 아래의 면적을 나타내며 다음과 같이 표현된다.

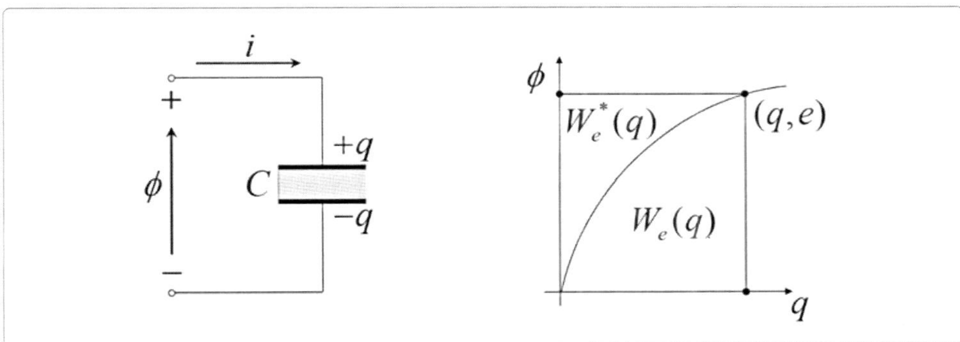

그림 A.1.3 (a) 커패시터를 포함한 회로도 및 (b) 전압-전하량 관계에 대한 전기(수반) 에너지

$$W_e(q) = \int_0^t \phi i dt = \int_0^q \phi dq = \frac{q^2}{2C} \tag{A.1.18}$$

위 식에서는 선형 커패시터를 가정하여 $q = C\phi$의 구성 방정식을 사용하였다. 한편, 역학계에서의 운동 수반 에너지처럼 전기 수반 에너지(electrical coenergy) $W_e^*(\phi)$를 다음과 같이 정의할 수 있으며 그림 A.1.3에서는 $q(\phi)$ 곡선 아래의 면적을 나타낸다.

$$W_e^*(\phi) = \int_0^\phi q d\phi = \frac{1}{2} C\phi^2 \tag{A.1.19}$$

한편, 도체 주변의 자기장이 변화할 때 도체에는 전압이 유도된다. 이러한 현상을 설명하는 Faraday의 전자기 유도 법칙에 의해 유도 전압 ϕ는 쇄교 자속(flux linkage) λ (Wb: Weber)와 $\phi = d\lambda/dt$의 관계를 갖는다. 인덕터 내의 자기 상태가 λ가 될 때까지 가해진 일은 인덕터에 저장되는 자기 에너지 $W_m(\lambda)$로서 그림 A.1.4의 $i(\lambda)$ 곡선 아래의 면적을 나타내며 다음과 같이 표현된다.

$$W_m(\lambda) = \int_0^t \phi i dt = \int_0^\lambda i d\lambda = \frac{\lambda^2}{2L} \tag{A.1.20}$$

위 식에서 선형 인덕터를 가정하여 $\lambda = Li$의 구성 방정식을 사용하였다. 한편, 자기 수반 에너지 $W_m^*(i)$는 다음과 같이 정의되며 그림에서는 $\lambda(i)$ 곡선 아래의 면적을 나타낸다.

$$W_m^*(i) = \int_0^i \lambda di = \frac{1}{2} Li^2 \tag{A.1.21}$$

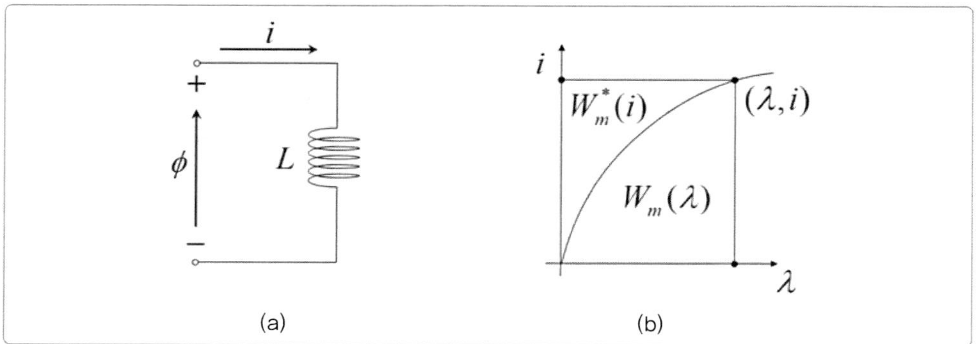

그림 A.1.4 (a) 인덕터를 포함한 회로도 및 (b) 전류-쇄교 자속 관계에 대한 자기(수반) 에너지

전기 회로 요소(electrical network)에서의 Hamilton 정리

1) 전하량 기반 정식화(charge formulation)

기본 변분량 δq를 이용하여, 식 (A.1.2)에서와 같이 가상일의 원리가 다음과 같이 적용된다.

$$\sum_{i=1}^{M} \left(\phi_i - \frac{d\lambda_i}{dt} \right) \delta q_i = 0 \tag{A.1.22}$$

위 식의 M은 회로 요소의 수를 나타낸다. 식 (A.1.22)에 나타난 좌변 2개의 항 중 첫 번째 항 $\sum_{i=1}^{M}\phi_i\delta q_i$는 역학계에서 외력에 의한 가상일을 $\delta W = -\delta V + \delta W_{nc}$ 로 표현한 것과 같이 보존 회로 요소(conservative element)에 저장된 계의 전기 에너지 W_e 와 비 보존 요소에 대한 에너지 $W_{e,nc}$를 이용하여 다음과 같이 표현된다.

$$\sum_{i=1}^{M}\phi_i\delta q_i = -\delta W_e + \delta W_{e,nc} \tag{A.1.23}$$

위 식에서 $\delta W_{e,nc} = \sum_{k=1}^{n_e}\Phi_k\delta q_k$로서 비 보존 요소에 대한 전압 E_k에 의해 계에 행하여 진 일을 나타낸다. 한편, 두 번째 항은 다음과 같이 나타낼 수 있다.

$$\begin{aligned}-\sum_{i=1}^{M}\frac{d\lambda_i}{dt}\delta q_i &= -\sum_{i=1}^{M}\frac{d}{dt}(\lambda_i\delta q_i) + \sum_{i=1}^{M}\lambda_i\frac{d(\delta q_i)}{dt} \\ &= -\sum_{i=1}^{M}\frac{d}{dt}(\lambda_i\delta q_i) + \sum_{i=1}^{M}\lambda_i\delta i_i \\ &= -\sum_{i=1}^{M}\frac{d}{dt}(\lambda_i\delta q_i) + \delta W_m^*\end{aligned} \tag{A.1.24}$$

식 (A.1.24)에서 $\delta W_m^* = \lambda_i\delta i_i$는 자기 수반 에너지의 변분량을 나타낸다. 지금까지의 결과를 이용하면 식 (A.1.22)는 다음과 같이 표현된다.

$$\begin{aligned}\sum_{i=1}^{M}\left(\phi_i - \frac{d\lambda_i}{dt}\right)\delta q_i &= \sum_{i=1}^{M}\phi_i\delta q_i - \sum_{i=1}^{M}\frac{d\lambda_i}{dt}\delta q_i \\ &= \delta W_m^* - \delta W_e + \delta W_{e,nc} - \sum_{i=1}^{M}\frac{d}{dt}(\lambda_i\delta q_i) = 0\end{aligned} \tag{A.1.25}$$

위 식을 계의 상태가 알려져 있다고 가정되는 $[t_1, t_2]$ 구간에서 적분하면 $\delta q_i(t_1) = \delta q_i(t_2) = 0$이므로, 다음과 같이 전하량 기반의 변분 지시자를 얻을 수 있다.

$$\begin{aligned}\text{V.I.} &= \int_{t_1}^{t_2}\left(\delta W_m^* - \delta W_e + \delta W_{e,nc}\right)dt \\ &= \int_{t_1}^{t_2}\left[\delta\left(W_m^* - W_e\right) + \sum_{k=1}^{n_e}\Phi_k\delta q_k\right]dt\end{aligned} \tag{A.1.26}$$

위 식에서 W_m^* 은 전류 i의 함수로서 회로상의 모든 인덕터 내의 자기 수반 에너지의 합이고, W_e는 전하량 q의 함수로서 회로상의 모든 커패시터 내의 전기 에너지를 나타내므로, 결국 전하량 기반 정식화는 전하량 및 전류 변수에 의해 표현되는 방식이다.

또한, 식 (A.1.26)에 나타낸 바와 같이 라그란지안은 $L = W_m^* - W_e$가 되고, 일반 변수는 q가 되므로 라그란지 방정식은 다음과 같다.

$$\frac{d}{dt}\left(\frac{\partial L}{\partial \dot{q}_k}\right) - \frac{\partial L}{\partial q_k} = \Phi_k \quad (k = 1, 2, \ldots, n_e) \tag{A.1.27}$$

2) 쇄교 자속 기반 정식화(flux linkage formulation)

기본 변분량 $\delta\lambda$를 이용하여, 식 (A.1.2)에서와 같이 가상일의 원리가 다음과 같이 적용된다.

$$\sum_{k=1}^{N}\left(i_k - \frac{dq_k}{dt}\right)\delta\lambda_k = 0 \tag{A.1.28}$$

위 식에서 N은 회로 요소의 수를 나타낸다. 이 식에 나타난 좌변 2개의 항 중 첫 번째 항 $\sum_{k=1}^{N} i_k\delta\lambda_k$는 보존 회로 요소에 저장된 계의 자기 에너지 W_m 및 비 보존 요소에 대한 에너지 $W_{m,nc}$를 이용하여 다음과 같이 표현된다.

$$\sum_{k=1}^{N} i_k\delta\lambda_k = -\delta W_m + \delta W_{m,nc} \tag{A.1.29}$$

위 식에서 $\delta W_{m,nc} = \sum_{p=1}^{n_m} I_p\delta\lambda_p$로서 비 보존 요소에 흐르는 전류 I_p에 의해 계에 행하여진 일을 나타낸다. 두 번째 항은 다음의 식에 나타낸 바와 같이 표현할 수 있다.

$$\begin{aligned} -\sum_{k=1}^{N}\frac{dq_k}{dt}\delta\lambda_k &= -\sum_{k=1}^{N}\frac{d}{dt}(q_k\delta\lambda_k) + \sum_{k=1}^{N} q_k\frac{d(\delta\lambda_k)}{dt} \\ &= -\sum_{k=1}^{N}\frac{d}{dt}(q_k\delta\lambda_k) + \sum_{k=1}^{N} q_k\delta\phi_k \\ &= -\sum_{k=1}^{N}\frac{d}{dt}(q_k\delta\lambda_k) + \delta W_e^* \end{aligned} \tag{A.1.30}$$

식 (A.1.30)에서 $\delta W_e^* = q_k\delta\phi_k$는 전기 수반 에너지의 변분량을 나타낸다. 지금까지의 결과를 이용하면 식 (A.1.28)은 다음과 같이 표현된다.

$$\sum_{k=1}^{N}\left(i_k - \frac{dq_k}{dt}\right)\delta\lambda_k = \sum_{k=1}^{N} i_k \delta\lambda_k - \sum_{k=1}^{N} \frac{dq_k}{dt}\delta\lambda_k$$
$$= \delta W_e^* - \delta W_m + \delta W_{m,nc} - \sum_{k=1}^{N} \frac{d}{dt}(q_k \delta\lambda_k) = 0 \tag{A.1.31}$$

위 식을 계의 상태가 알려져 있다고 가정되는 $[t_1, t_2]$ 구간에서 적분하면 $\delta\lambda_k(t_1) = \delta\lambda_k(t_2) = 0$이므로, 다음과 같이 쇄교 자속 기반의 변분 지시자를 얻을 수 있다.

$$\text{V.I.} = \int_{t_1}^{t_2} \left(\delta W_e^* - \delta W_m + \delta W_{m,nc}\right) dt$$
$$= \int_{t_1}^{t_2} \left[\delta\left(W_e^* - W_m\right) + \sum_{p=1}^{n_m} I_p \delta\lambda_p\right] dt \tag{A.1.32}$$

위 식에서 W_e^*은 전압 ϕ의 함수로서 회로상의 모든 커패시터 내의 전기 수반 에너지의 합이고, W_m은 쇄교 자속 λ의 함수로서 회로상의 모든 인덕터 내의 자기 에너지를 나타내므로, 결국 쇄교 자속 기반 정식화는 전압 및 쇄교 자속 변수에 의해 표현되는 방식이다. 또한, 식 (A.1.32)에 나타낸 바와 같이 라그란지안은 $L = W_e^* - W_m$이 되고, 일반 변수는 λ가 되므로 라그란지 방정식은 다음과 같다.

$$\frac{d}{dt}\left(\frac{\partial L}{\partial \dot{\lambda}_p}\right) - \frac{\partial L}{\partial \lambda_p} = I_p \quad (p = 1, 2, \ldots, n_m) \tag{A.1.27}$$

잠깐 !

전기 회로 시스템에서의 Hamilton 정리는 구성 방정식 $i = dq/dt$ 및 $\phi = d\lambda/dt$를 이용하여 유도되었기 때문에, 저항 R에 흐르는 전류 및 유도 전압과의 관계는 $\phi = -Ri$로 주어진다(그림 A.1.15 참조). 패러데이 법칙에서 유도되는 전압은 전류의 흐름을 방해하는 방향으로 발생함을 상기하자.

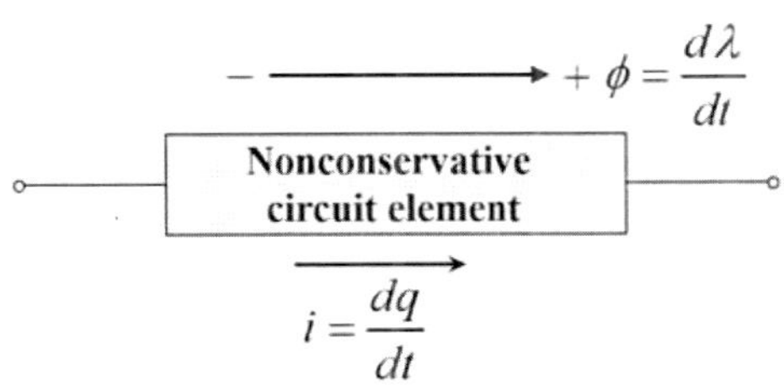

그림 A.1.5 전기 회로 요소 영역에서의 Hamilton 원리 적용 시 물리량 간의 부호 관계

A.1.3 전기-역학 연성 계(electromechanical coupled system)에서의 Hamilton 정리

1) 변위 - 전하량 기반 정식화(displacement-charge formulation)

변분 지시자는 변위 및 전하량, 그리고 이들에 대한 시간 미분량으로 표현되며, 앞서 제시된 결과들을 이용하면 다음과 같다.

$$\text{V.I.} = \int_{t_1}^{t_2} \left[\delta\left(T^* - V + W_m^* - W_e\right) + \sum_{j=1}^{n} \Xi_j \delta\xi_j + \sum_{k=1}^{n_e} \Phi_k \delta q_k \right] dt \qquad \text{(A.1.28)}$$

계의 평형 상태를 기술하는 방정식은 구간 $[t_1, t_2]$에서 $\delta\xi_i(t_1) = \delta\xi_i(t_2) = 0$; $\delta q_k(t_1) = \delta q_k(t_2) = 0$을 만족하는 모든 허용 가능한 변분량 $\delta\xi_j$ 및 δq_k에 대해 식 (A.1.28)의 변분 지시자가 0이 되는 경우이다. 식에서 알 수 있듯이 이 경우의 라그란지안은 다음과 같이 정의된다.

$$L = T^* - V + W_m^* - W_e = \left(T^* + W_m^*\right) - \left(V + W_e\right) \qquad \text{(A.1.29)}$$

위 식에서 라그란지안을 수반 에너지 및 에너지 항으로 서로 묶어서 표시해 보았다. 이는 수반 에너지가 변위 및 전하량의 시간 미분된 변수의 함수임에 반해, 에너지는 변위 및 전하량 변수 자체의 함수이기 때문이다. 식 (A.1.29)를 이용한 라그란지 방정식은 다음과 같이 표현된다.

$$\frac{d}{dt}\left(\frac{\partial L}{\partial \dot{\xi}_j}\right) - \frac{\partial L}{\partial \xi_j} = \Xi_j \quad (j = 1, 2, \ldots, n) \qquad \text{(A 1.30a)}$$

$$\frac{d}{dt}\left(\frac{\partial L}{\partial \dot{q}_k}\right) - \frac{\partial L}{\partial q_k} = \Phi_k \quad (k = 1, 2, \ldots, n_e) \qquad \text{(A.1.30b)}$$

2) 변위 - 쇄교 자속 기반 정식화(displacement-flux linkage formulation)

이 경우의 변분 지시자는 변위 및 쇄교 자속, 그리고 이들에 대한 시간 미분량으로 표현되며, 다음과 같다.

$$\text{V.I.} = \int_{t_1}^{t_2} \left[\delta\left(T^* - V + W_e^* - W_m\right) + \sum_{j=1}^{n} \Xi_j \delta\xi_j + \sum_{p=1}^{n_m} I_k \delta\lambda_k \right] dt \qquad \text{(A.1.31)}$$

계의 평형 상태를 기술하는 방정식은 구간 $[t_1, t_2]$에서 $\delta\xi_i(t_1) = \delta\xi_i(t_2) = 0$; $\delta\lambda_p(t_1) = \delta\lambda_p(t_2) = 0$을 만족하는 모든 허용 가능한 변분량 $\delta\xi_j$ 및 $\delta\lambda_p$에 대해 식

(A.1.31)의 변분 지시자가 0이 되는 경우이다. 라그란지안은 다음과 같이 정의된다.

$$L = T^{*} - V + W_{e}^{*} - W_{m} = \left(T^{*} + W_{e}^{*}\right) - \left(V + W_{m}\right) \tag{A.1.32}$$

위 식에서 2개의 수반 에너지는 변위 및 쇄교 자속 시간 미분된 변수로 표현됨에 반해, 나머지 2개의 에너지는 변위 및 쇄교 자속 변수 자체의 함수이다. 이 경우의 라그란지 방정식은 다음과 같이 표현된다.

$$\frac{d}{dt}\left(\frac{\partial L}{\partial \dot{\xi}_j}\right) - \frac{\partial L}{\partial \xi_j} = \Xi_j \quad (j = 1, 2, \ldots, n) \tag{A.1.33a}$$

$$\frac{d}{dt}\left(\frac{\partial L}{\partial \dot{\lambda}_p}\right) - \frac{\partial L}{\partial \lambda_p} = I_p \quad (p = 1, 2, \ldots, n_m) \tag{A.1.33b}$$

A.2. 전기 회로의 기초: 평균 전력 및 최대 전력 전달

여기서는 압전 진동 에너지 수확 장치의 전기 출력 특성에 대한 이해를 돕고자 전기 회로에 대한 기초 이론 일부를 다루고자 한다. 더욱 자세한 내용은 전기 회로에 대한 교재(Floyd and Buchla, 2009; Nilsson, 1993) 등을 참고하기 바란다.

그림 A.2.1(a)의 외부 부하가 인덕턴스(inductance), 커패시턴스(capacitance) 및 저항(resistance)으로 이루어졌다면, 부하에 흐르는 전류와 양단 전압은 각각 $i_o = I_o \cos(\omega t + \theta_i)$, $v_o = V_o \cos(\omega t + \theta_v)$로 나타낼 수 있다. 이 경우 임의의 시간 t에서의 순간 전력은 $p_o = i_o v_o$이며, 1주기 T동안의 평균 전력 P_{avg}는 다음과 같다.

$$
\begin{aligned}
P_{avg} &= \frac{1}{T}\int_{t_0}^{t_0+T} p_o dt = \frac{1}{T}\int_{t_0}^{t_0+T} i_o v_o dt \\
&= \frac{1}{T}\int_{t_0}^{t_0+T} I_o V_o \cos(\omega t + \theta_i)\cos(\omega t + \theta_v) dt = \frac{I_o V_o}{2}\cos(\theta_v - \theta_i)
\end{aligned} \tag{A.2.1}
$$

전력 소모는 외부 부하 구성 요소 중 저항 R_L에서만 발생하고, 저항에서의 전류와 전압의 위상차는 없으므로($\theta_v = \theta_i \equiv \theta$), $P_{avg} = I_o V_o / 2$가 된다. 또한, 식 (A.2.1)에 $i_o = v_o / R_L$을 대입하면

$$
\begin{aligned}
P_{avg} &= \frac{1}{T}\int_{t_0}^{t_0+T} i_o v_o dt \\
&= \frac{1}{R_L}\left[\frac{1}{T}\int_{t_0}^{t_0+T} V_o^2 \cos^2(\omega t + \theta) dt\right] = \frac{1}{R_L}\left[\frac{1}{T}\int_{t_0}^{t_0+T} I_o^2 \cos^2(\omega t + \theta) dt\right]
\end{aligned} \tag{A.2.2}
$$

이므로, 전류와 전압에 대한 실효값(effective value, rms: root mean square)을 아래와 같이 정의하면,

$$
V_{rms} = \sqrt{\frac{1}{T}\int_{t_0}^{t_0+T} V_o^2 \cos^2(\omega t + \theta) dt} = \frac{V_o}{\sqrt{2}} \tag{A.2.3a}
$$

$$
I_{rms} = \sqrt{\frac{1}{T}\int_{t_0}^{t_0+T} I_o^2 \cos^2(\omega t + \theta) dt} = \frac{I_o}{\sqrt{2}} \tag{A.2.3b}
$$

외부 부하 저항 R_L에서의 평균 소모 전력 P_{avg}는 다음과 같이 표현된다.

$$P_{avg} = \frac{V_{rms}^2}{R_L} = \frac{V_o^2}{2R_L} = I_{rms}^2 R_L = \frac{1}{2} I_o^2 R_L \tag{A.2.4}$$

또는, 식 (A.2.3)을 이용하면 다음 관계가 성립한다.

$$P_{avg} = \frac{I_o V_o}{2} = \frac{I_o}{\sqrt{2}} \frac{V_o}{\sqrt{2}} = I_{rms} V_{rms} \tag{A.2.5}$$

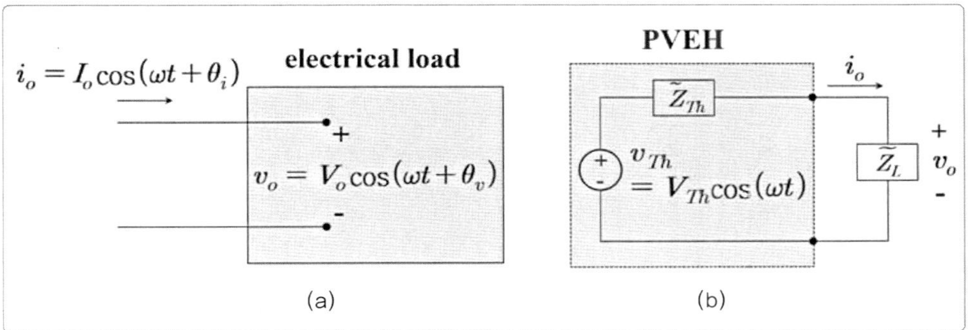

그림 A.2.1 (a) 외부 부하에서의 출력 전류(i_o) 및 전압(v_o)의 크기(I_o, V_o)/위상(θ_i, θ_v) 및 (b) 압전 진동 에너지 수확 장치(PVEH: piezoelectric vibration energy harvester)의 Thevenin 등가 회로 및 부하의 복소 임피던스($\tilde{Z}_L$)

이젠 그림 A.2.1(b)에 나타낸 압전 진동 에너지 수확 장치의 Thevenin 등가 회로에 대해 최대 발생 전력(부하에서의 최대 소모 전력) 조건을 알아보자. 압전 진동 에너지 수확 장치의 내부 임피던스($\tilde{Z}_{Th}$) 및 외부 부하의 임피던스($\tilde{Z}_L$)를 각각 $R_{Th} + jX_{Th}$ 및 $R_L + jX_L$로 나타낸다면 출력 전류에 대한 복소수 표현은 다음과 같이 나타낼 수 있다.

$$\tilde{I}_o = \frac{V_{Th}}{\tilde{Z}_{Th} + \tilde{Z}_L} = \frac{V_{Th}}{R_{Th} + R_L + j(X_{Th} + X_L)} \tag{A.2.6}$$

따라서, 부하 저항 R_L에서의 평균 소모 전력은 식 (A.2.4)에 의해 아래와 같다.

$$P_{avg} = \frac{1}{2} |\tilde{I}_o|^2 R_L = \frac{1}{2} \frac{V_{Th}^2 R_L}{(R_{Th} + R_L)^2 + (X_{Th} + X_L)^2} \tag{A.2.7}$$

위 식에서 P_{avg}의 최대값을 구하기 위해 다음과 같이 R_L 및 X_L에 대해 편미분한 결과를 이용하면

$$\frac{\partial P_{avg}}{\partial R_L} = \frac{1}{2} \frac{V_{Th}^2 \left\{(R_{Th} + R_L)^2 + (X_{Th} + X_L)^2 - 2R_L(R_{Th} + R_L)\right\}}{\left\{(R_{Th} + R_L)^2 + (X_{Th} + X_L)^2\right\}^2} = 0 \tag{A.2.8a}$$

$$\frac{\partial P_{avg}}{\partial X_L} = -\frac{V_{Th}^2 R_L(X_{Th}+X_L)}{\left\{(R_{Th}+R_L)^2+(X_{Th}+X_L)^2\right\}^2} = 0 \tag{A.2.8b}$$

각각의 식으로부터 아래의 결과를 얻게 된다.

$$R_L = \sqrt{R_{Th}^2+(X_L+X_{Th})^2}\ ;\ X_L = -X_{Th} \tag{A.2.9}$$

그런데, 위 식은 곧 $X_L = -X_{Th}$ 및 $R_L = R_{Th}$을 의미하므로 이는 곧 최대 전력이 전달되는 조건이 $\widetilde{Z}_L = \widetilde{Z}_{Th}^*$로 표현된다는 것을 알 수 있다. 즉, 부하 임피던스가 내부 임피던스와 공액 복소수(complex conjugate)의 관계에 있을 때, 외부 부하 저항 R_L에서 최대 전력이 소모되고 그 값은 식 (A.2.9)를 식 (A.2.7)에 대입하면 아래와 같이 표현된다.

$$P_{avg}^{\max} = \frac{V_{Th}^2}{8R_L} \tag{A.2.10}$$

만약, R_L과 X_L의 범위가 제한되어 있다면, 우선 X_L을 가능한 $-X_{Th}$의 값에 근접시키고, R_L의 값이 $\sqrt{R_{Th}^2+(X_L+X_{Th})^2}$에 최대한 가깝게 하도록 한다. 또한, $\widetilde{Z}_L$의 크기는 조정이 가능하나 위상 조정이 불가능하다면, $|\widetilde{Z}_L| = |\widetilde{Z}_{Th}|$인 경우에 부하 저항에서 최대 전력이 소모된다. 이는 부하가 저항 요소로만 구성되어 있는 경우에도 적용된다. 즉, 부하가 저항 요소 R_L로만 구성되어 있는 경우 최대 전력 전달 조건은 $R_L = |\widetilde{Z}_{Th}|$이 되고, 이 조건은 압전 진동 에너지 수확 장치의 최대 발생 전력을 계산할 때 흔히 사용된다.

예제 A.2.1

부하 임피던스 $\widetilde{Z}_L$의 위상 조정이 불가능할 경우 부하 저항에서의 최대 소모 전력 조건은 $|\widetilde{Z}_L| = |\widetilde{Z}_{Th}|$이 됨을 보여라.

풀이

$\widetilde{Z}_L = Z_L\cos\theta + jZ_L\sin\theta$라고 놓으면($Z_L = |\widetilde{Z}_L|$), 평균 소모 전력은 식 (A.2.7)에 의해 다음과 같이 표현된다.

$$P_{avg} = \frac{1}{2}\frac{V_{Th}^2 Z_L\cos\theta}{(R_{Th}+Z_L\cos\theta)^2+(X_{Th}+Z_L\sin\theta)^2} \tag{A.2.11}$$

위 식에서 θ값을 변경할 수 없으므로 P_{avg}는 Z_L만의 함수가 되고 최대값을 갖기 위해서는 아래와 같이 미분 값이 0이 되어야 한다.

$$\frac{dP_{avg}}{dZ_L} = \frac{1}{2}\frac{V_{Th}^2 \cos\theta\left(R_{Th}^2 + X_{Th}^2 - Z_L^2\right)}{\left\{(R_{Th}+R_L)^2 + (X_{Th}+X_L)^2\right\}^2} = 0 \tag{A.2.12}$$

따라서, $Z_L^2 = R_{Th}^2 + X_{Th}^2$ 이 되고, 이는 곧 $|\widetilde{Z}_L|^2 = |\widetilde{Z}_{Th}|^2$ 및 $|\widetilde{Z}_L| = |\widetilde{Z}_{Th}|$를 의미한다.

■ ■ ■

복소 전력(complex power)의 계산

복소 전력 표현을 통해 부하 저항 요소 R_L에서 소모되는 전력을 알아보자. 복소 전력 $\widetilde{S}$는 다음과 같이 실수부(평균 전력(average real power): P_{avg})와 허수부(리액티브 전력(reactive power): Q_{reac})로 표현할 수 있다.

$$\widetilde{S} = \frac{1}{2}\widetilde{V}_o\widetilde{I}_o^* = P_{avg} + jQ_{reac} \tag{A.2.13}$$

따라서, 위 식에 $\widetilde{V}_o = \widetilde{Z}_L\widetilde{I}_o$를 대입하면

$$\begin{aligned}\widetilde{S} &= \frac{1}{2}\widetilde{Z}_L\widetilde{I}_o\widetilde{I}_o^* = \frac{1}{2}|\widetilde{I}_o|^2\widetilde{Z}_L \\ &= \frac{1}{2}|\widetilde{I}_o|^2(R_L + jX_L) = \frac{1}{2}|\widetilde{I}_o|^2 R_L + j\frac{1}{2}|\widetilde{I}_o|^2 X_L\end{aligned} \tag{A.2.14}$$

이므로, 식 (A.2.13)과 식 (A.2.14)를 비교하면 다음의 관계를 얻는다.

$$P_{avg} = \frac{1}{2}|\widetilde{I}_o|^2 R_L;\ Q_{reac} = \frac{1}{2}|\widetilde{I}_o|^2 X_L \tag{A.2.15}$$

또는, 식 (A.2.13)의 $\widetilde{I}_o$에 $\widetilde{I}_o = \widetilde{V}_o/\widetilde{Z}_L$의 관계를 대입하면

$$\widetilde{S} = \frac{1}{2}\widetilde{V}_o\left(\frac{\widetilde{V}_o}{\widetilde{Z}_L}\right)^* = \frac{1}{2}\frac{|\widetilde{V}_o|^2}{\widetilde{Z}_L^*} \tag{A.2.16}$$

이므로, 평균 전력 P_{avg}와 리액티브 전력 Q_{reac}는 각각 다음과 같이 표현된다.

$$P_{avg} = \frac{|\widetilde{V}_o|^2}{2}\mathrm{Re}\left[\frac{1}{\widetilde{Z}_L^*}\right];\ Q_{reac} = \frac{|\widetilde{V}_o|^2}{2}\mathrm{Im}\left[\frac{1}{\widetilde{Z}_L^*}\right] \tag{A.2.17}$$

위의 식에서 Re[·] 및 Im[·]은 각각 복소수의 실수부 및 허수부를 의미한다.

만약 $\widetilde{Z}_L$이 순수 저항 요소 R_L로만 구성되어 있다면, 식 (A.2.17)의 평균 전력은

$$P_{avg} = \frac{|\widetilde{V}_o|^2}{2R_L} \tag{A.2.18}$$

이 되고(식 (A.2.4)의 결과와 같다), 또한 순수 리액티브 요소(reactive element)로 이뤄져 있다면 리액티브 전력 Q_{reac}는 다음과 같이 표현된다.

$$Q_{reac} = \frac{|\widetilde{V}_o|^2}{2X_L} \quad (X\text{: 인터덕 일 때 양수, 커패시터일 때 음수}) \tag{A.2.19}$$

A.3.
복합보의 중립축 위치 및 등가 굽힘 강성

여기에서는 4장의 압전 진동 에너지 수확 장치의 수학적 모델링에서 사용된 압전 복합보의 중립축 및 등가 굽힘 강성에 대한 내용을 보충 설명하였다. 관련 내용은 고체 역학 등의 교재에서 훨씬 자세하게 다뤄져 있지만 교재마다 사용된 기호 및 표현 등이 약간씩 다르기에 여기서는 본문에서 수학적 모델을 유도함에 있어서 제시한 표현 등에 적합하게 기술하였다.

복합보(composite beams)란 두 가지 이상의 재료로 구성된 보로서 우리가 고체 역학 등에서 배운 굽힘 이론(bending theory)이 그대로 적용된다. 즉, 순수 굽힘(pure bending)하에서 평면인 단면(plane cross section)은 변형 후에도 그대로 평면 단면을 유지한다.

그림 A.3.1에 2가지 재료(탄성 계수 E_s 및 E_p)로 구성된 복합보 단면에 대해 굽힘 하중 하에서의 변형률 및 응력 분포를 나타내었다. 편의상 여기서는 $E_s > E_p$를 가정하였다. 그림에서 알 수 있듯이 중립축(neutral axis)에서의 변형률은 0이며, 탄성 계수의 값이 다름으로 인해 두 재료 접합면에서 응력 불연속이 발생함을 알 수 있다. 복합보 단면의 중립축은 일반적으로 단면의 도심(centroid)을 지나지 않는다.

위의 경우에 대해 중립축의 위치 및 복합보 단면의 면적 모멘트(area moment of inertia)를 구해보자. 단면 각각의 부분에서 응력 σ_x^s 및 σ_x^p는 곡률(curvature) κ를 이용하면 다음과 같이 표현된다.

$$\sigma_x^s = -E_s \kappa y;\ \sigma_x^p = -E_p \kappa y \tag{A.3.1}$$

위 식에서 y는 중립축으로부터 측정된 단면 임의의 지점의 좌표를 나타낸다.

먼저 중립축의 위치를 구하기 위해, 단면적에 대한 굽힘 응력의 적분 결과가 0이라는 사실로부터 다음의 관계를 얻을 수 있다.

$$\int_s \sigma_x^s dA + \int_p \sigma_x^p dA = 0 \tag{A.3.2}$$

여기에 식 (A.3.1)을 대입하여 구한 다음의 식을 이용하여 중립축의 위치를 구할 수 있다.

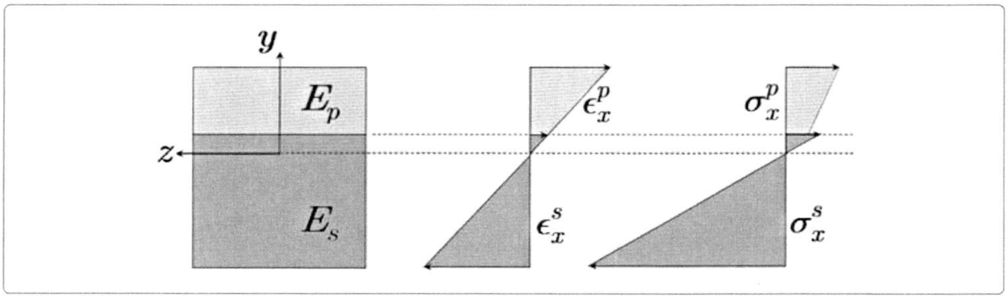

그림 A.3.1 **복합보 단면에 대한 x축 방향의 변형률(ϵ_x) 및 응력 분포($\sigma_x = E\epsilon_x$)**

$$E_s \int_s y dA + E_p \int_p y dA = 0 \tag{A.3.3}$$

한편, 보의 길이 방향 임의의 x축 지점에서의 모멘트 $M_b(x)$는 아래의 식에 의해 구한다.

$$\begin{aligned} M_b(x) &= -\int \sigma_x y dA = -\int_s \sigma_x^s y dA - \int_p \sigma_x^p y dA \\ &= \kappa E_s \int_s y^2 dA + \kappa E_p \int_p y^2 dA = \kappa(E_s I_s + E_p I_p) \equiv \kappa (EI)_c \end{aligned} \tag{A.3.4}$$

위 식에서 $(EI)_c$는 복합보의 등가 굽힘 강성을 의미하며, $E_s I_s + E_p I_p$와 같다.

예제 A.3.1

그림에 나타낸 단면에 대해 중립축의 위치를 구하고, 복합보의 등가 굽힘 강성을 구하여라.

풀이

그림에서 h_l과 h_u는 각각 중립축으로부터 보의 아랫면 또는 윗면까지의 거리를 나타낸다. 이를 이용하여 각 단면의 일차 모멘트를 구해보자.

$$\begin{aligned} \int_s y dA &= 10 \times h_l \times \left(-\frac{h_l}{2}\right) + 10 \times (15 - h_l) \times \frac{15 - h_l}{2} \\ &= 10 \times 15 \times \left(\frac{15}{2} - h_l\right) = 75 \times (15 - 2h_l) \end{aligned} \tag{a-1}$$

$$\int_p y dA = (10 \times 1) \times \left(15 - h_l + \frac{1}{2}\right) = 10 \times (15.5 - h_l) \tag{a-2}$$

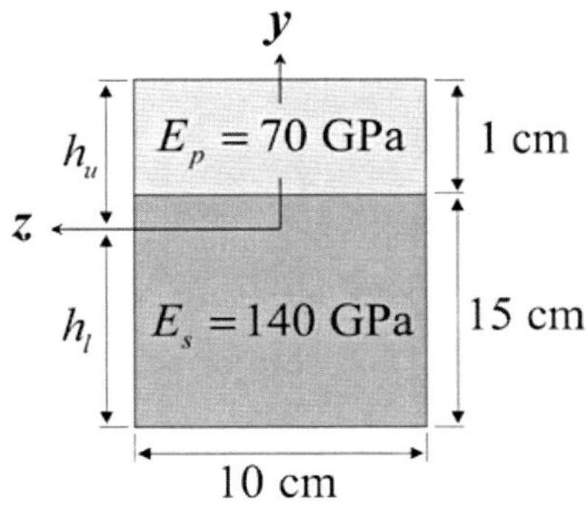

위의 결과는 직접 각각 $\int_s ydA = \int_{-h_l}^{h_u-1} ydA = \int_{-h_l}^{h_u-1} 10ydy$ 및 $\int_p ydA = \int_{h_u-1}^{h_u} 10ydy$의 관계에 의해 구할 수도 있다. 위의 결과를 식 (A.3.3)에 대입하면, $h_l \approx 7.7581\,\text{cm}$ 및 $h_u = 16 - h_l \approx 8.2419\,\text{cm}$를 얻게 되어 중립축은 탄성 계수 E_s 단면의 도심으로부터 약 $0.2581\,\text{cm}$ 위에 위치하게 된다. 그리고, 각 단면의 중립축에 대한 면적 모멘트 I_s 및 I_p는 평행축 정리(parallel axis theorem)를 이용하면 다음과 같이 구할 수 있다.

$$I_s = \frac{10}{12} \times 15^3 + 10 \times 15 \times \left(h_l - \frac{15}{2}\right)^2 \approx 2822.4923\,\text{cm}^4 \tag{b-1}$$

$$I_p = \frac{10}{12} \times 1^3 + 10 \times 1 \times \left(h_u - \frac{1}{2}\right)^2 \approx 600.2035\,\text{cm}^4 \tag{b-2}$$

위의 결과는 직접 각각 $I_s = \int_{-h_l}^{h_u-1} y^2 dA = \int_{-h_l}^{h_u-1} 10y^2 dy$ 및 $I_p = \int_{h_u-1}^{h_u} 10y^2 dy$의 관계에 의해 구할 수도 있다. 식 (b)의 결과를 이용하면 복합도의 등가 굽힘 강성 $(EI)_c$는 다음과 같이 구할 수 있다.

$$(EI)_c = E_s I_s + E_p I_p = 3951.49 + 420.14 = 4371.63\,\text{kN} \cdot \text{m}^2 \tag{c}$$

■ ■ ■

변환 단면법(transformed-section method)

2개 이상의 재료로 구성된 복합보를 1개의 재료로 구성된 등가의 단면으로 변환하여 보 이론을 적용할 수 있다. 여기서 '등가'란 원래의 보와 비교하여 중립축의 위치가 같고 굽힘 특성이 동일하다는 것을 의미한다.

변환 단면법의 결과를 유도하기 위해 우선 식 (A.3.3)을 아래와 같이 바꿔 표현해보자.

$$\int_s ydA + \frac{E_p}{E_s}\int_p ydA = \int_s ydA + \int_p nydA \\ = \int_1 ybdy + \int_2 y(nb)dy = 0 \tag{A.3.5}$$

위 식에서 $n = E_p/E_s$이며, 앞에서 $E_s > E_p$를 가정하고 있으므로 $n < 1$이 성립한다. 따라서, 이 경우에 그림 A.3.1의 복합보 단면은 그림 A.3.2에 나타낸 바와 같이 등가의 단면으로 변환할 수 있다. 추가로 여기에서는 등가의 변환 단면을 탄성 계수 E_s 재료의 단면을 기준으로 하였지만, 동일한 방법으로 탄성 계수 E_p 재료를 기준으로 하는 것도 가능하다.

따라서, 등가의 단면 변환보에 대해 길이 방향의 임의의 x축 지점에서의 모멘트 $M_b(x)$는 다음과 같이 표현된다.

$$M_b(x) = -\int_{1+2} \sigma_x ydA = -\int_1 \sigma_x ydA - \int_2 \sigma_x ydA \\ = \kappa E_s \int_1 y^2 dA + \kappa E_s \int_2 y^2 dA \\ = \kappa E_s (I_1 + I_2) = \kappa E_s (I_s + nI_p) = \kappa (E_s I_s + E_p I_p) \tag{A.3.6}$$

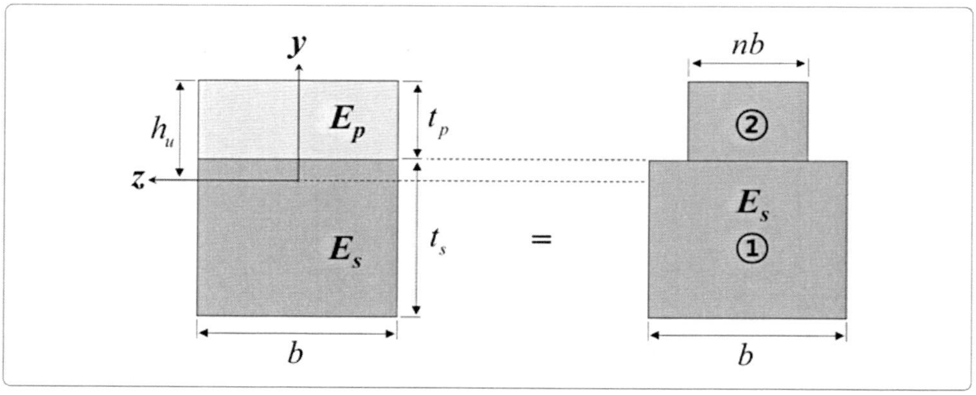

그림 A.3.2 2개의 재료로 구성된 복합보 단면에 대한 단일 재료의 등가 변환 단면

위 식을 유도하는 과정에서 $I_1 = I_s$ 및 다음의 관계가 이용되었다.

$$I_2 = \int_2 y^2 dA = \int_{h_u - t_p}^{h_u} y^2 nbdy = n\int_{h_u - t_p}^{h_u} y^2 bdy = n\int_p y^2 dA = nI_p \tag{A.3.7}$$

식 (A.3.6)의 결과는 식 (A.3.4)의 결과와 일치함을 알 수 있다. 즉, 단일 재료 등가 변환 단면 보의 굽힘 저항 특성이 원래의 복합보와 동일하다. 지금까지의 결과를 정리하면, 등가 굽힘 강성은 다음의 어느 한 식으로 표현됨을 알 수 있다.

$$(EI)_c = E_s I_t = E_s(I_1 + I_2) = E_s(I_s + nI_p) = E_s I_s + E_p I_p \quad \text{(A.3.8)}$$

[예제 A.3.2]

예제 A.3.1에서 $n = E_p/E_s = 70/140 = 0.5$가 되므로, 아래 그림에 나타낸 등가 변환 단면에 대해 중립축의 위치 및 총 면적 모멘트 $I_t(= I_1 + I_2)$를 구해보자. 등가 변환 단면은 1개의 재료로 구성되어 있으므로 중립축은 전체 단면적의 도심을 지난다.

풀이

단면의 제일 윗면을 기준으로하여 h_u는 다음과 같이 구할 수 있다.

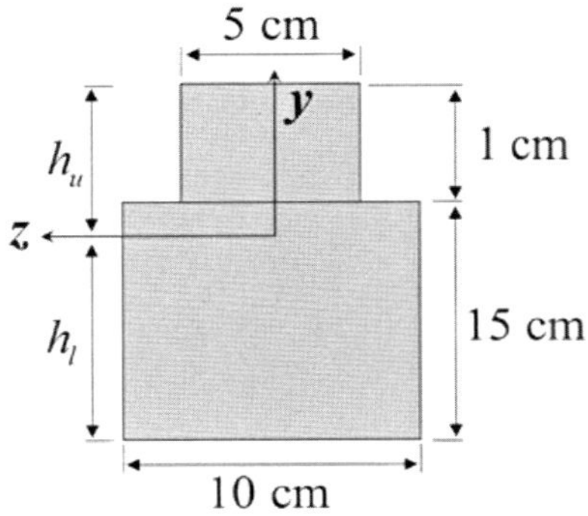

$$h_u = \frac{5\times 1\times 0.5 + 10\times 15\times 8.5}{5\times 1 + 10\times 15} \approx 8.2419\,\text{cm} \quad \text{(a)}$$

따라서, $h_l = 16 - h_u \approx 7.7581\,\text{cm}$가 된다. 또한, 총 면적 모멘트 I_t는 다음과 같이 구한다.

$$\begin{aligned} I_t &= \frac{5\times 1^3}{12} + (5\times 1)\times(h_u - 0.5)^2 + \frac{10\times 15^3}{12} + (15\times 10)\times\left(h_l - \frac{15}{2}\right)^2 \\ &= 3122.5863\,\text{cm}^4 \end{aligned} \quad \text{(b)}$$

따라서, 등가 굽힘 강성 $(EI)_c$는 $E_s I_t$에 의해 구해지며, 예제 A.3.1의 (c)와 같게 된다.

■ ■ ■

[예제 A.3.3]

그림 A.3.2의 단면에 대해 변환 단면법을 이용하여 등가 굽힘 강성에 대한 식을 유도하되, 그림에서 표시된 기호를 이용하여 표현하여라.

풀이

먼저 단면의 제일 윗면을 기준으로 하여 중립축의 위치 h_u를 구하면 다음과 같다.

$$h_u = \frac{nbt_p \cdot t_p/2 + bt_s(t_s/2 + t_p)}{b(nt_p + t_s)} = \frac{E_p t_p^2 + E_s t_s(t_s + 2t_p)}{2(E_p t_p + E_s t_s)} \tag{a}$$

따라서, 그림 A.3.2에 나타낸 복합보 단면의 중립축은 탄성 계수 E_s 단면의 도심으로부터 위 방향으로 $d = t_p + t_s/2 - h_u$만큼 떨어진 지점을 지난다.

한편, I_t는 평행축 정리를 사용하여 다음과 같이 표현되므로,

$$I_t = \frac{bt_s^3}{12} + bt_s\left\{\frac{t_s}{2} - (h_u - t_p)\right\}^2 + \left(\frac{E_p}{E_s}\right)\frac{bt_p^3}{12} + \left(\frac{E_p}{E_s}\right)bt_p\left(h_u - \frac{t_p}{2}\right)^2 \tag{b}$$

복합보의 등가 굽힘 강성 $(EI)_c$는 아래의 식과 같다.

$$(EI)_c = E_s I_t = E_s\left\{\frac{bt_s^3}{12} + bt_s\left(\frac{t_s}{2} - (h_u - t_p)\right)^2\right\} + E_p\left\{\frac{bt_p^3}{12} + bt_p\left(h_u - \frac{t_p}{2}\right)^2\right\} \tag{c}$$

■ ■ ■

A.4.
기저 가진되는 단일 외팔보(끝단 질량이 있는 경우)의 지배 방정식 유도

Hamilton의 정리를 이용하여 끝단 질량이 있는 외팔보가 기저 가진되는 경우의 지배 방정식을 유도해 보도록 한다. 고정 좌표계에서 측정된 횡방향 변위 $w(x,t)$는 다음과 같이 기저의 운동 $w_b(t)$와 기저에 대한 상대 변위 $w_{rel}(x,t)$의 합으로 표현된다.

$$w(x,t) = w_b(t) + w_{rel}(x,t) \tag{A.4.1}$$

위 식을 고려하여 단일 외팔보의 운동 에너지 및 변형 에너지는 각각 다음과 같이 나타낼 수 있다.

$$T^* = \int_0^L \frac{1}{2}\rho A\left(\frac{dw_b(t)}{dt} + \frac{\partial w_{rel}(x,t)}{\partial t}\right)^2 dx + \frac{1}{2}M_{tip}\left(\frac{dw_b(t)}{dt} + \frac{\partial w_{rel}(L,t)}{\partial t}\right)^2 + \frac{1}{2}J_{tip}\left(\frac{\partial}{\partial t}\frac{\partial w_{rel}(L,t)}{\partial x}\right)^2 = T_1^* + T_2^* + T_3^* \tag{A.4.2a}$$

$$V = \int_0^L \frac{1}{2}EI\left(\frac{\partial^2 w_{rel}(x,t)}{\partial x^2}\right)^2 dx \tag{A.4.2b}$$

Hamilton의 정리 $\int_{t_1}^{t_2}\delta(T^* - V)dt = 0$을 이용하기 위해 위 식에 나타난 각각의 항에 아래와 같은 계산 과정을 수행한다.

$$\begin{aligned}\int_{t_1}^{t_2}\delta T_1^* dt &= \int_0^L\int_{t_1}^{t_2}\rho A\left(\frac{dw_b(t)}{dt} + \frac{\partial w_{rel}(x,t)}{\partial t}\right)\frac{\partial}{\partial t}\delta w_{rel}(x,t)dtdx \\ &= -\int_{t_1}^{t_2}\int_0^L \rho A\frac{\partial}{\partial t}\left(\frac{dw_b(t)}{dt} + \frac{\partial w_{rel}(x,t)}{\partial t}\right)\delta w_{rel}(x,t)dxdt\end{aligned} \tag{A.4.3a}$$

$$\begin{aligned}\int_{t_1}^{t_2} T_2^* dt &= \int_{t_1}^{t_2} M_{tip}\left(\frac{dw_b(t)}{dt} + \frac{\partial w_{rel}(L,t)}{\partial t}\right)\frac{\partial}{\partial t}\delta w_{rel}(L,t)dt \\ &= -\int_{t_1}^{t_2} M_{tip}\left(\frac{dw_b(t)}{dt} + \frac{\partial w_{rel}(L,t)}{\partial t}\right)\delta w_{rel}(L,t)dt\end{aligned} \tag{A.4.3b}$$

$$\int_{t_1}^{t_2} T_3^* dt = \int_{t_1}^{t_2} J_{tip} \frac{\partial}{\partial t}\frac{\partial w_{rel}(L,t)}{\partial x}\left(\frac{\partial}{\partial t}\delta\frac{\partial w_{rel}(L,t)}{\partial x}\right)dt$$

$$= -\int_{t_1}^{t_2} J_{tip}\frac{\partial^2}{\partial t^2}\frac{\partial w_{rel}(L,t)}{\partial x}\delta\frac{\partial w_{rel}(L,t)}{\partial x}dt \tag{A.4.3c}$$

$$\int_{t_1}^{t_2} - Vdt = \int_{t_1}^{t_2}\left(-\int_0^L EI\frac{\partial^2 w_{rel}(x,t)}{\partial x^2}\delta\frac{\partial^2 w_{rel}(x,t)}{\partial x^2}dx\right)dt$$

$$= \int_{t_1}^{t_2}\left\{-EI\frac{\partial^2 w_{rel}(x,t)}{\partial x^2}\delta\frac{\partial w_{rel}(x,t)}{\partial x}\Bigg|_0^L + \frac{\partial}{\partial x}\left(EI\frac{\partial^2 w_{rel}(x,t)}{\partial x^2}\right)\delta w_{rel}(x,t)\Bigg|_0^L\right.$$

$$\left. - \int_0^L \frac{\partial^2}{\partial x^2}\left(EI\frac{\partial^2 w_{rel}(x,t)}{\partial x^2}\right)\delta w_{rel}(x,t)dx\right\}dt \tag{A.4.3d}$$

위 식들에서 시간 경계에서의 변분 값들은 Hamilton 정리에 의해 소거되었다. 따라서, 위 식들을 이용하여 식 $\int_{t_1}^{t_2}\delta(T^* - V)dt = 0$을 정리하면 다음과 같으므로,

$$\int_{t_1}^{t_2}\delta(T^* - V)dt$$

$$= \int_{t_1}^{t_2}\int_0^L\left\{-\rho A\frac{\partial}{\partial t}\left(\frac{dw_b(t)}{dt} + \frac{\partial w_{rel}(x,t)}{\partial t}\right) - \frac{\partial^2}{\partial x^2}\left(EI\frac{\partial^2 w_{rel}(x,t)}{\partial x^2}\right)\right\}\delta w_{rel}(x,t)dxdt$$

$$+ \int_{t_1}^{t_2}\left\{-M_{tip}\frac{\partial}{\partial t}\left(\frac{dw_b(t)}{dt} + \frac{\partial w_{rel}(L,t)}{\partial t}\right)\delta w_{rel}(L,t) - J_{tip}\frac{\partial^2}{\partial t^2}\frac{\partial w_{rel}(L,t)}{\partial x}\delta\frac{\partial w_{rel}(L,t)}{\partial x}\right.$$

$$\left. - EI\frac{\partial^2 w_{rel}(x,t)}{\partial x^2}\delta\frac{\partial w_{rel}(x,t)}{\partial x}\Bigg|_0^L + \frac{\partial}{\partial x}\left(EI\frac{\partial^2 w_{rel}(x,t)}{\partial x^2}\right)\delta w_{rel}(x,t)\Bigg|_0^L\right\}dt = 0 \tag{A.4.4}$$

이로부터 경계 조건 및 운동 지배 방정식을 구할 수 있다. 즉,

$$\frac{\partial}{\partial x}\left(EI\frac{\partial^2 w_{rel}(x,t)}{\partial x^2}\right)\delta w_{rel}(0,t) = 0 \tag{A.4.5a}$$

$$EI\frac{\partial^2 w_{rel}(x,t)}{\partial x^2}\delta\frac{\partial w_{rel}(0,t)}{\partial x} = 0 \tag{A.4.5b}$$

로부터 $x = 0$에서의 경계 조건인 식 (4.2.12)를 얻게 된다. 또한,

$$\left\{-M_{tip}\frac{\partial}{\partial t}\left(\frac{dw_b(t)}{dt} + \frac{\partial w_{rel}(L,t)}{\partial t}\right) + \frac{\partial}{\partial x}\left(EI\frac{\partial^2 w_{rel}(L,t)}{\partial x^2}\right)\right\}\delta w_{rel}(L,t) = 0$$

(A.4.6.a)

$$\left\{-J_{tip}\frac{\partial^2}{\partial t^2}\frac{\partial w_{rel}(L,t)}{\partial x}-EI\frac{\partial^2 w_{rel}(L,t)}{\partial x^2}\right\}\delta\frac{\partial w_{rel}(L,t)}{\partial x}=0 \tag{A.4.6b}$$

로부터 $x=L$에서의 경계 조건을 얻게 된다. 그런데, 식 (A.4.6a)의 $w_b(t)$에 대한 시간 미분항은 다음과 같이 영역 내의 지배 방정식에 포함시킬 수 있다.

$$-M_{tip}\frac{d^2 w_b(t)}{dt^2}\delta w_{rel}(L,t)=-\int_0^L M_{tip}\frac{d^2 w_b(t)}{dt^2}\delta(x-L)\delta w_{rel}(x,t)dx \tag{A.4.7}$$

따라서, 위 식을 고려하여 식 (A.4.6a)에 나타낸 $x=L$에서의 경계 조건은 다음과 같이 쓸 수 있다.

$$\left\{-M_{tip}\frac{\partial^2 w_{rel}(L,t)}{\partial t^2}+\frac{\partial}{\partial x}\left(EI\frac{\partial^2 w_{rel}(L,t)}{\partial x^2}\right)\right\}\delta w_{rel}(L,t)=0 \tag{A.4.8}$$

위 식은 식 (A.4.6b)와 더불어 식 (4.2.82)의 형태로 나타나게 된다.
마지막으로 영역 내의 지배 방정식은 식 (A.4.7)을 식 (A.4.4)의 영역 내부에 대입하면 아래와 같이 표현되며, 이는 식 (4.2.94)와 같다.

$$\frac{\partial^2}{\partial x^2}\left(EI\frac{\partial^2 w_{rel}(x,t)}{\partial x^2}\right)+\rho A\frac{\partial^2 w_{rel}(x,t)}{\partial t^2}=-\left(\rho A+M_{tip}\delta(x-L)\right)\frac{d^2 w_b(t)}{dt^2} \tag{A.4.9}$$

A.5. 결정 구조의 방향 표시(압전 단결정)

결정 구조의 특정한 방향을 표시하기 위해서 0과 자연수를 이용하는데 쉼표 기호 없이 대괄호 기호를 사용하여 $[hkl]$와 같이 표현한다. 여기서 h, k 및 l는 각각 원점에서 시작한 벡터가 단위 구조 입방체와 만나는 점의 좌표와 관계된다. 다만, 모든 숫자는 정수로 표현되어야 하며, 음의 정수인 경우에는 숫자 상단에 '–' 기호를 붙여서 표현한다. 예를 들면, 그림 A.5.1(a)에서

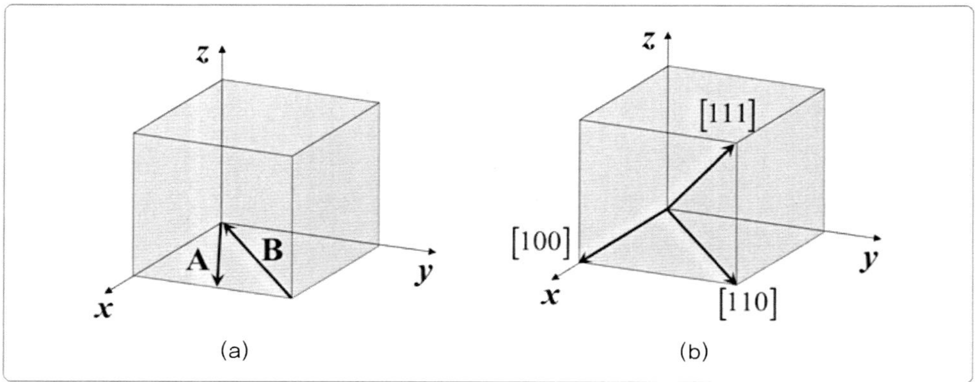

그림 A.5.1 **단위 입방체 결정 구조에서 방향 표시의 예**

벡터 A의 좌표는 (1,1/2,0)인데, 모두 정수로 표현하기 위해 각 성분에 2를 곱하면 [210]이 된다. 그리고, 벡터 B의 좌표는 (−1,−1,0)이므로 이는 $[\bar{1}\bar{1}0]$으로 표시한다. 평행한 벡터들은 모두 동일한 형식으로 표현되며, 따라서, 입방체 결정 구조에서는 [100], [010], [001], $[\bar{1}00]$, $[0\bar{1}0]$, $[00\bar{1}]$이 모두 실제로는 동일한 방향을 표시하게 된다. 이를 한꺼번에 ⟨ ⟩ 기호를 사용하여 ⟨100⟩으로 표시한다. 결국, 그림 A.5.1(b)에 나타낸 바와 같이 ⟨100⟩은 입방체 모서리 위에서의 방향을, ⟨110⟩은 입방체 면 위에서의 대각선 방향을, 그리고, ⟨111⟩은 입방체 체적에서의 대각선 방향을 각각 나타낸다.

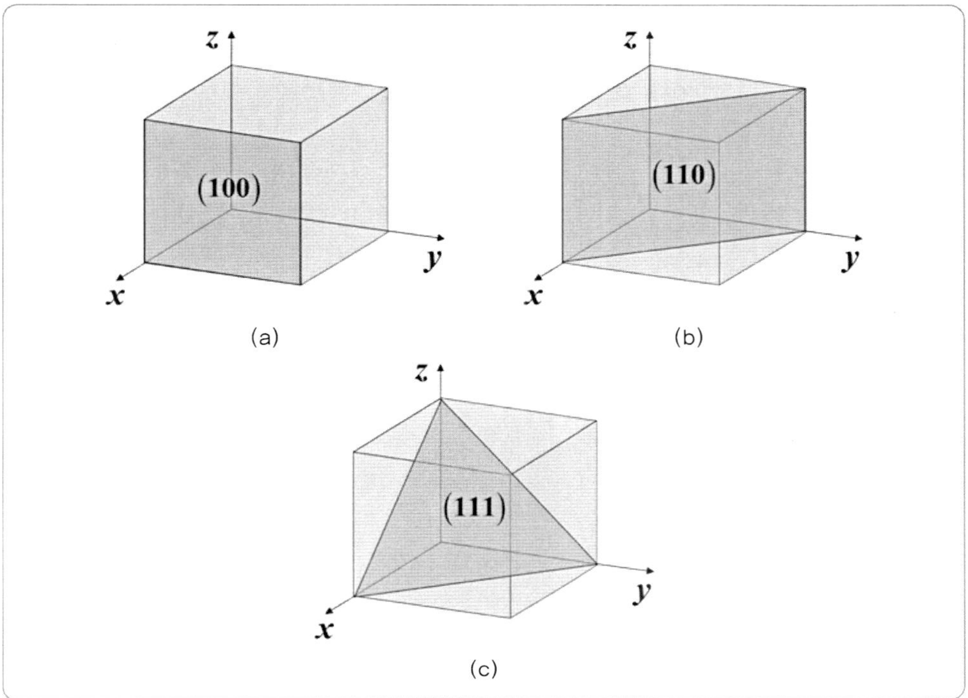

그림 A.5.2 입방체 결정 구조에서의 밀러지수 표현

한편, 입방체 결정 구조에서 면의 방향을 표현하는 경우에는 밀러 지수(Miller index)라는 것을 사용한다. 밀러 지수란 원점을 지나지 않는 면이 단위 구조와 만나는 점의 좌표 (x,y,z)를 구한 후 역수를 취하고 모든 숫자가 정수가 되도록 쉼표 기호 없이 (hkl)의 형식으로 표현한 것이다. 예를 들면, 그림 A.5.2(a)에서 표시된 면은 $(x,y,z)=(1,\infty,\infty)$이므로, 역수를 취하면 밀러 지수 표현은 (100)이 된다. 마찬가지로, 그림 A.5.2(b)에서 표현된 면은 $(x,y,z)=(1,1,\infty)$이므로 이에 대한 역수를 취하면 모두 정수가 되고 따라서 밀러지수 표현은 (110)이 된다. 그림 A.5.2(c)에 표현된 면의 밀러 지수 표현은 (111)이다. 앞에서 살펴본 결정 방향에서와 마찬가지로 (100), (010), (001)이 나타내는 면은 실제로 모두 같은 면을 나타내드로 이를 한꺼번에 $\{100\}$으로 표현한다.

지금까지 살펴 본 입방체 결정 구조의 방향 및 밀러 지수의 관계에서 주목할 점은 (hkl)면은 $[hkl]$ 방향에 수직한 면이 된다는 것이다.

A.6. Duffing 운동 방정식의 무차원화 – 쌍 안정 강성계

외력이 가해지는 1 자유도계에 대한 Duffing 운동 방정식의 무차원화된 표현을 알아보자. 질량-스프링-감쇠 계에 대한 일반적인 운동 방정식은 다음과 같이 비선형 스프링 복원력을 포함한 형태로 표현된다.

$$m\ddot{z}(t)+c\dot{z}(t)+\frac{dU}{dz}=f(t)=F_0\cos wt \tag{A.6.1}$$

위 식에서 포텐셜 함수 $U(z)$는 보통 다음과 같이 2차의 함수로 고려된다.

$$U(z)=-\frac{1}{2}k_l z^2+\frac{1}{4}k_n z^4 \tag{A.6.2}$$

위 식에서는 단순히 편의상 2차항 앞에 음의 부호를 붙였다. 이렇게 하면 쌍 안정 강성계에서 안정한 평형 상태에서의 강성 앞에 음의 부호가 오는 것을 피할 수 있다. 포텐셜 함수 $U(z)$는 축 대칭이며 $k_l>0$인 경우 2개의 극소점이 있어 쌍 안정(bistable)하고, $k_l<0$인 경우에는 단 1개의 극소점이 있기 때문에 단 안정(monostable)하다고 한다. 또한, $k_n>0$인 경우 경화(hardening) 응답을 나타내고, $k_n<0$일 때는 연화(softening) 시스템 응답을 나타낸다. 평형점은 $dU/dz=-k_l z+k_n z^3=0$에 의해 $z_u=0$ 및 $z_s=\pm\sqrt{k_l/k_n}$에서 존재한다. 따라서, 쌍 안정의 경우 $z_s=\pm\sqrt{k_l/k_n}$에서 생기는 두 개의 최소점이 $z_u=0$에서 존재하는 벽(barrier)에 의해 분리된다.

식 (A.6.1)을 무차원화하기 위해 $z_s=\sqrt{k_l/k_n}$를 이용하여 z를 무차원화하고 ($\hat{z}=z/z_s$), 다음 식으로부터 구해지는 $z_s=\pm\sqrt{k_l/k_n}$에서의 강성인 $2k_l$를 이용하여 $\omega_n^2=2k_l/m$라고 두자.

$$\left.\frac{d^2U}{dz^2}\right|_{z_s=\pm\sqrt{k_l/k_n}}=-k_l+3k_n z^2\Big|_{z_s=\pm\sqrt{k_l/k_n}}=2k_l \tag{A.6.3}$$

식 (A.6.1)의 양변을 m으로 나누고, $\omega_n^2=2k_l/m$ 관계를 이용하면 다음과 같은 식을 얻는다.

$$\begin{aligned}&\ddot{z}(t)+\frac{c}{m}\dot{z}(t)+\frac{1}{m}\left(-k_l z+k_n z^3\right)\\&=\ddot{z}(t)+\frac{c}{m}\dot{z}(t)-\frac{1}{2}z\left(\omega_n^2-2\frac{k_n}{m}z^2\right)=\frac{F_0}{m}\cos\omega t\end{aligned} \tag{A.6.4}$$

시간에 대한 무차원 관계 $\tau = \omega_n t$를 이용하면, $d/dt = (\dot{\bullet}) = \omega_n d/d\tau = \omega_n(\bullet)'$ 및 $d^2/dt^2 = (\ddot{\bullet}) = \omega_n^2 d^2/d\tau^2 = \omega_n^2(\bullet)''$이 성립하므로 $\hat{z} = z/z_s$임을 고려하면 z의 시간에 대한 1차 및 2차 미분은 각각 다음과 같이 무차원 변수에 대한 미분으로 표현된다.

$$\dot{z}(t) = \frac{dz}{dt} = \omega_n z_s \hat{z}'; \ \ddot{z}(t) = \frac{d^2 z}{dt^2} = \omega_n^2 z_s \hat{z}'' \tag{A.6.5}$$

따라서, 식 (A.6.1)은 식 (A.6.4)로부터 다음과 같이 표현된다.

$$\omega_n^2 z_s \hat{z}'' + \omega_n z_s \frac{c}{m}\hat{z}' - \frac{1}{2} z_s \hat{z}(\omega_n^2 - 2\frac{k_n}{m} z_s^2 \hat{z}^2) = \frac{F_0}{m}\cos\frac{\omega}{\omega_{r_n}}\tau \tag{A.6.6a}$$

그리고, 위 식의 양변을 $\omega_n^2 z_s$으로 나눈 후, 무차원 물리량 $\hat{F}_0 = f/\left(\omega_n^2 z_s m\right)$ 및 $\Omega = \omega/\omega_n$를 이용하면 다음 식을 얻게 된다.

$$\hat{z}'' + \frac{1}{\omega_n}\frac{c}{m}\hat{z}' - \frac{1}{2}\hat{z}(1 - 2\frac{k_n}{m} z_s^2 \frac{1}{\omega_n^2}\hat{z}^2) = \hat{F}_0 \cos\Omega\tau \tag{A.6.6b}$$

마지막으로 $z_s^2 = k_l/k_n$ 및 $\omega_n^2 = 2k_l/m$[1]를 이용하고, $c/m = 2\zeta\omega_n$이라고 놓으면 다음과 같이 외부 가진력이 포함된 무차원 Duffing 방정식을 얻게 된다.

$$\hat{z}'' + 2\zeta\hat{z}' - \frac{1}{2}\hat{z}(1 - \hat{z}^2) = \hat{F}_0 \cos\Omega\tau \tag{A.6.6c}$$

만약 힘 $f = F_0 \cos\omega t$ 대신 기저의 운동 가진 $z_b = Z_b \cos\omega t$에 의한 진동이라면 z는 $z_r = z - z_b$를 의미하게 되고, 이 경우 식 (A.6.6c)는 다음과 같이 표현된다.

$$\hat{z}_r'' + 2\zeta\hat{z}_r' - \frac{1}{2}\hat{z}_r(1 - \hat{z}_r^2) = \frac{\omega^2 Z_b}{\omega_n^2 z_s}\cos\Omega\tau = \hat{A}_b \cos\Omega\tau \tag{A.6.7}$$

1) 2개의 안정한 평형 상태 중 1개 근처에서의 작은 진동(intrawell resonance)에 대한 고유 진동수를 무차원화에 이용하므로, 식 (A.6.7)에서 무차원 강성 항에 1/2의 숫자가 나오게 된다.

참고 문헌

- Ajitsaria J, Choe SY, Shen D and Kim DJ (2007) Modeling and analysis of a bimorph piezoelectric cantilever beam for voltage generation. *Smart Materials and Structures* **16**(2): 447-454.
- Aldraihem O and Baz A (2011) Energy harvester with a dynamic magnifier. *Journal of Intelligent Material System and Structures* **22**(6): 521-530.
- Anton SR and Sodano HA (2007) A review of power harvesting using piezoelectric materials (2003-2006). *Smart Materials and Structures* **16**(3): R1-R21.
- Badel A, Guyomar D, Lefeuvre E and Richard C (2006) Piezoelectric energy harvesting using a synchronized switched technique. *Journal of Intelligent Material Systems and Structures* **17**(8-9): 831-839.
- Banks HT and Inman DJ (1991) On damping mechanisms in beams. *ASME Journal of Applied Mechanics* **58**(3): 716-723.
- Beeby SP, Torah RN, Tudor MJ, Glynne-Jones P, O' Donnell T, Saha CR and Roy S (2007) A micro electromagnetic generator for vibration energy harvesting. *Journal of Micromechanics and Microengineering* **17**(7): 1257-1265.
- Beeby SP, Tudor MJ and White NM (2006) Energy harvesting vibration sources for microsystems applications. *Measurement Science and Technology* **17**(12): R175-R195.
- Boisseau S, Despesse G and Seddik BA (2012) Electrostatic conversion for vibration energy harvesting. In: Lallart M (ed) *Small-Scale Energy Harvesting*. Croatia: InTechOpen, Chapter 5.
- Brufau-Penella J and Puig-Vidal M (2009) Piezoelectric energy harvesting improvement with complex conjugate impedance matching. *Journal of Intelligent Material Systems and Structures* **20**(5): 597-608.
- Challa VR, Prasad MG and Fisher FT (2009) A coupled piezoelectric-electromagnetic energy harvesting technique for achieving increased power output through damping matching. *Smart Materials and Structures* **18**: 095029.
- Challa VR, Prasad MG, Shi Y and Fisher FT (2008) A vibration energy harvesting

device with bidirectoinal resonance frequency tunability. *Smart Materials and Structures* **17**: 015035.

- Chang SJ, Rogacheva NN and Chou CC (1995) Analysis of methods for determining electromechanical coupling coefficients of piezoelectric elements. *IEEE Transactions on Ultrasonics, Ferroelectrics, and Frequency Control* **42**(4): 630-640.
- Chen S-N, Wang G-J and Chien M-C (2006) Analytical modeling of piezoelectric vibration-induced micro power generator. *Mechatronics* **16**(7) 379-387.
- Chen Z, Guo B, Yang Y and Cheng C (2014) Metamaterials-based enhanced energy harvesting: A review. *Physica* B **438**: 1-8.
- Cheng Z, Zhang Q, Su J and Tahchi ME (2008) Electropolymers for mechatronics and artificial muscles. In: Safari A and Akdogan EK (eds) *Piezoelectric and Acoustic Materials for Transducer Applications*. New York: Springer, pp. 131-159.
- Cho S-W, Son J-D, Yang B-S and Choi B-K (2009) Vibration-based energy harvester for wireless condition monitoring system. *Transactions of the Korean Society for Noise and Vibration Engineering* **19**(4): 393-399.
- Cook-Chennault KA, Thambi N and Sastry AM (2008) Powering MEMS portable devices-a review of non-generative and regenerative power supply systems with special emphasis on piezoelectric energy harvesting systems. *Smart Materials and Structures* **17**: 043001.
- Cottone F, Vocca H and Gammaitoni L (2009) Nonlinear energy harvesting. *Physical Review Letters* **102**: 080601.
- Crandall SH, Karnopp DC, Kurtz EF Jr. and Pridmore-Brown DC (1968) *Dynamics-Dynamics of Mechanical and Electromechanical Systems*. New York: McGraw-Hill Inc.
- Dai X, Wen Y, Li P, Yang J and Li M (2011) Energy harvesting from mechanical vibrations using multiple magnetostrictive/piezoelectric composite transducers. *Sensors and Actuators A* **166**(1): 94-101.
- Dai X, Wen Y, Li P, Yang J and Zhang G (2009) Modeling, characterization and fabrication of vibration energy harvester using Terfenol-D/PZT/Terfenol-D composite transducer. *Sensors and Actuators A: Physical* **156**(2):350-358.

- Daqaq MF (2010) Response of uni-modal Duffing-type harvesters to random forced excitations. *Journal of Sound and Vibration* **329**(18): 3621-3631.
- Daqaq MF, Masana R, Erturk A and Quinn DD (2014) On the role of nonlinearities in vibratory energy harvesting: A critical review and discussion. *ASME Applied Mechanics Review* **66**: 040801.
- Dietl JM and Garcia E (2010) Beam shape optimization for power harvesting. *Journal of Intelligent Material Systems and Structures* **21**(6): 633-646.
- Donelan JM, Naing QL, Hoffer JA, Weber DJ and Kuo AD (2008) Biomechanical energy harvesting: generating electricity during walking with minimal user effort. *Science* **319**(5864) 807-810.
- Dong S, Zhai J, Li JF, Viehland D and Priya S (2008) Multimodal system for harvesting magnetic and mechanical energy. *Applied Physics Letters* **93**: 103511.
- duToit NE and Wardle BL (2006) Performance of microfabricated piezoelectric vibration energy harvesters. *Integrated Ferroelectrics* **83**(1): 13-32.
- duToit NE and Wardle BL (2007) Experimental verification of models for microfabricated piezoelectric vibration energy harvesters. *AIAA Journal* **45**(5): 1126-1137.
- duToit NE, Wardle BL and Kim S-G (2005) Design considerations for MEMS-scale piezoelectric mechanical vibration energy harvesters. *Integrated Ferroelectrics* **71**(1): 121-160.
- Eerenstein W, Mathur ND and Scott JF (2006) Multiferroic and magnetoelectric materials. *Nature* **442**: 759-765.
- Eichhorn C, Goldschmidtboeing F and Woias P (2009) Bidirectional frequency tuning of a piezoelectric energy converter based on a cantilever beam. *Journal of Micromechanics and Microengineering* **19**: 094006.
- El-hami M, Glynne-Jones P, White NM, Hill M, Beeby S, James E, Brown AD and Ross JN (2001) Design and fabrication of a new vibration-based electromechanical power generator. *Sensors and Actuators A* **92**(1-3): 335-342.
- Elvin NG and Elvin AA (2009a) A general equivalent model for piezoelectric generators. *Journal of Intelligent Material Systems and Structures* **20**(1): 3-9.

- Elvin NG and Elvin AA (2009b) A coupled finite element-circuit simulation model for analyzing piezoelectric energy generators. *Journal of Intelligent Material Systems and Structures* **20**(5): 587-595.
- Erturk A, Hoffmann J and Inman DJ (2009a) A piezomagnetoelastic structure for broadband vibration energy harvesting. *Applied Physics Letters* 94: 254102.
- Erturk A and Inman DJ (2008a) On mechanical modeling of cantilevered piezoelectric vibration energy harvesters. *Journal of Intelligent Material Systems and Structures* **19**(11): 1311-1325.
- Erturk A and Inman DJ (2008b) A distributed parameter electromechanical model for cantilevered piezoelectric energy harvesters. *ASME Journal of Vibration and Acoustics* **130**: 041002.
- Erturk A and Inman DJ (2008c) Issues in mathematical modeling of piezoelectric energy harvesters. *Smart Materials and Structures* **17**: 065016.
- Erturk A and Inman DJ (2009) An experimentally validated bimorph cantilever model for piezoelectric energy harvesting from base excitations. *Smart Materials and Structures* **18**: 025009.
- Erturk A and Inman DJ (2011) Broadband piezoelectric power generation on high-energy orbits of the bistable Duffing oscillator with electromechanical coupling. *Journal of Sound and Vibration* **330**(10): 2339-2353.
- Erturk A, Tarazaga PA, Farmer JR and Inman DJ (2009b) Effect of strain nodes and electrode configuration on piezoelectric energy harvesting from cantilevered beams. *ASME Journal of Vibration and Acoustics* **131**: 011010.
- Feng G-H and Hung J-C (2008) Development of wide frequency range-operated micromachined piezoelectric generators based on figure-of-merit analysis. *Microsystem Technologies* **14**(3): 419-425.
- Ferrari M, Ferrari V, Guizzetti M, Ando B, Baglio S and Trigona C (2009) Improved energy harvesting from wideband vibration by nonlinear piezoelectric converters. *Sensors and Actuators A: Physical* **162**(2): 425-431.
- Ferrari M, Ferrari V, Guizzetti M, Marioli D and Taroni A (2008) Piezoelectric multifrequency energy converter for power harvesting in autonomous microsystems. *Sensors and Actuators A: Physical* **142**(1): 329-335.

- Floyd TL and Buchla DM (2009) *Electronics Fundamentals: Circuits, Devices and Applications*. United States: Pearson Education Limited.
- Gambier P, Anton SR, Kong N, Erturk A and Inman DJ (2012) Piezoelectric, solar and thermal energy harvesting for hybrid low-power generator systems with thin-film batteries. *Measurement Science and Technology* **23**: 015101.
- Gammaitoni L, Neri I and Vocca H (2009) Nonlinear oscillators for vibration energy harvesting. *Applied Physics Letters* **94**: 164101.
- Gilbert JM and Balouchi F (2008) Comparison of energy harvesting systems for wireless sensor networks. *International Journal of Automation and Computing* **5**(4): 334-347.
- Glynne-Jones P, Beeby Sp and White NM (2001) Towards a piezoelectric vibration-powered microgenerator. *IEE Proceedings on Science, Measure ment and Technology* **148**(2): 68-72.
- Goldfarb M and Jones LD (1999) On the efficiency of electric power generation with piezoelectric ceramic. *ASME Journal of Dynamic Systems, Measurement, and Control* **121**(3): 566-571.
- Goldschmidtboeing F and Woias P (2008) Characterization of different beam shapes for piezoelectric energy harvesting. *Journal of Micro mechanics and Microengineering* **18**: 104013.
- Guan MJ and Liao WH (2007) On the efficiencies of piezoelectric energy harvesting circuits towards storage device voltages. *Smart Materials and Structures* **16**(2): 498-505.
- Harne RL (2012) Theoretical investigation of energy harvesting efficiency from structural vibrations using piezoelectric and electromagnetic oscillators. *The Journal of the Acoustical Society of America* **132**(1): 162-172.
- Harrop P and Das R (2010) *Energy Harvesting and Storage for Electronic Devices 2010-2020*. United Kingdom: IDTechEx Ltd.
- Hoffmann D, Willmann A, Hehn T, Folkmer B and Manoli Y (2016) A self-adaptive energy harvesting system. *Smart Materials and Structures* **25**(3): 035013.
- Huang J, O' Handley RC and Bono D (2003) New , high-sensitivity, hybrid

magnetostrictive/electroactive magnetic field sensors. Proceedings of SPIE 5050, Smart Structures and Materials 2003: Smart Sensor Technology and Measurement Systems (22 July).

- IEEE Standards Board (1987) *IEEE Standard on Piezoelectricity*. New York: IEEE.
- Ikeda T (1996) *Fundamentals of Piezoelectricity*. New York: Oxford University Press.
- Islam RA and Priya S (2006a) Realization of high-density polycrystalline piezoelectric ceramics. *Applied Physics Letters* **88**: 032903.
- Islam RA and Priya S (2006b) High-energy density ceramic composition in the system $Pb(Zr,Ti)O_3$-$Pb[(Zn,Ni)_{1/3}Nb_{2/3}]O_3$. *Journal of the American Ceramic Society* **89**(10): 3147-3156.
- Jeon YB, Sood R, Jeong J-H and Kim S-G (2005) MEMS power generator with transverse mode film PZT. *Sensors and Actuators A: Physical* **122(1)**: 16-22.
- Jung S-M and Yun K-S (2010) Energy-harvesting device with mechanical frequency-up conversion mechanism for increased power efficiency and wideband operation. *Applied Physics Letters* **96**: 111906.
- Khan FU and Qadir MU (2016) State-of-the-art in vibration-based electrostatic energy harvesting. *Journal of Micromechanics and Microen gineering* **26**: 103001.
- Kim H, Lee S, Cho C, Kim JE, Youn BD and Kim YY (2015) An experimental method to design piezoelectric energy harvesting skin using operating deflection shapes and its application for self-powered operation of a wireless sensor network. *Journal of Intelligent Material Systems and Structures* **26**(9): 1128-1137.
- Kim HW, Batra A, Priya S, Uchino K, Markley D, Newnham RE and Hofmann HF (2004) Energy harvesting using a piezoelectric "Cymbal" transducer in dynamic environment. *Japanese Journal of Applied Physics* **43**(9): 6178-6183.
- Kim JE (2010) Design of a vibration-powered piezoelectric energy- harvesting module by considering variations in excitation frequency. *Transactions of the Korean Society of Mechanical Engineers (KSME)* **34**(5) 637-644.
- Kim JE (2013) Performance study of diagonally segmented piezoelectric vibration energy harvester. *Transactions of the Korean Society of Mechanical Engineers*

(KSME) **37**(8): 983-989.

- Kim JE (2017a) On the equivalent mass-spring parameters and assumed mode of a cantilevered beam with a tip mass. Journal of Mechanical Science and Technology **31**(3): 1073-1078.
- Kim JE (2017b) New efficiency measures of energy conversion and their characterization for piezoelectric vibration energy harvesters. *Journal of Intelligent Material Systems and Structures* **28**(20): 2908-2919.
- Kim JE and Kim YY (2009) Shape design of a cantilever-type piezoelectric energy harvester. Proceedings of the KSNVE Annual Spring Conference, Sokcho, Gangwon-do, 23-24 April 2009, pp. 456-457.
- Kim JE and Kim YY (2011) Analysis of piezoelectric energy harvesters of a moderate aspect ratio with a distributed tip mass. *ASME Journal of Vibration and Acoustics* **133**: 041010.
- Kim JE, Kim Y-C and Sun KH (2014) Performance characteristics of vibration energy harvesting using [001] and [011]-poled PMN-PZT single crystals. *Transactions of the Korean Society for Noise and Vibration Engineering* **24**(11): 890-897.
- Kim JE and Kim YY (2013) Power enhancing by reversing mode sequence in tuned mass-spring unit attached vibration energy harvester. *AIP Advances* **3**: 072103.
- Kim JE, Ryu JC, Ma PS and Kim YY (2011) Korea Patent (Registration No. 10-1053256).
- Kim S, Clark WW and Wang Q-M (2005a) Piezoelectric energy harvesting with a clamped circular plate: Analysis. *Journal of Intelligent Material Systems and Structures* **16**(10): 847-854.
- Kim S, Clark WW and Wang Q-M (2005b) Piezoelectric energy harvesting with a clamped circular plate: Experimental study. *Journal of Intelligent Material Systems and Structures* **16**(10): 855-863.
- Kume H (2010) From low power to no power through energy harvesting: Powering up the battery-free world. *Nikkei Electronics Asia*.
- Lee H, Kim Y-C, Lim J, Park S-W and Seo J (2014) Design optimization process for electromagnetic vibration energy harvesters using finite element analysis.

Transactions of the Korean Society for Noise and Vibration Engineering **24**(10) 809-816.

- Lee S and Youn BD (2011) A design and experimental verification methodology for an energy harvester skin structure. *Smart Materials and Structures* **20**: 057001.
- Leland ES and Wright PK (2006) Resonance tuning of piezoelectric vibration energy scavenging generators using compressive axial preload. *Smart Materials and Structures* **15**(5): 1413-1420.
- Lesieutre GA, Ottman GK and Hofmann HF (2004) Damping as a result of piezoelectric energy harvesting. *Journal of Sound and Vibration* **268**(3-5): 991-1001.
- Liao Y and Sodano HA (2008) Model of a single mode energy harvester and properties for optimal power generation. *Smart Materials and Structures* **17**: 065026.
- Liao Y and Sodano HA (2009) Optimal parameters and power characteristics of piezoelectric energy harvesters with an RC circuit. *Smart Materials and Structures* **18**: 045011.
- Lin JH, Wu XM, Ren TL and Liu LT (2007) Modeling and simulation of piezoelectric MEMS energy harvesting device. *Integrated Ferroelectrics* **95**(1): 128-141.
- Lin JT, Lee B and Alphenaar B (2010) The magnetic coupling of a piezoelectric cantilever for enhanced energy harvesting efficiency. *Smart Materials and Structures* **19**: 045012.
- Liu F, Phipps A, Horowitz S, Ngo K, Cattafesta L, Nishida T and Sheplak M (2008) Acoustic energy harvesting using an electromechanical Helmholtz resonator. *Journal of the Acoustical Society of America* **123**(4): 1983-1990.
- Liu J-Q, Fang H-B and Cai B-C (2008) A MEMS-based piezoelectric power generator array for vibration energy harvesting. *Microelectronics Journal* **39**(5): 802-806.
- Lu F, Lee HP and Lim SP (2004) Modeling and analysis of micro piezoelectric power generators for micro-electromechanical-systems appli cations. *Smart Materials and Structures* **13**(1): 57-63.
- Ma PS, Kim JE and Kim YY (2009) Topology optimization of a cantilevered piezoelectric energy harvester having a vibrating base. Proceedings of the KSME Fall Annual Meeting, Pyeongchang, Gangwon-do, 4-6 November 2009, pp. 432-434.

- Ma PS, Kim JE and Kim YY (2010) Power-amplifying strategy in vibration-powered energy harvesters. Proceedings of SPIE 7643, Active and Passive Smart Structures and Integrated Systems 764300 (9 April).
- McInnes CR, Gorman DG and Cartmell MP (2008) Enhanced vibrational energy harvesting using nonlinear stochastic resonance. *Journal of Sound and Vibration* **318**(4-5): 655-662.
- Malakooti MH and Sodano HA (2015) Piezoelectric energy harvesting through shear mode operation. *Smart Materials and Structures* **24**: 055005.
- Mann BP and Sims ND (2009) Energy harvesting from the nonlinear oscillations of magnetic levitation, *Journal of Sound and Vibration* **319**(1-2): 515-530.
- Marinkovic B and Koser H (2009) Smart sand-a wide bandwidth vibration energy harvesting platform, *Applied Physics Letters* **94**: 103505.
- Marqui CD Jr., Erturk A and Inman DJ (2009) An electromechanical finite element model for piezoelectric harvester plates. *Journal of Sound and Vibration* **327**(1-2): 9-25.
- Marzencki M, Basrour S, Charlot B, Grasso A, Colin M and Valbin L (2005) Design and fabrication of piezoelectric micro power generators for autonomous microsystems. *Proceedings of Symposium on Design, Test, Integration and Packaging of MEMS/MOEMS (DTIP' 05)*, Montreux, Switzerland, 1-3 June 2005, pp. 299-302.
- Mateu L and Moll F (2007) System-level simulation of a self-powered sensor with piezoelectric energy harvesting. Proceedings of *International Conference on Sensor Technologies and Applications*, Valencia, Spain, 14-20 October 2007, pp. 399-404.
- Meng C, Gall OZ and Irazoqui PP (2013) A flexible super-capacitive solid-state power supply for miniature implantable medical devices. *Biomedical Microdevices* **15**(6): 973-983.
- Meninger S, Mur-Miranda JO, Amirtharajah R, Chandrakasan AP and Lang JH (2001) Vibration-to-electric energy conversion. *IEEE Transactions on Very Large Scale Integration (VLSI) Systems* **9**(1): 64-76.
- Minazara E, Vasic D, Costa F and Poulin G (2006) Piezoelectric diaphragm for vibration energy harvesting. *Ultrasonics* **44**(Supplement): e699-e703.

- Mitcheson PD, Green TC, Yeatman EM and Holmes AS (2004a) Architectures for vibration-driven micropower generators. *Journal of Microelectromechanical Systems* **13**(3): 429-440.
- Mitcheson PD, Miao P, Stark BH, Yeatman EM, Holmes AS and Green TC (2004b) MEMS electrostatic micropower generator for low frequency operation. *Sensors and Actuators A* **115**(2-3): 523-529.
- Mitcheson PD, Yeatman EM, Rao GK, Holmes AS and Green TC (2008) Energy harvesting from human and machine motion for wireless electronic devices. *Proceedings of the IEEE* **96**(9): 1457-1486.
- Moon SE, Lee SQ, Lee S-K, Lee Y-G, Yang YS, Park K-H and Kim J (2009) Sustainable vibration energy harvesting based on Zr-doped PMN-PZT piezoelectric single crystal cantilevers. *ETRI Journal* **31**(6): 688-694.
- Morris DJ, Youngsman JM, Anderson MJ and Bahr DF (2008) A resonant frequency tunable, extensional mode piezoelectric vibration harvesting mechanism. *Smart Materials and Structures* **17**: 065021.
- Mossi K, Green C, Ounaies Z and Hughes E (2005) Harvesting energy using a thin unimorph prestressed bender: Geometrical effects. *Journal of Intelligent Material Systems and Structures* **16**(3) 249-261.
- Myers R, Vickers M, Kim H and Priya S (2007) Small scale windmill. *Applied Physcis Letters* **90**: 054106.
- Nan C-W, Bichurin MI, Dong S, Viehland D and Srinivasan G (2008) Multiferroic magnetoelectric composites: Historical perspective, status, and future directions. *Journal of Applied Physics* **103**: 031101.
- Ng TH and Liao WH (2005) Sensitivity analysis and energy harvesting for a self-powered piezoelectric sensor. *Journal of Intelligent Material Systems and Structures* 16(10) 785-797.
- Nilsson JW (1993) *Electric Circuits*. United States: Addison-Wesley Publishing Company, Inc.
- Niroomand M and Foroughi HR (2016) A rotary electromagnetic microgenerator for energy harvesting from human motions. *Journal of Applied Research and Technology* **14**(4): 259-267.

- Op het Veld B, Hohlfeld D and Pop V (2009) Harvesting mechanical energy for ambient intelligent devices. *Information Systems Frontiers* **11**(1): 7-18.
- Ottman GK, Hofmann HF, Bhatt AC and Lesieutre GA (2002) Adaptive piezoelectric energy harvesting circuit for wireless remote power supply. *IEEE Transactions on Power Electronics* **17**(5): 669-676.
- Ou Q, Chen X, Gutschmidt S, Wood A, Leigh N and Arrieta AF (2012) An experimentally validated double-mass piezoelectric cantilever model for broadband vibration-based energy harvesting. *Journal of Intelligent Material Systems and Structures* **23**(2): 117-126.
- Paradiso JA and Starner T (2005) Energy scavenging for mobile and wireless electronics. *IEEE Pervasive Computing* **4**(1): 18-27.
- Patel R, McWilliam S and Popov AA (2011) A geometric parameter study of piezoelectric coverage on a rectangular cantilever energy harvester. *Smart Materials and Structures* **20**(8): 085004.
- Patil DR, Zhou Y, Kang J-E, Sharpes N, Jeong D-Y, Kim Y-D, Kim KH, Priya S and Ryu J (2014) Anisotropic self-biased dual phase low frequency magneto-mechano-electric energy harvesters with giant power densities. *APL Materials* **2**(4): 046102.
- Peters C, Maurath D, Schock W, Mezger F and Manoli Y (2009) A closed-loop wide-range tunable mechanical resonator for energy harvesting systems. *Journal of Micromechanics and Microengineering* **19**: 094004.
- Platt SR, Farritor S, Garvin K and Haider H (2005) The use of piezoelectric ceramics for electric power generation within orthopedic implants. *IEEE/ASME Transactions on Mechatronics* **10**(4): 455-461.
- Pobering S and Schwesinger N (2004) A novel hydropower harvesting device. *Proceedings of International Conference on MEMS, NANO and Smart Systems*, Banff, Canada, 25-27 August 2004, pp. 480-485. Washington DC: IEEE Computer Society.
- Preumont A (2006) *Mechatronics-Dynamics of Electromechanical and Piezoelectric Systems*. The Netherlands: Springer.
- Priya S (2007) Advances in energy harvesting using low profile piezoelectric

transducers. *Journal of Electroceramics* **19**(1): 165-182.

- Raju M and Grazier M (2010) Energy harvesting (ULP meets energy harvesting: A game-changing combination for design engineers). *Texas Instruments White Paper.*
- Ramlan R, Brennan MJ, Mace BR and Kovacic I (2009) Potential benefits of a non-linear stiffness in an energy harvesting device. *Nonlinear Dynamics* **59**(4): 545-558.
- Reissman T, Wolff EM and Garica E (2009) Piezoelectric resonance shifting using tunable nonlinear stiffness. Proceedings of SPIE 7288, Active and Passive Structures and Integrated Systems 72880G (7 April).
- Renaud M, Karakaya K, Sterken T, Fiorini P, Van Hoof C and Puers R (2008) Fabrication, modeling and characterization of MEMS piezoelectric vibration harvesters. *Sensors and Actuators A: Physical* **145-146**: 380-386.
- Renno JM, Daqaq MF and Inman DJ (2009) On the optimal energy harvesting from a vibration source. *Journal of Sound and Vibration* **320**(1-2): 386-405.
- Richards CD, Anderson MJ, Bahr DF and Richards RF (2004) Efficiency of energy conversion for devices containing a piezoelectric component. *Journal of Micromechanics and Microengineering* **14**(5): 717-721.
- Rome LC, Flynn L, Goldman EM and Yoo TD (2005) Generating electricity while walking with loads. *Science* **309**(5741): 1725-1728.
- Roundy S (2005) On the effectiveness of vibration-based energy harvesting. *Journal of Intelligent Material Systems and Structures* **16**(10): 809-823.
- Roundy S, Leland ES, Baker J, Carleton E, Reilly E, Lai E, Otis B, Rabaey JM and Wright PK (2005) Improving power output for vibration-based energy scavengers. *IEEE Pervasive Computing* **4**(1): 28-36.
- Roundy S and Wright PK (2004) A piezoelectric vibration based generator for wireless electronics. *Smart Materials and Structures* **13**(5): 1131-1142.
- Roundy S, Wright PK and Rabaey J (2003) A study of low level vibrations as a power sources for wireless sensor nodes. *Computer Communications* **26**(11): 1131-1144.
- Roundy S, Wright PK and Rabaey J (2004) *Energy Scavenging for Wireless Sensor*

Networks with Special Focus on Vibrations. Massachusetts: Kluwer Academic Publishers.

- Roundy S and Zhang Y (2005) Toward self-tuning adaptive vibration based micro-generators. Proceedings of SPIE 5649, Smart Structures, Devices, and Systems Ⅱ (28 February).
- Rupp CJ, Evgrafov A, Maute K and Dunn ML (2009) Design of piezoelectric energy harvesting systems: A topology optimization approach based on a multilayer plates and shells. *Journal of Intelligent Material Systems and Structures* **20**(16): 1923-1939.
- Salmani H, Rahimi GH and Hosseini Kordkheili SA (2015) An exact analytical solution to exponentially tapered piezoelectric energy harvester. *Shock and Vibration* **2015**: 426876.
- Sari I, Balkan T and Kulah H (2008) An electromagnetic micro power generator for wideband environmental vibrations. *Sensors and Actuators A: Physical* **145-146**: 405-413.
- Seo M-H, Choi D-H, Kim I-H, Jung H-J and Yoon J-B (2012) Multi-resonant energy harvester exploiting high-mode resonances frequency down-shifted by a flexible body beam. *Applied Physics Letters* **101**: 123903.
- Shahruz SM (2006) Design of mechanical band-pass filters for energy scavenging (Short Communication). *Journal of Sound and Vibration* **292**(3-5): 987-998.
- Shaikh FK and Zeadally S (2016) Energy harvesting in wireless sensor networks: A comprehensive review. *Renewable and Sustainable Energy Reviews* **55**: 1041-1054.
- Shearwood C and Yates RB (1997) Development of an electromagnetic micro-generator. *Electronics Letters* **33**(22): 1883-1884.
- Shu YC and Lien IC (2006a) Analysis of power output for piezoelectric energy harvesting systems. *Smart Materials and Structures* **15**(6): 1499-1512.
- Shu YC and Lien IC (2006b) Efficiency of energy conversion for a piezoelectric power harvesting system. *Journal of Micromechanics and Microengineering* **16**(11): 2429-2438.
- Sodano HA, Inman DH and Park G (2004a) A review of power harvesting from vibration using piezoelectric materials. *The Shock and Vibration Digest* **36**(3):

197-205.

- Sodano HA, Inman DJ and Park G (2005) Comparison of piezoelectric energy harvesting devices for recharging batteries. *Journal of Intelligent Material Systems and Structures* **16**(10): 799-807.
- Sodano HA, Park G and Inman DJ (2004b) Estimation of electric charge output for piezoelectric energy harvesting. *Strain* **40**(2): 49-58.
- Stanton SC, Erturk A, Mann BP and Inman DJ (2010a) Nonlinear piezoelectricity in electroelastic energy harvesters: Modeling and experimental identification. *Journal of Applied Physics* **108**: 074903.
- Stanton SC, McGehee CC and Mann BP (2009) Reversible hysteresis for broadband magnetopiezoelastic energy harvesting. *Applied Physics Letters* **95**: 174103.
- Stanton SC, McGehee CC and Mann BP (2010b) Nonlinear dynamics for broadband energy harvesting: Investigation of a bistable piezoelectric inertial generator. *Physica D* **239**(10): 640-653.
- Stephen NG (2006) On energy harvesting from ambient vibration. *Journal of Sound and Vibration* **293**(1-2): 409-425.
- Sun C, Qin L, Li F and Wang Q-M (2009) Piezoelectric energy harvesting using single crystal Pb(Mg1/3Nb2/3)O3-xPbTiO3 (PMN-PZT) device. *Journal of Intelligent Material Systems and Structures* **20**(5): 559-568.
- Sun KH, Kim Y-C and Kim JE (2014) A small-form-factor piezoelectric vibration energy harvester using a resonant frequency-down conversion. *AIP Advances* **4**: 107125.
- Tadesse Y, Zhang S and Priya S (2009) Multimodal energy harvesting system: Piezoelectric and electromagnetic. *Journal of Intelligent Material Systems and Structures* **20**(5): 625-632.
- Tang L, Yang Y and Soh CK (2010) Toward broadband vibration-based energy harvesting. *Journal of Intelligent Material Systems and Structures* **21**(18): 1867-1897.
- Triplett A and Quinn DD (2009) The effect of non-linear piezoelectric coupling on vibration-based energy harvesting. *Journal of Intelligent Material Systems and Structures* **20**(16):1959-1967.

- Umeda M, Nakamura K and Ueha S (1996) Analysis of transformation of mechanical impact energy to electric energy using piezoelectric vibrator. *Japanese Journal of Applied Physics* **35**(1-5B): 3267-3273.
- Umeda M, Nakamura K and Ueha S (1997) Energy storage characteristics of a piezo-generator using impact induced vibration. *Japanese Journal of Applied Physics* **36**(5B): 3146-3151.
- Wang L and Yuan FG (2008) Vibration energy harvesting by magnetostrictive material. *Smart Materials and Structures* **17**: 045009.
- Wang S, Lam KH, Sun CL, Kwok KW, Chan LW, Guo MS and Zhao X-Z (2007) Energy harvesting with piezoelectric drum transducer. *Applied Physics Letters* **90**: 113506.
- Wang Z and Xu Y (2007) Vibration energy harvesting devices based on air-spaced piezoelectric cantilevers. *Applied Physics Letters* **90**: 263512.
- Wellens T, Shatokhin V and Buchleitner A (2004) Stochastic resonance. *Reports on Progress in Physics* **67**(1): 45-105.
- White NM, Glynne-Jones P and Beeby SP (2001) A novel thick-film piezoelectric micro-generator. *Smart Materials and Structures* **10**(4): 850-852.
- Wickenheiser AM and Garcia E (2010a) Power optimization of vibration energy harvesters utilizing passive and active circuits. *Journal of Intelligent Material Systems and Structures* **21**(13): 1343-1361.
- Wickenheiser AM and Garcia E (2010b) Broadband vibration-based energy harvesting improvement through frequency up-conversion by magnetic excitation. *Smart Materials and Structures* **19**: 065020.
- Williams CB, Shearwood C, Harradine MA, Mellor PH, Birch TS and Yates RB (2001) Development of an electromagnetic micro-generator. *IEE Proceedings-Circuits, Devices and Systems* **148**(6): 337-342.
- Willaims JH Jr. (1996) *Fundamentals of Applied Dynamics*. New York: John WIley & Sons, Lts.
- Wischke M, Masur M, Goldschmidtboeing F and Woias P (2010) Electromagnetic vibration harvester with piezoelectrically tunable resonance frequency. *Journal of*

Micromechanics and Microengineering **20**: 035025.

- Wu X, Lin J, Kato S, Zhang K, Ren T and Liu L (2008) A frequency adjustable vibration energy harvester. Proceedings of PowerMEMES, Sendai, Japan, 9-12 November, pp. 245~248.
- Xue H, Hu Y and Wang Q-M (2008) Broadband piezoelectric energy harvesting devices using multiple bimorphs with different operating frequencies. *IEEE Transactions on Ultrasonics, Ferroelectrics, and Frequency Control* **55**(9): 2104-2108.
- Yang J, Wen Y and Li P (2011) Magnetoelectric energy harvesting from vibrations of multiple frequencies. *Journal of Intelligent Material Systems and Structures* **22**(14): 1631-1639.
- Yang J, Wen Y, Li P, Yue X, Yu Q and Bai X (2013) A two-dimensional broadband vibration energy harvester using magnetoelectric transducer. *Applied Physics Letters* **103**: 243903.
- Yang Y and Tang L (2009) Equivalent circuit modeling of piezoelectric energy harvesters. *Journal of Intelligent Material Systems and Structures* **20**(18): 2223-2235.
- Yang Y, Tang L and Li H (2009) Vibration energy harvesting device using macro-fiber composites. *Smart Materials and Structures* **18**: 115025.
- Yang Z and Yang J (2009) Connected vibrating piezoelectric bimorph beams as wide-band piezoelectric power harvester. *Journal of Intelligent Material Systems and Structures* **20**(5): 569-574.
- Zhang X, Zhang Z, Pan H, Salman W, Yuan Y and Liu Y (2016a) A portable high-efficiency electromagnetic energy harvesting system using supercapacitors for renewable energy applications in railroads. *Energy Conversion and Management* **118**: 287-294.
- Zhang Z, Zhang X, Rasim Y, Wang C, Du B and Yuan Y (2016b) Design, modelling and practical tests on a high-voltage kinetic energy harvesting (EH) system for a renewable road tunnel based on linear alternators. *Applied Energy* **164**: 152-161.
- Zheng B, Chang C-J and Gea HC (2008) Topology optimization of energy harvesting devices using piezoelectric materials. *Structural and Multidisciplinary Optimization* **38**(1): 17-23.

- Zheng Q, Wang Z and Xu Y (2008) Symmetric air-spaced cantilevers for strain sensing. *Sensors and Actuators A: Physical* **147**(1): 142-149.
- Zheng Q and Xu Y (2008) Asymmetric air-spaced cantilevers for vibration energy harvesting. *Smart Materials and Structures* **17**: 055009.
- Zhu D, Roberts S, Tudor J and Beeby S (2008) Closed loop frequency tuning of a vibration-based microgenerator. Proceedings of PowerMEMS, Sendai, Japan, 9-12 November 2008, pp. 229-232.
- Zuo L and Tang X (2013) Large-scale vibration energy harvesting. *Journal of Intelligent Material Systems and Structures* **24**(11): 1405-1430.

찾아 보기

ㄱ

ㄴ

ㄷ

ㄹ

ㅁ

ㅂ

ㅅ

ㅇ

저자약력

김재은(金載殷)

- 서울대학교 기계설계학과 학사
- 서울대학교 기계설계학과 석사
- 미국 U. of IOWA 학생 방문연구원
- 서울대학교 기계항공공학부 박사
- LG 전자 DS 연구소 책임연구원

(현) 대구가톨릭대학교 기계자동차공학부 교수

[학회 활동]

- 대한기계학회 CAE 및 응용역학부문 이사
- 한국소음진동공학회 편집위원 부문리더

정가 32,000원

압전 진동 에너지 수확의 이해 I —기본—

2018년 9월 5일 초판 인쇄
2018년 9월 12일 초판 발행
저 자 : 김재은
발행자 : 송 준
발행처 : 홍릉과학출판사
주 소 : 서울시 강북구 인수봉로 50길 10
01093
등 록 : 1976년 10월 21일 제5-66호
전 화 : (02) 999-2274~5, 903-7037
팩 스 : (02) 905-6729
e-mail: hongpub@hongpub.co.kr
http://www.hongpub.co.kr
ISBN: 979-11-5600-610-7

저자와의 협의하에 인지생략